Wirkung politischer Stellungnahmen von Wissenschaftlern am Beispiel der Göttinger Erklärung zur atomaren Bewaffnung

Europäische Hochschulschriften

Publications Universitaires Européennes
European University Studies

Reihe III
Geschichte und ihre Hilfswissenschaften

Série III Series III
Histoire, sciences auxiliaires de l'histoire
History and Allied Studies

Bd./Vol. 835

PETER LANG
Frankfurt am Main · Berlin · Bern · New York · Paris · Wien

Alexandra Rese

Wirkung politischer Stellungnahmen von Wissenschaftlern am Beispiel der Göttinger Erklärung zur atomaren Bewaffnung

PETER LANG
Europäischer Verlag der Wissenschaften

Die Deutsche Bibliothek - CIP-Einheitsaufnahme

Rese, Alexandra:

Wirkung politischer Stellungnahmen von Wissenschaftlern am Beispiel der Göttinger Erklärung zur atomaren Bewaffnung / Alexandra Rese. - Frankfurt am Main ; Berlin ; Bern ; New York ; Paris ; Wien : Lang, 1999
(Europäische Hochschulschriften : Reihe 3, Geschichte und ihre Hilfswissenschaften ; Bd. 835)
ISBN 3-631-34598-4

ISSN 0531-7320
ISBN 3-631-34598-4

Zum Geleit

Am 12. April 1957 meldeten sich die achtzehn wohl namhaftesten deutschen „Atomwissenschaftler“ mit einer öffentlichen Erklärung zu Wort, in deren Folge es zu heftigen innenpolitischen Kontroversen kam. Der Stein des Anstoßes bestand, zumindest soweit man die Sichtweise der damals amtierenden Bundesregierung unter Kanzler Adenauer zugrundelegt, insbesondere in jener Textpassage, in der die Wissenschaftler erklärt hatten, nicht bereit zu sein, „sich an der Herstellung, der Erprobung oder dem Einsatz von Atomwaffen in irgendeiner Weise zu beteiligen.“ Und sie hatten der Bundesregierung eine klare politische Empfehlung gegeben, die besagte: „Für ein kleines Land wie die Bundesrepublik glauben wir, daß es sich heute noch am besten schützen und den Weltfrieden noch am ehesten fördert, wenn es ausdrücklich und freiwillig auf den Besitz jeder Art von Atomwaffen verzichtet.“

Sowohl der Griff zu Atomwaffen wie auch deren Eigenentwicklung etc. stand jedoch, wie Adenauer und dann auch sein Verteidigungsminister Franz Josef Strauß nicht müde wurden deutlich zu machen, in keiner Weise überhaupt auch nur im entferntesten zur Diskussion. Nicht die Atombombe sei Ziel der Bundesregierung, sondern eine Beteiligung der Bundesrepublik an der friedlichen Kernenergienutzung. Die Wissenschaftler postulierten mithin eine Mitwirkungsverweigerung, die demnach jedweder realer Grundlage entbehrte. Und dennoch, allen Dementis zum Trotz, die Wellen der öffentlichen Diskussion über die vermeintlichen „Atompläne“ Adenauers überschlugen sich. Nicht nur die Medien nahmen sich der Thematik an, sondern diese wurde für die oppositionelle SPD zum Vehikel für eine wehrpolitische Generalabrechnung mit der Bundesregierung.

Die Würdigung, die den Wissenschaftlern für ihr öffentliches Statement widerfuhr, fiel aufgrund der innen- wie außenpolitischen Brisanz der Thematik naturgemäß äußerst kontrovers aus. Sahen Adenauer und seine CDU in der Göttinger Erklärung ein politisches Manifest, mit dem sich Naturwissenschaftler auf einem politischen Parkett einmischten, auf dem sie nur ausrutschen konnten, von dem sie nichts verstanden, und wo sie nur Schaden für die Bundesrepublik anzurichten vermochten, so sah die oppositionelle SPD die Naturwissenschaftler demgegenüber als verantwortungsvolle Warner vor verhängnisvollen Entwicklungen, die Deutschland wieder ins Unglück stürzen könnten. Etwas derartiges, also ein gesellschaftspolitisch verantwortliches Handeln der Wissenschaft, hatte man zu Zeiten des Dritten Reiches schmerzlich vermißt.

Die Wissenschaft war 1957 demgegenüber also aus ihrem Elfenbeinturm herausgetreten und hatte gesellschaftspolitische Verantwortung übernommen. Damit erhob die Wissenschaft für die Verwendung ihrer Erkenntnisse also nicht nur abstrakte hohe ethische Ansprüche, sondern sie forderte diese durch eigenes Handeln auch öffentlich ein. So scheint es zumindest, wenn man die Diskussion um die Göttinger Erklärung in den fünfziger Jahren rückverfolgt.

Unstrittig scheint, daß die „Göttinger Erklärung“ ein Zeichen moralischer Integrität zu setzen versuchte. Deutsche Atomwissenschaftler wollten, anders als ihre Kollegen in den

USA, in Frankreich, in Großbritannien oder der Sowjetunion demnach also nicht an der Herstellung und Verbreitung von Atombomben mitwirken. Dies war das eine Signal, welches von der Göttinger Erklärung ausging.

Das andere, gleichermaßen bedeutsam, dessen ungeachtet jedoch weitaus weniger beachtete, bezog sich auf die „friedliche Kernenergienutzung". Zu dieser nämlich hatten die achtzehn Wissenschaftler in ihrem Manifest folgendes herausgestellt: „Gleichzeitig (sic ! d. Verf.) betonen wir, daß es äußerst wichtig ist, die friedliche Verwendung der Atomenergie mit allen Mitteln zu fördern, und wir wollen an dieser Aufgabe wie bisher mitwirken." Hier findet sich also der unterschwenglich moralisierende Keim der Argumentation: Ein plakatives „Nein" gegenüber der Bombe, dem „bösen Atom", und ein deutlich forderndes „Ja" zur friedlichen Kernenergieentwicklung, dem „guten Atom". Es wird hier ein Argumentationsmuster aufgenommen und fortgeführt, welches einige federführend am „Deutschen Uranprojekt" zur Zeit des Dritten Reiches mitwirkende Atomwissenschaftler (Heisenberg, von Weizsäcker, Wirtz) bereits im Hinblick auf die Legitimierung ihrer Beteiligung an diesem Kriegsprojekt bemüht hatten: Das Ziel dieser Kriegsarbeiten sei nicht eine Bombe für Hitler gewesen, sondern die Uranmaschine, also ein Reaktor zur Energieerzeugung. Ihr Handeln – auch in politisch schwierigen Zeiten – mithin untadlig.

Abgesehen hiervon hatte, wie neuere wissenschaftshistorische Forschung zu belegen vermochte, die Disziplin Physik bereits kurz nach Kriegsende damit begonnen, ihre Rolle im nationalsozialistischen Dritten Reich in die Nähe von Widerständigkeit zu rücken und sich damit einen auch personell weitgehend kontinuierlichen Übergang in die neue Wissenschaftslandschaft der Bundesrepublik zu sichern. Max Plancks in den Physikalischen Blättern von 1947 veröffentlichte Erinnerung „Mein Besuch bei Adolf Hitler" diente demnach einer recht spezifischen Vergangenheitsbewältigung mit dem Ziel der Attestierung von moralischer Integrität für die hervorragenden Mitglieder einer ganze Wissenschaftsdisziplin. Indem also die achtzehn Atomwissenschaftler mit ihrer Göttinger Erklärung öffentlich ihre Integrität in Sachen Atomwaffen hervorhoben, schufen sie gleichermaßen ein wissenschaftspolitisches Klima, welches zum einen möglichen Widersprüchen der Westmächte gegen den Aufbau einer eigenen Kernenergie-Industrie durch die Bundesrepublik jedweden tragfähigen Boden entzog. Zum anderen dafür sorgte, daß sich gerade die maßgebliche Mitwirkung der Unterzeichner der Göttinger Erklärung an einem friedlichen deutschen Atomprojekt empfahl. Die augenscheinlich verantwortungsbewußte deutsche Atomwissenschaft stilisierte sich so zum Garanten einer „anständigen", integren Wissenschaftselite, der niemand – auch die Westalliierten nicht – das Recht auf Mitwirkung an einer eigenen deutschen „Kernenergie-Zukunft" würde absprechen können.

Auf welch brüchigem Eis man sich mit dem Anspruch auf moralische Integrität allerdings tatsächlich bewegte, mag ein einziger Hinweis verdeutlichen. Die höchst konkreten Vorbereitungen zum Aufbau einer eigenen Kernenergie-Industrie in Westdeutschland waren bereits lange vor Erlangung der Souveränität (1955), und damit letztendlich widerrechtlich und gegen Alliierte Kontrollratsgesetze verstoßend, bereits seit 1952 angelaufen. Und dies unter herausragender Mitwirkung eben eines Großteils jener Wissenschaftler, welche die Göttinger Erklärung unterzeichneten. Aber dieser Sachverhalt scheint niemanden gestört zu haben.

Alexandra Rese M.A. zeichnet in ihrer als Magisterarbeit der Abteilung Technikgeschichte des Instituts für Geschichte der Universität Karlsruhe entstandenen Studie die zahlreichen Facetten der Göttinger Erklärung auf und stellt diese in das politische Gesamtgeschehen der damaligen Zeit. Es gelingt Frau Rese eine ausgesprochen sachkundige und spannend zu lesende Arbeit, die das Geschehen nicht etwa nur chronologisch abschildert, sondern die Handlungsmotive der Akteure herausarbeitet und die wissenschaftliche Diskussion um die Thematik kritisch widerspiegelt.

Karlsruhe, im Februar 1999 *Prof. Dr. Rolf-Jürgen Gleitsmann*

Vorwort

Die vorliegende Arbeit entstand als Abschluß meines Zweitstudiums der Geistes- und Sozialwissenschaften an der Universität Karlsruhe (TH). In ihr wird die Wirkung politischer Stellungnahmen von Wissenschaftlern analysiert. Den konkreten Untersuchungsgegenstand bildet die „Göttinger Erklärung“, mit der am 12. April 1957 achtzehn deutsche Atomphysiker - darunter die Nobelpreisträger Otto Hahn, Max Born, Werner Heisenberg und Max von Laue - öffentlich gegen die geplante atomare Aufrüstung der Bundeswehr protestierten. Diskutiert werden die Militärpolitik der Bundesregierung in den fünfziger Jahren, die persönlichen Motive der stellungnehmenden Wissenschaftler sowie die Entstehungs- und Wirkungsgeschichte der Erklärung.

Bei der Verfassung der Arbeit kamen mir neben den Fertigkeiten aus meinem Zweitstudium auch die methodische Vorgehensweise aus meinem Erststudium des Wirtschaftsingenieurwesens an der Universität Karlsruhe (TH) zu statten. Grundlage bildete ein intensives Literaturstudium, bei dem unter anderem auch wichtige Primärquellen des Kernforschungszentrums Karlsruhe (jetzt: Forschungszentrum Karlsruhe) erstmals aufbereitet und ausgewertet werden konnten.

Danken möchte ich all denjenigen, die zum Gelingen dieser Arbeit beigetragen haben: meinem Vater, Dipl.-Ing. Hans Rese, der als Leiter des Kraftwerks RWE Eschweiler und als Sprecher der Kraftwerksdirektoren bei der RWE AG in Essen bei mir bereits früh das Interesse am komplexen Zusammenhang von Gemeinwohl, Energiewirtschaft, Politik und persönlicher Verantwortung geweckt hat, Herrn Dietmar Cramer M.A., dem ich die Anregung für das konkrete Thema verdanke, sowie den Herren Dr. Albert Miller vom Forschungszentrum Karlsruhe und Prof. Dr. Konrad Krimm vom Badischen Generallandesarchiv in Karlsruhe, die mir den erforderlichen Zugang zu den Primärquellen aus dem Kernforschungszentrum Karlsruhe ermöglichten. Herr Prof. Dr. Rolf-Jürgen Gleitsmann, Universität Karlsruhe (TH), hat die Arbeit wissenschaftlich betreut und durch kritische Diskussionen und die hilfreiche Vermittelung von Kontakten entscheidend gefördert. Auch ihm gilt mein ganz herzlicher Dank.

Natürlich ist auch das familiäre Umfeld für das Gelingen eines solch umfassenden Werkes von entscheidender Bedeutung. Herzlich danken möchte ich daher meinen Eltern, Christine und Hans Rese, sowie meinen Geschwistern, Monika und Hans-Georg Rese, für die vielfältige Unterstützung während der langen, manchmal entbehrungsreichen Studienzeit. Gewidmet ist das Buch meinem langjährigen Lebensgefährten, Dr. Daniel Baier, der mir während der Entstehung der Arbeit wichtige Hilfen und Ratschläge gegeben hat.

Alexandra Rese

Inhaltsverzeichnis

Kapitel 1

Einleitung

> „Ich bitte Sie, meine Damen und Herren, ...zu ersehen, daß die außenpolitische Situation in der Welt sehr gefährlich ist, daß sie allen innenpolitischen Problemen dabei voransteht, insbesondere was ihre Wirkung auf das Denken und Fühlen breiter Volksmassen angeht. Was die Sozialdemokraten in der Agitation tun werden, liegt klar zu tage; sie werden sagen: Das ist sehr billig. Die Situation ist zwar schlecht, aber einer muß anfangen und ein Beispiel geben, und das muß die Bundesrepublik sein. Deswegen muß sie beschließen: Keine atomarischen Waffen für die Bundeswehr. Ob dabei die NATO in die Binsen geht – sie waren von Anfang an gegen die NATO –, ist ihnen ganz gleichgültig. Das ist kein Argument, wenn sie sagen, einer muß anfangen. Die 18 Atomwissenschaftler haben dasselbe gesagt: Deutschland soll anfangen. Das ist das Lächerlichste vom Lächerlichen – sagen Sie das den Atomwissenschaftlern nicht wörtlich wieder, durch die Blume habe ich es ihnen selbst gesagt –, weil es nämlich an der ganzen Situation überhaupt nichts ändert. Aber das wird die Taktik der Sozialdemokraten sein, auf die wir uns nun einstellen müssen.“ [1]

Jahres- bzw. Geburtstage bieten die Gelegenheit zur Rückschau und so finden sich 1997 in der Zeit zwei Artikel, die sich jeweils einem solchen Anlaß widmen: Am 25. April 1997 zeichnet Wolfgang Zank den sich vierzig Jahre vorher erhebenden öffentlichen Protest von achtzehn deutschen Atomwissenschaftlern gegen die geplante atomare Bewaffnung der Bundeswehr nach, die die sogenannte Göttinger Erklärung schon am 12. April der Presse übergeben hatten. Die Rundfunkrede von Albert Schweitzer, die am 23. April von 140 Sendern übertragen wurde und in der der „Urwalddoktor“ einen Stopp aller Atombombenversuche forderte, wurde in diesem Artikel ebenfalls gewürdigt und miteinbezogen. Mit dieser Mahnung hatte sich Schweitzer an die Seite der achtzehn Atomwissenschaftler gestellt. Beide Appelle fanden in Bonn starke Beachtung. [2] Am 27. Juni 1997 gratuliert

---

[1] Bundeskanzler Konrad Adenauer vor dem Bundes-Parteivorstand der CDU in Bonn am 11. Mai 1957, in: Adenauer, Konrad, „Wir haben wirklich etwas geschafft.“ Die Protokolle des CDU-Bundesvorstandes 1953-1957. Bearb. v. Günter Buchstab (= Forschungen und Quellen zur Zeitgeschichte; Bd.16), Düsseldorf 1990, S.1230 (im folgenden zitiert als: Protokolle des CDU-Bundesvorstandes 1953-1957).

[2] Zank, Wolfgang, „Adenauers Schachspiel mit den Atomwaffen. Wie der Kanzler widerspen-

dann Marion Gräfin Dönhoff Carl Friedrich von Weizsäcker zu dessen 85. Geburtstag und erinnert bei dieser Gelegenheit an seine erste politische Aktion, die Initiierung der Göttinger Erklärung. [3]

Mit dem Ende des Kalten Krieges als Folge des Umbruchs in Osteuropa hat sich die Wahrnehmung der atomaren Bedrohung geändert und die Bombe als alles bestimmender Faktor im nuklearen Gleichgewicht ihren Schrecken verloren. Während sich der Kampf gegen die zivile Nutzung der Kernergie von den Bauzäunen in die Gerichte verlagert hat und hier durchaus auf Erfolge zurückblicken kann [4], ist es - anders als zu Beginn der achtziger Jahre vor dem Hintergrund des Nachrüstungsbeschlusses und einer neuen Phase des Rüstungswettlaufes - um die Proteste gegen Atomwaffen ruhig geworden. Trotzdem existiert die Bombe weiter und neue Situationen der atomaren Bedrohung des Weltfriedens sind durchaus nicht ausgeschlossen. Deshalb ist sicher interessant zu erfahren, mit welchen Ideen und Vorstellungen der Atombombe in den fünfziger Jahren - zu Beginn des nuklearen Zeitalters - begegnet wurde. Beispielsweise erlangte zu dieser Zeit die Radikalforderung nach Abschaffung der atomaren Abschreckung insgesamt zum ersten Mal große Popularität. Dreißig Jahre später auf dem Höhepunkt der Nachrüstungsdebatte sollte sie wieder ganz oben auf der Wunschliste der Nachrüstungsgegner stehen.
Festzuhalten bleibt allerdings, daß die Visionen eines „friedlichen Atomzeitalters", die damals noch von den drohenden Gefahren durch Waffen und Krieg ablenken konnten, ein für allemal der Vergangenheit angehören. Durch das Tschernobyl-Unglück wurde besonders deutlich, daß eine zunehmend kritische Öffentlichkeit die Strahlenängste auf die zivile Kerntechnik gleichermaßen übertragen hat. Weiterhin ist der öffentliche Kenntnisstand über die Wirkungen der zivilen und militärischen Atomnutzung wesentlich besser als in den fünfziger Jahren. [5]

Untersuchungsgegenstand dieser Arbeit ist die Entstehungs- und Wirkungsgeschichte der Göttinger Erklärung von 1957, die zum einen der Auslöser für einen massiven parlamentarischen und außerparlamentarischen Protest gegen die atomaren Pläne der Bundesregierung war, zum anderen aber auch heftige emotionale Reaktionen auf Seiten der Regierung verursachte. Die entscheidende Passage des Aufrufs lautet:

> „Für ein kleines Land wie die Bundesrepublik glauben wir, daß es sich heute noch am besten schützt und den Weltfrieden noch am ehesten fördert, wenn es ausdrücklich

stige Professoren und seine furchtsamen Wähler hinters Licht führte", in: Die Zeit, Nr.18, 25. April 1997 (im folgenden zitiert als: Zank, Adenauers Schachspiel mit den Atomwaffen, 1997).

[3]Dönhoff, Marion Gräfin, „Marion Gräfin Dönhoff zum 85. Geburtstag von Carl Friedrich von Weizsäcker", in: Die Zeit, Nr. 27, 27. Juni 1997.

[4]Jüngstes Beispiel ist die Aufhebung der Ersten Teilgenehmigung für das Kernkraftwerk Mülheim-Kärlich durch das Bundesverwaltungsgericht, so daß der Reaktor weiterhin abgeschaltet bleibt, vgl. beispielsweise Frankfurter Allgemeine Zeitung, 15. Januar 1998 („Kraftwerk Mülheim-Kärlich bleibt abgeschaltet").

[5]Stölken-Fitschen, Ilona, Atombombe und Geistesgeschichte: Eine Studie der fünfziger Jahre aus deutscher Sicht (= Nomos Universitätsschriften: Kulturwissenschaft; Bd.3), Baden-Baden 1995, S.13, S.292 (im folgenden zitiert als: Stölken-Fitschen, 1995).

> und freiwillig auf den Besitz jeder Art von Atomwaffen verzichtet. Jedenfalls wäre keiner der Unterzeichner bereit, sich an der Herstellung, der Erprobung oder dem Einsatz von Atomwaffen in irgendeiner Weise zu beteiligen.“ [6]

Die Göttinger Erklärung fand eine gewaltige Resonanz in Presse und Publizistik sowie in bildungsbürgerlichen Kreisen. Kritische Stellungnahmen dieser Art waren ungewöhnlich und ließen aufhorchen, weil sie so gar nicht in die politische Kulturlandschaft der jungen Bundesrepublik zu passen schienen: Deutsche Professoren, die die Wirkung von Atomwaffen abschätzen und es nicht mehr vor ihrem Gewissen vereinbaren konnten, einfach weiterzumachen wie bisher, verließen ihren „Elfenbeinturm“ und traten an die Öffentlichkeit. In der Welt vom 13. April 1957 war zu lesen: „Achtzehn deutsche Atomforscher haben die Flucht in die Öffentlichkeit angetreten .... Ihre Namen und ihr internationales Ansehen machen die eindringliche Warnung vor einer Ausrüstung der Bundeswehr mit Atomwaffen zu einem Politikum ersten Ranges. Wenn auch die Politiker über die Ausrüstung und möglicherweise über ihren Einsatz zu entscheiden haben, kann niemand die grauenhafte Zerstörungskraft dieser Waffen glaubwürdiger einschätzen als die Forscher.“ [7] Im Spiegel hieß es: „In einem Land, das gleichermaßen autoritäts- und wissenschaftsgläubig ist, scheint nur die Wissenschaft noch in der Lage, der Regierung Widerpart zu bieten“ [8].

Von Beginn an wurde der Aufruf als „Rebellion des Gewissens“ [9] gedeutet und als „Aufstand der Atomforscher“ gegen eine mit Vernichtungswaffen operierende Politik, der diese ihr wissenschaftliches Können versagen wollten, hoch eingeschätzt. Er nährte die Hoffnung, daß die Einsichten und Erkenntnisse der Forscher aus ihrer täglichen Arbeit und ihre überpolitische Sicht der Dinge die häufig als pures Machtstreben apostrophierte Politik stärker beeinflussen könnten oder allgemeiner formuliert, daß sich die großen Menschheitsfragen durch individuelle Gewissensentscheidungen lösen oder zumindest lenken lassen würden. [10] So schrieb denn auch die Süddeutsche Zeitung vom 13. April 1957: „An die unrechte Stelle ist diese Frage [die militärische Nutzung der Kernergie] bereits gelangt, als die politische Berechnung sich ihrer bemächtigte, wo doch allein Gefühl und gesunder Menschenverstand es sind, die hier zu entscheiden haben. Das Gefühl des Entsetzens über solche Teufel der Selbstvernichtung und das logische Sichaufbäumen: Es darf nicht geschehen! Nur wenn sie dieses Entsetzen fühlen, können Politiker sich erkühnen, das Problem

---

[6] Die Erklärung ist beispielsweise abgedruckt in Weizsäcker, Carl Friedrich Freiherr von, Die Verantwortung der Wissenschaft im Atomzeitalter, Göttingen 1957, S.50-52, hier S.51f. (im folgenden zitiert als: Weizsäcker, Die Verantwortung der Wissenschaft im Atomzeitalter, 1957).

[7] Die Welt, 13. April 1957 („Ein Alarmruf“).

[8] Der Spiegel, Jg.11, Hft.17, 24. April 1957 („Atomwarnung“).

[9] So die Überschrift des Artikel von Joachim Besser, „Die Rebellion des Gewissens. Wie kam es zum Appell der Atomforscher?“ in: Die Welt, 17. April 1957 (im folgenden zitiert als: Besser, Die Rebellion des Gewissens. Wie kam es zum Appell der Atomforscher, 1957). Dort wurde u.a. darauf hingewiesen, daß „Prof. Hahn, als Mann, der als erster die Möglichkeit der Kettenreaktion nachwies, ständig von Gewissensnöten bedrückt wird und deshalb mehrfach vor den Gefahren der atomaren Bewaffnung gewarnt hat.“

[10] Stölken-Fitschen, 1995, S.219.

in die Hand zu nehmen, das sonst wahrhaftig jenseits ihrer Urteilskraft steht.“ [11] Adenauers Hoffnung, das Thema aus dem beginnenden Wahlkampf für die Bundestagswahl im September 1957 ausklammern zu können, hatte sich damit vorerst zerschlagen. Der Kanzler reagierte zunächst arrogant, indem er den Wissenschaftler die Kompetenz, sich zu politischen Fragenstellungen zu äußern, abstritt: „Zur Beurteilung dieser Erklärung muß man Kenntnisse haben, die diese Herren nicht besitzen. Denn sie sind nicht zu mir gekommen.“ [12]
Diese Kanzlerschelte rief unter den Leitartiklern eine allgemeine Entrüstung hervor. Marion Gräfin Dönhoff konterte beispielsweise in der Zeit: „Merkwürdig, wir dachten in einer Demokratie könne jeder seine Meinung sagen, sogar zu außenpolitischen Fragen – sogar, wenn er nicht zuvor beim Regierungschef war.“ [13] Adenauer vermochte dann jedoch den Appell geschickt zu parieren und konnte die Bundestagswahl im September 1957 haushoch für sich entscheiden. Dem Kanzler selber erschien „die Revolutionisierung der internationalen Politik durch die Kernwaffen nicht in erster Linie als Belastung des Gewissens, schon gar nicht der Emotionen, sondern als Herausforderung des Verstandes.“ [14] Für ihn galt es, „sie in die Gesamtlage rational konzipierter Außenpolitik zu integrieren, ohne ihren Stellenwert zu hoch oder unangenehm niedrig einzuschätzen.“ [15] Aber auch nach gewonnener Bundestagswahl kehrte innenpolitisch in Hinblick auf die Atomwaffenfrage zunächst noch keine Ruhe ein.

Die vorliegende Arbeit stellt sich nun die Aufgabe die Entstehungs- und Wirkungsgeschichte dieses Aufrufs nachzuzeichnen. Im einzelnen soll dabei vor allem das politische Klima in der jungen Bundesrepublik sowie Änderungen in der Einstellung der Bevölkerung hinsichtlich der militärischen Nutzung der Kernenergie analysiert werden. Neben der vorliegenden Sekundärliteratur wurden dazu Quellen aus dem Generallandesarchiv Karlsruhe [16], die die persönliche Sammlung von Karl Wirtz zur Göttinger Erklärung beinhalten, herangezogen. Allerdings sind die meisten Zuschriften an Karl Wirtz bereits veröffentlicht worden [17], so daß sich die Auswertung der Akten hauptsächlich auf die weiteren Aktionen

---

[11] Süddeutsche Zeitung, 13.April 1957 („Das Streiflicht“).

[12] Dieses Zitat findet sich beispielsweise in dem Artikel von Wolfgang Schenke, „Atom=Kanzler Adenauer spricht: ‚Denn sie sind nicht zu mir gekommen‘“, in: Neue Politik. Unabhängige Wochenschrift, Jg.2, Nr.16, 20. April 1957, S.3-4, hier S.3.

[13] Dönhoff, Marion Gräfin, „Der zweite Sündenfall. Professoren protestieren gegen Atompolitik“, in: Die Zeit, Nr.13, 18. April 1957.

[14] Schwarz, Hans-Peter, „Adenauer und die Kernwaffen“, in: Vierteljahreshefte für Zeitgeschichte, Bd.37, 1989, S.567-593, hier S.593 (im folgenden zitiert als: Schwarz, 1989).

[15] Ebenda.

[16] Generallandesarchiv Karlsruhe (GLA), Bestand 69 KfK/INR 2-8.

[17] Siehe beispielsweise Brollik, Peter/Mannhardt, Klaus (Hrsg.), Blaubuch 1958. Kampf dem Atomtod – Dokumente und Aufrufe, Essen [2]1988 (im folgenden zitiert als: Blaubuch 1958); Heipp, Günther (Hrsg.), Es geht ums Leben! Der Kampf gegen die Bombe 1945/1965, Hamburg 1965 (im folgenden zitiert als: Heipp, Es geht ums Leben! Der Kampf gegen die Bombe, 1965); Michaltscheff, Theodor, Die unverwüstliche Opposition. Geschichte der bundesdeutschen Friedensbewegung 1945-1960. Aus dem Nachlaß herausgegeben und bearbeitet von Stefan Ap-

der achtzehn Göttinger Wissenschaftler nach dem Aufruf konzentriert. Eine umfangreiche Auswertung veröffentlichter bzw. ungedruckter Quellen findet sich hinsichtlich der Entstehungs- und Wirkungsgeschichte der Göttinger Erklärung in der Sekundärliteratur vor allem bei Rupp (1970) [18]. Studien neueren Datums, die sich ebenfalls intensiver mit dem Appell auseinandersetzen, jedoch beide einen anderen Schwerpunkt setzen, liegen von Cioc (1988) [19] und Stölken-Fitschen (1995) [20] vor. Daneben werden vor allem die in den letzten Jahren zu den Anfängen der Atompolitik in Deutschland veröffentlichten Studien einbezogen, die sich mit der Geschichte der Atomenergieentwicklung [21] und der Nuklearpolitik [22] beschäftigen bzw. zivile und militärische Aspekte bei der Atomenergieentwicklung integriert betrachten [23].

Für ein Verständnis der Proteste gegen die Atombewaffnung ist es unerläßlich, die für die Bundesrepublik Mitte der fünfziger Jahre bestehende Ausgangsituation in sicherheits- und militärpolitischer Hinsicht zu kennen [24]. Deshalb folgt nach dieser Einleitung (**Ka-**

---

pelius, Oldenburg 1994 (im folgenden zitiert als: Michaltscheff, Die unverwüstliche Opposition, 1994). Für den protestantisch-kirchlichen Bereich finden sich Dokumente bei Walther, Christian (Hrsg.), Atomwaffen und Ethik: der deutsche Protestantismus und die atomare Aufrüstung 1954-1961; Dokumente und Kommentare (= Studienbücher zur kirchlichen Zeitgeschichte; Bd.3), München 1981 (im folgenden zitiert als: Walther, Atomwaffen und Ethik, 1981).

[18] Zitiert wird hier nach der 3., unveränderten Auflage: Rupp, Hans-Karl, Ausserparlamentarische Opposition in der Ära Adenauer: der Kampf gegen die Atombewaffnung in den frühen fünfziger Jahren; eine Studie zur innenpolitischen Entwicklung der BRD, Köln, [3]1984, S.30 (im folgenden zitiert als: Rupp, 1984).

[19] Cioc, Mark, Pax atomica: the nuclear defense debate in West Germany during the Adenauer era, New York 1988 (im folgenden zitiert als: Cioc, 1988). Das Schwergewicht dieser Studie liegt auf der Nuklearpolitik in der Ära Adenauer.

[20] Untersuchungsgegenstand dieser Arbeit ist die geistige Wahrnehmung der Atombombe in der Bundesrepublik in der Frühphase des atomaren Zeitalters.

[21] Radkau, Joachim, Aufstieg und Krise der deutschen Atomwirtschaft 1945-1975. Verdrängte Alternativen in der Kerntechnik und der Ursprung der nuklearen Kontroverse, Reinbek bei Hamburg 1983 (im folgenden zitiert als: Radkau, 1983); Müller, Wolfgang D., Geschichte der Kernenergie in der Bundesrepublik Deutschland: Anfänge und Weichenstellungen, Stuttgart 1990.

[22] Zu diesem Thema sind drei Monographien zu erwähnen, die jeweils das zu ihrer Zeit zugängliche Quellenmaterial gründlich auswerten: Kelleher, Catherine McArdle, Germany and the politics of nuclear weapons, New York [u.a.] 1975 (im folgenden zitiert als: Kelleher, 1975); Mahnke, Dieter, Die Bundesrepublik Deutschland in der atlantischen Allianz 1954-1970 (= Beiträge zur auswärtigen und internationalen Politik; Bd.6), Berlin [u.a.] 1972 (im folgenden zitiert als: Mahnke, 1972) sowie Cioc, 1988.

[23] Fischer, Peter, Atomenergie und staatliches Interesse: Die Anfänge der Atompolitik in der Bundesrepublik Deutschland 1949-1955 (= Internationale Politik und Sicherheit; Bd.30,3), Baden-Baden 1994 (im folgenden zitiert als: Fischer, 1994).

[24] Einen guten Überblick über die Adenauer-Ära gibt Doering-Manteuffel, Anselm, Die Bundesrepublik Deutschland in der Ära Adenauer. Außenpolitik und innere Entwicklung 1949-1963, Darmstadt [2]1988a (im folgenden zitiert als: Doering-Manteuffel, 1988a).

pitel 1) in **Kapitel 2** zum einen eine Übersicht über die Wiederbewaffnungsproblematik (**Kapitel 2.1**) [25], die sich dann in die Ausrüstungsproblematik der Atomwaffenbewaffnung (**Kapitel 2.2**) verengt. Im einzelnen soll die Wiederbewaffnung von den zunächst nur vage angedachten Überlegungen in den Jahren von 1947 bis 1950 bis zu ihrer Konkretisierung und Umsetzung infolge der Koreakrise im Jahre 1950 untersucht werden. Bei der Atomwaffenproblematik ist die für die Bundesrepublik Mitte der fünfziger Jahre bestehende Ausgangssituation in rechtlicher wie in politischer Hinsicht Untersuchungsgegenstand. In einem weiteren Schritt wird die Frage verfolgt, wie die Bundesregierung auf die nukleare Herausforderung nach der Wiederherstellung der staatlichen Souveränität reagiert hat und welche nuklearen Optionen der Bundesrepublik offenstanden. Ziel ist es zu zeigen, daß Adenauer aus Gründen der Gleichberechtigung, – die Bundesrepublik mußte sich mühsam aus dem Status eines Quasi-Protektorats der drei westlichen Großmächte hocharbeiten –, zu keiner Zeit bereit war, den nicht-nuklearen Status der Bundesrepublik Deutschland als Dauerzustand zu akzeptieren. [26]

Kapitel 3 widmet sich dann ausführlich der Göttinger Erklärung und ihrer Reaktionen. Nach Schilderung der Vorgeschichte und Entstehung (**Kapitel 3.1**) werden die Reaktionen auf den Aufruf (**Kapitel 3.2**) bis in das Jahr 1958 verfolgt. Daran schließen sich eine Darstellung weiterer Aktionen der Göttinger Wissenschaftler (**Kapitel 3.3**) sowie eine kritische Würdigung des Aufrufs an (**Kapitel 3.4**). Bei der Wirkung des Appells werden im einzelnen zunächst die Reaktion der Bundesregierung, die der Öffentlichkeit sowie Kritiker vorgestellt. Danach stehen die Reaktionen der Oppositionsparteien im Vordergrund, wobei für die SPD und die FDP jeweils ihre Einstellung zur Atomwaffenfrage, die immer auch ein sicherheits- und deutschlandpolitisches Konzept beinhaltet, erläutert wird. In diesem Zusammenhang soll schon einmal erwähnt werden, daß innenpolitisch vor allem die SPD-Opposition die Chance ergriffen hatte, die geplante Ausrüstung der Bundeswehr mit atomaren Waffen als Wahlkampfthema hochzustilisieren und in Bundestagsdebatten zu diskutieren. Bereits im Mai 1957 kam es zur Atomwaffenfrage im Bundestag zu einer Debatte, die dann im Frühjahr 1958 ihre heftigen Fortsetzungen fand [27]. Denn obwohl die Bundestagswahl im Herbst 1957 für die Sozialdemokraten verloren ging, kehrte danach keine Ruhe in der Atomwaffenfrage ein. Das Konzept einer kernwaffenfreien oder kernwaffenverdünnten Zone in Mitteleuropa, das im Oktober 1957 vom polnischen Außenminister Rapacki thematisiert wurde, fand auf Seiten der SPD Anklang [28]. Auch die sich im Frühjahr 1958 formierende erste große Protestbewegung außer-

[25] Siehe beispielsweise Foschepoth, Josef (Hrsg.), Kalter Krieg und Deutsche Frage: Deutschland im Widerstreit der Mächte 1945-1952, Göttingen, 1985; Nolte, Ernst, Deutschland und der Kalte Krieg, Stuttgart ²1985 (im folgenden zitiert als: Nolte, 1985).

[26] Vgl. auch Schwarz, 1989, S.577f.

[27] Zu den Atomdebatten siehe ausführlich Görlich, Ina, Zum ethischen Problem der Atomdiskussion. Verlauf der Atomdiskussion in der Bundesrepublik Deutschland und Versuch einer Darstellung der durch sie aufbrechenden ethischen Probleme, phil.Diss., Freiburg 1965, S.36ff. (im folgenden zitiert als: Görlich, 1965).

[28] Den Sozialdemokraten, die sich die Wiedervereinigung Deutschlands zum obersten Ziel gesetzt hatten, gefiel an diesem Plan vor allem, daß Deutschland oder Teile Deutschlands zur Milde-

halb der großen Parteien, die sich ihrem Charakter nach als „überpolitisch“ verstand [29], machte sich das Rüstungskontrollkonzept der atomwaffenfreien Zone zu eigen. Hier sind vor allem die von den Sozialdemokraten zusammen mit dem Deutschen Gewerkschaftsbund initiierte Bewegung „Kampf dem Atomtod“ (KdA) sowie die „Aktionsgemeinschaft gegen die atomare Aufrüstung der Bundesrepublik“ zu erwähnen. Die außerparlamentarische Opposition drohte die innenpolitische Basis von Adenauers Verteidigungspolitik zu erschüttern, verlor aber rasch an Schwung, nachdem die als wichtigster Test für Erfolg oder Mißerfolg der Bewegung angesehenen Landtagswahlen in Nordrhein-Westfalen im Juli 1958 erneut mit einer Niederlage für die SPD ausgingen. Daran anschließend erfolgt eine kritische Würdigung der Göttinger Erklärung, die sich vor allem folgenden Fragen widmet:

- Warum löste der Schritt der namhaftesten deutschen Atomforscher eine solche Welle außerparlamentarischer Aktivität aus?
- Welche persönlichen Motive der Wissenschaftler lagen bei der Abfassung der Göttinger Erklärung zugrunde?
- Wessen und welche Auffassung spiegelt der Aufruf wider?
- Welchen Kenntnisstand besaß Adenauer hinsichtlich Atomwaffen und welche nuklearpolitischen Ziele verfolgte er?
- Welchen Erfolg hatte der Aufruf bei der Verhinderung einer nationalen Atomrüstung?
- Welche Kritikpunkte müssen sich die Wissenschaftler gefallen lassen?

Die Schlußbetrachtung (**Kapitel 4**) faßt die Ergebnisse der Arbeit noch einmal zusammen.

---

rung der Konfrontation durch Ost-West-Vereinbarungen in einen Sonderstatus gebracht und mittelfristige Lösungsmöglichkeiten der deutschen Frage vorbereitet werden sollten. Zur sicherheits- und deutschlandpolitischen Konzeption der SPD in den fünfziger und sechziger Jahren siehe vor allem Wilker, Lothar, Die Sicherheitspolitik der SPD 1956-1966: zwischen Wiedervereinigungs- und Bündnisorientierung (= Schriftreihe des Forschungsinstituts der Friedrich-Ebert-Stiftung; Bd.135), Bonn-Bad Godesberg, 1977 (im folgenden zitiert als: Wilker, 1977).

[29]Siehe vor allem Kurscheid, Raimund, Kampf dem Atomtod!: Schriftsteller im Kampf gegen eine deutsche Atombewaffnung (= Pahl-Rugenstein-Hochschulschriften Gesellschafts- und Naturwissenschaften; Bd. 84: Ser.: Literatur und Geschichte), Köln 1981 (im folgenden zitiert als: Kurscheid, 1981); Otto, Karl A., Vom Ostermarsch zur APO: Geschichte der ausserparlamentarischen Opposition in der Bundesrepublik 1960-1970, Frankfurt am Main [u.a.], 1977 (im folgenden zitiert als: Otto, 1977).

Kapitel 2

Die Militärpolitik der Bundesregierung in den fünfziger Jahren

Zehn Jahre nach der deutschen Kapitulation am Ende des Zweiten Weltkrieges wurde mit dem Beitritt der Bundesrepublik zur NATO ein Wandel der weltpolitischen Konstellation besiegelt, der die westlichen Alliierten mit dem Hauptgegner von gestern in einem Bündnis gegen den wichtigsten Alliierten von gestern zusammenschloß, und zwar in einem Bündnis, das seinen Partnern, wenn auch in unterschiedlichem Ausmaß, festere Bindungen und stärkere Verpflichtungen auferlegte, als das bei irgendeiner Allianz der Vergangenheit der Fall war. [1]

Diese erste Dekade der Geschichte der jungen Bundesrepublik soll nun militärpolitisch näher beleuchtet werden. Bevor Westdeutschland seine Nische in der NATO-Strategie fand mußten mehrere schwierige Fragen gelöst werden. Folgende zwei Fragenkomplexen spielten hierbei sowohl in der Außen- als auch in der Innenpolitik eine wesentliche Rolle [2], zum einen der Frage des Wehrbeitrags, eng verknüpft mit dem Problem der staatlichen Souveränität [3], zum anderen der Frage der rüstungs- und ausrüstungsmäßig

[1]Nerlich, Uwe, Die nuklearen Dilemmas der Bundesrepublik, in: Europa-Archiv, Bd.17, 1965/1 (Beiträge und Berichte), S.637-652, hier S.637 (im folgenden zitiert als: Nerlich, 1965).

[2]Rupp, 1984, S.30.

[3]Siehe u.a. Abelshauser, Werner/Schwengler, Walter, Wirtschaft und Rüstung, Souveränität und Sicherheit (= Anfänge westdeutscher Sicherheitspolitik: 1945-1956; Bd.4), München 1997; Schubert, Klaus von, Wiederbewaffnung und Westintegration. Die innere Auseinandersetzung um die militärische und außenpolitische Orientierung der Bundesrepublik 1950-52 (= Schriftreihe der Vierteljahreshefte für Zeitgeschichte; Nr.20), Stuttgart 1970 (im folgenden zitiert als: Schubert, 1970); Wettig, Gerhard, Entmilitarisierung und Wiederbewaffnung in Deutschland 1943-1955. Internationale Auseinandersetzungen um die Rolle der Deutschen in Europa (= Schriften des Forschungsinstituts der Deutschen Gesellschaft für auswärtige Politik e.V.; Bd.25), München 1967 (im folgenden zitiert als: Wettig, 1967).

vollständigen Integration des neuen Staates in die westliche Gesamtstrategie und damit vor allem auch der Frage der Ausstattung der in Westdeutschland stationierten Kampfverbände mit nuklearen Waffen [4].

2.1 Die Wiederbewaffnung

„Vollständige Entwaffnung und Entmilitarisierung Deutschlands und die Beseitigung oder Kontrolle der gesamten deutschen Industrie, die für eine Rüstungsproduktion benutzt werden könnte“ [5], sollten, laut Kommuniqué der Potsdamer Konferenz vom 2. August 1945, Ziel der vier Besatzungsmächte sein. Noch in dem am 22. November 1949 von Adenauer und den drei Alliierten Hochkommissaren unterzeichneten Petersberger Abkommen bekundete die Bundesregierung „ihre feste Entschlossenheit, die Entmilitarisierung des Bundesgebiets aufrechtzuerhalten und mit allen ihr zur Verfügung stehenden Mitteln die Neubildung irgendwelcher Streitkräfte zu verhindern“ [6] – wie dies auch von den Alliierten nachdrücklich gefordert worden war [7].

Ein Jahr später, im Laufe des Jahres 1950, fünf Jahre nach dem Ende des Krieges, beschlossen die westlichen Alliierten die Wiederbewaffnung Westdeutschlands innerhalb der europäischen Verteidigungsgemeinschaft. Diese dramatische Veränderung der politischen Beziehungen der westlichen Alliierten zur Bundesrepublik Deutschland, kommt in der Begründung der Bundesregierung zum Ratifizierungsgesetz für den „Vertrag über die Gründung der Europäischen Verteidigungsgemeinschaft“ (EVG-Vertrag) zum Ausdruck. Nunmehr hieß es:

---

[4] Folgende Arbeiten wurden bereits erwähnt: Cioc, 1988; Fischer, 1994; Kelleher, 1975; Mahnke, 1972. Viele wichtige Informationen finden sich zudem in den Studien von Helga Haftendorn und Hans-Gert Pöttering, auch wenn diese vorrangig sicherheitspolitischen Fragestellungen in Bezug auf die Bundesrepublik Deutschland behandeln: Haftendorn, Helga, Sicherheit und Entspannung: zur Außenpolitik der Bundesrepublik Deutschland 1955-1982, Baden-Baden ^{2}1986 (im folgenden zitiert als: Haftendorn, 1986); Pöttering, Hans-Gert, Adenauers Sicherheitspolitik. Ein Beitrag zum deutsch-amerikanischen Verhältnis (= Bonner Schriften zur Politik und Zeitgeschichte; Bd.10), Düsseldorf 1975 (im folgenden zitiert als: Pöttering, 1975).

[5] 2. August 1945: Kommuniqué über die Konferenz von Potsdam, in: Dokumente zur Deutschlandpolitik, 2. Reihe/Band 1, Die Konferenz von Potsdam, 3. Drittelband, bearbeitet von Gisela Biewer, herausgegeben vom Bundesmininisterium des Inneren, Frankfurt am Main [u.a.] 1992, S.2101-2148, hier S.2106f.

[6] Abkommen zwischen den Alliierten Hohen Kommissaren und Bundeskanzler Adenauer (Petersberger Abkommen), in: Maier, Klaus A./Thoß, Bruno (Hrsg.), Westintegration, Sicherheit und deutsche Frage: Quellen zur Außenpolitik in der Ära Adenauer 1949-1963 (= Ausgewählte Quellen zur deutschen Geschichte der Neuzeit; Bd.42), Darmstadt 1994, S.27-30, hier S.28 (im folgenden zitiert als: Maier/Thoß, 1994).

[7] Keesing's Archiv der Gegenwart, Jg.18/19, 1948/1949, S.2143 (A). „Zu diesem Zwecke wird die Bundesregierung ganz mit der Hochkommission bei den Arbeiten des militärischen Sicherheitsamtes zusammenarbeiten.“, ebenda.

„Infolge des Korea-Konfliktes und des damit weiter anwachsenden sowjetischen Druckes stellte sich unausweichlich die Frage eines deutschen Verteidigungsbeitrags“ [8].

2.1.1 Die Überlegungen für einen westdeutschen Verteidigungsbeitrag 1947-1950

Als wesentliche Voraussetzung für eine westdeutsche Wiederbewaffnung muß der Ost-West-Konflikt, die Teilung der Welt in zwei antagonistische Blöcke [9], mit dem Bestreben der Westmächte der als allgemein offensiv eingeschätzten Konsolidierungspolitik der Sowjetunion und ihrer „Strategie der sukzessiven Expansion“ [10] entgegenzuwirken, angesehen werden. [11]

Für die internationale Entwicklung der Zeit nach dem Zweiten Weltkrieg sollte entscheidend werden, wo sich die Truppen der USA und ihrer Verbündeten bzw. die Truppen der UdSSR nach Beendigung der Kampfhandlungen befanden. [12] Die USA war zwar von vornherein die Verpflichtung eingegangen, an der Besatzung und Demokratisierung Deutschlands mitzuwirken. Wenige Monate nach der deutschen Kapitulation herrschte jedoch zunächst vielfach die Vorstellung vor, als könne die amerikanische Teilnahme nur von kurzer Dauer sein, wie dies Roosevelt in Jalta zu verstehen gegeben hatte. [13] Die

[8] Begründung zum Vertrag über die Gründung der Europäischen Verteidigungsgemeinschaft und zum Vertrag zwischen dem Vereinigten Königreich und den Mitgliedstaaten der Europäischen Verteidigungsgemeinschaft, in: Verhandlungen des Deutschen Bundestages, 1. Wahlperiode 1949, Anlagen zu den Stenographischen Berichten, Bd.19, Anlage 2 zu Drucksache. Nr. 3501 vom 21. Juni 1952, hier S.3.

[9] Die Fülle an Literatur, die sich mit der Entstehungsgeschichte, dem Verlauf und der Sachproblematik des „Kalten Krieges“ beschäftigt, ist kaum noch überschaubar. Zur Entwicklung und zum Stand der Historiographie des Kalten Krieges siehe Loth, Wilfried, Der „Kalte Krieg“ in der historischen Forschung, in: Niedhardt, Gottfried (Hrsg.), Der Westen und die Sowjetunion seit 1917, Paderborn 1983, S.155-175.

[10] Geiling, Martin, Aussenpolitik und Nuklearstrategie. Eine Analyse des konzeptionellen Wandels der amerikanischen Sicherheitspolitik gegenüber der Sowjetunion (1945-1963), Köln 1975, S.17 (im folgenden zitiert als: Geiling, 1975).

[11] Wiggershaus, Norbert, Aussenpolitische Voraussetzungen für den westdeutschen Verteidigungsbeitrag, in: Fischer, Alexander (Hrsg.), Wiederbewaffnung in Deutschland nach 1945 (= Schriftreihe der Gesellschaft für Deutschlandforschung; Bd.12), Berlin 1986, S.63-77, hier S.64 (im folgenden zitiert als: Wiggershaus, 1986).

[12] Pikart, Eberhard, Militärische Lage und Bedrohungsperzeptionen, in: Wiggershaus, Norbert/Foerster, Roland G. (Hrsg.), Die westliche Sicherheitsgemeinschaft: 1948-1950; gemeinsame Probleme und gegensätzliche Nationalinteressen in der Gründungsphase der Nordatlantischen Allianz (= Militärgeschichte seit 1945; Bd.8), Boppard am Rhein 1988, S.227-238, hier S.227 (im folgenden zitiert als: Pikart, 1988).

[13] Schwabe, Klaus, Bündnispolitik und Integration 1949-1956, in: Maier, Klaus A./Wiggershaus, Norbert (Hrsg.) Das Nordatlantische Bündnis 1949-1956 (= Beiträge zur Militärgeschichte;

populäre Forderung der Öffentlichkeit nach Erleichterungen von den wirtschaftlichen Belastungen des Krieges führte in den westlichen Ländern zu einem rapiden Streitkräfteabbau [14], während die Sowjetunion gleichzeitig ihr militärisches Potential in weit größerem Umfang beibehielt. Schon bald nach Kriegsende kamen in der Anti-Hitler-Koalition, dem labilen Zweckbündnis der USA, Großbritanniens und der Sowjetunion, die von Anfang an vorhandenen Differenzen [15] offen zum Vorschein. [16] Es wurde deutlich, daß die Konfliktlösungsmechanismen - Kooperation zwischen den Supermächten, gemeinsame Arbeit in den United Nations, Konferenzdiplomatie - an die vor allem die Vereinigten Staaten seit dem Zweiten Weltkrieg im Blick auf die Zukunft geglaubt hatten, kaum funktionierten. [17]

Die Sowjets stellten nicht in dem von den USA erwarteten Maße ihren inneren Wiederaufbau in den Vordergrund, sondern beschleunigten die Abschirmung und womöglich die Ausdehnung ihres Einflußgebietes. [18] Gerade die ideologische, politische und diplomatische Kompromißlosigkeit der Sowjetunion, die keine Bereitschaft zu einer gemeinsamen Lösung der vielfältigen Probleme der Nachkriegszeit erkennen ließ, verstärkte im Westen den Eindruck von der UdSSR als einem gut gerüsteten, bedrohlichen, expansiven Staat, gewaltätig in seinen Zielen und Methoden. [19] Daneben gelang es Großbritannien und

---

Bd.37), München 1993, S.71-87, hier S.71 (im folgenden zitiert als: Schwabe, 1993).

[14]Vgl. Althaus, Hans-Peter, Einfluß und Rationalität westdeutscher Sicherheitspolitik in der NATO 1955-1965, phil.Diss., Bonn 1974, S.26f. (im folgenden zitiert als: Althaus, 1974); Schall, Wolfgang, Die Entstehung und Entwicklung einer „Europäischen Verteidigungspolitik" 1946-1984 unter besonderer Berücksichtigung der sicherheitspolitischen Impulse des Europäischen Parlaments in den Jahren 1973-1984, phil.Diss., Konstanz 1986, S.34. Standen Ende 1945 noch etwa 12,1 Millionen Amerikaner unter Waffen, so wurde die Stärke der Streitkräfte Anfang 1946 auf 1,7 Millionen Mann festgesetzt. Von dieser Demobilisierung waren die amerikanischen Truppen in Deutschland am stärksten betroffen: ihre Zahl sank von 3,1 Millionen bei Kriegsende auf 330.000 am 30. August 1946. In Deutschland befand sich 1948 noch eine einsatzfähige amerikanische Felddivision. Die kanadischen Truppen wurden 1946 in ihrer Gesamtstärke von 290.000 Mann aus Europa abgezogen; Großbritannien reduzierte seine Truppenstärke von 1,3 Millionen auf 450.000 Mann, Althaus, 1974, S.27.

[15]Die Kriegszielpolitik der westlichen Alliierten und der Sowjetunion wies als einzig bindendes Gemeininteresse die Zerstörung von Hitlers Deutschland auf. Die Frage nach der Art und Weise, wie die Beziehungen der Bündnispartner nach einem Sieg über den gemeinsamen Gegner geregelt werden sollten, blieb dabei praktisch unbeantwortet, Geiling, 1975, S.9.

[16]Morsey, Rudolf, Die Bundesrepublik Deutschland: Entstehung und Entwicklung bis 1969 (= Oldenbourg - Grundriß der Geschichte; Bd.19), München [3]1995, S.1 (im folgenden zitiert als: Morsey, 1995).

[17]Pikart, 1988, S.229.

[18]Krieger, Wolfgang, Die Ursprünge der langfristigen Stationierung amerikanischer Streitkräfte in Europa 1945-1951, in: Herbst, Ludolf/Bührer, Werner/Sowade, Hanno (Hrsg.), Vom Marshallplan zur EWG: die Eingliederung der Bundesrepublik in die westliche Welt (= Quellen und Darstellungen zur Zeitgeschichte; Bd.30), München 1990, S.373-398, hier S.375 (im folgenden zitiert als: Krieger, 1990).

[19]Pikart, 1988, S.229.

Frankreich aufgrund der langanhaltenden wirtschaftlichen Schwäche nicht, ein Gegengewicht zur Sowjetunion aufzubauen [20]. Die drastischen Etatbeschränkungen durch den Kongreß [21], die unter dem Eindruck der populären Forderung „bring the boys home" standen [22], erzwangen eine schnellere Abrüstung der US-Streitkräfte als vorgesehen und ließen zudem Zweifel an der weiteren aktiven Rolle der USA in Übersee aufkommen. [23] Trotz des bis zum Jahreswechsel 1946/47 vollzogenen Übergangs der amerikanischen Außenpolitik von einer Politik der Kooperation mit der Sowjetunion in Europa zu einer „containment policy" [24], einer „Eindämmungspolitik" gegen jedes weitere sowjetische Vordringen [25], war an eine auch nur eng begrenzte amerikanische konventionelle Aufrüstung nicht zu denken, da der Kongreß seine restriktive Haushaltspolitik hinsichtlich des US-Militärbudgets weiterhin beibehielt. [26]

Die dramatische Verschärfung der Ost-West-Beziehungen in den Jahren 1947/48 – es war der Sowjetunion gelungen, die Regierungen in Budapest, Bukarest, Sofia, Warschau und Prag unter ihre Kontrolle zu bekommen – führte zu einem Wendepunkt im Verhältnis zahlreicher europäischer Staaten zur UdSSR, die in ihrer Außenpolitik eine eher abwartende Haltung inbezug auf die Blockbildung eingenommen hatten. Angesichts der machtpolitischen Entfaltung der Sowjetunion in ihrem osteuropäischen Einflußbereich, die ihr Verlangen nach Sicherheit und ihr Argument der defensiven Sicherung diskreditierte, wurden im Westen Befürchtungen laut, daß die Sowjetunion ihr Territorium und ihren Einflußbereich notfalls auch mit militärischen Mitteln zu erweitern suchte. [27] Ziel des Bolschewismus, so

[20]Dies wurde beispielsweise am britischen Rückzug aus Griechenland Anfang 1947 und an der zunehmenden finanziellen Abhängigkeit der beiden westeuropäischen Mächte von der amerikanischen Deutschlandpolitik sichtbar. Die USA trugen teilweise über Umwege einen beachtlichen Anteil der aus der britischen und französischen Besetzung Deutschlands entstandenen Kosten, Krieger, 1990, S.375.

[21]Hatte das 1946 vom US-Kongreß beschlossene Verteidigungsbudget noch $ 40.132.674.031 betragen, so sank es im Folgejahr auf $ 7.304.542.400, vgl. Huzar, Elias, The Purse and the Sword, Control of the Army by Congress through Military Appropriations, 1933-1950, Ithaca 1950, S.140.

[22]Nolte, 1985, S.174.

[23]Krieger, 1990, S.375.

[24]Der Name wurde von George Kennan, damals Leiter der Planungsabteilung des Außenministeriums geprägt, der von einer Politik „of a long term, patient but firm and vigilant containment of Russian expansive tendencies", sprach, vgl. Kennan, George F., „The Sources of Soviet Conduct", in: Foreign Affairs, Bd.25, 1946/47, S.566-582, hier S.575. Der Artikel war anonym unter dem Kürzel „X" veröffentlicht worden, vgl. Kennan, George F., Memoiren eines Diplomaten. Mit einem Vorwort von Klaus Mehnert, Bd.1 (1925-1950), Stuttgart 1968, S.357ff.

[25]Birke, Adolf M., Nation ohne Haus: Deutschland 1945-1961 (= Die Deutschen und ihre Nation), Berlin 1989, S.166 (im folgenden zitiert als: Birke, 1989); Hillgruber, Andreas, Europa in der Weltpolitik der Nachkriegszeit 1945-1963 (= Oldenbourg – Grundriß der Geschichte; Bd.18), München [u.a.] [2]1981, S.44 (im folgenden zitiert als: Hillgruber, 1981).

[26]Krieger, 1990, S.377.

[27]Wiggershaus, 1986, S.65f.; Woyke, Richard, Gründung und Entwicklung der NATO 1948-1950, in: Wiggershaus, Norbert/Foerster, Roland G. (Hrsg.), Die westliche Sicherheitsge-

das Ergebnis der damaligen westlichen Bedrohungsanalyse [28], sei die Errichtung einer von Moskau kontrollierten Weltherrschaft. Dies werde zwar zur Zeit mit den Mitteln des Kalten Krieges versucht, ein heißer Krieg liege jedoch, und sei es nur aufgrund einer falschen Lagebeurteilung durch die Sowjetunion, im Bereich des Möglichen. Für einen Krieg stehe der Sowjetunion ein ständig wachsendes Wehr- und Wirtschaftspotential zur Verfügung. Zudem besitze sie, da sie anders als die übrigen Mitglieder der ehemaligen Anti-Hitler-Koalition ihr militärisches Potential nach Kriegsende nicht abgebaut habe, vor allem bei den konventionellen Streitkräften große Überlegenheit. [29] Angesichts der geographischen Nähe zum sowjetischen Herrschaftsbereich und der fehlenden eigenen Verteidigungskräfte [30] fühlten sich die Westeuropäer unmittelbar bedroht, während es den nordamerikanischen Staaten primär um die Infragestellung und mittel- bzw. langfristige Bedrohung ihrer Vormachtstellung in der internationalen Politik ging. [31] Nach übereinstimmender Meinung der britischen und amerikanischen Stabschefs war die UdSSR in der Lage, den westlichen Teil Europas vor einer Mobilisierung der amerikanisch-kanadischen Hilfe zu überrennen und zu besetzen [32].

---

meinschaft: 1948-1950; gemeinsame Probleme und gegensätzliche Nationalinteressen in der Gründungsphase der Nordatlantischen Allianz (= Militärgeschichte seit 1945; Bd.8), Boppard am Rhein 1988, S.209-226, hier S.209 (im folgenden zitiert als: Woyke, 1988).

[28] Die USA, Kanada und Großbritannien hatten im Frühjahr 1948 die Erarbeitung von Studien über die sowjetische Bedrohung vereinbart, woraus die amerikanisch-britische Studie (JIC 435/12) vom 30. November 1948 resultierte, Wiggershaus, Norbert, Nordatlantische Bedrohungsperzeptionen im „Kalten Krieg" 1948-1956, in: Maier, Klaus A./Wiggershaus, Norbert (Hrsg.), Das Nordatlantische Bündnis 1949-1956 (= Beiträge zur Militärgeschichte; Bd.37), München 1993, S.17-54, hier S.17 (im folgenden zitiert als: Wiggershaus, 1993). Diese Studie ist ausführlich zitiert und kommentiert von Greiner, Christian, Die alliierten militärischen Planungen zur Verteidigung Westeuropas 1947-1950, in: Militärgeschichtliches Forschungsamt (Hrsg.), Von der Kapitulation bis zum Pleven Plan (= Anfänge westdeutscher Sicherheitspolitik 1945-1956; Bd.1), München [u.a.] 1982, S.119-323, hier S.197ff. (im folgenden zitiert als: Greiner, 1982).

[29] Steinhoff, Johannes/Pommerin, Rainer, Strategiewechsel: Bundesrepublik Deutschland und Nuklearstrategie in der Ära Adenauer-Kennedy (= Internationale Politik und Sicherheit; Bd.30,1), Baden-Baden 1992, S.9 (im folgenden zitiert als: Steinhoff/Pommerin, 1992).

[30] Die für Europa zur Verfügung stehenden europäischen Streitkräfte waren durch das außereuropäische, koloniale Engagement der Franzosen in Indochina, der Briten in Malaya und der Niederländer in Niederländisch-Indien zahlenmäßig gering, Wiggershaus, 1986, S.64; Zeeman, Bert, Der Brüsseler Pakt und die Diskussion um einen westdeutschen Militärbeitrag, in: Herbst, Ludolf/Bührer, Werner/Sowade, Hanno (Hrsg.), Vom Marshallplan zur EWG: die Eingliederung der Bundesrepublik Deutschland in die westliche Welt (= Quellen und Darstellungen zur Zeitgeschichte; Bd.30), München 1990, S.399-425, hier S.399 (im folgenden zitiert als: Zeeman, 1990).

[31] Wiggershaus, 1993, S.29; Woyke, 1988, S.209f. Die geographischen Gegebenheiten und der Entwicklungsstand der strategischen Waffen der Sowjetunion ließen einen massiven Angriff auf den amerikanischen Kontinent als noch nicht durchführbar erscheinen, Greiner, 1982, S.198; Wiggershaus, 1993, S.19.

[32] Bei den Landstreitkräften wurde mit einem Kräfteverhältnis von 4:1 zugunsten der UdSSR gerechnet, bei den Flugzeugen zur Erdkampfunterstützung sogar mit einem Verhältnis von 5:1.

Der konventionellen sowjetischen Überlegenheit stand das atomare Monopol der USA gegenüber, das sich allerdings – was selbst der Präsident bis April 1947 nicht im einzelnen wußte – auf ein kleines schwer einsetzbares Potential stützte [33].

Vor dem Hintergrund der hochüberlegenen Roten Armee stellte sich schon sehr früh die Frage der Einbeziehung des westdeutschen Potentials in die Verteidigung des Westens. Mit dem Aufbau westdeutscher Streitkräfte sollten das militärische Potential Westdeutschlands, welches geographisch nahe am sowjetischen Einflußbereich lag, sowie die trotz des alliierten Sieges unbestrittene Leistungsfähigkeit des deutschen Militärs genutzt werden. [34] Neben militärischen Argumenten sprachen auch politische [35] und wirtschaftliche [36] Gründe für die Einbeziehung westdeutscher Verteidigungskräfte.

Auf diesem konventionellen Szenario fußten westliche strategische Überlegungen und Planungen über eine Verteidigung am Rhein bzw. gar an den Pyrenäen, Greiner, 1982, S.198ff. Wiggershaus, 1986, S.65; ders., 1993, S.19. Allerdings stellte sich in den sechziger Jahren heraus, daß mehr als die Hälfte der angenommenen 175 Divisionen lediglich gekadert, und von den vermuteten 10.000 Kampfflugzeugen weniger als die Hälfte verfügbar waren, Gersdorff, Gero von, Adenauers Aussenpolitik gegenüber den Siegermächten 1954: westdeutsche Bewaffnung und internationale Politik (= Beiträge zur Militärgeschichte; Bd.41), München 1994, S.66 (im folgenden zitiert als: Gersdorff, 1994).

[33] Vor der Korea-Krise waren die Atomwaffen noch nicht in der Verfügung der Streitkräfte, und es herrschten die widersprüchlichsten Angaben über die notwendige Anzahl, Größe und militärische Verwendung der Superwaffe. Im April 1949 betrug der Vorrat an Atombomben 100 bis 140 und nicht die für einen Krieg erforderlich gehaltene Bombenzahl 400. Zudem wies das Montagesystem für die Bomben gravierende Mängel auf, Krieger, Wolfgang, „Die amerikanischen Atomwaffen und der Kalte Krieg, 1945-1950“, in: Neue Politische Literatur, Jg.28, Hft.2, 1983, S.209-218; Pikart, 1988, S.227f.; Rosenberg, David A., „The Origins of Overkill. Nuclear Weapons and American Strategy 1945-1960“, in: International Security, Bd.7, 1983, S.3-69; Wiggershaus, 1993, S.20f.

[34] Steinhoff/Pommerin, 1992, S.9.

[35] Auf der politischen Ebene wurde die dauerhafte Bindung Westdeutschlands an den Westen bzw. die Verhinderung einer deutschen außenpolitischen Ostorientierung angeführt. Die USA fürchtete, daß Deutschland eines Tages eine Annäherung an die Sowjetunion suchen könnte, um auf diese Weise seine Wiedervereinigung zu erreichen und die verlorenen Ostgebiete wiederzugewinnen, Haftendorn, Helga, Die Rolle der Bundesrepublik Deutschland im Atlantischen Bündnis und die Deutsche Frage, in: Schröder, Hans-Jürgen (Hrsg.), Die deutschen Frage als internationales Problem, Stuttgart 1990, S.71-88, hier S.72 (im folgenden zitiert als: Haftendorn, 1990). Der politische Zusammenschluß der Westeuropäer sollte über die Bildung einer übernationalen Streitmacht gefördert werden. Zur amerikanischen Integrationspolitik siehe Schwabe, 1993.

[36] Auf der wirtschaftlichen Ebene standen die Sicherung des Ruhrpotentials für den Westen, die Einsparung eigener westalliierter Leistungen und die Billigkeit westdeutscher militärischer Anstrengungen im Gegenzug zur westlichen Wiederaufbauhilfe im Vordergrund. Außerdem versprach der unumgängliche Rüstungsexport nach Deutschland gute Chancen für eine Verbesserung der alliierten Außenhandelsbilanzen, Wiggershaus, Norbert, Die Entscheidung für einen westdeutschen Verteidigungsbeitrag 1950, in: Militärgeschichtliches Forschungsamt (Hrsg.), Von der Kapitulation bis zum Pleven Plan (= Anfänge westdeutscher Sicherheitspolitik 1945-1956;

Mit der künftigen strategischen Rolle Deutschlands hatte sich die U.S. Army bereits seit Anfang 1947 befaßt. [37] Zum Jahreswechsel 1947/48 konzipierten Beamte des britischen Außenministeriums im Entwurf für ein Kabinettspapier bereits die Eingliederung Spaniens und Deutschlands in ein westeuropäisches Verteidigungssystem: „As soon as circumstances permit we should of course wish also to include Spain and Germany, without whom no Western system can be complete“ [38]. Während der Verhandlungen über den Brüsseler Pakt, eine Militärallianz zwischen Großbritannien und den Benelux-Ländern, wurde auch hin und wieder die Frage nach einer schrittweisen Einbeziehung Westdeutschlands in dieses oder ein ähnliches Bündnis diskutiert. [39] Die Blockade Berlins 1948/49 beschleunigte Überlegungen hinsichtlich einer Einbeziehung des westdeutschen Potentials in die Verteidigung Westeuropas. [40] Von westdeutschen Soldaten, den einzigen im westlichen Lager, die über Erfahrungen im Kampf gegen die Sowjetunion verfügten, war nach Ansicht der U.S. Army zu erwarten, daß sie bei einem Angriff der UdSSR besonders motiviert kämpfen würden, befanden sie sich in diesem Fall doch auf ihrem eigenen Territorium, das sie zudem genau kannten. [41] Forciert wurde die Debatte sodann im Herbst 1949, nach der ersten erfolgreichen Erprobung einer sowjetischen Atombombe [42], denn infolge des damit denkbaren atomaren Patts zwischen Ost und West war eine konventionelle Aufrüstung des Westens noch dringlicher geworden. [43]

Bd.1), München [u.a.] 1982, S.325-402, hier S.328 (im folgenden zitiert als: Wiggershaus, 1982); ders., 1986, S.64f.

[37]Steinhoff/Pommerin, 1992, S.11.

[38]Zitiert bei Yergin, Daniel, Shattered Peace. The Origins of the Cold War and the National Security State, New York 1977, S.362f.

[39]Vgl. ausführlich Zeeman, 1990.

[40]Zur öffentlichen Diskussion im Herbst 1948 siehe Schubert, 1970, S.19f; Wettig, 1967, S.234ff., S.273ff.

[41]Rupieper, Hermann-Josef, Der besetzte Verbündete. Die amerikanische Deutschlandpolitik 1949-1955, Opladen 1991, S.100.

[42]Die TASS-Meldung vom 29.8.1949 über die Zündung der ersten Atombombe in der Sowjetunion zeigte, daß der bis dahin angenommene weite Abstand zwischen den beiden „Supermächten“ in der Entwicklung von Nuklearwaffen doch nicht so groß war, und die Sowjetunion jedenfalls beträchtliche Anstrengungen unternahm, um den zu politischen Pressionen einladenden Vorsprung der USA so schnell wie möglich einzuholen, Hillgruber, 1981, S.53. Das amerikanische Atombomben-Monopol wurde damit drei bis vier Jahre früher gebrochen als erwartet, Fürst, Andreas, Der U.S. Kongreß und die amerikanische NATO-Politik 1948-1989: Eine Untersuchung zur Policy-Formierung von Außen- und Sicherheitspolitik (= Wissenschaftliche Schriften: Politikwissenschaft), Sinzheim 1996, S.100.

[43]Wiggershaus, 1982, S.328; ders.; Die Überlegungen für einen westdeutschen Verteidigungsbeitrag von 1948 bis 1950, in: Militärgeschichtliches Forschungsamt (Hrsg.), Entmilitarisierung und Aufrüstung in Mitteleuropa 1945-1956 (= Vorträge zur Militärgeschichte; Bd.4), Herford 1983, S.93-115, hier S.94 (im folgenden zitiert als: Wiggershaus, 1983). Zur internationalen öffentlichen Diskussion 1949 siehe ausführlich Steininger, Rolf, Wiederbewaffnung: die Entscheidung für einen westdeutschen Verteidigungsbeitrag; Adenauer und die Westmächte 1950, Erlangen [u.a.] 1989, S.15ff.

Die Erörterung möglicher Formen für eine militärische Nutzung des westdeutschen Potentials stand allerdings unter dem leitenden Gesichtspunkt, Vorkehrungen gegen einen neuen deutschen Militarismus zu treffen, d.h. Deutschland ein für allemal als einen möglichen Gefahrenherd auszuschalten. Aus diesem Grund lehnten die westlichen Mächte eine nationale deutsche Wehrmacht unter selbständigem Oberbefehl und eine eigene deutsche Rüstungsproduktion strikt ab. Dementsprechend umfaßten die Vorschläge ein deutsches Kontingent in einer supranationalen westeuropäischen Armee [44], die Möglichkeit der Gewinnung von Söldnern oder einen finanzieller und wirtschaftlicher Beitrag zur gemeinsamen Verteidigung. [45]

Der deutschen politischen Führung und ihren militärischen Berater waren die aus der Geschichte resultierenden Hypotheken immer bewußt. Bundeskanzler Adenauer sprach sich deshalb früh gegen eine nationale deutsche Wehrmacht aus und räumte stattdessen eine mögliche deutsche Beteiligung innerhalb der Armee einer westeuropäischen Föderation ein:

> „Auch wenn das Verlangen nach einem deutschen Beitrag zur Sicherheit Europas in einer unabdingbaren Weise von den Alliierten gestellt würde, käme die Aufstellung einer deutschen Wehrmacht nicht in Frage. Im äußersten Fall sei alsdann die Frage eines deutschen Kontingents im Rahmen der Armee einer europäischen Föderation zu überlegen.“ [46]

Trotz der breiten Diskussion um einen westdeutschen Verteidigungsbeitrag lief die Entwaffnungs- und Entmilitärisierungspolitik der Besatzungsmächte, auf die sie sich auf der Londoner Konferenz im Frühjahr und Sommer 1948 geeinigt hatten, eine Zeitlang parallel. Noch nach der Gründung der Bundesrepublik bekräftigten die Alliierten ihre Politik der Entmilitarisierung durch die Gesetze Nr. 16 zur „Ausschaltung des Militarismus“ vom 16. Dezember 1949, das ein Militärverbot verhängte, und Nr. 24 zur „Überwachung bestimmter Gegenstände, Erzeugnisse, Anlagen und Geräte“ vom 8. Mai 1950, das der industriellen Entwaffnung diente. [47]

[44]Im März 1950 machte der britische Oppositionsführer Winston Churchill den Vorschlag, die Westdeutschen im Rahmen eines kombinierten Systems an der Verteidigung des Westens beteiligen. Dies löste eine nachhaltige und zum Teil vehement geführte Debatte in Parlament und Presse Großbritanniens aus, die auch auf das Ausland übergriff, Azzola, Axel Ch., Die Diskussion um die Aufrüstung der Bundeswehr im Unterhaus und in der Presse Großbritanniens, November 1949-Juli 1952 (= Marburger Abhandlungen zur Politikwissenschaft; Bd.12), Meisenheim 1971, S.33ff.

[45]Wiggershaus, 1982, S.329; ders., 1986, S.66

[46]Adenauer, in: Verhandlungen des Deutschen Bundestages, 1. Wahlperiode 1949, Stenographische Berichte, Bd.1, 24. Sitzung, 16. Dezember 1949, S.735 (A).

[47]Müller, 1990, S.50; Wiggershaus, 1982, S.327.

2.1.2 Die Politik der deutschen Wiederbewaffnung 1950-1956

Mit dem Ausbruch des Koreakrieges [48] am 25. Juni 1950 änderte sich das politische Klima schlagartig zugunsten eines deutschen Wehrbeitrages, der vorher nur latent im Raum gestanden hatte, für den es nur vage Gestaltungspläne gab und für den niemand eine zeitliche Prognose wagte [49]: „Der Gedanke an eine deutsche Wiederbewaffnung breitet sich bei den Siegermächten aus wie ein Ölfleck.“ [50] In der westlichen Welt wurde dieser Konflikt als Beginn einer neuen sowjetischen Offensive in Form von Stellvertreter-Kriegen angesehen. Er löste auf amerikanischer Seite, vor allem aber bei der großen Mehrheit der Deutschen die Furcht vor einem Blitzkrieg der Roten Armee als Auftakt eines Dritten Weltkrieges aus. [51] Der Koreakrieg erhöhte den Wert der Bundesrepublik als östlicher Vorposten westlicher Politik und Strategie und führte dazu, daß die Vereinigten Staaten die Wiederbewaffnung Westdeutschlands und seine Eingliederung in die westliche Verteidigung in Europa nunmehr für äußerst dringlich hielten. [52] Auf europäischer Seite regte Churchill am 11. August 1950 in einer Rede vor der Beratenden Versammlung des Europa-Rates in Straßburg die Bildung einer „Europa-Armee“ unter deutscher Beteiligung an [53].

[48]Der Koreakrieg führte vor Augen, daß der Atombombenabwurf auf Hiroshima und Nagasaki nicht bedeutete, daß der Krieg als „Fortsetzung der Politik mit anderen Mitteln“ unmöglich geworden war, Steinhoff/Pommerin, 1992, S.10f.

[49]Schubert, 1970, S.21; Wiggershaus, 1983, S.100. Zum Zusammenhang zwischen Koreakrieg und deutscher Wiederbewaffnung siehe ausführlich Mai, Gunther, Westliche Sicherheitspolitik im kalten Krieg: der Korea-Krieg und die deutsche Wiederbewaffnung 1950 (= Militärgeschichte seit 1945; Bd.4), Boppard am Rhein 1977 (im folgenden zitiert als: Mai, 1977). Mai weist nach, daß der Koreakrieg nicht der „Vater“, sondern der „Katalysator“ der Wiederbewaffnung der Bundesrepublik war, d.h. die vorzeitige Realisierung sich anbahnender oder schon angebahnter Entwicklungen ermöglichte bzw. „notwendig“ machte, Mai, 1977, S.173. Daneben siehe Wiggershaus, Norbert, „Bedrohungsvorstellungen Bundeskanzler Adenauers nach Ausbruch des Korea-Krieges“, in: Militärgeschichtliche Mitteilungen, Bd.25, 1979, S.79-122 (im folgenden zitiert als: Wiggershaus, 1979); ders., 1982, S.339ff.

[50]Sethe, Paul, Man muß für alles bezahlen, in: Frankfurter Allgemeine Zeitung, 14. Juli 1950. Tatsächlich kam es jedoch nur bei den Vereinigten Staaten, wo schon seit einiger Zeit im Pentagon die Entscheidung für einen deutschen Wehrbeitrag diskutiert, vorbereitet und gefordert wurde, zu einem Umschwung der politischen Meinung, Schubert, 1970, S.26f.

[51]Morsey, 1995, S.29f. In der gesamten westlichen Welt wurden Befürchtungen über mögliche Parallelen der Situation Westdeutschlands mit dem Schicksal Südkoreas geäußert, Mai, 1977, S.1. Für eine Paralleliät sprach, daß sowohl Deutschland als auch Korea geteilt waren und in der DDR wie zuvor in Nordkorea aus kasernierten Polizeiformationen eine Armee entstand. Die Bundesregierung konnte dagegen über keine Polizeieinheiten verfügen, Wiggershaus, 1979, S.101. Allerdings war die Bundesrepublik ein von amerikanischen Truppen besetztes Gebiet und befand sich im Schutzbereich des Nordatlantikpaktes. In Südkorea befanden sich dagegen nur amerikanische Militärberater, und es wurde vom US-Generalstab für eine wertlose Position gehalten, Schubert, 1970, S.22.

[52]Hillgruber, 1981, S.57; Doering-Manteuffel, 1988, S.54f.

[53]„Ich freue mich sehr, daß die Deutschen bei all ihren eigenen Problemen hierher gekommen sind, um unsere Gefahren zu teilen und unsere Kraft zu stärken. Sie hätten schon im vorigen

Adenauer ergriff die ihm damit gebotene Chance, seinen außen- und sicherheitspolitischen Zielsetzungen näher zu kommen. Von Anfang an versuchte er militärische Sicherheit und politische Gleichberechtigung miteinander zu koppeln, wobei die westdeutsche Aufrüstung seit 1950 zentrales Mittel zur Durchsetzung dieser Ziele wurde. [54]

Im sicherheitspolitischen Bereich war für Adenauer die westliche Verteidigungsstrategie, die eine Verteidigung auf dem Kontinent zunächst am Rhein vorsah [55] und damit seiner Ansicht nach die Bundesrepublik als strategisches Operationsfeld mehr oder weniger preisgab, nicht akzeptabel: „We hear that plans are being diskussed to denfend the Rhine: that only temporary holdings would start on the Elbe. Everyone would fall to the Rhine, leaving us exposed. Sometimes I feel that military men are thinking in terms of war like thirty or forty years ago. The Allies are preparing to blow up the Rhine bridges, but such strategy was proven worthless in the recent war“ [56]. Er sah jedoch eine Verschiebung der Verteidigungslinie vom Rhein bis an Elbe alleine als nicht ausreichend an, sondern erwartete vom Westen zusätzlich eine Sicherheitsgarantie für die Bundesrepublik und eine Einbeziehung in das westliche Sicherheitssystem. [57]

Außenpolitisch sah Adenauer die Möglichkeit, die in Gang gekommene Westintegration [58] auf dem (Um-)Weg über einen freiwilligen Verteidigungsbeitrag der Bundesrepublik zu beschleunigen und unter Abschüttelung des Besatzungsstatus Schritt für Schritt die Souveränität für die Bundesrepublik, d.h. ihre volle Handlungsfähigkeit zu erreichen. Auf dieser Basis hoffte er, die Bundesrepublik politisch und ökonomisch dauerhaft in die westliche Welt einzubinden und zu einem gleichberechtigten Partner werden zu lassen. [59]

Jahr hier sein müssen. ... Es gibt kein Wiedererstehen Europas, keine Sicherheit der Freiheit für irgendeinen unter uns, sofern wir nicht geeint und unerschütterlich zusammenstehen. Ich bitte diese Versammlung unseren deutschen Freunden zu versichern, daß, wenn sie ihr Los mit dem unserigen vereinen, ihre Sicherheit und ihre Freiheit uns ebenso heilig sein wird wie unsere eigene.“, Winston Churchill fordert am 11.8.1950 vor dem Europarat eine Europäische Armee, in: Bauer, Karl, Deutsche Verteidigungspolitik 1948-1967. Dokumente und Kommentare (Eine Auswahl), Boppard am Rhein [4]1968, S.67-70, hier S.68.

[54] Gersdorff, 1994, S.19.

[55] Vgl. Greiner, 1982, S.206.

[56] Diese Worte äußerte Adenauer im Dezember 1949 gegenüber dem amerikanischen Journalisten Cyrus L. Sulzberger, vgl. Sulzberger, Cyrus L., A Long Row of Candles. Memoires and Diaries 1934-1954, London 1969, S.486.

[57] Altmann, Normen, Konrad Adenauer im Kalten Krieg: Wahrnehmungen und Politik 1945-1956 (= Mannheimer historische Forschungen; Bd.3), Mannheim 1993, S.59 (im folgenden zitiert als: Altmann, 1993).

[58] Für Adenauer bestand kein Zweifel, „daß wir nach unserer Herkunft und nach unserer Gesinnung zur westeuropäischen Welt gehören“, Verhandlungen des Deutschen Bundestages, 1. Wahlperiode 1949, Stenographische Berichte, Bd.1, 5. Sitzung, 20. September 1949, S.29 (D). Gegenüber der Sowjetunion, deren Politik er prinzipiell auf Expansion angelegt sah, nahm er eine entschieden negative Haltung ein, vgl. Altmann, 1993, S.33.

[59] Cioc, Mark, Abschreckung und Verteidigung. Die Kontroverse über die Atombewaffnung in der Ära Adenauer 1949-1963, in: Herbst, Ludolf/Bührer,Werner/Sowade, Hanno (Hrsg.), Vom

Im Zweifelsfall erschien Adenauer die Sicherung der westlichen Demokratie für den größeren Teil der Nation wichtiger als die Wiedervereinigung des Landes. Diese glaubte er nur durch eine Politik der Stärke gegenüber der Sowjetunion erreichbar. Die „Einheit“ kam für ihn nach der „Freiheit“ und sollte nur nach den Maßstäben jener Freiheit verwirklicht werden, die in der Bundesrepublik bereits galten. [60]

Bereits Ende 1949 hatte er „Versuchsballons“ in Interviews mit westlichen Zeitungen gestartet, um zu prüfen, wie das Ausland, aber auch Bevölkerung und öffentliche Meinung im Innland auf eine deutsche Remilitarisierung reagierten [61]. Das Echo war im In- und Ausland negativ ausgefallen, die Erinnerungen an den Krieg waren noch zu frisch. Viele Europäer scheuten die Aussicht auf eine deutsche Wiederbewaffnung so kurz nach der Nazikatastrophe. Im Inland traf Adenauer auf eine weitverbreitete „Ohne-mich-Haltung“ [62]. Diese Erfahrung brachte den Kanzler bis zum Sommer 1950 dazu, die Westinte-

---

Marshallplan zur EWG: die Eingliederung der Bundesrepublik Deutschland in die westliche Welt (= Quellen und Darstellungen zur Zeitgeschichte; Bd.30), München 1990, S.501-514, hier S.502 (im folgenden zitiert als: Cioc, 1990); Hillgruber, 1981, S.58; Morsey, 1995, S.30; Thränhardt, Dietrich, Geschichte der Bundesrepublik Deutschland 1949-1990 (= Moderne Deutsche Geschichte; Bd.12), Frankfurt am Main 1996, S.82 (im folgenden zitiert als: Thränhardt, 1996). Arnulf Baring ist aufgrund des ihm in den sechziger Jahren zugänglichen Quellenmaterials zu dem Schluß gekommen, daß Adenauer Gleichberechtigung und Souveränität als vorrangig angesehen habe. Wesentliche Funktion der Aufrüstung sei daher gewesen, einer proklamierten „Politik der Stärke“ den materiellen Unterbau zu liefern, vgl. Baring, Arnulf, Außenpolitik in Adenauers Kanzlerdemokratie. Bonns Beitrag zur Europäischen Verteidigungsgemeinschaft, München [u.a.], 1969, S.67ff. (im folgenden zitiert als: Baring, 1969). Demgegenüber entnahm Hans-Peter Schwarz dem ihm zwanzig Jahre später zugänglichen Aktenmaterial, daß die ungelöste Sicherheitsfrage das zentrale Motiv des Kanzlers gewesen sei, den innenpolitisch außerordentlich heiklen Wehrbeitrag zu akzeptieren, vgl. Wettig, Gerhard, Von der Entmilitarisierung zur Aufrüstung in beiden Teilen Deutschlands 1945-1952, in: Thoß, Bruno (Hrsg.), Vom Kalten Krieg zur deutschen Einheit: Analysen und Zeitzeugenberichte zur deutschen Militärgeschichte 1945 bis 1995, München 1995, S.3-41, hier S.15. Die neueste Forschung rückt dagegen klar den Aspekt der Wiederbewaffnung, eine Isolierung wenigstens Westdeutschlands zu verhindern und die fesselnden Rechtbindungen der Potsdamer Beschlüsse abzustreifen, in den Vordergrund, Gersdorff, 1994, S.96.

[60]Birke, 1989, S.300.

[61]In seinen Erinnerungen nennt Adenauer „drei Faktoren“, die ihn dazu bewogen hätten, Ende 1949 über die Frage der deutschen Wiederbewaffnung öffentlich nachzudenken, vgl. Adenauer, Konrad, Erinnerungen 1945-1953, Bd.1, Stuttgart ^{4}1980, S.345 (im folgenden zitiert als: Adenauer, Erinnerungen 1945-1953):

1. „Die Erlangung der Souveränität als Folge der Wiederaufrüstung,
2. Sicherheit gegenüber der Aufrüstung der Sowjetzone durch Sowjetrußland,
3. die Herbeiführung einer europäischen Föderation.“

[62]Cioc, 1988, S.12, nennt dafür folgende Gründe: „Many [West Germans] perceived the need to provide for their own defense, but they were hesitant to entrust their political leaders with such a grave task so soon after the recent catastrophe. Further, they resisted the diversion of budgetary resources for military purposes while hunger still gnawed and the debris of the previous war lay still about them. ... Germans cherished reunification; it took little imagination to realize that a

gration der Bundesrepublik nur über die Schiene der Wirtschaftspolitik zu verfolgen.[63] Mit dem Ausbruch des Koreakrieges veränderte sich die politische Bühne. Am 29. August 1950 übergab Adenauer den drei Westmächten zwei Memoranden, die sein taktisches Konzept erkennen ließen.[64] In einem „Sicherheitsmemorandum" forderte er von den Westmächten eine Verstärkung der Besatzungstruppen. Zugleich bekräftigte er seine wiederholt bekundete Mitverantwortung für die Sicherheit Westeuropas, „im Falle der Bildung einer internationalen westeuropäischen Armee einen Beitrag in Form eines deutschen Kontingents zu leisten. ... Damit ist eindeutig zum Ausdruck gebracht, daß der Bundeskanzler eine Remilitarisierung durch Aufstellung einer eigenen nationalen militärischen Macht ablehnt."[65] In einem gleichzeitigen „Memorandum zur Frage der Neuordnung der Beziehungen der Bundesrepublik zu den Besatzungsmächten" drängte der Bundeskanzler darauf, diese Beziehungen durch Abbau des Besatzungsstatuts zu normalisieren[66]. Buchheim hat die Verknüpfung beider Memoranden wie folgt interpretiert: „In dem Memorandum, das auf die Erlangung der Sicherheitsgarantie zielte, wurde dafür ein deutscher Verteidigungsbeitrag unverbindlich als Möglichkeit erwähnt, während das zweite Memorandum die Bedingungen für einen solchen Beitrag fixierte."[67] Die Gleichzeitigkeit der Memoranden bringt zum Ausdruck, daß Adenauer als „Voraussetzung für eine deutsche Beteiligung an der Verteidigung Europas ... völlige Gleichberechtigung Deutschlands mit den anderen Völkern Europas"[68] ansah.

Im September 1950 betonten die drei Außenminister der westlichen Alliierten in New York die Notwendigkeit, die Verteidigungslinie so weit wie möglich nach Osten zu sichern und beschlossen die Aufstellung einer europäischen Armee unter deutscher Beteiligung („Eu-

commitment to the Western alliance jeopardized a settlement with the Sowjets." Zur Haltung der deutschen Bevölkerung gegenüber einem Verteidigungsbeitrag siehe ausführlich Volkmann, Hans-Erich, Die innenpolitische Dimension Adenauerischer Sicherheitspolitik in der EVG-Phase, in: Militärgeschichtliches Forschungsamt (Hrsg.), Die EVG-Phase (= Anfänge westdeutscher Sicherheitspolitik; Bd.2), München 1990, S.235-604, hier S.463ff.

[63] Doering-Manteuffel, Anselm, Westintegration und nationale Frage 1949-1963 (= Deutsche Geschichte nach 1945. Teil 1: Nachkriegsjahre und Bundesrepublik Deutschland, Studienbrief 4), Tübingen 1988b, S.29; Thränhardt, 1996, S.82.

[64] Doering-Manteuffel, 1988a, S.55; Thränhardt, 1996, S.82.

[65] Adenauer, Erinnerungen 1945-1953, S.358.

[66] „Wenn die deutsche Bevölkerung die Pflichten erfüllen soll, die ihr im Rahmen der europäischen Gemeinschaft aus der gegenwärtigen Lage und ihren besonderen Gefahren erwachsen, muß sie innerlich hierzu instand versetzt werden. Es muß ihr ein Maß von Handlungsfreiheit und Verantwortlichkeit gegeben werden, daß ihr die Erfüllung dieser Pflichten sinnvoll erscheinen läßt. Wenn der deutsche Mensch Opfer jeder Art bringen soll, so muß ihm wie allen anderen westeuropäischen Völkern der Weg zur Freiheit offen sein.", Memorandum Adenauers, 29. August 1950, in: Maier/Thoß, 1994, S.50-51, hier S.50.

[67] Buchheim, Hans, Adenauers Sicherheitspolitik 1950-1951, in: Militärgeschichtliches Forschungsamt (Hrsg.), Aspekte der deutschen Wiederbewaffnung bis 1955 (= Militärgeschichte seit 1945; Bd.1), Boppard am Rhein 1975, S.119-133, hier S.130.

[68] Adenauer, Erinnerungen 1945-1953, S.345.

ropäische Verteidigungsgemeinschaft" – EVG). [69] Die Verhandlungen zu deren Bildung erwiesen sich jedoch als schwierig [70]. Der EVG-Vertrag und weitere zugehörige Verträge wurden erst am 9. Mai 1952 paraphiert und am 27. Mai 1952 in Paris unterzeichnet [71]. Parallel zu den Verhandlungen über den EVG-Vertrag liefen seit September 1951 solche über einen „Generalvertrag" (später „Deutschlandvertrag") mit den drei Westmächten zur Neuregelung ihrer Beziehungen. [72] Die Verhandlungen führten schließlich zu dem „Vertrag

[69]Hillgruber, 1981, S.58; Volkmann, 1990, S.238.

[70]Frankreich hatte einem westdeutschen Verteidigungsbeitrag erst auf erheblichen anglo-amerikanischen Druck, aus Furcht vor der Isolierung in der Allianz und nicht zuletzt aus Sorge, der dringend benötigten amerikanischen Sicherheitsleistungen – durch seine Kolonialkriege war es in Europa militärisch kaum präsent – verlustig zu gehen, zugestimmt, Wiggershaus, 1986, S.73. Frankreich fürchtete zwar die Sowjetunion, aber auch ein wiederbewaffnetes Deutschland. Daher strebte die französische Regierung Lösungen an, die deutsche Truppen unter fremde Führung stellen sollten, Thränhardt, 1996, S.83. Der Ende Oktober 1950 vorgeschlagene, mit seinem suprantionalen Konzept revolutionäre Pleven-Plan, war rein politisch motiviert mit dem Hauptziel, die Bundesrepublik von einer integrierten Mitgliedschaft in der NATO fernzuhalten und den französischen Vormachtsanspruch über Deutschland zu sichern, Meier-Dörnberg, Wilhelm, Politische und militärische Faktoren bei der Planung des deutschen Verteidigungsbeitrages im Rahmen der EVG, in: Volkmann, Hans-Erich/Schwengler, Walter (Hrsg.), Die Europäische Verteidigungsgemeinschaft: Stand und Probleme der Forschung (= Militärgeschichte seit 1945; Bd.7), Boppard am Rhein 1985, S.271-290, hier S.271. Pleven schlug die Aufstellung deutscher Truppen im Rahmen einer europäischen Armee vor, die ein den beteiligten Regierungen und einigen europäischen Versammlungen verantwortlicher Verteidigungsminister führen und eine völlige Verschmelzung der Mannschaften und der Ausrüstung verwirklichen sollte. Diejenigen Länder mit eigenen nationalen Streitkräften sollten jedoch den nicht in die europäische Armee eingegliederten Teil ihrer Truppen behalten dürfen. Diese europäische Variante leitete ein Dreivierteljahr zäher Verhandlungen ein, Birke, 1989, S.296f; Wiggershaus, 1983, S.109.

[71]Im Gegensatz zum ursprünglichen Pleven-Plan war vorgesehen, daß alle Truppen in Europa unter supranationalem Kommando integriert würden. Auch sollte sich das (gemischte) Armeekorps aus national homogenen Divisionen zusammensetzen. Von einer Integration unterhalb der Divisionsebene war nicht mehr die Rede, Lipgens, Walter, Die Bedeutung des EVG-Projekts für die politische europäische Einigungsbewegung, in: Volkmann, Hans-Erich/Schwengler, Walter (Hrsg.), Die Europäische Verteidigungsgemeinschaft: Stand und Probleme der Forschung (= Militärgeschichte seit 1945; Bd.7), Boppard am Rhein 1985, S.9-30, hier S.25. Selbständige deutsche Kontingente sollten aber nicht in die NATO eingegliedert werden, d.h. die Bundesrepublik war nur über die „Europäische Verteidigungsgemeinschaft" mit dieser verbunden, Schubert, 1970, S.35f.; Thränhardt, 1996, S.83.

[72]Bereits am 6. März 1951 war die im September des Vorjahres beschlossene kleine Revision des Besatzungsstatus in Kraft getreten. Dadurch erhielt die Bundesrepublik u.a. das Recht sich außenpolitisch zu betätigen inklusive der Berechtigung Abkommen abzuschließen, was bisher von den Hochkommissaren in ihrem Namen erfolgt war. Dazu gehörte auch die Ermächtigung zur Einrichtung eines Außenministeriums, das Adenauer am 15. März 1951 selbst übernahm, und diplomatischer Vertretungen (letzteres allerdings nur mit Zustimmung der Alliierten), Birke, 1989, S.298; Müller, 1990, S.83. Für Adenauer war diese Revision jedoch in Tempo und Außmaß ganz und gar unangemessen zu der internationalen Lage während des Korea-Krieges und der

über die Beziehungen zwischen der Bundesrepublik Deutschland und den drei Mächten mit Zusatzverträgen" (Deutschland-Vertrag), dessen Inkrafttreten mit dem EVG-Vertrag gekoppelt war und der einen Tag vor diesem am 26. Mai 1952 in Bonn paraphiert wurde. Der Bundesrepublik wurde nach der Ratifikation die „volle Macht über ihre inneren und äußeren Angelegenheiten" [73] garantiert, aber durch Vorbehaltsrechte der Westmächte [74] und eine nahezu unbegrenzt dehnbare „Notstandsklausel" eben nicht die Souveränität. [75]

EVG- und Deutschlandvertrag wurden in Washington und London schnell ratifiziert, lösten in Frankreich und Deutschland jedoch heftige innenpolitische Kontroversen aus. Das Vertragswerk wurde zwar im März 1953 vom Bundestag in Kraft gesetzt, scheiterte aber in der französischen Nationalversammlung am 30. August 1954. [76]

Dieses Scheitern hatte aber letztlich eine Stärkung der deutschen Position zur Folge, denn jetzt ließen sich für die Bundesrepublik entschieden günstigere Bedingungen aushandeln, als dies 1951/52 der Fall gewesen war [77]. Bedenken gegen eine deutsche Armee fielen nicht

Wiederbewaffnungssdiskussion, Althaus, 1974, S.84.

[73]Artikel 1, Absatz 1, in: Vertrag vom 26. Mai über die Beziehungen zwischen der Bundesrepublik Deutschland und den Drei Mächten mit Zusatzverträgen, in: Bundesgesetzblatt Jahrgang 1954, 1. Halbjahr, Teil II, herausgegeben vom Bundesminister der Justiz, S.59-67, hier S.62.

[74]Beispielsweise blieben die alliierten Truppen weiterhin aus eigenem Recht in der Bundesrepublik stationiert, allerdings nicht mehr als Besatzungsarmeen, Schwarz, Hans-Peter, Die Ära Adenauer: Gründerjahre der Republik; 1949-1957 (= Geschichte der Bundesrepublik Deutschland, Bd.2), Stuttgart 1981, S.144 (im folgenden zitiert als: Schwarz, 1981).

[75]Rupp, 1984, S.31f.; Schwarz, 1981, S.144. Die Anlagen zur Drucksache enthalten die Berichte des Ausschusses über Gesetze zur Ratifizierung der folgenden Verträge: „Vertrag vom 26. Mai 1952 über die Beziehungen zwischen der Bundesrepublik Deutschland und den drei Mächten mit Zusatzverträgen", „Abkommen vom 26. Mai 1952 über die steuerliche Behandlung der Streitkräfte und ihrer Mitglieder", „Protokoll vom 26. Juli 1952 über die Erstreckung der Zuständigkeit des Schiedsgerichts auf Streitigkeiten aus diesem Abkommen", „Vertrag vom 27. Mai 1952 über die Gründung der Europäischen Verteidigungsgemeinschaft und betreffend den Vertrag vom 27. Mai 1952 zwischen dem Vereinigten Königreich und den Mitgliedstaaten der Europäischen Verteidigungsgemeinschaft", „Abkommen vom 27. Mai 1952 über die Rechtsstellung der Europäischen Verteidigungsstreitkräfte und über das Zoll- und Steuerwesen der Europäischen Verteidigungsgemeinschaft" sowie als Anhang das „Abkommen zwischen den Parteien des Nordatlantik-Pakts über die Rechtsstellung ihrer Truppen", das am 4. April 1949 in Washington unterzeichnet worden war, vgl. Schriftlicher Bericht des Ausschusses für das Besatzungsstatut und auswärtige Angelegenheiten (7. Ausschuß), in: Verhandlungen des Deutschen Bundestages, 1. Wahlperiode 1949, Stenographische Berichte, Bd.20, Anlagen zur Drucksache Nr. 3900 vom 27. November 1952.

[76]Doering-Manteuffel, 1988a, S.62ff.; Morsey, 1995, S.33ff; Schwarz, 1981, S.169ff.

[77]Die Stellung der Bundesregierung war inzwischen so stark geworden, daß sie nunmehr mit Erfolg die volle Souveränität erlangen konnte und damit die alliierten Notstandsrechte weitgehend hinfällig wurden. Schwarz, 1981, S.164, zieht hinsichtlich des gescheiterten EVG-Vertrages folgende Bilanz: „Im nachhinein mußte sich Adenauer glücklich preisen, daß die im Mai [1952] unterzeichneten Verträge aufgrund des französischen Widerstands auf der Strecke blieben. Einmal in Kraft, hätten sich ihre langfristigen Schwächen und Nachteile, die 1952 noch in Kauf

mehr ernstlich ins Gewicht, so daß Neuverhandlungen auf der in London vom 28. September bis 3. Oktober 1954 einberufenen Neunmächte-Konferenz der sechs EVG-Staaten, Großbritanniens, der USA und Kanadas rasch zu einer militärischen Ersatzlösung führten: Die Bundesrepublik trat in die NATO ein, der alle Einheiten der zukünftigen Bundeswehr unterstellt wurden. Gleichzeitig wurde sie zu ihrer Kontrolle in die erweiterte „Westeuropäische Union“ (WEU) aufgenommen, die als gegenseitiges Sicherheitsbündnis die militärische Präsenz Großbritanniens auf dem Kontinent – zur Beruhigung Frankreichs – festschrieb und der Bundesrepublik gewisse Sicherheitsgarantien abverlangte. Bonn verzichtete auf den Bau und Besitz bestimmter schwerer Waffen – eine Beschränkung, die erst 1984 auf Antrag Frankreichs ganz aufgehoben wurde. Ferner erklärte sie, atomare, biologische und chemische (ABC-) Waffen weder herstellen noch besitzen zu wollen; dieser Verzicht ist bis heute gültig. [78]

Neben militärischer Gleichberechtigung und Sicherheit durch sofortige Mitgliedschaft in der NATO erlangte die Bundesrepublik auch die volle Souveränität [79]. Das Besatzungsstatut wurde abgelöst, die Besatzungsherrschaft beendet und für den Deutschlandvertrag von 1952 teilweise eine neue Fassung gefunden, die aber insgesamt keine wesentlichen Abweichungen enthielt. [80] Vertraglich erhalten blieb so unter anderem das Recht der Besatzungsmächte – jetzt allerdings auf der Basis von Truppenstationierungsverträgen [81] –, weiterhin nach ihrem Ermessen auf dem Territorium der Bundesregierung Streitkräfte zu stationieren. [82] Daneben wurde Artikel 7(2) bestätigt, in dem sich die Westmächte verpflichteten, die Festlegung der Grenzen Deutschlands bis zur Regelung in einem Friedensvertrag aufzuschieben und mit der Bundesrepublik zusammenzuwirken, um „mit friedlichen Mitteln ihr gemeinsames Ziel zu verwirklichen: ein wiedervereintes Deutschland, das eine freiheitlich-demokratische Vefassung ähnlich wie die Bundesrepublik besitzt

genommen werden mußten, wohl rasch als drückende Last erwiesen. Als Schuldiger wäre der Bundeskanzler dagestanden.“

[78]Doering-Manteuffel, 1988a, S.64; Hillgruber, 1981, S.68; Moresey, 1995, S.38; Thränhardt, 1996, S.83f.

[79]Allerdings wurde jene enge politische Bindung an den Westen, wie sie im Fall der EVG vorgesehen gewesen wäre, nicht erreicht, Eckert, Michael, Kernenergie und Westintegration: Die Zähmung des westdeutschen Nuklearnationalismus, in: Herbst, Ludolf/Bührer, Werner/Sowade, Hanno (Hrsg.), Vom Marshallplan zur EWG: die Eingliederung der Bundesrepublik Deutschland in die westliche Welt (= Quellen und Darstellungen zur Zeitgeschichte; Bd.30), München 1990, S.313-334, hier S.317 (im folgenden zitiert als: Eckert, 1990).

[80]Moresy, 1995, S.38f.

[81]Entwurf eines Gesetzes betreffend den Vertrag über den Aufenthalt ausländischer Streitkräfte in der Bundesrepublik Deutschland, in: Verhandlungen des Deutschen Bundestages, 2. Wahlperiode 1953, Anlagen zu den Stenographischen Berichten, Bd.33, Drucksache 1060 vom 10. Dezember 1954. Im EVG-Vertrag war dagegen lediglich ein „Vertrag über die Rechte und Pflichten ausländischer Streitkräfte und ihrer Mitglieder in der Bundesrepublik Deutschland“ vorgesehen. Dieser ist abgedruckt im Bundesgesetzblatt Jahrgang 1954, 1. Halbjahr, Teil II, herausgegeben vom Bundesminister der Justiz, S.78-134.

[82]Rupp, 1984, S.32; Schwarz, 1981, S.252.

und das in die europäische Gemeinschaft integriert ist". [83] Am 23. Oktober 1954 erfolgte in Paris die Unterzeichnung des Protokolls über die Änderung und Ergänzung des „Brüsseler Vertrages", des Protokolls „über den Beitritt der Bundesrepublik zur NATO" sowie des Protokolls „über die Beendigung des Besatzungsregimes in der Bundesrepublik Deutschland". [84]
Die Pariser Verträge wurden in den Parlamenten der beteiligten Staaten diesmal zügig verabschiedet. In der Bundesrepublik löste die Ratifizierung jedoch erneut wie zwei Jahre zuvor bei den EVG-Verträgen innerhalb [85] und außerhalb [86] des Parlaments erhebliche Auseinandersetzungen aus. Das Vertragswerk trat am 5. Mai 1955 in seiner Gesamtheit in Kraft. Fast ebenso schnell fand danach die Verabschiedung der für die Erfüllung der eingegangenen militärischen Verpflichtungen erforderlichen Gesetze vom Bundestag statt: am 23. Juli 1955 wurde das „Freiwilligengesetz", am 19. März 1956 die „Zweite Wehrergänzung" des Grundgesetzes – die „Erste Wehrergänzung" war bereits am 26. März 1954 beschlossen worden – und am 7. Juli 1956 das Gesetz über die Einführung der allge-

[83]Artikel 7(2) im Vertrag vom 26. Mai 1952 über die Beziehungen zwischen der Bundesrepublik Deutschland und den Drei Mächten mit Zusatzverträgen, in: Bundesgesetzblatt Jahrgang 1954, 1. Halbjahr, Teil II, herausgegeben vom Bundesminister der Justiz, S.59-67, hier S.63. Vgl. damit die Erklärungen im Zusammenhang mit dem Beitritt der Bundesrepublik Deutschland, in: Begründung der Bundesregierung zum Entwurf eines Gesetzes betreffend den Beitritt der Bundesrepublik Deutschland zum Brüsseler Vertrag und zum Nordatlantikvertrag, S.57, abgedruckt in: Verhandlungen des Deutschen Bundestages, 2. Wahlperiode 1953, Anlagen zu den Stenographischen Berichten, Bd.33, Drucksache Nr. 1061 vom 10. Dezember 1954.

[84]Adenauer, Konrad, Erinnerungen 1953-1955, Bd.2, Stuttgart [5]1994, S.381f. (im folgenden zitiert als: Adenauer, Erinnerungen 1953-1955). Gleichzeitig wurden weitere Protokolle und Abkommen unterzeichnet, vgl. ebenda.

[85]Die SPD-Opposition fürchtete, daß durch die Westbindung – insbsondere auf militärischem Gebiet – die Wiedervereinigungschancen erheblich verschlechtert, wenn nicht unmöglich gemacht würden. Ihrer Ansicht nach werde die Sowjetunion kaum bereit sein, der Wiedervereinigung Deutschlands zuzustimmen, wenn die Gefahr bestehe, daß dessen militärisches und ökonomisches Potential dem Westen zufalle. Die von der Bundesregierung zusammen mit den USA proklamierte „Politik der Stärke", nach der Moskau die DDR am ehesten „freigeben" würde, wenn der Westen Geschlossenheit und Stärke demonstrierte, war für sie wenig überzeugend. Diese Auffassung erwies sich als richtig, weniger jedoch die Annahme, daß sich die Wiedervereinigung durch Berücksichtigung sowjetischer Sicherheitsinteressen in Form von Neutralisierung oder Rüstungsbeschränkungen erreichen lassen würde, Haftendorn, 1990, S.74. Hauptargumente des Kanzlers in der Debatte um die Ratifizierung waren dagegen die Aufnahme der Bundesrepublik als „souveränes Mitglied" in die „Völkerfamilie", Adenauer, Erinnerungen 1953-1955, S.423.

[86]Vor allem unter dem Eindruck zweier sowjetischer Vorstöße formierte sich in der Bundesrepublik eine relativ breite pazifistisch-neutralistisch auftretende außerparlamentarische „Paulskirchen"-Bewegung (anfangs unter Einschluß führender Repräsentanten der SPD), die dem Bundestag das Recht auf Ratifizierung der Pariser Verträge und damit der Spaltung der Nation absprach. Diese Bewegung zerfiel jedoch kurze Zeit später wieder, Hillgruber, 1981, S.69f.; Morsey, 1995, S.40.

meinen Wehrpflicht unterzeichnet [87]: „Damit war die Basis geschaffen für die Aufstellung und ständige Erneuerung eines - unter konventionellen Gesichtspunkten - nicht unbeachtlichen Kampfpotentials, welches die zahlenmäßige Unterlegenheit der Streitkräfte der NATO auf dem Kontinent wesentlich zu mindern versprach.“ [88]

2.2 Die Atombewaffnung

Die Ausformung der Grundstruktur des westlichen Sicherheitssystem hatte ungefähr zehn Jahre von 1947 bis 1957 beansprucht. Dies bezieht sich vor allem auf die Entwicklung der wesentlichen Elemente der militärstrategischen „Triade“ der NATO, die das Spektrum von stategisch und taktisch einzusetzenden nuklearen Waffen bis zu konventionellen Streitkräften umfaßt. [89] Die Herausbildung der nuklear-strategischen Komponente erfolgte bereits 1948/49 und repräsentierte einen besonderen Beitrag der USA in das nordatlantische Bündnis [90]. In der Folge des Koreakrieges und des Einstiegs der UdSSR in die Nuklearrüstung bemühte sich die NATO von 1950 bis 1954 zunächst, ihre konventionellen Streitkräfte zu verstärken, um ein annäherndes Gleichgewicht zu den konventionellen Streitkräften der UdSSR in Europa herzustellen. Von 1955 bis 1957 wurden die nuklear-taktischen Waffen [91] wiederum von den USA in das Bündnis eingeführt. Sie galten zum Teil als Ersatz für die im Ansatz steckengebliebene konventionelle Aufrüstung der

[87] Vgl. ausführlich Ehlert, Hans, Innenpolitische Auseinandersetzungen um die Pariser Verträge und die Wehrverfassung 1954 bis 1957, in: Militärgeschichtliches Forschungsamt (Hrsg.), Die NATO-Option (= Anfänge westdeutscher Sicherheitspolitik: 1945-1956; Bd.3), München 1993, S.235-560, hier S.430ff.

[88] Rupp, 1984, S.33.

[89] Greiner, 1982, S.286.

[90] Die besondere strategische Bedeutung der Atomwaffen wird durch die gewaltige Dimension großflächiger, langwirkender, systematischer Schäden begründet. Diese Ausmaß an Zerstörung macht ihr politisches Bedrohungs- und Erpressungspotential im Vorfeld einer militärischen Konfrontation aus. Darüber hinaus verschafft die gewaltige atomare Feuerkraft einem Überraschungsangreifer einen kriegsentscheidenden Vorteil, Kollert, Roland, Die Politik der latenten Poliferation: militärische Nutzung „friedlicher“ Kerntechnik in Westeuropa, Wiesbaden 1994, S.37 (im folgenden zitiert als: Kollert, 1994).

[91] Die Minaturisierung der atomaren Sprengkörper machte den Einsatz nuklearer Waffen auf dem Gefechtsfeld möglich, so daß eine räumlich begrenzte lokale Kriegsführung in den Bereich des Möglichen rückte, Steinhoff/Pommerin, 1992, S.15. In der Göttinger Erklärung ist folgende Definition zu finden: „Als taktisch bezeichnet man sie, um auszudrücken, daß sie nicht nur gegen menschliche Siedungen, sondern auch gegen Truppen im Erdkampf eingesetzt werden sollen.“, vgl. Weizsäcker, Die Verantwortung der Wissenschaft im Atomzeitalter, 1957, S.50. Die Abgrenzung taktischer Atomwaffen ist jedoch äußerst schwierig, denn eine in ihren Wirkungen begrenzte Atomwaffe kann auf dem Gefechtsfeld eine taktische Waffe, außerhalb des Gefechtsfeldes aber bereits eine strategische Waffe sein. Pöttering, 1975, S.49, Fußnote 39, schlägt daher als Unterscheidungskritierium nicht nur Reichweite und Wirkung, sondern auch das Angriffsobjekt vor.

NATO. [92] An dieser Stelle erscheint eine Definition des Begriffs „Atomwaffen" – Synonyme sind „Kernwaffen" und „Nuklearwaffen" – zur Präzisierung dieses im allgemeinen Sprachgebrauch mehrdeutigen Begriffes sinnvoll. Im EVG-Vertrag findet sich folgende Begriffsbestimmung [93]:

(a) „Als Atomwaffe gilt jede Waffe, die Kernbrennstoffe oder radioaktive Isotope enthält oder entworfen ist, sie zu enthalten oder zu verwenden und welche – durch Explosion oder andere ungeregelte Kernumwandlung des Kernbrennstoffes oder durch Radioaktivität des Kernbrennstoffes oder radioaktive Isotope – Massenzerstörungen, Massenschaden oder Massenvergiftung hervorrufen kann [94].

(b) Als Atomwaffe gilt ferner jeder Teil, jede Vorrichtung, jedes Aggregat oder Material, welches eigens für eine unter (a) aufgeführte Waffe entworfen oder in erster Linie in ihr verwendbar ist.

(c) Als eigens für Atomwaffen entworfenes oder in erster Linie dafür verwendbares Material gilt jede 500 g überschreitende Menge von Kernbrennstoff, die im Laufe eines Jahres hergestellt wird.

(d) Als Kernbrennstoff gemäß der vorangehenden Definition gilt Plutonium, U 233, U 235 (einschließlich U 235, welches in Uran enthalten ist, das mit mehr als 2,1 Gewichtsprozent U 235 angereichert wurde) sowie jedes andere Material, welches geeignet ist, beträchtliche Mengen Atomenergie durch Kernspaltung oder -vereinigung oder eine andere Kettenreaktion des Materials freizumachen. Die vorstehenden Materialien werden als Kernbrennstoff angesehen, einerlei, in welchem chemischen oder physikalischen Zustand sie vorliegen."

Der Begriff „Atomwaffen" setzt sich nach Rupp in Übereinstimmung mit dem in den fünfziger Jahren und Anfang der sechziger Jahre in der Bundesrepublik Deutschland herrschenden Sprachgebrauch aus folgenden drei Elementen zusammen: [95]

---

[92] Greiner, Christian, Nordatlantische Bündnisstrategie und deutscher Verteidigungsbeitrag, 1954 bis 1957, in: Militärgeschichtliches Forschungsamt (Hrsg.), Entmilitarisierung und Aufrüstung in Mitteleuropa 1945-1956 (= Vorträge zur Militärgeschichte; Bd.4), Herford 1983, S.116-142, hier S.116 (im folgenden zitiert als: Greiner, 1983).

[93] Gesetz betreffend den Vertrag vom 27. Mai 1952 über die Gründung der Europäischen Verteidigungsgemeinschaft und betreffend den Vertrag vom 27. Mai 1952 zwischen dem Vereinigten Königreich und den Mitgliedstaaten der Europäischen Verteidigungsgemeinschaft, abgedruckt in: Bundesgesetzblatt Jahrgang 1954, 1. Halbjahr, Teil II, herausgegeben vom Bundesminister der Justiz, S.373.

[94] Atomwaffen sind äußerst effiziente Massenvernichtungswaffen, die anders als chemische und biologische Waffen Regionen mechanisch zerstören und gleichermaßen langfristige Unbewohnbarkeit erzeugen, d.h. sie schädigen eine Volkswirtschaft fast irreversibel. Im Vergleich zu B- und C-Waffen ist das Lancieren von Atomraketen nicht so sehr von einer präzise Schußtechnik sowie vom Wetter abhängig. Dagegen ist der Bevölkerungsschutz weit aufwendiger, Kollert, 1994, S.37.

[95] Rupp, 1984, S.43.

- Atomsprengkörper (Atom- und Wasserstoffbomben, Atomsprengköpfe für Raketen, Atommunition für Geschütze etc.);

- Abschuß- und Trägermittel, die theoretisch zwar auch mit „konventionellen“ Gefechtsköpfen bestückt sein können, praktisch aber nur mit Atomsprengköpfe ausgerüstet sind (z.B. fast alle Interkontinental- und Mittelstreckenraketen);

- Abschuß- und Trägermittel, die zur „konventionellen“ und nuklearen Kriegsführung gedacht sind (z.B. sog. Zwei-Zweck-Waffen), im aktuellen Fall jedoch vorwiegend mit nuklearen Gefechtsköpfen versehen werden sollen.

Bezüglich der Nuklearisierungsproblematik befand sich die Bundesrepublik in einem echten Dilemma [96]:
Zum einen traf die Bundesrepublik, als sie 1955 dem Nordatlantik-Pakt beitrat, bereits die Nuklearisierung der westlichen Militärstrategie an. Die Kenntnisse des neuen Bündnismitglied über den Stand der nuklearen Waffentechnik und die nuklearstrategischen Überlegungen waren jedoch minimal und blieben es auch noch für längere Zeit. Zum anderen war die Planung des westdeutschen Verteidigungsbeitrags in der konventionelle Phase von 1950 bis 1954 erfolgt und voll und ganz auf das Konzept einer konventionell-nuklearen Doppelstrategie abgestellt worden. Wie bereits geschildert stellte er ein kompliziertes Gebilde aus Leistung und Gegenleistung dar: Während die Besatzungsmächte die Bereitschaft Bonns, eine 500.000 Mann-Armee aufzustellen, mit der Beendigung des Besatzungsregimes und damit ihrer direkten Einflußnahme auf die inneren Angelegenheiten des westdeutschen Staates honorierten – sowie sich gleichzeitig auf die Unterstützung seiner deutschlandpolitischen Ziele verpflichteten –, erkaufte sich Bonn Sicherheit und Partnerschaft um den Preis weitgehender Rüstungsbeschränkungen und einer institutionalisierten ausländischen Kontrolle über seine Militärmacht [97]. Die Bundesregierung sollte von der Entscheidung über den Gebrauch von Nukearwaffen nach einhelliger Auffassung der deutschen Bevölkerung wie der internationalen Öffentlichkeit auch weiterhin ferngehalten werden, obgleich die Sicherheit der Bündnismitglieder in Zukunft nahezu ausschließlich von der Drohung eines frühzeitigen und massiven Einsatz von Nuklearwaffen abhängig gemacht werden sollte

[96] Vgl. Nerlich, 1965; Schwarz, Jürgen, Bedingungen und Entwicklungslinien westdeutscher Nuklearpolitik, in: Schwarz, Hans-Peter (Hrsg.), Handbuch der deutschen Außenpolitik, München [u.a.] 1975, S.513-523.

[97] Diese Beschränkungen bestanden in einem Verzicht auf die Herstellung von ABC-Waffen, den Bundeskanzler Adenauer auf der Londoner-Neun-Mächte-Konferenz erklärt hatte und der zum Bestandteil der Pariser Verträge wurde, in einem Verbot zur Herstellung von schweren Waffen – Raketen, Bombenflugzeugen, größeren Kriegsschiffen – deren Einhaltung durch die Westeuropäische Union (WEU) kontrolliert werden sollte und in der vollständigen Unterstellung der deutschen Einheiten unter die NATO, die damit der nationalen Verfügungsgewalt entzogen waren. Von den leitenden Kommandostellen und damit praktisch von der Einsatzplanung für die deutschen Verbände blieb die Bundesrepublik ausgeschlossen, Haftendorn, 1986, S.149; Nerlich, 1965, S.638.

und obwohl deren tatsächlicher Einsatz, aufgrund der geostrategischen Lage ihr sicheres Ende bedeutet hätte. [98]

Im folgenden soll nun die für die Bundesrepublik Anfang und Mitte der fünfziger Jahre bestehenden Ausgangsituation auf dem Nukleargebiet in rechtlicher und politischer Hinsicht näher geschildert werden. Der Konflikt zwischen dem erklärten Ziel der Westmächte, der Bundesrepublik den Weg zu einer eigenständigen Verfügung über Atomwaffen zu verwehren, und das beharrliche Drängen der Bundesregierung auf Gleichberechtigung unter den europäischen Partnern steht dabei im Vordergund.

2.2.1 Die Atomwaffen im Rahmen der Diskussionen über einen deutschen Verteidigungsbeitrag

Vor dem Bündnisbeitritt, aber auch in der Zeit der Planung des Aufbaus eines westdeutschen Verteidigungsbeitrags zwischen 1950 und 1954, spielte die nukleare Frage für die deutsche Seite keine Rolle. Unter den deutschen Militärexperten war man sich darüber einig, die Nuklearproblematik aus den internen Beratungen über einen künftigen deutschen Militärbeitrag auszuklammern. Die Himmeroder Denkschrift vom Oktober 1950 [99], deren Überlegungen „sich auf Jahre hinaus für den Aufbau der Bundeswehr als maßgebend und gültig erwiesen“ [100], blieb dem vorgegebenen Muster konventioneller Rüstung und Kriegsführung verbunden. [101]

---

[98] Fischer, Peter, „Die Reaktion der Bundesregierung auf die Nuklearisierung der westlichen Verteidigung (1952-1958)“, in: Militärgeschichtliche Mitteilungen, Bd.52, 1993a, S.105-132, hier S.106 (im folgenden zitiert als: Fischer, 1993a).

[99] Die bereits seit Ende 1948 im engsten Kreis Adenauers angestellten Überlegungen hinsichtlich der Möglichkeiten eines deutschen Militärbeitrags nahmen erst nach dem Ausbruch des Koreakrieges in Form der „Himmeroder Denkschrift“ konkret Gestalt an. Nach der grundsätzlichen Verständigung der Außenminister der drei westlichen Besatzungsmächte im September 1950 in New York über die Unverzichtbarkeit einer deutschen Wiederaufrüstung trat Anfang Oktober 1950 eine Gruppe deutscher Militärexperten zusammen, um im Auftrag Adenauers ein Konzept für einen künftigen deutschen Verteidigungsbeitrag zu erarbeiten. Aus Geheimhaltungsgründen fand dieses Zusammentreffen im Kloster Himmerod in der Eifel statt, Fischer, 1993a, S.107; ders., Zwischen Abschreckung und Verteidigung. Die Anfänge bundesdeutscher Nuklearpolitik (1945-1956), in: Maier, Klaus A./Wiggershaus, Norbert (Hrsg.), Das Nordatlantische Bündnis 1949-1956 (= Beiträge zur Militärgeschichte; Bd.37), München 1993b, S.273-293, hier S.274 (im folgenden zitiert als: Fischer, 1993b); ders., 1994, S.37; Schwarz, 1981, S.136ff.

[100] Speidel, Hans, Aus unserer Zeit. Erinnerungen, Berlin [u.a.] 1977, S.275 (im folgenden zitiert als: Speidel, Erinnerungen, 1977).

[101] Vgl. Bald, Detlef, Die Atombewaffnung der Bundeswehr: Militär, Öffentlichkeit und Politik in der Ära Adenauer (= Schriftreihe des Wissenschaftlichen Forums für Internationale Sicherheit e.V.), Bremen 1994, S.35 (im folgenden zitiert als: Bald, 1994); Rautenberg, Hans-Jürgen/Wiggershaus, Norbert, „Die ‚Himmeroder Denkschrift‘ vom Oktober 1950. Politische und militärische Überlegungen für einen Beitrag der Bundesrepublik Deutschland zur westeuropäischen Verteidigung“, in: Militärgeschichtliche Mitteilungen, Bd.21, 1977, S.135-206.

Diese entschiedene Ausklammerung der Nuklearproblematik spiegelte zum einen den Stand der internationalen Nuklearentwicklung wider. Anfang 1950 war das Atomwaffenmonopol der USA zwar gerade durch die Sowjetunion durchbrochen worden. Die Amerikaner blieben jedoch zunächst weiterhin eifersüchtig bestrebt, das Atomgeheimnis wenigstens im westlichen Lager solange wie möglich zu wahren. Die Kenntnisse der militärischen Berater Adenauers über Einsatz und Wirkung nuklearer Waffen gingen daher nicht über das hinaus, was seit den beiden Atombombenabwürfen auf Hiroshima und Nagasaki ohnehin öffentlich bekannt war. Abgesehen vom unzureichenden Kenntnisstand glaubten sie auf das Thema Nuklearwaffen auch deshalb verzichten zu können, weil die Atombewaffnung militärstrategisches Potential der USA und in steigendem Maße auch der Sowjetunion und somit Reservat der Politik der Großmächte war. Für einen eventuellen militärischen Konflikt in Europa schien dies zunächst auch ohne Bedeutung zu sein. Die „Väter der Bundeswehr" gingen von dem strategischen Konzept aus, daß das nukleare Waffenarsenal im wesentlichen nur gegen Ziele in der Sowjetunion eingesetzt und Europa konventionell verteidigt werden würde [102]. Sie folgten damit der strategisch klaren Aufgabenteilung zwischen den USA (Nuklearschutz) und ihrer westlichen Verbündeten (konventionelle Verteidigung). [103] Zum anderen stellten sich die innen- und außenpolitischen Wiederstände gegen eine westdeutsche Wiederaufrüstung Anfang der fünfziger Jahre als solche schon hoch genug dar [104], so daß jeder Schritt in Richtung dieser Machttechnologie die sich sowohl seitens der Besatzungsmächte als auch seitens der eigenen Bevölkerung gerade erst herausbildende Akzeptanz überbeansprucht hätte. Der Bundeskanzler zeigte sich denn grundlegend davon überzeugt, daß Atomwaffen auch in Zukunft eine Exklusivangelegenheit der beiden Großmächte bleiben würde, sah jedoch schon Anfang der fünfziger Jahre die Gefahr einer nuklearen Pattsituation zwischen Washington und Moskau und leitete gerade daraus die Notwendigkeit einer starken Verteidigung ab. [105]

Allerdings weist Küntzel darauf hin, daß die Forderung nach Atomwaffen für Nachkriegsdeutschland älter ist als die Bundesrepublik: Bereits im Juni 1948 forderte der ehemalige Wehrmachtsgeneral Hans Speidel in einer Denkschrift zur deutschen Wiederbewaffnung die Gleichbehandlung der künftigen deutschen Armee hinsichtlich Waffenbesitz und Waffenproduktion. [106] Adenauer unterstützte Speidels Position und machte ihn zum Chef-

---

[102]Nerlich, 1965, S.641.

[103]Fischer, 1993a, S.107; ders., 1994, S.37; Steinhoff/Pommerin, 1992, S.13.

[104]Vgl. Foerster, Roland G., Innenpolitische Aspekte der Sicherheit Westdeutschlands 1947-1950, in: Militärgeschichtliches Forschungsamt (Hrsg.), Von der Kapitulation bis zum Pleven Plan (= Anfänge westdeutscher Sicherheitspolitik 1945-1956; Bd.1), München [u.a.] 1982, S.403-575.

[105]Fischer, 1993a, S.107; ders., 1993b, S.275; ders., 1994, S.37.

[106]Siehe auch Kelleher, 1975, S.18. Sie nennt folgende militärischen Argumente für eine Gleichbehandlung: „Troops whose armament was unequal to that of the forces surrounding them not only would suffer from feelings of inferiority, but also would prove a weak link, an attraktive target for enemy attack. Given Germany's strategic position, these theoretical principles took on a specific significance. Troops moral had to be developed among a population educated for demilitarization as well as to denazification; destruction to the German battlefield had to be mi-

delegierten der 1951 beginnenden Verhandlungen über die Europäische Verteidigungsgemeinschaft. [107]

2.2.2 Die Regelung der Atomfrage im EVG-Vertrag

Bereits die ersten Gespräche Adenauers mit den drei Westmächten über einen deutschen Beitrag im Rahmen der Europäischen Verteidigungsgemeinschaft (EVG) zeigten, daß besondere Rücksichtnahme auf das Sicherheitsbedürfnis der künftigen Partner erwartet wurde. Auf Seiten der Westmächte wollte man der Bundesrepublik nicht sogleich eine eigene, hochtechnisierte, strategische und taktische Militärmaschine zubilligen, so daß ein deutscher Verzicht auf die Produktion von atomaren, biologisch-bakteriellen und chemischen Waffen gefordert wurde. [108] Die deutschen Streitkräfte sollten nicht wie aus Gründen der Gleichberechtigung zunächst verlangt mit Waffen aller Art ausgerüstet werden [109], sondern mit Waffen „necessary to fulfill [the] assigned tasks to [the] defense of Europe“ [110]. Kodifiziert wurde dieses totale Betätigungsverbot in Art. 107 des EVG-Vertrages [111] sowie in drei Zusatzbriefen des Bundeskanzlers, die dem Vertragswerk beigefügt wurden [112].

---

nimized. Moreover commanders of second class troops from a second-class member state could not expect to exercise more than limited influence over the formulation of strategic plans they were to execute.“ ebenda.

[107]Küntzel, Matthias, Auf leisen Sohlen zur Bombe? Bonner Begehrlichkeiten und der Atomwaffenverzicht, in: Schelb, Udo (Hrsg.), Reaktoren und Raketen: Bonn auf dem Weg von der zivilen zur militärischen Atomenergie?, Köln 1987, S.176-237, hier S.178 (im folgenden zitiert als: Küntzel, 1987); ders., Bonn und die Bombe: deutsche Atomwaffenpolitik von Adenauer bis Brandt, Frankfurt am Main [u.a.] 1992, S.19 (im folgenden zitiert als: Küntzel, 1992).

[108]Eckert, Michael, „Die Anfänge der Atompolitik in der Bundesrepublik Deutschland“, in: Vierteljahreshefte für Zeitgeschichte, Bd.37, 1989, S.115-143, hier S.118; Steinhoff/Pommerin, 1992, S.12.

[109]Eine akzeptable Lösung hinsichtlich der Diskiminierung der Deutschen wurde vor allem dadurch erreicht, daß für die Erteilung von Genehmigungen seitens des EVG-Kommissariats folgendes bestimmt wurde: „Das Kommissariat darf für strategisch gefährdete Gebiete keine Genehmigung hinsichtlich der in der anliegenden Anlage II erwähnten Waffengruppen erteilen, falls der Rat dies nicht einstimmig beschließt.“ (Art. 107, Paragraph 4, EVG-Vertrag). Gleichzeitig wurde ein Gebiet östlich der Westgrenze der Bundesrepublik als strategisch gefährdet erklärt, so daß für die Bundesrepublik keine Genehmigungen erteilt werden durften, Müller, 1990, S.84.

[110]Foreign Relations of the United States (FRUS), 1952-1954, Bd.V/1, Washington 1983, S.75. Adenauers Replik war zunächst „knapp und scharf: eine solche Erklärung werde er niemals abgeben und er bitte, dies zur Notiz zu nehmen. ... Kein Bundeskanzler [könne] solche Verpflichtungen übernehmen – und zwar nicht, weil man diese Waffen nicht produzieren wolle, sondern weil man sich nicht diskriminieren lassen dürfe.“, Baring, 1969, S.116f.

[111]Vertrag über die Gründung der Europäischen Verteidigungsgemeinschaft, in: Bundesgesetzblatt Jahrgang 1954, 1. Halbjahr, Teil II, herausgegeben vom Bundesminister der Justiz, S.343-379, hier S.371-375.

[112]Briefe des Bundeskanzlers zum Vertrag über die Gründung der Europäischen Verteidigungsgemeinschaft und seinen Zusatzprotokollen, abgedruckt in: Bundesgesetzblatt Jahrgang 1954, 1.

Demgegenüber hatte die Bundesregierung, von einem Kreis engagierter Physiker, allen voran von Werner Heisenberg schon seit 1949 auf die Zukunftschancen der zivilen Atomenergieentwicklung aufmerksam gemacht, in zähen und letztlich erfolgreichen Verhandlungen durchgesetzt, daß Kernforschung für nichtmilitärische Zwecke künftig in der Bundesrepublik zumindest in begrenztem Umfang wieder möglich sein würde. [113]
Der hier gewährte Handlungsspielraum wurde von den Alliierten, die jede Proliferation, d.h. die Weitergabe von Atomwaffen oder Material für deren Herstellung, ausschließen wollten, auf ein Minimum beschränkt [114] Im Zusammenhang der hier entstandenen Abgrenzungsproblematik war zum ersten Mal seit der Entdeckung der Kernspaltung der Versuch einer Definition des Begriffs „Atomwaffe" erforderlich geworden. [115]

Halbjahr, Teil II, herausgegeben vom Bundesminister der Justiz, S.416-418. Nach Baring, 1969, S.120, mußte sich der Kanzler „trotz heftigen Sträubens" dem Verlangen der Allierten nach einem deutschen Atomwaffenverzicht im Februar 1952 beugen. Ähnlich ist auch bei Fischer, 1994, S.50, davon die Rede, daß „die deutschen Unterhändler ... schließlich einlenken" mußten. Dagegen fiel laut Steinhoff/Pommerin, 1992, S.12, Adenauer dieser Verzicht „nicht schwer, und der von der Bundesregierung befragte Atomphysiker Werner Heisenberg bestärkte ihn in dieser Haltung."

[113]Fischer, 1993a, S.108; Müller, 1990, S.84. Die Kernforschung gehörte nach dem Zweiten Weltkrieg zu den Bereichen in Deutschland, die von den Besatzungsmächten mit besonders scharfen Restriktionen belegt worden waren. Unter dem übergeordneten Ziel, Deutschlands „capacity to make war" unter Kontrolle zu halten, wurde die Überwachung der wissenschaftlichen Forschung von den Allierten grundsätzlich als Beitrag der Entmilitarisierung gewertet, Stamm, Thomas, Zwischen Staat und Selbstverwaltung. Die deutsche Forschung im Wiederaufbau, 1945-1965, Köln 1981, S.51. Auch nach der Gründung der Bundesrepublik 1949 wurden die Forschungsverbote nicht aufgehoben, sondern im Gesetz Nr.22 der Alliierten Hohen Kommission fortgeschrieben. Alle jene Aktivitäten, die Voraussetzung zum Aufbau einer Atomindustrie gewesen wären, wie Bau von Kernreaktoren und Isotopentrennanlagen sowie Erzeugung, Besitz Umgang, Verkauf, Ein- und Ausfuhr nuklearer Rohstoffe und Materialien, blieben verboten. Für die rein wissenschaftlichen Forschung gab es allerdings einige Erleichterungen, so daß Werner Heisenberg in Göttingen wieder eine erste kernphysikalische Vorlesung halten konnte, Eckert, 1989, S.117f.; Fischer, 1994, S.25f.; Gleitsmann, Rolf-Jürgen, Die Anfänge der Atomenergienutzung in der Bundesrepublik Deutschland, in: Hermann, Armin/Schumacher, Ralf (Hrsg.), Das Ende des Atomzeitalters?: Eine sachlich-kritische Dokumentation, München 1987, S.23-41, hier S.26; Müller, 1990, S.43ff.

[114]Die Restriktion bezüglich der Reaktorgröße und des Plutoniums lautete wörtlich: „... dabei wird die Jahresleistung von 500 Gramm Kernbrennstoff im Falle eines Kernreaktors als Gegenwert einer Wärmeerzeugung von 1,5 Megawatt angesehen." Weiter hieß es: „Die Bundesrepublik geht davon aus, daß ... die Beschränkung nach Ablauf eines Zeitraums von zwei Jahren nach Inkrafttreten der am 26. Mai 1952 ... unterzeichneten Verträge überprüft wird". Diese Beschränkung wurde dem EVG-Vertrag in Form eines Briefes von Adenauer an die Außenminister Großbritanniens, Frankreichs und der USA, datiert mit 7. Mai 1952, beigefügt. Abgedruckt in: Bundesgesetzblatt Jahrgang 1954, 1. Halbjahr, Teil II, herausgegeben vom Bundesminister der Justiz, S.417.

[115]Fischer, 1993a, S.108.

Für die Regelung des eigentlichen Verteidigungbeitrags der Bundesrepublik war das geheime „Militärische Sonderabkommen“ zum EVG-Vertrag maßgebend. Die Bundesrepublik verpflichtete sich hierin u.a. zwölf Heeresdivisionen, entsprechend einer 500.000 Mann-Armee, sowie 1.326 taktische Flugzeuge und 202 kleinere Schiffe aufzustellen. [116] Im Rahmen der bereits auf der NATO-Ministerratskonferenz in Lissabon im Februar 1952 beschlossenen und im Dezember des gleichen Jahres in der „NATO Strategic Guidance“ (MC 14/1) festgeschriebenen Doppelstrategie von nuklearer Abschreckung (Schild) und konventioneller Verteidigung (Schwert), die der konventionellen Direktverteidigung den ersten Rang einräumte, konnte sich die Bundesrepublik somit in der Tat Hoffnung darauf machen, schnell zu einem „konventionellen Machtfaktor“ innerhalb des westlichen Verteidigungsbündnisses aufzusteigen. [117]

2.2.3 Die Regelung der Atomfrage in den Pariser Verträgen

Bereits wenige Monate nach der Vertragsunterzeichnung stieß die Ratifikation des EVG-Vertrages in der französischen Nationalversammlung auf unerwartet heftigen Widerstand, und ein Scheitern des gesamten Vertragswerkes war spätestens nach dem Regierungswechsel in Paris Anfang 1953 und der hier sogleich erhobenen Forderung nach Revision des EVG-Vertrages nicht mehr auszuschließen. Für die weitere Entwicklung entscheidend war jedoch die sich schon Ende 1952, vollends aber im Verlaufe des Jahres 1953 abzeichnende, programmatische Neubewertung der amerikanischen Atompolitik durch die Anfang 1953 ins Amt gekommene Eisenhower-Administration. [118] Im Bereich der zivilen Atomenergienutzung verkündete Präsident Eisenhower mit der „Atoms for Peace“-Rede das Ende des restriktiven amerikanischen Nuklearregimes der Nachkriegszeit und den Übergang zu einer kooperationsorientierten, die zivilen Nutzungsmöglichkeiten der Atomenergie offensiv propagierenden Atompolitik [119]. Gleichzeitig wurde mit dem „New Look“-Programm

[116] Vgl. Meier-Dörnberg, Wilhelm, Die Planung des Verteidigungsbeitrags der Bundesrepublik Deutschland im Rahmen der EVG, in: Militärgeschichtliches Forschungsamt (Hrsg.), Die EVG-Phase (= Anfänge westdeutscher Sicherheitspolitik 1945-1956; Bd.2), München 1990, S.605-756, hier S.703ff.

[117] Fischer, 1993a, S.108; ders. 1993b, S.275; ders., 1994, S.117; Greiner Christian, Zwischen Integration und Nation. Die militärische Eingliederung der Bundesrepublik Deutschland in die NATO, 1954 bis 1957, in: Herbst, Ludolf (Hrsg.), Westdeutschland 1945-1955. Unterwerfung, Kontrolle, Integration, München 1986, S.267-278, hier S.268f.

[118] Fischer, 1993a, S.109.

[119] Ders., 1994, S.106. Der Text der Rede findet sich in Volle, Hermann/Duisberg, Claus Jürgen (Hrsg.), Probleme der internationalen Abrüstung. Die Bemühungen der Vereinigten Nationen um internationale Abrüstung und Sicherheit 1945-1961, Berlin 1964, S.381-391. Eckert weist jedoch darauf hin, daß es sich bei dem Programm keineswegs um Energiepolitik handelt, sondern um den Versuch, nach dem verlorenen Atombomben-Monopol den weltweiten Vorsprung auf diesem Gebiet mit Hilfe ihrer technologischen Überlegenheit zu erhalten und durch Kooperation die nuklearen Entwicklungen bei den Vertragspartnern des „Atoms for Peace“-Programm zu kontrollieren sowie deren Verbindungen mit den USA zu stärken, Eckert, 1990, S.314.

eine grundsätzliche Aufwertung der Nuklearwaffen in der amerikanischen Militärstrategie vorgenommen. Kern des neuen Verteidigungskonzepts war die Strategie der massiven Vergeltung („massive retaliation“), die an die Stelle der bisherigen nuklear-konventionellen Doppelstrategie trat. Nuklearwaffen sollten nun nicht mehr nur Schild-, sondern selbst Schwertfunktion erfüllen, d.h. auch im Falle eines lediglich konventionellen Angriffs unverzüglich zum Einsatz gebracht werden. [120] Entsprechend der Strategie des „New Look“ wurden die US-Streitkräfte in Europa mit taktischen Nuklearwaffen ausgerüstet. [121] Daneben begannen Großbritannien und Frankreich zu Beginn der fünfziger Jahren mit der Entwicklung eigener Nuklearkräfte als Garantie gegen eine mögliche nukleare Selbst-Isolation Amerikas [122]. Großbritannien demonstrierte nach der von den USA mit Ende des Zweiten Weltkrieges unterbrochenen nuklearen Zusammenarbeit seit 1952 mit ersten Testexplosionen sein Auftreten als eigenständige Atommacht. [123] Frankreich begann 1952 mit einem ehrgeizigen Fünf-Jahresprogramm die Plutoniumproduktion und damit die Voraussetzung für ein militärisches Nuklearprojekt zu schaffen, das sich mit einer Reihe geheimer

---

[120]Haftendorn, 1986, S.156f. Siehe auch ausführlich Geiling, 1975, S.108ff; Peter, Thomas, Abschrecken und Überleben im Nuklearzeitalter. Präsident Eisenhowers Sicherheitspolitik des „New Look“, Grüsch, 1990; Pöttering, 1975, S.37ff. Der wesentliche Grund für diese dramatische Aufwertung des nuklearen Bereichs war, daß er kostengünstiger und politisch wie militärisch wirkungsvoller erschien. Die seit Ausbruch des Korea-Krieges betriebene kostenintensive Doppelanstrengung einer konventionellen und nuklearen Hochrüstung konnte nicht länger durchgehalten werden, ohne die Wirtschaft der USA zu gefährden, Greiner, Christian, Das militärische Konzept der NATO von 1952 bis 1957; in: Thoß, Bruno/Volkmann, Hans-Erich (Hrsg.), Zwischen Kaltem Krieg und Entspannung: Sicherheits- und Deutschlandpolitik der Bundesrepublik im Mächtesystem der Jahre 1953-1956 (= Militärgeschichte seit 1945; Bd.9), Boppard am Rhein 1988, S.211-245, hier S.216 (im folgenden zitiert als: Greiner, 1988). Wichtigste Voraussetzung für die Ökonomisierung der amerikanischen Verteidigungspolitik waren die großen Fortschritte in der waffentechnischen Entwicklung. Seit 1953 verfügte die USA über ein Spektrum von Nuklearwaffen, daß von „kleinen“ Atomwaffen für den taktischen und Gefechtseinsatz, über Atomwaffen vom Wirkungsgrad der Hiroshima-Bombe bis zu Wasserstoffbomben reichte, Fischer, 1993a, S.110; ders., 1994, S.110f.

[121]Eckert, 1990, S.314.

[122]In den ersten Jahren der NATO hatten sich die westeuropäischen Regierungen fast ausschließlich auf das Nukleararsenal der Vereinigten Staaten zum Schutz vor der Roten Armee verlassen, aber ihr Glaube an diese Form der Abschreckung begann zu bröckeln. Zwischen 1949 und 1957 zündete die Sowjetunion nicht nur ihre ersten Atom- und Wasserstoffbomben, sondern sie demonstrierte auch ihre Fähigkeit, die Vereinigten Staaten mit Interkontinentalraketen zu treffen. Amerikanische Führer hielten an der Strategie des nuklearen Schirms fest, die jedoch nicht die lokalen Konsequenzen für den Fall, daß die Abschreckung versagen sollte, berücksichtigte. Das amerikanische Ziel war der endgültige Sieg im Krieg; nur von sekundärer Bedeutung war dagegen das Ausmaß der Zerstörung bestimmter Regionen. Es gab keine Garantie dafür, daß die Vereinigten Staaten beispielsweise Chicago riskieren würden, um Bonn zu verteidigen, Cioc, 1990, S.502f.

[123]Siehe z.B. Gowing, Margaret, Independence and Deterrence. Britain and Atomic Energie, 1945-1952, 2 Bde., London 1974.

Maßnahmen während der darauffolgenden Jahre konkretisierte und nach entsprechenden Erklärungen im französischen Parlament und in der dortigen Presse seit Sommer 1956 mehr oder weniger offen weiterverfolgt wurde. [124]

Die Bundesrepublik wurde von diesen Nuklearprogrammen in mehrfacher Hinsicht tangiert, als Stationierungsland für taktische Atomraketen der USA seit Herbst 1953 [125] und als voraussichtlicher nuklearer Kriegsschauplatz im Fall einer Eskalation des Kalten Krieges [126]. Sie war jedoch von der Entwicklung eigener Nuklearkräfte durch den EVG-Vertrag ausgeschlossen, der den Erwerb von Waffen und Technologie erheblich beschränkte. [127] Die Pariser Verträge, die 1955 den EVG-Vertrag ersetzten, lockerten diese Beschränkungen, da sie den Aufbau eines Atomministeriums und einer nationalen Atomenergieindustrie zuließen. [128] Vor Abschluß dieser Verträge war Adenauer am 3. Oktober 1954 für die Bundesrepublik die ausdrückliche Verpflichtung eingegangen, „in ihrem Gebiet keine Atomwaffen, biologischen und chemischen Waffen herzustellen" [129]. Bei der Vorlage des Ratifizierungsgesetzes im Bundestag betonte die Bundesregierung: „Im Gegensatz zum EVG-Vertrag tritt in diesem Zusammenhang der Begriff der ‚strategisch gefährdeten Zone' nicht mehr auf. Die Unterlassung der Herstellung beruht nunmehr lediglich auf dem deutschen freiwilligen Verzicht." [130]

[124]Siehe z.B. Delmas, Jean, Naissance et développement d' une politique nucléaire militaire en France (1945-1956), in: Maier, Klaus A./Wiggershaus, Norbert (Hrsg.), Das Nordatlantische Bündnis 1949-1956 (= Beiträge zur Militärgeschichte; Bd.37), München 1993, S.263-272; Goldschmidt, Bertrand, Le complexe atomique. Histoire politique de l'énergie nucléaire, Paris 1980.

[125]Fischer, 1993a, S.120ff. Mit den in der Bundesrepublik stationierten taktischen Atomraketen wollten sich die Amerikaner, so vermutet Rupp, 1984, S.34, neben der für einen sowjetischen Angriff angekündigten „massiven Vergeltung" durch ihre in den USA stationierten Fernbomber eine andere Möglichkeit offenhalten.

[126]Aus diesem Grund war die BRD zunächst daran interessiert, Fragen nach Explosionswirkung von Atombomben, Untersuchungen über radiokativen Fallout und allgemeine Probleme des Luftschutzes untersuchen zu lassen, was noch vor der Souveränität zum Anlaß genommen wurde, Forschungen über nukleare Angelegenheiten in die Wege zu leiten, Eckert, 1990, S.314.

[127]Cioc, 1990, S.503; Eckert, 1990, S.314.

[128]Cioc, 1990, S.503.

[129]Entwurf eines Gesetzes betreffend den Beitritt der Bundesrepublik Deutschland zum Brüsseler Vertrag und zum Nordatlantikvertrag, Protokoll Nr. III, Artikel 1, S.13 (bzw. Anlage I, S.15), in: Verhandlungen des Deutschen Bundestages, 2. Wahlperiode 1953, Anlagen zu den Stenographischen Berichten, Bd.33, Drucksache Nr. 1061 vom 10. Dezember 1954. Artikel 2 enthielt eine Ausnahmeregelung , die in der Begründung der Bundesregierung folgendermaßen kommentiert wurde: „Wenn diese Bedürfnisse sich ändern sollten, können Änderungen oder Streichungen in dieser Liste mit 2/3 Mehrheit durch den Rat beschlossen werden, im Gegensatz zu der im EVG-Vertrag vorgesehenen Regelung, die für alle Änderungen Einstimmigkeit erforderte.", Begründung der Bundesregierung zum Entwurf eines Gesetzes betreffend den Beitritt der Bundesrepublik Deutschland zum Brüsseler Vertrag und zum Nordatlantikvertrag, Protokoll Nr. III, Teil I, Artikel 2, S.51f., in: ebenda.

[130]Ebenda., S.51.

Der ABC-Waffenverzicht des Bundeskanzlers wurde als der „erste nuklearpolitische Akt der Bundesrepublik" bezeichnet [131]. Adenauer selbst sprach rückblickend von dem einzig wirklich „einsame[n] Entschluß" seiner Kanzlerschaft [132]. Es handelte sich jedoch keineswegs um eine freiwillige Geste, sondern galt als vorübergehende unvermeidliche Diskriminierung, nachdem alle westlichen Allierten sie zu einer unabdingbaren Voraussetzung für Westdeutschlands Aufnahme in die NATO gemacht hatten. [133] Der Bundeskanzler verzichtete also auf etwas, was die Bundesrepublik, zumindest unter den damaligen Bedingungen, sowieso nicht haben konnte. [134] Allerdings wurde der Bundesrepublik im Unterschied zum EVG-Vertrag, nunmehr ausdrücklich eine begrenzte militärische Nuklearoption eingeräumt: Zwar war der unmittelbare Zugang zu Atomwaffen und damit die Möglichkeit einer selbstbestimmten bundesdeutschen militärischen Nuklearpolitik auch weiterhin versperrt. Von der Verzichtserklärung des Kanzlers wurde aber der gesamte Bereich der nuklearen Kooperation sowie die Möglichkeiten einer nationalen Atomforschung für militärische Zwecke ausgenommen. [135] Auch hatte die Bundesregierung lediglich versprochen, keine Sprengköpfe auf eigenem Territorium **herzustellen**, so daß zumindest rechtlich die Möglichkeit bestand, solche Waffen von dritten Staaten einzuführen und zu besitzen. [136] Die Bundesregierung stellte in ihrer Begründung zum Ratifizierungsgesetz für die Pariser Verträge ausdrücklich fest, „daß der Verzicht auf die Herstellung bestimmter Waffentypen nicht auch einen Verzicht dafür enthält, derartige Waffen von dritten Staaten einzuführen und zu lagern." [137] Außerdem war das Versprechen nicht an die Sowjetunion, sondern nur an NATO-Mitglieder gekoppelt, wobei letztere die Beschränkungen ändern konnten. Schließlich setzte der Bundeskanzler die Bereitschaft der NATO voraus, westdeutsche Soldaten mit anderen NATO-Truppen gleichwertigen Waffen auszurüsten. [138] Unbestreitbar ist jedoch, daß sich Adenauers Einstellung zu Atomwaffen unter dem Eindruck der dramatischen Veränderungen auf dem Feld der internationalen Nuklearpolitik in den beiden Jahren nach der Unterzeichnung des EVG-Vertrages erheblich gewandelt hatte. Er war im Herbst 1954 nicht mehr dazu bereit, sich durch einen nuklearen Totalverzicht auf Dauer in einem Zustand militärischer und politischer Inferiorität einzurichten. [139]

---

[131]Mahnke, 1972, S.7.

[132]Adenauer, Erinnerungen 1953-1955, S.347.

[133]Küntzel, 1987, S.178ff.; ders., 1992, S.19.

[134]Nerlich, 1965, S.838f.

[135]Fischer, 1993a, S.111; ders. 1993b, S.278; ders., 1994, S.142f.

[136]Müller, 1990, S.550.

[137]Begründung der Bundesregierung zum Entwurf eines Gesetzes betreffend den Beitritt der Bundesrepublik Deutschland zum Brüsseler Vertrag und zum Nord-Atlantik-Vertrag, Protokoll Nr. III, Teil I, Artikel 2, S.52, in: Verhandlungen des Deutschen Bundestages, 2. Wahlperiode 1953, Anlagen zu den Stenographischen Berichten, Bd.33, Drucksache Nr. 1061 vom 10. Dezember 1954.

[138]Cioc, 1990, S.503f.

[139]Schwarz, 1989, S.578.

2.2.4 Die nukleare Umrüstung der Bundeswehr 1955-1961

Nach den Beschlüssen des NATO-Rates vom Dezember 1954 in Paris wurde die amerikanische Strategie der massiven Vergeltung als Grundlage des Verteidigungskonzepts der NATO übernommen und mit diesem weitgehend abgestimmt. [140] Ausdrücklich wurde hinzugefügt, daß die letzte Entscheidung über den Einsatz aller Nuklearwaffen auch weiterhin dem amerikanischen Präsidenten unterlag. [141] Es war jedoch weder über das konkrete Zusammenwirken von konventionell und nuklear gerüsteten Streitkräften im neuen Verteidigungskonzept der Allianz noch über die Frage, ob die europäischen Verbündeten in Zukunft selbst mit taktischen Atomwaffen ausgestattet werden sollten, eine Entscheidung getroffen worden. [142]
Der Entschluß der amerikanischen Regierung zur Weitergabe ihrer taktischen Atomwaffen an die europäischen Verbündeten setzte sich erst angesichts unübersehbarer Fortschritte der UdSSR in der Produktion von Wasserstoffbomben und Langstreckenraketen [143] durch. Die Antwort der Vereinigten Staaten war eine grundlegende Neuformulierung der bis dahin geltenden Verteidigungsstrategie [144]. Bei dem zu erwartenden nuklearen Gleichgewicht sollte das Hauptgewicht nun auf der Fähigkeit liegen, flexibel auf eine lokale Aggression zu reagieren, um nicht gleich einen Weltkrieg mit nuklearem Holocaust auslösen zu

---

[140] Pöttering, 1975, S.48ff. Diese Strategie erlaubte es den westlichen Verbündeten von den unerfüllbaren Lissabonner Streitkräftezielen, die eine bis 1954 aufzustellenden Gesamtzahl der Heeresdivisionen von 96 vorsah, abzuweichen, und stellte ihnen beträchtliche finanzielle Einsparungen in Aussicht. Allerdings erkauften sie sich diese Möglichkeit ihrer Verteidigung zum Preis ihrer eigenen Vernichtung. Ein mit Nuklearwaffen in Europa ausgetragener Konflikt mochte aus amerikanischer Sicht „taktisch“ begrenzt sein, hier würde er in jedem Fall unermeßliche Schäden anrichten, Haftendorn, 1986, S.157.

[141] Greiner, 1983, S.119. „Der Rat prüfte einen Bericht des Militärausschusses über die wirksamsten Maßnahmen zur Erhöhung der Verteidigungskraft der NATO in den nächsten Jahren, der die modernen Entwicklungen der Waffen und der Technik berücksichtigt. Er billigte diesen Bericht als Grundlage für die weitere Verteidigungsplanung und für die Vorbereitungen der militärischen Behörden der NATO, wobei er feststellte, daß diese Zustimmung keine Abtretung der Verantwortung, der Regierungen für die Entscheidung über das Inkraftsetzen dieser Pläne im Kriegsfalle bedeutet.“, Kommuniqué der Tagung des Atlantikrates in Paris am 17. und 18. Dezember 1954, Ziffer 6, in: Europa-Archiv, 1. Halbjahr 1955, Jg.10, 2.Folge, 20. Januar 1955, S.7251.

[142] Fischer, 1994, S.159.

[143] Am 26. August 1957 startete die Sowjetunion ihre erste interkontinentale mehrstufige ballistische Fernrakete, Pöttering, 1975, S.116. Damit bestand nun für die UdSSR die Möglichkeit, „Raketen in beliebige Räume der Welt zu starten“, vgl. die Mitteilung der Nachrichtenagentur Tass vom 27. August 1957, in: Europa-Archiv, 2. Halbjahr 1957, Jg.12, 20./21.Folge, 20. Oktober/5. November 1957, S.10279.

[144] Die USA konnte nicht mehr mit der Verwirklichung der angekündigten Sanktion der „massiven Vergeltung“ auf sowjetische Angriffe in Europa reagieren, wollte sie nicht einen umfassenden Nuklearkrieg auslösen und das Risiko der eigenen Vernichtung eingehen, Althaus, 1974, S.247; Rupp, 1984, S.34.

müssen. [145] Von einem politischen Verantwortlichen der USA wurde dieses neue Prinzip der „abgestuften Abschreckung“ erstmals öffentlich von dem amerikanischen Außenminister John Foster Dulles im Oktober 1957 [146] in einem Aufsatz für die Zeitschrift „Foreign Affairs“ [147] umrissen. [148] Entsprechend diesen Überlegungen erklärte Dulles auf der Dezembertagung des NATO-Rates in Paris die Bereitschaft der USA, die NATO-Partner mit Raketen kürzerer und mittlerer Reichweite auszustatten [149]. Die Atomsprengköpfe für diese auch konventionell einsetzbaren Mehrzweckwaffen sollten in unter amerikanischer Aufsicht stehenden NATO-Pools („Atomic Weapons Stockpiles“) bereitgehalten, und im Kriegsfall vom Oberbefehlshaber der NATO den verbündeten Truppen übergeben werden. Offen blieb allerdings ein Kontrollproblem, denn dem Oberbefehlshaber der NATO sollten die Waffen wiederum vom Oberbefehlshaber der amerikanische Streitkräfte in Europa ausgehändigt werden. Zwischen beiden Positionen bestand Personalunion, so daß sich die Frage stellte, ob der alliierte Oberbefehlshaber in einer solchen Situation seine Entscheidung als Oberbefehlshaber der NATO oder als amerikanischer General zu treffen haben würde. Die überwiegende Mehrzahl der NATO-Mitgliedsstaaten billigten diesen Vorschlag [150], lediglich die beiden sozialdemokratisch regierten Staaten Norwegen und

---

[145]Wampler, Robert A., Die USA, Adenauer und die atomare Strategie der NATO, in: Steininger, Rolf/Weber, Jürgen/Bischof, Günter/Albrich, Thomas/Eisterer, Klaus (Hrsg.), Die doppelte Eindämmung. Europäische Sicherheit und deutsche Frage in den Fünfzigern (= Tutzinger Schriften zur Politik; Bd.2), München 1993, S.261-282, hier S.263 (im folgenden zitiert als: Wampler, 1993). Selbst bei Konflikten, die über bloße Grenzzwischenfälle weit hinausgingen, sollte das nukleare „Schwert“ der Allianz nicht mehr so rasch wie möglich zum Einsatz gelangen. Starke, und das hieß auch, mit taktischen Atomwaffen ausgerüstete lokale Verteidigungskräfte hatten eine Pause zu erzwingen, um Politikern eine letzte Chance zur Bereinigung des Konflikts einzuräumen und ihnen damit ein wenig Flexibilität und Handlungsfreiheit zurückzugeben, Althaus, 1974, S.238.

[146]Am 4. Oktober demonstrierte die Sowjetunion durch den erfolgreichen Sputnik-Start erneut die gesteigerte Bedrohung der amerikanischen Sicherheit sowie ihren wissenschaftlich-technologischen Vorsprung, „und versetzte die selbstzufriedene amerikanische Nation in helle Aufregung“, Althaus, 1974, S.239; Fischer, 1993a, S.125; ders. 1993b, S.287.

[147]Dulles, John Foster, „Challenge and Response in United States Policy“, in: Foreign Affairs, Bd.36, 1957, S.25-43.

[148]Rupp, 1984, S.34f.; Wampler, 1993, S.277. Zugrunde liegen die Thesen von Henry Kissinger, Pöttering, 1975, S.116ff.

[149]Damit sollte auf amerikanischer Seite der momentane Vorsprung der Sowjetunion im Bereich der Trägersysteme kompensiert werden, Althaus, 1974, S.241.

[150]Er fand in folgenden Worten Eingang in das Komminiqué: „Nach sowjetischer Auffassung müßten alle europäischen Nationen, mit Ausnahme der UdSSR, ohne auf eine allgemeine Abrüstung zu warten, auf Atomwaffen und Flugkörper verzichten und sich mit konventionellen Waffen begnügen. Solange die Sowjetunion bei dieser Haltung verbleibt, haben wir keine andere Möglichkeit, als ... der militärischen Verteidigungsstärke der NATO die wirksamste Form zu geben und dabei den jüngsten Entwicklungen auf dem Gebiet der Waffentechnik Rechnung zu tragen. Hierzu hat die NATO beschlossen, Lager mit Atomsprengköpfen anzulegen, die im Notfall für die Verteidigung der Allianz sofort verfügbar sind.“, Dokumente der Konferenz der

Dänemark lehnten für ihr Gebiet die Stationierung von Mittelstreckenraketen ab, Norwegen auch die Lagerung von Atomsprengköpfen. [151]

Auf NATO-Ebene hatte sich die „Strategie" der „massiven Vergeltung" nie voll durchgesetzt, da sie vielen westeuropäischen Staaten als zu waghalsig und zu unsicher erschien [152]. Als den Bewohnern der NATO-Mitgliedsländer, insbesondere den Westdeutschen, die möglichen Folgen eines Atomkrieges klarer wurden [153], entwickelte sich eine Mischung aus Nuklearangst und nuklearer Abhängigkeit. Die Unfähigkeit der Alliierten, im westeuropäischen Bereich 96 Divisionen aufzustellen, bewirkte eine noch größere Abhängigkeit von Atomwaffen als dies jemals für notwendig oder sicher erachtet wurde. Als die Unverletzlichkeit des Territoriums der USA jedoch nicht mehr bestand, wurden bei den NATO-Mitgliedern Zweifel an der amerikanischen Bereitschaft, ihre strategischen Vergeltungswaffen einzusetzen, wenn nicht die Existenz der amerikanischen Nation selbst auf dem Spiel stand, laut. Obwohl sie noch ein paar Jahre zuvor vor der Idee des Einsatzes von Atomwaffen zurückgeschreckt waren, forderten sie nun mit Nachdruck Atomwaffen, beispielsweise auf der NATO-Rats-Tagung im Dezember 1956 [154]. Die Chance einen Krieg in Europa zu vermeiden, der nur aus amerikanischer Perspektive noch ein begrenzter sein konnte, wurde darin gesehen, sich durch Vergeltungswaffen in europäischen Händen von amerikanischen Entscheidungen unabhängig zu machen. [155]

Ganz in diesem Sinne hatte die Bundesregierung zunächst die vor allem auf fiskalischen Erwägungen basierenden Bestrebungen innerhalb der amerikanischen Regierung bekämpft, die amerikanische Rüstung noch rigoroser als bisher auf die Führung von Atomkriegen umzustellen [156]. Auch Adenauer hielt eine Verlagerung des strategischen

Regierungschefs der 15 Mitgliedsstaaten der NATO in Paris vom 16. bis zum 19. Dezember 1957, Kommuniqué, in: Europa-Archiv, 1. Halbjahr 1958, Jg.13, 2.Folge, 20. Januar 1958, S.10474.

[151]Althaus, 1974, S.241; Fischer, 1993a, S.129f.; Pöttering, 1975, S.125; Rupp, 1984, S.35.

[152]Zudem erwies sich die Hoffnung, durch die taktischen Nuklearwaffen konventionelle Verbände und damit Geld einsparen zu können, als illusorisch, Greiner, 1988, S.244; Wampler, 1993, S.261.

[153]Zwei NATO-Übungen, Battle Royal (1954) und Carte blanche (1955), führten den Bundesbürgern zum ersten Mal ihre geographische Verwundbarkeit vor Augen. In Battle Royal „benutzte" die NATO zehn atomare Bomben, um eine begrenzte sowjetische Panzerinvasion auf einer 80 km langen Front zurückzuwerfen, und „verseuchte" dabei fast 200 Quadratkilometer der Bundesrepublik. In Carte Blanche „warfen" sowjetische und NATO-Truppen je 150 Nuklearbomben in Europa ab, von denen zwei Drittel auf westdeutschem Boden „landeten", 1,7 Millionen Deutsche „töteten" und weitere 3,5 Millionen „verwundeten". Das Argument Adenauers, der NATO-Beitritt werde verhindern, daß im Konfliktfall westdeutsches Territorium zum nuklearen Schlachtfeld würde, wurde in seiner ganzen Fragwürdigkeit enthüllt, Cioc, , 1988, S.29f.; ders., 1990, S.507; Haftendorn, 1986, S.157f.; Fischer, 1993a, 193ff.; Kelleher, 1975, S.35ff.

[154]Haftendorn, 1986, S.163f.; Pöttering, 1975, S.92. Bereits im gleichen Monat erklärte der amerikanische Verteidigungsminister Wilson die grundsätzliche Bereitschaft der USA, den Verbündeten taktische Nuklearwaffen zu liefern. Diese Äußerung wurde am 12. April 1957 bezüglich der Waffensysteme („Honest John", „Matador", „Nike") weiter konkretisiert, ebenda.

[155]Althaus, 1974, S.240; Rupp, 1984, S.35f.; Wampler, 1993, S.261; S.265.

[156]Im Juli 1956 war der sogenannte „Radford-Plan" bekannt geworden, der eine drastische

Schwergewichts zugunsten von Atomwaffen sowohl aus ethischen als auch aus politischen Gesichtspunkten für falsch [157]: „Da nach meiner Auffassung die Atomwaffen die größte Gefahr für die gesamte Menschheit darstellten, hielt ich es für richtig, gerade hier auf die kontrollierte Abrüstung zu setzten". [158]

Wenige Monate später um die Jahreswende 1956/57 vollzog die Bundesregierung eine radikale und abrupte Kurskorrektur in der Sicherheitspolitik [159], und die Diskussion über die „atomare Ausrüstung" der Bundeswehr trat in ein konkretes Stadium [160]. Adenauer

---

Verringerung der in Europa stationierten US-Truppen um 800.000 Mann vorsah und anregte, sich statt dessen auf die atomare Abschreckung zu konzentrieren. Zur gleichen Zeit kündigte die britische Regierung den Test einer eigenen Wasserstoffbombe im Pazifik an; Frankreich stand ebenfalls an der Schwelle zur Atommacht. Birke, 1989, S.457; Fischer, 1993a, S.116; Haftendorn, 1986, S.158ff.; Wampler, 1993, S.267f. Siehe auch ausführlich Pöttering, 1975, S. 62ff.

[157]Birke, 1989, S.456.

[158]Adenauer, Konrad, Erinnerungen 1955-1959, Bd.3, Stuttgart [4] 1989, S.202 (im folgenden zitiert als: Adenauer, Erinnerungen 1955-1959). Die Bonner Reaktion auf die amerikanischen Spekulationen über substantielle Truppenreduzierungen, die nie verwirklicht wurden, war deshalb so heftig, weil sie Adenauers Außenpolitik im Kern trafen. Sie verminderten sowohl die Bedeutung des geplanten deutschen NATO-Beitrages als auch den Sinn für den Aufbau der Bundeswehr selbst. Adenauer fürchtete zudem, daß sich die USA auf die „Festung Amerika" zurückzuziehen gedachten, und die Europäer total von der unsicheren Bereitschaft des Kongresses abhängig wären, die atomare Zerstörung der USA für die Verteidigung der NATO zu riskieren, Adenauer, Erinnerungen 1955-1959, S.204; Haftendorn, 1986, S.160; Wampler, 1993, S.268.

[159]Die Motive für diese Kehrtwendung werden in der Literatur unterschiedlich hervorgehoben. Haftendorn, 1986, S.160, und Birke, 1989, S. 457, betonen die Einflußminderung und Diskriminierung der nichtnuklearen Verbündeten, vor allem aber der Bundesrepublik, der sie durch ihren militärischen Beitrag gerade zu entgehen gehofft hatte. Angesichts der bereits erkennbaren angloamerikanischen Neigung zu substantiellen Truppenreduzierungen bestand für die Bundeswehr die Gefahr, endgültig auf den konventionellen Teil der NATO-Strategie festgelegt zu werden, mit nachteiligen Konsequenzen für das politische Gewicht der Bundesrepublik. Dagegen steht bei Fischer, 1993a, S.117, der Vertrauensverlust in die amerikanische Sicherheitsgarantie für Europa und die Bundesrepublik im Vordergrund. Weitere Faktoren für den geänderten verteidigungspolitischen Kurs sind bei Pöttering, 1975, S.94ff., zu finden.

[160]Die von Rupp, 1984, S.35, aufgestellte These, bereits im Herbst 1955 habe die Bundesregierung geplant, die Bundeswehr mit Atomwaffen auszurüsten, wird bei Haftendorn, 1986, S.167, und Pöttering, 1975, S.93ff., widerlegt. Die Entscheidung dürfte erst im Zusammenhang mit der Ablösung Blanks durch Strauß als Verteidigungsminister am 16. Oktober 1956 gefallen sein. Für Strauß gab es keine Zweifel, daß auch die Bundeswehr mit taktischen Nuklear(Träger-)Waffen ausgerüstet werden mußte: „Hier ist unser Standpunkt der, daß wir Gleichberechtigung mit den übrigen europäischen Streitkräften der NATO verlangen. Ich glaube, daß gerade unsere heutigen Kritiker, die das Volk mit atomaren Vorstellungen aufzuputschen versuchen, uns die schwersten Vorwürfe machen werden, wenn wir eine qualitativ schlechte Bewaffnung für die Bundeswehr in Kauf nehmen würden, während alle übrigen Länder, sagen wir einschließlich der Niederlande, Türkei oder Griechenlands, über diese Waffen verfügen.", 8. April 1957: Interview des Bundesministers Strauß für den Hessischen Rundfunk, in: Dokumente zur Deutschlandpolitik, 3.

ließ sich überzeugen, daß nur eine „Qualitätsarmee", der die nukleare Option offenstand, den Verteidigungsnotwendigkeiten der Bundesrepublik gerecht werden und zugleich einer strukturellen Benachteiligung gegenüber Großbritannien und Frankreich begegnen könnte. Um militärisch und politisch nicht ins Hintertreffen zu geraten, strebte die Bundesregierung jetzt eine Lösung an, die darauf abzielte, die Bundeswehr mit taktischen atomaren Trägerwaffen – die atomaren Sprengköpfe blieben unter amerikanischem Verschluß – auszurüsten. [161] Am 5. April 1957 erklärte der Kanzler einer überraschten Öffentlichkeit, daß er die Ausrüstung der Bundeswehr mit atomaren Trägerwaffen befürworte:

> „Unterscheiden Sie doch die taktischen und die großen atomaren Waffen. Die taktischen Waffen sind nichts weiter als die Weiterentwicklung der Artillerie. Selbstverständlich können wir nicht darauf verzichten, daß unsere Truppen auch in der normalen Bewaffnung die neueste Entwicklung mitmachen. Die großen Waffen haben wir ja nicht. Aber wie sehr die Entwicklung im Fluß ist, sehen Sie daraus, daß Großbritannien erklärt hat, es wolle eine nukleare Macht werden. Die ganze Entwicklung ist in vollem Fluß. Wir Deutschen können die Entwicklung nicht stoppen. Wir können uns nur anpassen ...". [162]

Für das Drängen der Bundesregierung nach Ausstattung der Bundeswehr mit Kernwaffen gab es im Gegensatz z.B. zu den parallelen Bemühungen der Regierung Frankreichs aber nicht nur sicherheits- bzw. militärpolitische Motive. Zumindest seit Ende 1956 stand dahinter auch die Absicht, die seit diesem Zeitpunkt in der gesamten westlichen Öffentlichkeit diskutierten diplomatischen Vorstöße aus dem Ostblock, die darauf zielten, die

Reihe/Band 3, 1957, 1. Drittelband, bearbeitet von Ernst Deuerlein u.a., herausgegeben vom Bundesmininisterium für Gesamtdeutsche Fragen, Frankfurt am Main [u.a.] 1967, S.579-581, hier S.580 (im folgenden zitiert als: Dokumente zur Deutschlandpolitik, 3. Reihe/Band 3, 1957, 1. Drittelband). Diese Überzeugung konnte nicht ohne Einfluß auf Adenauer bleiben. Strauß drängte auch auf ein französisch-deutsches Nuklearforschungsprojekt, bei dem die einseitige deutsche Verpflichtung auf Produktionsverzicht von ABC-Waffen im Ausland umgangen werden konnte. Anfang Januar 1957 unterzeichnete er eine deutsch-französische Ministervereinbarung über die Zusammenarbeit bei der Entwicklung und Produktion von Atomwaffen, Küntzel, 1987, S.185; ders., 1992, S.28; Rupp, 1984, S.37.

[161] Birke, 1989, S.457f; Nerlich, 1965, S.641f.

[162] Adenauer, Erinnerungen 1955-1959, S.296. Drei Jahre zuvor hatte Adenauer noch die „ungeheure Gefährlichkeit der Atomwaffen" vor dem Bundesvorstand der CDU hervorgehoben: „Diese Atomwaffen sind tatsächlich so entwickelt worden, daß mit einer Bombe, geworfen von einem ferngesteuerten Flugzeug, eine Stadt wie Chicago bis zum letzten vernichtet werden kann.", Protokolle des CDU-Bundesvorstandes 1953-1957, S.120, Protkoll vom 19. Januar 1954. Ein Jahr später führte er in ähnlicher Weise aus: „Wenn Sie sich vorstellen, daß mit einer einzigen Wasserstoffbombe eine so große Stadt wie New York erledigt werden kann, nicht in dem Sinne, daß durch die Gewalt der entstehenden Kräfte alles eingerissen wird, wohl aber dadurch, daß durch radioaktive Strahlen jedes organische Leben getötet wird, dann haben Sie vielleicht einen kleinen Begriff von der Furchtbarkeit, von die in der Entwicklung dieser modernen Waffen liegt.", ebenda., S.506, Protokoll vom 3. Juni 1955.

bevorstehende Umrüstung der NATO mit dem Vorschlag einer atomwaffenfreien Zone in Mitteleuropa zu unterlaufen, durch die Schaffung vollendeter Tatsachen den Boden zu entziehen. [163] In diesem Zusammenhang ist vor allem der nach seinem Protagonisten, dem polnischen Außenminister, benannte „Rapacki-Plan" zu erwähnen. Dieser machte Anfang Oktober 1957 vor der UN-Vollversammlung den Vorschlag, in Europa eine kernwaffenfreie Zone zu schaffen, die das Gebiet der beiden deutschen Staaten, Polens und der CSSR umfassen sollte [164]. Die Initiative Rapackis war der erste Vorschlag eines Staatsmannes eines Ostblockstaates, der in der westlichen Öffentlichkeit auch außerhalb des bekannten Kreises von kommunistischen Sympathisanten großes Echo fand, in der Bundesrepublik vor allem bei der SPD-Opposition. Der Rapacki-Plan war geeignet, sowohl die atompazifistischen Strömungen in Westeuropa anzusprechen, als auch jene Kräfte, die aus den unterschiedlichsten Beweggründen eine Neutralisierung Deutschlands der militärischen Konfrontation vorzogen. [165]

Die Bundesregierung stand allen derartigen Vorstellungen von vornherein ablehnend gegenüber und zwar aus folgenden Gründen: Aus sicherheitspolitischer Sicht hätte eine atomwaffenfreie Zone in Mitteleuropa einen Verzicht der Bundeswehr und der in der Bundesrepublik stationierten amerikanischen Truppen auf atomare Trägerwaffen bedeutet. Dies stellte eine gravierende Einengung der Rüstungspolitik der westlichen Seite in einem Augenblick dar, als der Westen daran ging, seine bestehende konventionelle Unterlegenheit in Europa durch eine nukleare Umrüstung auszugleichen. Weiterhin fürchtete die Bundesrepublik, daß eine atomwaffenfreie Zone in Mitteleuropa die Westintegration der Bundesrepublik schwächen könnte [166]. Hinzu kam die Sorge, durch die Abrüstungsvorschläge werde der territoriale und politische Status quo in Mitteleuropa auf der Basis des gespaltenen Deutschlands im Sinne einer Zwei-Staatentheorie verfestigt oder gar interna-

[163] Birke, 1989, S.459; Rupp, 1984, S.37.

[164] Diese polnischen Vorstellungen über ein „Auseinanderrücken der Blöcke" in Mitteleuropa (Disengagement), über eine „atomwaffenfreie" Zone beiderseits der Ost-West-Demarkationslinie ordneten sich logisch in die sowjetischen Abrüstungsvorschläge der vorangegangenen Jahre, die darauf zielten, eine weitere Integration der Bundesrepublik in das Sicherheitssystem des Westens zu verhindern. Insbesondere nahm er Gedanken des sogenannten „Gromyko-Plans" vom März 1956 auf, der stellvertretend für die sowjetische Regierung gefordert hatte, „in Europa eine Zone der Rüstungsbeschränkung und -inspektion zu schaffen, die Gebiete beider Teile Deutschlands und benachbarter Staaten umfaßt.", zitiert nach Planck, Charles R., Sicherheit in Europa. Die Vorschläge für Rüstungsbeschränkung und Abrüstung 1955-1965 (= Schriften des Forschungsinstituts der Deutschen Gesellschaft für Auswärtige Politik e.V.; Bd.27), München 1968, S.113. Zum Rapacki-Plan siehe ausführlicher Haftendorn, 1986, S.110ff., Pöttering, 1975, S.140ff.

[165] Hillgruber, 1981, S.85; Schwarz, Hans-Peter, Die Ära Adenauer: Gründerjahre der Republik; 1957-1963 (= Geschichte der Bundesrepublik Deutschland, Bd.3), Stuttgart 1983, S.45 (im folgenden zitiert als: Schwarz, 1983).

[166] Im Gegensatz dazu waren große Teile der SPD eher dazu bereit, eine militärische Neutralisierung Europas in Kauf zu nehmen, wenn dadurch Fortschritte bei der Wiedervereinigung erzielt würden, Haftendorn, Helga, Abrüstungs- und Rüstungskontrollpolitik, in: Schwarz, Hans-Peter (Hrsg.), Handbuch der deutschen Außenpolitik, München [u.a.] 1975, S.523-530, hier S.524.

tional bestätigt. Für die Bundesregierung ergab sich damit die Gefahr einer Schwächung ihrer Position in der deutschen Frage. [167]

Obwohl die Bundesregierung nach der Verfassung nicht verpflichtet war, in der konkreten Sachfrage der Ausrüstung der Bundeswehr mit „modernen Waffen" das Parlament um Zustimmung zu bitten, wollte sie dennoch für ihre weitreichenden Entscheidungen ein Votum des Bundestages einholen, um die eigenen Entscheidungen als auf einer Willenskundgebung der Mehrheit des Parlaments beruhend repräsentieren zu können. Nachdem die Regierung Adenauer nach den Wahlen im September 1957 die absolute Mehrheit im Parlament besaß und im Dezember 1957 in Paris das amerikanische Angebot erfolgt war, die NATO-Streitkräfte in Europa mit Atomwaffen und Mittelstreckenraketen unter amerikanischer Kontrolle auszurüsten, drängte die Bundesregierung auf eine parlamentarische Entscheidung. Am 25. März 1958 stimmte der Bundestag mit Mehrheit für eine Ausrüstung der Bundeswehr mit nuklearen Trägerwaffen. [168]

Für die nunmehr erstmals zu formulierende Nuklearpolitik der Bundesrepublik waren dabei grundsätzlich zwei Wege möglich: [169]

- Zum einen konnte sie eine nukleare Zusammenarbeit mit den Vereinigten Staaten vereinbaren, die innerhalb des Atlantischen Bündnisses unter grundsätzlicher Anerkennung eines nuklearen Status- und Machtunterschiedes, aber in der sicheren Gewißheit, daß trotz aller Zweifel eine Sicherheitsgarantie für Westeuropa und für die Bundesrepublik im besonderen nur durch die USA gewährt werden konnte, stattfinden würde.

- Zum anderen stand die nukleare Kooperation mit Frankreich offen [170].

---

[167]Haftendorn, 1986, S.112ff.; Pöttering, 1975, S.146ff; Rupp, 1984, S.39. Aus Sicht der Initiatoren erwies sich die Wirkung der „Disengagement-Pläne", obwohl sie nichts Konkretes ergaben, längerfristig durchaus als positiv. Für die UdSSR war nämlich deutlich geworden, daß die Haltung „des Westens" nicht mehr in sich geschlossen war und sich Ansatzmöglichkeiten zum Vorankommen mit anderen Methoden zeigten, Hillgruber, 1981, S.86.

[168]Pöttering, 1975, S.74ff.; Rupp, 1984, S.40f.

[169]Fischer, 1993a, S.131; ders., 1993b, S.291.

[170]Außer Frankreich und England, deren ehrgeizige Pläne bis hin zur nuklearen Selbständigkeit bereits in den fünfziger Jahren Gestalt annahmen, zeigte der Rest der europäischen NATO-Partner zunächst kaum Neigung, sich des nuklearen Problems anzunehmen. Sie waren viel zu sehr – auch die Bundeswehr – damit beschäftigt, konventionell ausgerüstete Kampfverbände auszurüsten und einsatzbereit zu machen, Steinhoff/Pommerin, 1992, S.59. Aber nur die französische Lösung zielte darauf, eine nationale nukleare *force de frappe* zu schaffen. Die verschwindende Glaubwürdigkeit der amerikanischen Nuklearverpflichtung spielte hierbei zwar auch eine Rolle, wichtiger war jedoch, der amerikanischen diplomatischen Bevormundung zu entkommen, nachdem sich die Regierung Eisenhower geweigert hatte, den amerikanischen „NATO-Vorstand" mit Großbritannien und Frankreich zu teilen. Die Lösung Großbritanniens bestand dagegen darin, mit Hilfe Washingtons ihr eigenes unabhängiges Nukleararsenal durch Modernisierung zu erhalten und seine politische und historische „Sonderbeziehung" zu den Vereinigten Staaten auf

Mitte April 1958 traten die Außenminister der Allianz in Paris zusammen und verabschiedeten das Planungsdokument MC-70 („Minimum Essential NATO Force Requirements 1958-1963"), das die Richtlinien für die Ausrüstung der NATO-Divisionen mit Mehrzweckwaffen, die sowohl für die konventionelle als auch für die taktisch-atomare Kriegsführumg geeignet sein sollten, bis 1963 festlegte. Die Bundeswehr sollte insgesamt 100 Abschußrampen erhalten. Mit der deutschen Zustimmung zu MC-70 war die Entscheidung zu Ausrüstung der Bundeswehr mit modernen Mehrzweckwaffen endgültig gefallen. [171] Die tatsächliche Ausrüstung der Bundeswehr mit Trägerwaffen blieb allerdings weit hinter den Planungszielen von 1958 (MC-70) zurück [172], da sich die USA von der Strategie der nahezu vollständigen Abhängigkeit von Nuklearwaffen zu lösen und wieder verstärkt auf konventionelle Optionen zu setzen begannen. [173]

Obwohl von einer echten nuklearen Partnerschaft innerhalb des atlantischen Bündnisses auch jetzt noch nicht die Rede sein konnte, hatte die Bundesregierung erreicht, daß die Bundeswehr gleich den anderen NATO-Mitgliedsländern in die konventionell-nukleare Strategie der Amerikaner einbezogen worden war. Dieser Weg hatte für Bonn zusätzlich den Vorteil, daß weitere eigene Ambitionen auf diesem nach wie vor äußerst heiklen

---

den nuklearen Bereich auszudehen, Hanrieder, Wolfram F., Deutschland, Europa, Amerika: die Außenpolitik der Bundesrepublik Deutschland 1949-1994, Paderborn [u.a.] ^{2}1995, S.46.

[171] Bald, 1994, S.34; Fischer, 1993a, S.131; Rupp, 1984, S.41f.; Schwarz, 1983, S.50. Lediglich Dänemark und Norwegen erneuerten ihre Ablehnung, in Friedenszeiten Kernwaffen auf ihrem Territorium stationieren zu lassen. Mit Ausnahme der britischen Labor Party wurde das Programm auch von den sozialistischen Parteien Westeuropas getragen, Schwarz, 1983, S.51.

[172] Erst Anfang der sechziger Jahre erhielten die westdeutschen Heeresverbände die ersten Kurzstreckenraketen als „Zwei-Zweck"-Waffen mit der Reichweite von ungefähr 40 km. Mitte 1963 folgten dann nur mit nuklearen Sprengköpfen bestückbar Kurzstreckenraketen. Daneben verfügte die Bundesluftwaffe Anfang der sechziger Jahre über Boden-Boden-Raketen mit einer Reichweite von ca. 700 km und Flugabwehrraketen mit einer Reichweite von ca. 40 km sowie über weitere konventionelle Flugzeuge, wie z.B. den amerikanischen „Starfighter", die ebenfalls für atomare Kampfaufträge geeignet waren, Rupp, 1984, S.42; Schwarz, 1983, S.50.

[173] Haftendorn, 1986, S.173; Nerlich, 1965, S.642. Die Strategie der „massiven Vergeltung" wurde Anfang 1961, dem Amtsantritt der Regierung Kennedy, durch eine solche der „flexible Reaktion" (flexible response) ersetzt. Diese sicherheitspolitische Konzeption beruhte auf einem abgestuften und der Herausforderung angemessenen Einsatz eines weiten Spektrums militärischer - d.h. in erster Linie konventioneller - und politischer Mittel. Eine Schadensbegrenzung sollte durch ein Vorgehen zunächst nur gegen die Streitkräfte und die Industriezentren des Gegners, nicht aber gegen seine Bevölkerungszentren erreicht werden („counterforce strategy", die in der Hoffnung entwickelt wurde, den Gegner zum gleichen Verhalten zu veranlassen). Alle Raketenabschußbasen sollten verbunkert oder Raketen auf See installiert werden, um einen Gegenschlag auch nach erfolgtem gegnerischen Angriff zu gewährleisten („second strike capability"). Die Strategie beinhaltete weiterhin eine Heraufsetzung der atomaren „Schwelle", um so der Gefahr eines verfrühten Nukleareinsatz eines Bündnismitglieds besser begegnen zu können. Im Gegensatz dazu liefen die sicherheitspolitischen Vorstellungen der Bundesregierung nach wie vor auf Stationierung von Atomwaffen im vorderen Frontbereich hinaus, Geiling, 1975, S.172; Pöttering, 1975, S.184ff.; Haftendorn, 1986, S.173; Mahnke, 1972, S.93f.; Rupp, 1984, S.42.

Gebiet durch Verweis auf das Bündnis und die Erfüllung entsprechender gemeinsamer Verpflichtungen innen- wie außenpolitisch leichter rechtfertigt werden konnten. [174]

Der zweite Weg, die nukleare Kooperation mit Frankreich, erschien zwar für einige Zeit als der vielversprechendere und vor allem kürzere Weg zur Überwindung der als „unerträglich“ empfundenen Asymetrie oder Diskriminierung. Gegen diese Option sprach jedoch zum einen, daß sich diese durch den bestehenden Bündniskontext nicht unmittelbar gedeckte Zusammenarbeit längerfristig nicht geheimhalten lassen würde, mit entsprechenden Auswirkungen auf das innen- und außenpolitischen Klima. Zum anderen mußte sich die Bundesregierung bei dieser Art der Zusammenarbeit von Anfang an über die Gefahr im klaren sein, daß hier lediglich ein Beitrag zur Finanzierung des letzten Endes doch eindeutig national ausgerichteten französischen Nuklearprogramms, das eine deutsche Mitverfügung niemals erwog, geleistet wurde. Dieser Aspekt trat mit dem Ende der Vierten Republik und der Machtübernahme durch Charles de Gaulle unübersehbar in den Vordergrund und hatte im Spätsommer 1958 schließlich den Abbruch des Kooperationsprojekts zur Folge. Das Projekt einer europäischen Nuklearstreitmacht war damit bereits Ende der fünfziger Jahre gescheitert. [175]

---

[174] Bald, 1994, S.34; Fischer, 1993a, S.131; ders., 1993b, S.272.

[175] Fischer, 1993a, S.131f.; ders., 1993b, S.272; Küntzel, 1992, S.28ff.

Kapitel 3

Die Göttinger Erklärung

Seitdem die Atombombe entwickelt worden war, findet sich auf Seiten der Wissenschaftler Wiederstand gegen die Atombewaffnung. Wurde in den USA ein vernünftiges Maßhalten der Politik bereits nach dem Abwurf der Atombomben auf Japan und dem Ende des Krieges gefordert, hatte das Scheitern von Bemühungen, ein Verbot von Atomwaffen im Rahmen der Vereinten Nationen durchzusetzen, zur Folge, daß diese Forderung von Wissenschaftlern nun international erhoben wurde [1]. Da an dem Protest auch Physiker und Chemiker, die selbst an der Atomwaffenentwicklung mitgewirkt hatten, beteiligt waren, keimte Hoffnung auf, daß die gleichen Wissenschaftler nun auch bei der Eindämmung der Atombombengefahr eine tragende Rolle spielen würden. [2]
Im April 1957 sprachen sich achtzehn deutsche Professoren, größtenteils Atomphysiker, öffentlich gegen die geplante Ausrüstung der Bundeswehr mit atomaren Trägersystemen in der Bundesrepublik aus und kündigten gleichzeitig an, sich niemals selbst an einer etwaigen Waffenproduktion beteiligen zu wollen. Der Aufruf wurde vorrangig als Appell des Gewissens verstanden und besaß als solcher eine durchschlagende Wirkung. Mit ihm wurde der Mythos von der Wirksamkeit einer überpolitischen Vernunft der Wissenschaft festgeschrieben. Gleichzeitig enthüllte er eine tiefe Kluft zwischen Fragen der Moral einerseits und der Politik der nuklearen Abschreckung andererseits, obwohl beide eine durchaus ähnliche Zielsetzung gehabt haben dürften. [3]

---

[1] Besondere Beachtung fand ein Aufruf des britischen Literatur-Nobelpreisträgers Bertrand Russell zur Ächtung des Weltkrieges, den er am 9. Juli 1955 der Presse übergab. Dieser war von 8 Nobelpreisträgern der Physik, Chemie und Medizin aus sechs Ländern mitunterzeichnet worden, darunter Einstein (kurz vor seinem Tod), Joliot-Curie (Vorsitzender des Präsidiums des Weltfriedensrates), Max Born, P. W. Bridgman, H. J. Muller, Linus Pauling, C. F. Powell, Hideki Yukawa, sowie den Physikern L. Infelt und J. Rotblat. Tenor des Appells war der Gedanke, „daß in einem zukünftigen Krieg zweifellos Kernwaffen zur Verwendung kommen werden, die den Fortbestand der Menschheit bedrohen würden", vgl. Heipp, Es geht ums Leben! Der Kampf gegen die Bombe, 1965, S.28ff.

[2] Müller, 1990, S.550; Stölken-Fitschen, 1995, S.205.

[3] Stölken-Fitschen, 1995, S.205.

Im folgenden soll zunächst in Kapitel 3.1 auf die Vorgeschichte und Entstehung der Göttinger Erklärung eingegangen werden. Danach folgt in Kapitel 3.2 eine Schilderung der Reaktionen auf den Aufruf bis in das Jahr 1958 hinein. Kapitel 3.3 widmet sich dann weiteren Aktionen der Göttinger Wissenschaftler. Eine kritische Diskussion des Aufrufs und seiner Wirkung steht abschließend im Mittelpunkt von Kapitel 3.4.

3.1 Vorgeschichte und Entstehung der Göttinger Erklärung

Zu den Warnern vor den Gefahren einer Atomrüstung und den späteren Unterzeichnern der Göttinger Erklärung gehörten, wie bereits angedeutet, vor allem jene deutschen Wissenschaftler, die im Kriege im deutschen Uranverein mitgearbeitet hatten und sich nun in besonderem Maße bei der Vorbereitung und dem Einstieg in die friedliche atomare Nutzung engagierten. Ausgelöst durch die Kritik, die sie wegen ihrer Beteiligung an der Kernforschung im nationalsozialistischen Deutschland erfahren hatten, sollte nun die Distanz der deutschen Atomphysiker zur militärischen Atomforschung öffentlich demonstrieren werden. [4]

Vor allem Werner Heisenberg, der im März 1952 zum Vorsitzenden der DFG-Kommission für Atomphysik gewählt worden war und der seine forschungspolitischen Aktivitäten ganz auf die Ingangsetzung der zivilen Atomenergieentwicklung in der Bundesrepublik konzentrieren wollte [5], und von Weizsäcker waren hier die treibenden Kräfte [6]. Die Haltung der Bundesregierung, den Verzicht auf Atomwaffen nur auf die Entwicklung und Herstellung eigener Waffen in der Bundesrepublik zu begrenzen, erfüllte Heisenberg mit Besorgnis, noch dazu, da er – wie er später schrieb – gelegentlich in Kreisen der Politik oder der Wirtschaft die Meinung hörte, „eine atomare Bewaffnung sei eben in unserer Welt eines der üblichen Mittel, zur Sicherung gegen die äußere Bedrohung und daher auch für die Bundesrepublik nicht auszuschließen.“ [7] Heisenberg selbst war der Überzeugung, „daß eine atomare Bewaffnung die außenpolitische Stellung der Bundesrepublik nur schwächen, daß

---

[4] Fischer, 1994, S.29; Müller, 1990, S.551.

[5] Fischer, 1994, S.32f.

[6] Müller, 1990, S.551, führt an, daß Heisenberg schon bei den Besprechungen über die künftige deutsche Kernenergie-Kommission mit dem Bundeswirtschaftsministerium im Frühjahr 1954 gefordert hatte, daß der Vorsitzende und die Mitglieder das Recht zum Rücktritt erhalten sollten, falls die Regierung vom Ziel der friedlichen Nutzung der Kernenergie zu einer militärischen abweichen sollte. Weiterhin hatte er in seinen „Bemerkungen zur Errichtung einer zentralen deutschen Atomenergiestation“ im Mai 1954 den Vorschlag gemacht, die Arbeit dort mit einer öffentlichen Erklärung beginnen zu lassen, daß keinesfalls Atombomben hergestellt werden würden. Seiner Ansicht nach war dies zur Vorbereitung der Öffentlichkeit, besonders aber auch der Wissenschaftler wichtig. Vgl. auch Fischer, 1994, S.58.

[7] Heisenberg, Werner, Der Teil und das Ganze. Gespräche im Umkreis der Physik, München [3]1976, S.258 (im folgenden zitiert als: Heisenberg, Der Teil und das Ganze, 1976).

wir uns also mit dem Streben nach Atomwaffen in irgendeiner Form nur schaden könnten. Denn das Entsetzen über die Handlungen unserer Landsleute in den Jahren des Krieges war noch viel zu verbreitet, um Atomwaffen in deutsche Hände zu lassen.“ [8] Andererseits schien ihm Adenauer aber „durchaus dem Argument zugänglich [zu sein], daß in der Frage der Bewaffnung die Bundesrepublik immer nur das Minimum dessen tun sollte, was von ihr durch ihre Bundesgenossen verlangt würde.“ [9] So hatte Heisenberg auch auf dem Höhepunkt der Auseinandersetzungen um die Wiederbewaffnung im Zusammenhang mit der Ratifizierung der Pariser Verträge im Januar 1955 auf Wunsch von Adenauer eine Anfrage des Generaldirektors des Nordwestdeutschen Rundfunks, Adolf Grimme, einen Rundfunkvortrag über die ambivalenten Möglichkeiten bei der Nutzung der Kernenergie zu halten, ablehnig beschieden. Adenauer schien offenbar eine Stärkung der oppositionellen Argumentation durch Heisenbergs Ausführungen zu befürchten. Durch eine Indiskretion bekannt geworden, löste der „Maulkorberlaß“ Adenauers gegenüber seinem Atomberater Heisenberg in der Presse heftige Kritik an solcher Unterdrückung der Redefreiheit aus. [10] Obwohl das Bundespresseamt erklärte, daß der Bundeskanzler Heisenberg nur um eine Verschiebung seiner Überlegungen über die Auswirkungen der friedlichen Atomtechnik in der Bundesrepublik bis nach der Ratifizierung der Pariser Verträge ersucht habe, damit im Ausland nicht der Eindruck eines Verstoßes gegen noch geltendes Besatzungsrecht entstehen könne, sah die Opposition darin einen Versuch, eine Diskussion über Atomwaffen in der Bundesrepublik zu verhindern. [11]
Anstelle von Heisenberg sprang jedoch der ebenso populäre und anerkannte Atomwissenschaftler Otto Hahn auf Ersuchen des niedersächsischen SPD-Ministerpräsidenten Heinrich Kopf ein. Vor allem die SPD war besorgt über eine Verwischung der Unterschiede zwischen der von ihr erstrebten friedlichen Nutzung der Kernenergie und der von ihr bekämpften militärischen [12]: „Während [... Otto Hahn] andeutete, daß Heisenberg wahrscheinlich über deutsche Kernreaktoren sprechen wolle, die zur Zeit noch nicht hergestellt werden dürften, meinte Herr Kopf, daß der Bundeskanzler wohl absichtlich das Volk über die Gefahren eines Atomkrieges im unklaren lassen wolle, weil sonst seine Wiederaufrüstung behindert würde.“ [13] In seinem Beitrag „Cobalt 60 – Gefahr oder Segen für die Menschheit?“ [14], der am 13. Februar 1955 im Nordwestdeutschen Rundfunk ausgestrahlt wurde, schilderte Hahn drastisch die Gefahren des Atomzeitalters, beschränkte sich dabei allerdings ausdrücklich auf die militärische Nutzung. Hahns Vortrag stellte eine der

---

[8] Ebenda.

[9] Ebenda.

[10] Fischer, 1994, S.162; Hermann, Armin, Werner Heisenberg in Selbstzeugnissen und Bilddokumenten, Reinbek 1976, S.100 (im folgenden zitiert als: Hermann, 1976); ders., Die Jahrhundertwissenschaft: Werner Heisenberg und die Physik seiner Zeit, Stuttgart 1977, S.204 (im folgenden zitiert als: Hermann, 1977); Müller, 1990, S.552.

[11] Hermann, 1977, S.204.

[12] Zur Haltung der SPD bezüglich einer Atombewaffnung der Bundeswehr siehe Kapitel 3.2.4.1.

[13] Hahn, Otto, Mein Leben, München 1968, S.228 (im folgenden zitiert als: Hahn, Mein Leben, 1968).

[14] Hahn, Otto, Cobalt 60. Gefahr oder Segen für die Menschheit?, Göttingen [u.a.] [2]1955.

ersten berufenen Stellungnahmen dar, die auf die Herstellung einer Atomöffentlichkeit in der Bundesrepublik abzielten und damit auf Konfrontationskurs mit den erklärten Bestrebungen des Bundeskanzlers gingen. [15]
Die Resonanz des Hahn-Vortrags in der Öffentlichkeit war so groß [16], daß Hahn einigen seiner Kollegen vorschlug, einen gemeinsamen Aufruf mit noch größerem Gewicht folgen zu lassen. Die von Werner Heisenberg, Carl Friedrich von Weizsäcker und Max Born erstellten Entwürfe wurden untereinander abgestimmt und an prominente ausländische Wissenschaftler zunächst vertraulich geschickt. Als besonders gute Gelegenheit erschien die in Lindau Ende Juni 1955 stattfindende sechste Nobelpreisträgertagung [17]. Der Friedensappell der „Naturforscher aus verschiedenen Ländern, verschiedener Rasse, verschiedenen Glaubens, verschiedener politischer Überzeugung“ [18], der auf einer Kundgebung der Nobelpreisträger am 15. Juli 1955 auf der Insel Mainau vor der Presse verlesen wurde, forderte aus dem Gedanken heraus, daß ein Krieg zwischen den Großmächten unweigerlich zu einem Atomkrieg führen würde: „Alle Nationen müssen zu der Entscheidung kommen, freiwillig auf die Gewalt als letztes Mittel der Politik zu verzichten.“ [19] Von den deutschen Kernforschern hatten die Nobelpreisträger Max Born, Walther Bothe, Otto Hahn, Werner Heisenberg, Gustav Hertz (Leipzig) und Max von Laue unterschrieben. Der Aufruf wurde jedoch nicht nur von den in Lindau anwesenden, sondern auch von zahlreichen anderen Nobelpreisträgern der Chemie, der Physik und der Medizin - bis Mitte 1956 insgesamt 51 - unterzeichnet. [20] Er fand jedoch nicht das erhoffte öffentliche Echo. Einer Wiederholung bei der Lindauer Nobelpreisträgertagung 1956 erging es nicht anders. [21] Obwohl die ablehnende Haltung hinsichtlich atomar geführter Kriege auf beiden Tagungen bestätigt wurde, gaben die dort versammelten Physiker, von der Presse nach ihrer Einschätzung

[15]Fischer, 1994, S.163.

[16]„Bereits am nächsten Tag bat mich die BBC, meinen Vortrag über ihr Sendernetz in englischer Sprache zu verlesen. ...Die kommenden Wochen zeigten, daß meine Ausführungen große Beachtung gefunden hatten. Von allen Seiten bekam ich Briefe, so daß ich das Manuskript nun auch noch der ‚Frankfurter Allgemeinen‘ zum Abdruck überließ, dem sich weitere Zeitschriften anschlossen. Die deutlichste Zustimmung kam von linksgerichteten Stellen; und sogar der damalige Ministerpräsident der Ostzone, Otto Grotewohl, bezog sich in einem seiner ‚Friedensappelle‘ auf meine Worte.“, Hahn, Mein Leben, 1968, S.229.

[17]Aus dem Treffen von Nobelpreisträgern der Medizin in Lindau 1951 war eine ständige Veranstaltung geworden, bei der jährlich abwechselnd jeweils Nobelpreisträger der Medizin, der Chemie und der Physik zusammenkamen, Müller, 1990, S.552.

[18]Die „Mainauer Kundgebung der Nobelpreisträger vom 15. Juli 1955“ ist abgedruckt in: Hahn, Otto, Erlebnisse und Erkenntnisse. Mit einer Einführung von Prof. Dr. Karl-Erik Zimen Herausgegeben von Dietrich Hahn, Düsseldorf [u.a.] 1975, S.217-219, hier S.217 (im folgenden zitiert als: Hahn, Erlebnisse und Erkenntnisse, 1975).

[19]Ebenda., S.217f.

[20]Hahn, Mein Leben, 1968, S.229f.; Müller, 1990, S.552; Rupp, 1984, S.69, Fußnote 341. Der Aufruf ist u.a. abgedruckt in: Gerlach, Walther/Hahn, Dietrich, Otto Hahn: ein Forscherleben unserer Zeit (= Große Naturforscher; Bd.45), Stuttgart 1984, S.154 (im folgenden zitiert als: Gerlach/Hahn, 1984); Hahn, Erlebnisse und Erkenntnisse, 1975, S.217f.

[21]Müller, 1990, S.552f.

der Gesundheitsgefährdung durch radioaktive Strahlen befragt, nur beruhigende Auskünfte. [22]

[23] Im Sommer 1956 führte die Haltung der Bundesregierung bei der Formulierung des Atomgesetzes zu einer weiteren Verstärkung der Besorgnis bei den Göttinger Wissenschaftlern. Im Interministeriellen Ausschuß war in dem vom Bundesministerium für Atomfragen ausgearbeiteten und von der Atomkommission [24] gebilligten Entwurf des Atomgesetzes eine Bestimmung eingefügt worden, nach der die Vorschriften des Gesetzes „unbeschadet der völkerrechtlichen Verpflichtungen in der Bundesrepublik keine Anwendung auf radioaktive Stoffe, Kernbrennstoffe, Anlagen und Einrichtungen [finden], die der Bundesrepublik zu Verteidigungszwecken zur Verfügung stehen". [25]. Diese Bedenken wurden durch das den Interessierten nach und nach offenbar werdende Drängen der Bundesregierung nach Atomwaffen für die Bundeswehr sowie durch den Wechsel des tatkräftigen Strauß, der auch als Atomminister stellvertretender Vorsitzender des Verteidigungsrates geblieben war, in das Verteidigungsministerium im Oktober 1956, noch intensiviert. [26]

---

[22]Stölken-Fitschen, 1995, S.134.

[23]Beschreibungen über die Ereignisse, die zur Göttinger Erklärung im April 1957 führten, finden sich bei ihren Unterzeichnern, vgl. Fleischmann, Rudolph, Kernphysik und Atombombe, in: Forster, Karl (Hrsg.), Kann der atomare Verteidigungskrieg ein gerechter Krieg sein? (= Studien und Berichte der Katholischen Akademie in Bayern; Bd.10), München 1960, S.11-39; Hahn, Mein Leben, 1968, S.231ff.; Heisenberg, Der Teil und das Ganze, 1976, S.262ff.; Weizsäcker, Carl Friedrich Freiherr von, Die Verantwortung der Wissenschaft im Atomzeitalter, Göttingen 1957 (im folgenden zitiert als: Weizsäcker, Die Verantwortung der Wissenschaft im Atomzeitalter, 1957); ders., „Die Atomwaffen", in: Burschenschaftliche Blätter, Bd.72-73, 1957/58, S.198-200 (im folgenden zitiert als: Weizsäcker, Die Atomwaffen, 1957/58); ders., Der bedrohte Frieden: Politische Aufsätze 1945-1981, München 1981 (im folgenden zitiert als: Weizsäcker, Der bedrohte Frieden, 1981). Ferner siehe z.B. Besser, Die Rebellion des Gewissens. Wie kam es zu dem Appell der Atomforscher, 1957; Rupp, 1984, S.73ff.

[24]Dieser gehörten vier der späteren Unterzeichner der Göttinger Erklärung an: Otto Hahn, Otto Haxel, Werner Heisenberg und Wolfgang Riezler.

[25]Zitiert bei Müller, 1990, S.549. Bereits 1953 hatte der 3. Entwurf für ein Atomgesetz eine Ausnahme von dem Verbot für Atomwaffen im Falle eines Ersuchens der Europäischen-Verteidigungs-Gemeinschaft vorgesehen, ebenda., S.550. Damit wurde von bundesdeutscher Seite auf folgende Ausnahmeregelung im EVG-Vertrag (Artikel 107, Paragraph 4a) reagiert: „Das Kommissariat darf für strategisch gefährdete Gebiete [wie die Bundesrepublik] keine Genehmigung hinsichtlich der in der anliegenden Anlage II erwähnten Waffengruppe erteilen, falls der Rat dies nicht einstimmig beschließt.", Vertrag über die Gründung der Europäischen Verteidigungsgemeinschaft, in: Bundesgesetzblatt Jahrgang 1954, 1. Halbjahr, Teil II, herausgegeben vom Bundesminister der Justiz, S.343-379, hier S.371.

[26]Besser, Die Rebellion des Gewissens. Wie kam es zu dem Appell der Atomforscher, 1957; Hermann, 1977, S.209; Müller, 1990, S.553; Rupp, 1984, S.73. „Im Herbst 1956 wurde uns deutschen Atomforschern klar, daß erste Vorbereitungen getroffen wurden, die Bundeswehr atomar auszurüsten. Diese Vorbereitungen hielten sich ohne Zweifel im Rahmen der bestehenden Verträge. Sie blieben in der Ebene der bloßen Planung. Keiner von uns wurde aufgefordert, Atomwaffen zu bauen. Aber um so unheimlicher war uns der Vorgang. Hätte man von uns verlangt, Atom-

Ende November 1956 fand im Hause des erkrankten Heisenberg eine Besprechung statt, in der auf von Weizsäcker's Initiative ein nichtöffentlicher Brief an Strauß formuliert und beschlossen wurde, dessen Betonung stärker als in der öffentlichen Erklärung vom folgenden April auf der Ablehnung einer deutschen Atomwaffenproduktion lag [27]. Die 13 unterzeichnenden Wissenschaftler – Mitglieder der Kernphysikerkommission, die alle innerhalb der Fachgruppen der offiziellen Atomkommission arbeiteten –, darunter 10 der späteren Unterzeichner der Göttinger Erklärung [28], forderten darin die Berücksichtigung ihrer ernsten Bedenken gegen eine atomare Ausrüstung der Bundeswehr und behielten sich das Recht vor, mit ihren Ansichten zur atomaren Bewaffnung an die Öffentlichkeit zu treten, falls sie von der Regierung keine befriedigende Antwort erhielten. [29]
Es folgte ein Telefongespräch von Strauß mit Otto Hahn, in dessen Verlauf Strauß das Verlangen der Physiker als abträglich für die NATO-Politik der Bundesregierung bezeichnet haben soll: „Mit scharfen Worten malte er die Schadenfreude aus, die unsere Aktion bei den Sowjets auslösen würde: Wir behinderten seine Bemühungen, Deutschland gegen die Sowjetunion zu stärken und der Westen würde für unsere Intervention kein Verständnis aufbringen.“ [30]

Am 29. Januar 1957 fand dann eine persönliche Aussprache zwischen der Wissenschaftlergruppe und Strauß statt [31], „in der es zu erregten Wortwechseln kam und Strauß u.a.

---

waffen zu bauen, so hätten wir durch eine Weigerung etwas erreichen können. Wie aber, wenn die Bundeswehr erst nur die Abschußgeräte für Atomwaffen erhält und später eines Tages die Bomben und Granaten selbst, von ausländischer Produktion? Wenn wir überhaupt der Meinung waren, die Bundeswehr solle nicht atomar ausgerüstet werden, so mußten wir jetzt den Schritt tun.“, Weizsäcker, Die Verantwortung der Wissenschaft im Atomzeitalter, 1957, S.20f.; ders., Die Atomwaffen 1957/58, S.198f.

[27] In dem Brief baten die Wissenschaftler Strauß „öffentlich zu erklären, daß die Bundesrepublik Atomwaffen weder herzustellen noch zu lagern gedenke.“, Hahn, Mein Leben, 1968, S.231. Der genaue Text des Briefes ist nie publiziert worden, er soll aber der nachfolgenden Erklärung ähneln, vgl. Cioc, 1988, S.203, Fußnote 10.

[28] Der Brief an Strauß ist unterzeichnet von den Professoren Bopp, Bothe, Gentner, Hahn, Haxel, Heisenberg, Jenschke, Kopfermann, Maier-Leibnitz, Mattauch, Riezler, Walcher und von Weizsäcker, vgl. Besser, Die Rebellion des Gewissens. Wie kam es zu dem Appell der Atomforscher, 1957; Rupp, 1984, S.77, Fußnote 374.

[29] Hermann, 1977, S.209; Küntzel, 1992, S.25; Müller, 1990, S.553; Radkau, 1983, S.99; Rupp, 1984, S.76f. „Am ersten Tag, an dem ich das Bett wieder verlassen konnte – es war inzwischen Ende November [1956] geworden, fand in meinem Haus eine Besprechung statt, in der ein Brief an den damaligen Verteidigungsminister Strauß formuliert und beschlossen wurde. Wenn wir auf diesen Brief keine uns befriedigenden Antwort erhielten, wollten wir, so hatten wir geschrieben, uns das Recht vorbehalten, mit unsereren Ansichten zur Frage der atomaren Bewaffnung an die Öffentlichkeit zu treten. Ich war froh, daß Carl Friedrich [von Weizsäcker] zu diesem Schritt die Initiative ergriffen hatte; denn ich konnte einstweilen nur zusehen und höchstens mit dem halben Einsatz dabei sein.“, Heisenberg, Der Teil und das Ganze, 1976, S.262f.

[30] Hahn, Mein Leben, 1968, S.231.

[31] Bei dem Gespräch waren von Regierungsseite die Minister Strauß und Dr. Balke sowie Generalleutnant Heusinger anwesend, auf der anderen Seite fast alle Wissenschaftler, die den

sagte: Sie [die Wissenschaftler] sind gar nicht gefragt worden, ob Sie sich an der Atomwaffenentwicklung beteiligen wollen und brauchen auch nichts dazu zu sagen.“ [32] Das Gespräch führte zu keiner Einigung: Dem Verteidigungsminister, dessen Sondierungen damals ohnehin in Richtung einer deutsch-französischen Koproduktion gingen [33], gelang es zwar, die Wissenschaftler zu beschwichtigen, indem er glaubwürdig versichern konnte, daß auch die Bundesregierung eine deutsche Atomrüstung unter nationaler Souveränität ablehne. Auf der anderen Seite weckte Strauß mit seiner Befürwortung einer großen atomaren Aufrüstung der europäischen NATO bei ihnen neue Beunruhigung [34]:

> „Sachlich erfuhren wir von ihm [Strauß] zu unserer Beruhigung, daß auch die Bundesregierung eine deutsche Atomrüstung unter nationaler Souveränität ablehnt [35]. Damit war klar, daß wir unseren damaligen Brief an ihn, der sich eben gegen die national-souveräne Atomrüstung Deutschlands wandte, nicht veröffentlichen konnten. Zu unserer Beunruhigung erfuhren wir, daß Minister Strauß eine große atomare Aufrüstung der europäischen NATO für notwendig und für eine sichere Garantie des Friedens und der Freiheit hielt.“ [36]

Nach Darstellung des Bundesverteidigungsministers hat das Gespräch damit geendet, daß beide Parteien von weiteren Äußerungen so lange absehen wollten, bis die Atom-

---

Brief unterzeichet hatten, bis auf den inzwischen verstorbenen Prof. Bothe und den erkrankten Prof. Heisenberg, Rupp, 1984, S.77, Fußnote 375.

[32]Heipp, Es geht ums Leben! Der Kampf gegen die Bombe, 1965, S.37, nach einem Bericht in der Süddeutschen Zeitung vom 20./21. April 1957. Ausführlicher schreibt die Frankfurter Allgemeine Zeitung, 13. April 1957 („‚Weltfremde Initiative der Atomforscher‘“): „Die Minister und General Heusinger gaben damals [Januar 1958] eine militärische und politische Beurteilung der Lage. Sie stellten fest, daß niemand an die deutschen Wissenschaftler herangetreten sei. Niemand habe sie aufgefordert, sich an der Entwicklung von Atomwaffen zu beteiligen. Zweitens wurde erklärt, daß auch keine Absicht bestünde jemals mit einem solchen Ansinnen an die Wissenschaftler heranzutreten.“

[33]Vgl. Radkau, 1983, S.99. Siehe auch Kapitel 2.2.4.

[34]Cioc, 1988, S.75; Rupp, 1984, S.77.

[35]Ausführlicher äußert sich dazu der Münchner Merkur, 16. April 1957 („Vorgeschichte der Atom-Erklärung“): „Bei dieser Unterredung wurde ...den Wissenschaftlern von der Bundesregierung verbindlich erklärt: Die Bundesregierung hat auf die Produktion von Atomwaffen feierlich verzichtet, und sie kann diesen Verzicht nicht so ohne weiteres, daß heißt, ohne Erlaubnis der NATO-Mächte, widerrufen; eine Ausstattung der Bundeswehr mit Atomwaffen käme nur in Frage, wenn die Verfügungsgewalt über diese Waffen allein bei den Amerikanern bliebe. ‚Die Bundesregierung lehnt eine nationale Verfügungsgewalt über Atomwaffen innerhalb der Bundeswehr ab.‘“

[36]Weizsäcker, Die Verantwortung der Wissenschaft im Atomzeitalter, 1957, S.199; ders., Die Atomwaffen, 1957/58, S.23. In einem weiteren Gespräch mit Hahn am 23. Februar 1957 vertrat Strauß „nach wie vor denselben Standpunkt und meinte, die Deutschen könnten den Russen nicht ‚mit Pfeil und Bogen‘ gegenüberstehen. Wir dürften zwar keine Atomwaffen herstellen, uns aber auch nicht gegen ihre Lagerung auf deutschem Boden wenden, wenn wir die Sowjetunion an den Verhandlungstisch bringen wollten.“, Hahn, Mein Leben, 1968, S.231.

wissenschaftler untereinander erneut das Problem besprochen hätten [37] und danach an die Bundesregierung heranträten. [38] Ausschlaggebend für die Veröffentlichung einer Erklärung von 18 führenden deutschen Atomwissenschaftlern, die den weiteren Verlauf der Debatte um die Nuklearbewaffnung entscheidend prägte, sollten Adenauers verharmlosend klingende Ausführungen auf der Bundespressekonferenz am 5. April 1957 sein, bei der er die taktische Atomwaffen nicht nur als klein, sondern als „beinahe normal" [39] bezeichnete. [40] Durch die Verharmlosung der Bedeutung taktischer Atomwaffen hatte Adenauer die Befürchtung geweckt, hier werde wegen der Unkenntnis oder dem bewußten Herunterspielen der verheerenden Wirkungen durch die politische Führung leichtfertig eine gefährliche Entwicklung eingeleitet. Die Wissenschaftler hielten es nunmehr für ihre Pflicht, hier als Fachleute Aufklärungsarbeit zu leisten und mit einer Erklärung, die vorrangig einen politischen Charakter haben sollte, auf die Folgen einer Politik aufmerksam zu machen, die aus ihrer Sicht leichtfertig mit Atomwaffen umging und damit die Sicherheit der deutschen Bevölkerung zu gefährden drohte [41]:

> „Eine solche Darstellung schien uns das Maß des erträglichen weit zu überschreiten. Denn sie mußte fast zwangsläufig der deutschen Bevölkerung ein völlig falsches Bild von der Wirkung der Atomwaffen vermitteln. Wir fühlten uns also verpflichtet zu handeln, und Carl Friedrich [von Weizsäcker] meinte, wir sollten eine öffentliche Erklärung abgeben.
> Wir waren uns schnell darüber einig, daß es sich hier nicht um eine allgemeine wohlgemeinte Kundgebung für den Frieden und gegen die Atombombe handeln dürfe. Vielmehr mußten wir uns ganz bestimmte Ziele setzen, die unter den gegebenen Umständen auch wahrscheinlich erreicht werden konnten. Zwei Ziele boten sich von

---

[37] Die Physiker hatten alle ihre Argumente gegen eine Atomrüstung unter nationaler Souveränität ausgerichtet und waren nun „mit einem Gedankenkreis [der supranationalen westeuropäischen Atomrüstung] konfrontiert, auf den wir nicht hinreichend vorbereitet waren, und an dem möglicherweise unsere Einigkeit gescheitert wäre." Weizsäcker, Der bedrohte Frieden, 1981, S.193.

[38] Hermann, 1957, S.210; Münchner Merkur, 16. April 1957 („Vorgeschichte der Atom-Erklärung"). Bei Heipp, Es geht ums Leben! Der Kampf gegen die Bombe, 1965, S.37, nach einem Bericht in der Süddeutschen Zeitung vom 20./21. April 1957, ist dagegen zu lesen: „Sämtliche an jener Besprechung beteiligten Wissenschaftler versicherten, daß sie sich gegenüber dem Verteidigungsminister nicht verpflichtet hätten."

[39] „Hier ist nicht beachtet der Unterschied zwischen den taktischen und den großen atomaren Waffen. Die taktischen Atomwaffen sind im Grunde nichts anderes als eine Weiterentwicklung der Artillerie, und es ist ganz selbstverständlich, daß bei einer so starken Fortentwicklung der Waffentechnik, wie wir sie leider jetzt haben, wir nicht darauf verzichten können, daß auch unsere Truppen – das sind ja beinahe normale Waffen – die neuesten Typen haben und die neueste Entwicklung mitmachen. Davon sind zu trennen die großen atomaren Waffen, die haben wir ja nicht.", 5. April 1957: Aus den Erklärungen des Bundeskanzlers Adenauer auf der Bundespressekonferenz, in: Dokumente zur Deutschlandpolitik, 3. Reihe/Band 3, 1957, 1. Drittelband, S.577-579, hier S.578. Ähnlich Adenauer, Erinnerungen 1955-1959, S.296.

[40] Rupp, 1984, S.77; Stölken-Fitschen, 1995, S.208.

[41] Birke, 1989, S.458; Stölken-Fitschen, 1995, S.210f.

> selbst dar. Erstens mußte die deutsche Bevölkerung über die Wirkung der Atomwaffen voll aufgeklärt werden, jeder Beschwichtigungs- oder Beschönigungsversuch mußte verhindert werden. Zweitens mußte eine veränderte Stellung der Bundesregierung zur Frage der atomaren Bewaffnung angestrebt werden. Daher durfte sich die Erklärung nur auf die Bundesrepublik beziehen, und wir mußten mit aller Deutlichkeit aussprechen, daß der Besitz atomarer Waffen für die Bundesrepublik keine Erhöhung der Sicherheit, sondern nur eine Gefährdung bedeuten würde.“ [42]

Die Wissenschaftler in Göttingen kamen überein, nicht den ursprünglichen Brief zu veröffentlichen. Von Weizsäcker entwarf einen neuen Text, der am 11. April auf einer Tagung des Fachausschusses Kernphysik und Kosmische Strahlung im Verband Deutscher Physikalischen Gesellschaften in Bad Nauheim zum Beschluß vorgelegt wurde. [43] Am 12. April übergab der Präsident der Max-Planck-Gesellschaft, Prof. Otto Hahn, folgendes drei Seiten lange Manifest der Öffentlichkeit, das als „Göttinger Erklärung“ [44] Geschichte machte:

> „Die Pläne einer atomaren Bewaffnung der Bundeswehr erfüllen die unterzeichneten Atomforscher mit tiefer Sorge. Einige von ihnen haben den zuständigen Bundesministern ihre Bedenken schon vor mehreren Monaten mitgeteilt. Heute ist die Debatte über diese Frage allgemein geworden. Die Unterzeichneten fühlen sich daher verpflichtet, öffentlich auf einige Tatsachen hinzuweisen, die alle Fachleute wissen, die aber der Öffentlichkeit noch nicht hinreichend bekannt zu sein scheinen.
>
> 1. Taktische Atomwaffen haben die zerstörende Wirkung normaler Atombomben. Als ‚taktisch‘ bezeichnet man sie, um auszudrücken, daß sie nicht nur gegen menschliche Siedlungen, sondern auch gegen Truppen im Erdkampf eingesetzt werden sollen. Jede einzelne taktische Atombombe oder -granate hat eine ähnliche Wirkung wie die erste Atombombe, die Hiroshima zerstört hat. Da die taktischen Atomwaffen heute in großer Zahl vorhanden sind, würde ihre zerstörende Wirkung im ganzen sehr viel größer sein. Als ‚klein‘ bezeichnet man diese Bomben nur im Vergleich zur Wirkung der inzwischen entwickelten ‚strategischen‘ Bomben, vor allem der Wasserstoffbomben.
>
> 2. Für die Entwicklungsmöglichkeiten der lebensausrottenden Wirkung der strategischen Atomwaffen ist keine natürliche Grenze bekannt. Heute kann eine taktische Atombombe eine kleine Stadt zerstören, eine Wasserstoffbombe aber einen Landstrich von der Größe des Ruhrgebiets zeitweilig unbewohnbar machen. Durch Verbreitung von Radioaktivität könnte man mit Wasserstoffbom-

---

[42] Heisenberg, Der Teil und das Ganze, 1969, 265.

[43] Cioc, 1988, S.76; Heisenberg, Der Teil und das Ganze, 1976, S.265f.; Hermann, 1977, S.211f; Rupp, 1984, S.77f.

[44] Der exakte Titel lautet: „Erklärung der 18 Atomwissenschaftler vom 12. April 1957“. Die Erklärung findet sich z.B. abgedruckt in: Blaubuch 1958, S.25f.; Dokumente zur Deutschlandpolitik, 3. Reihe/Band 3, 1957, 1. Drittelband, S.193f.; Hahn, Erlebnisse und Erkenntnisse, 1975, S.221f.; Physikalische Blätter, Jg.13, Hft.5, 1957, S.193f.; Weizsäcker, Die Verantwortung der Wissenschaft im Atomzeitalter, 1957, S.50-52.

> ben die Bevölkerung der Bundesrepublik wahrscheinlich heute schon ausrotten. Wir kennen keine technische Möglichkeit, große Bevölkerungsmengen vor dieser Gefahr zu schützen.

> Wir wissen, wie schwer es ist, aus diesen Tatsachen die politischen Konsequenzen zu ziehen. Uns als Nichtpolitikern wird man die Berechtigung dazu abstreiten wollen; unsere Tätigkeit, die der reinen Wissenschaft und ihrer Anwendung gilt und bei der wir viele junge Menschen unserem Gebiet zuführen, belädt uns aber mit einer Verantwortung für die möglichen Folgen dieser Tätigkeiten. Wir bekennen uns zur Freiheit, wie sie heute die westliche Welt gegen den Kommunismus vertritt. Wir leugnen nicht, daß die gegenseitige Angst vor den Wasserstoffbomben heute einen wesentlichen Beitrag in einem Teil der Welt leistet. Wir halten aber die Art, den Frieden und die Freiheit zu sichern, auf die Dauer für unzuverlässig, und wir halten die Gefahr im Falle des Versagens für tödlich.
> Wir fühlen keine Kompetenz, konkrete Vorschläge für die Politik der Großmächte zu machen. Für ein kleines Land wie die Bundesrepublik glauben wir, daß es sich heute noch am besten schützt und den Weltfrieden noch am ehesten fördert, wenn es ausdrücklich und freiwillig auf den Besitz von Atomwaffen jeder Art verzichtet. Jedenfalls wäre keiner der Unterzeichneten bereit, sich an der Herstellung, der Erprobung oder dem Einsatz von Atomwaffen in irgendeiner Weise zu beteiligen.
> Gleichzeitig betonen wir, daß es äußerst wichtig ist, die friedliche Verwendung der Atomenergie mit allen Mitteln zu fördern, und wir wollen an dieser Aufgabe wie bisher mitwirken.“

Der Text war von 18 der namhaftesten westdeutschen Atomwissenschaftler unterzeichnet, von denen 14 seit 1956 verschiedenen Atomkommissionen und- unterkommissionen des Bundes, der Länder und internationalen Gremien angehörten: Fritz Bopp, Max Born, Rudolf Fleischmann, Walther Gerlach, Otto Hahn, Otto Haxel, Werner Heisenberg, Hans Kopfermann, Max von Laue, Heinz Maier-Leibnitz, Josef Mattauch, Friedrich-Adolf Paneth, Wolfgang Paul, Wolfgang Riezler, Fritz Strassmann, Wilhelm Walcher, Carl Friedrich Freiherr von Weizsäcker und Karl Wirtz [45]. Alle bis auf drei waren schon während

[45] Prof. Dr. Fritz Bopp, Vorsteher des Instituts für Theoretische Physik der Universität München; Prof. Dr. Max Born, Ruhestand, Nobelpreisträger (Physik); Prof. Dr. Rudolf Fleischmann, Ordinarius für Physik an der Universität Erlangen; Prof. Dr. Walther Gerlach, Vorsteher des Physikalischen Instituts der Universität München, Vorsitzender des Verbandes Deutscher Physikalischer Gesellschaften, Vizepräsident der Deutschen Forschungsgemeinschaft; Prof. Dr. Otto Hahn, Präsident der Max-Planck-Gesellschaft, Göttingen, Nobelpreisträger (Chemie), Vizepräsident der Deutschen Atomkommission; Prof. Dr. Otto Haxel, Direktor des II. Instituts der Universität Heidelberg, Mitglied der Deutschen Atomkommission; Prof. Dr. Werner Heisenberg, Direktor des Max-Planck-Instituts für Physik, Göttingen, Nobelpreisträger (Physik), Mitglied der Deutschen Atomkommission; Prof. Dr. Hans Klopfermann, Direktor des I. Physikalischen Instituts der Universität Heidelberg; Prof. Dr. Max von Laue, Direktor des Fritz-Haber-Instituts der Max-Planck-Gesellschaft, Berlin, Nobelpreisträger (Physik); Prof. Dr. Heinz Maier-Leibnitz, Direktor des Labors für Technischen Physik an der TH München; Prof. Dr. Josef Mattauch, Direktor des Max-Planck-Instituts für Chemie, Mainz; Prof. Dr. Friedrich-Adolf Paneth, Direktor

des Krieges am deutschen Uranprojekt beteiligt gewesen. [46]. Da die Erklärung die Unterschrift von Wissenschaftlern trug, die fast alle in Göttingen wirkten bzw. früher einmal gewirkt hatten, lag ein Vergleich mit den „Göttinger Sieben" [47] durchaus nahe, und die Presse sprach kurzerhand von den „Göttinger Achtzehn" [48]. Eine Parallele ließ sich auch bei dem ungemein großen Interesse der „Öffentlichkeit" [49] und der heftige Reaktion der „Obrigkeit" ziehen. [50]

Die Erklärung besteht im Prinzip aus zwei Teilen. Der erste bezog sich ganz offensichtlich auf Adenauers Presseerklärung und dessen Definition von Atomwaffen. Den Wis-

---

am Max-Planck-Institut für Chemie, Mainz; Prof. Dr. Wolfgang Paul, Direktor des Physikalischen Instituts der Universität Bonn; Prof. Dr. Wolfgang Riezler, Ordinarius für Strahlen- und Kernphysik an der Universität Bonn, Mitglied der Deutschen Atomkommission; Prof. Dr. Fritz Straßmann, Direktor des Instituts für Organische Chemie der Universität Mainz; Prof. Dr. Wilhelm Walcher, Direktor des Physikalischen Instituts der Universität Marburg; Prof. Dr. Carl Friedrich von Weizsäcker, Abteilungsleiter des Max-Planck-Instituts für Physik, Göttingen; Prof. Dr. Karl Wirtz, Abteilungsleiter des Max-Planck-Instituts für Physik, Göttingen, vgl. Hahn, Mein Leben, 1968, S.282f; Müller, 1990, S.659; Münchner Merkur, 16. April 1957 („Die achtzehn Professoren"); Rupp, 1984, S.74, Fußnote 366; Die Welt, 16. April 1957 („Die Ämter der achtzehn Forscher").

[46]Paneth hatte Deutschland 1933 aus politischen Gründen, Born wegen seiner jüdischen Abstammung verlassen müssen. Maier-Leibnitz war im Krieg zwar bei Prof. Walther Bothe, aber nicht für den Uranverein tätig gewesen, vgl. Deutsche Volkszeitung, Nr.16, 1957 („Prof. Dr. Dr. Max Born"); Müller, 1990, S.632, Fußnote 127.

[47]Der stellvertretende Ministerpräsident der Sowjetzone, Nuschke, verglich am 16. April 1957 als erster die unterzeichnenden Atomwissenschafler mit den sieben Professoren der Göttinger Georg-August-Universität (Wilhelm Eduard Albrecht, Friedrich Christoph Dahlmann, Heinrich Ewald, Georg Gottfried Gervinus, Jacob und Wilhelm Grimm und Wilhelm Weber), die am 18. November 1837 eine gemeinsame Protestation gegen die Aufhebung des Hannoverschen Staatsgrundgesetzes durch König Ernst August eingelegt hatten, vgl. Frankfurter Allgemeine Zeitung, 17. April 1957 („Nuschke: Der Geist der Göttinger sieben"). Auch der in der DDR lebende Schriftsteller Arnold Zweig, der am gleichen Tag den 18 Wissenschaftlern für „das Ostergeschenk, das sie unserer Epoche gemacht haben", gedankt hatte, sah als ehemaliger Göttinger Student von 1912 den Geist der Göttinger Sieben revitalisiert, ebenda.

[48]Siehe z.B. Der Spiegel, Jg.11, Hft. 17, 24. April 1957, S.11 („Atomwarnung").

[49]Für die „Göttinger Sieben" siehe beispielsweise Kück, Hans, Die Göttinger Sieben. Ihre Protestation und ihre Entlassung im Jahre 1837, Berlin 1934, S.68f.

[50]Hermann, 1976, S.105; ders., 1977, S.212. Allerdings ergaben sich für die Professoren des 20. Jahrhunderts keine Konsequenzen in Form eines Verweis von der Universität bzw. des Landes, Cioc, 1988, S.203, Fußnote 14. Dagegen entließ entließ König Ernst August von Hannover die sieben Hochschullehrer am 11. Dezember 1837 und verwies mit einem Schreiben vom 12. Dezember 1837 drei der sieben des Landes: den führenden Kopf Friedrich Christoph Dahlmann, Hofrat und ordentlicher Professor für Geschichte und Staatswissenschaften, Jacob Grimm, Hofrat und ordentlicher Professor für deutsche Sprache, Poesie und Rechtsaltertümer sowie zweiter Bibliothekar, und Georg Gottfried Gervinus, ordentlicher Professor für Geschichte, der erst 1835 aus Heidelberg nach Göttingen berufen worden war, Kück, 1934, S.30f.

senschaftlern ging es vor allem darum, ihr Wissen um die zerstörerische Wirkung auch der taktischen Atomwaffen zu verbreiten. Sie wiesen darauf hin, daß die im Vergleich zu strategischen Bomben als „klein“ bezeichneten taktischen Atomwaffen eine ähnliche Wirkung wie die über Hiroshima abgeworfene Bombe hätten. Die zweite Hälfte der Erklärung beschäftigte sich dann mit der Rolle der Wissenschaftler bei politischen Fragen, um mögliche Kritik an ihrem Schritt an die Öffentlichkeit von vornherein abzuschneiden. [51] Cioc führt zur Intention der Göttinger Achtzehn folgendes aus: „They expressed their awareness, that they were straying into partisan waters, and voiced their fear that the manifesto might be misused in the coming election campaign. They tried to make clear that they were speaking as concerned scientists, committed to the defense of the West against Communism.“ [52]
Von den Unterzeichnern selbst, äußerte sich Heinz Maier-Leibnitz zu den Gründe für die Abfassung und Veröffentlichung einer „Denkschrift“: Zum einen hätten „wegen der Klarheit des Denkens und der besonderen Übung in der Anwendung der Intelligenz Vorschläge von führenden Naturwissenschaftlern besonderes Gewicht .... Ein anderer Grund aber war uns besonders wichtig und wäre es uns auch heute noch. Wir wußten etwas von der ungeheuren Wirkung von Atomwaffen und empörten uns über den Versuch, diese Wirkung zu verheimlichen und herunterzuspielen. Es ist vielleicht nicht genug bekannt wie sehr die Wahrheitsliebe den Wissenschaflter motiviert bis hin zu starken Emotionen, wenn er eine Verletzung zu sehen glaubt. Das Problem der Wirkung der Atombombe war uns nicht fremd.“ [53]

Von ihren Initiatoren wurde die Erklärung als Aufruf zur Nichtbeteiligung an der gegenseitigen atomaren Aufrüstung überhaupt verstanden und ging für den persönlichen Bereich der Unterzeichner über die Frage Besitz oder Nichtbesitz von Atomwaffen weit hinaus: Sie erklärte für die 18 Atomforscher die prinzipielle Verweigerung ihres Dienstes an und für Atomwaffen. Damit propagierten die westdeutschen Atomforscher schon jenen „Unilateralismus“– hier als Aufforderung zu einseitiger Kernwaffen-Abrüstung bzw. Aufrüstungs-Verzicht des eigenen Staates zu verstehen –, der die ein Jahr später von Großbritannien ausgehende Ostermarsch-Bewegung in erheblichem Maße bestimmen sollte. [54]

Die Verfasser erhoben allerdings weder einen politischen Absolutheitsanspruch noch forderten sie eine besondere Autorität als politische Persönlichkeiten. Die Erklärung läßt im Gegenteil die Möglichkeit offen, auch zu entgegengesetzten politischen Ergebnissen zu gelangen [55]. Nach Görlich zeugt es deshalb „von einem recht mangelhaften Eindringen

---

[51]Cioc, 1988, S.76; Rupp, 1984, S.75, Fußnote 368; Stölken-Fitschen, 1995, S.208.

[52]Cioc, 1988, S.76.

[53]Maier-Leibnitz, Heinz, „Der Albtraum. Erinnerung an historischen Anti-Atom-Appell“, in: Frankfurter Allgemeine Zeitung, 4. April 1987 (im folgenden zitiert als: Maier-Leibnitz, Der Albtraum, 1987).

[54]Rupp, 1984, S.76.

[55]Ein Jahr später wies Carl Friedrich von Weizsäcker in der Schrift „Mit der Bombe leben“ auf die berechtigten Argumente der Befürworter der atomaren Rüstung hin. Diese Haltung schien nicht mit seiner Einstellung in der Göttinger Erklärung vereinbar zu sein, zeigte aber, daß er

in die Absichten des Aufrufs, als die großen Parteien des Bundestages ihn parteipolitisch interpretierten.“ [56]

3.2 Die Wirkung der Göttinger Erklärung

Die Erklärung der Atomwissenschaftler löste sogleich ein Echo aus, das die Erwartung der Verfasser weit übertraf. [57]. Otto Hahn bekam nach Bekanntwerden des Aufrufs beispielsweise derart viele Solidaritätserklärungen aus dem In- und Ausland, daß er und seine Sekretärin an manchen Tagen nur mit dem Sortieren von Post beschäftigt waren. [58] Verantwortungsbewußte Wissenschaftler in aller Welt fühlten sich durch die Aktion der Göttinger Achtzehn bestärkt. Am 6. Mai 1957 unterzeichneten beispielsweise 26 japanische Physikprofessoren, darunter der japanische Nobelpreisträger für Physik, Hideki Yukawa, eine Zustimmungserklärung, in der u.a. zu lesen war: „Sie können, werte Kollegen, versichert sein, daß diese Erklärung von Ihnen äußerst ermutigend auf uns japanische Atomphysiker gewirkt hat!“ In der Resolution hieß es weiter: „Wir glauben, es sei jetzt an der Zeit, daß deutsche und japanische Atomphysiker und gleichgesinnte Atomwissenschaftler anderer Länder sich zusammenschließen und eines Willens den gemeinsamen Beschluß aller Beteiligten zu bekunden und auf diese Weise jene Verantwortlichen der Großmächte von ihren Irrwegen abzubringen haben.“ [59]

Obwohl sich die Göttinger Erklärung nicht offen gegen eine Ausrüstung der Bundeswehr mit Atomwaffen innerhalb des vorgesehenen Rahmens des Nordatlantikpakts aussprach, sondern direkt allein für eine Erklärung des Verzichts auf Besitz von Kernwaffen durch die Bundesrepublik plädierte, wurde sie allgemein doch als Attacke gegen die Politik des Bundeskanzlers verstanden, die als Nahziel ja eine solche „Atombewaffnung“ anstrebte. [60] Hierbei ist insbesondere ihr ethischer Charakter begrüßt und nahezu einhel-

---

durchaus zu dem Zugeständnis, daß auch eine Bejahung nuklearer Bewaffnung vertretbar sein könnte, bereit war.

[56]Görlich, 1965, S.118.

[57]Hermann, 1977, S.211; Müller, 1990, S.554. Allerdings relativiert von Weizsäcker: „Die öffentliche Wirkung war groß, aber, wie ich mit Bedauern feststellte, so unspezifisch, wie sie bei geringer Information und wachsender Leidenschaft wohl sein mußte.“, Weizsäcker, Der bedrohte Frieden, 1981, S.193.

[58]Hoffmann, 1993, S.237.

[59]Generallandesarchiv Karlsruhe (GLA), Bestand 69 KfK/INR 3: Brief von 26 japanischen Professoren an die Unterzeichner der Göttinger Erklärung vom 6. Mai 1957. Wie stark das japanische Interesse an einem Austausch der Wissenschaftler war, zeigen beispielsweise die Einladungen an Karl Wirtz zwischen 1957 und 1962 zu der jährlich stattfindenden „Weltkonferenz gegen Atom- und Wasserstoffbomben zur Verhinderung eines nuklearen Krieges“, veranstaltet vom Japanischen Rat gegen Atom- und Wasserstoffbomben, ebenda. Korrespondenz The Japan Council Against Atomic And Hydrogen Bombs.

[60]Rupp, 1984, S.75f.

lig gelobt worden [61]. Nicht nur die SPD-Presse, sondern auch der Regierung nahestehende Blätter waren voll des Lobes über eine solche „unpolitische Gewissensentscheidung". [62] So schrieb die Frankfurter Allgemeine Zeitung respektvoll: „Die Erklärung der deutschen Gelehrten, die sich dagegen wendet, daß die Bundesrepublik Atomwaffen besitzt, ist ein ergreifendes Dokument. Jeder ist von Dankbarkeit erfüllt, daß die auf diesem Gebiet erfahrensten Fachleute sich zutiefst der Verantwortung bewußt sind, die der wissenschaftliche Fortschritt, an dem sie mitwirken, mit sich bringt. Der Abgrund, an dessen Rand die Welt steht und an dem sie bislang von einer kompensierenden Gegenseitigkeit der Gefährdung behütet wurde, wird mit nüchternen Worten in seiner ganzen Furchtbarkeit aufgerissen. Die Welt, in der die Namen der Unterzeichner einen Klang haben, wird zum Nachdenken gezwungen." [63] Als Gründe für die große Resonanz der Göttinger Erklärung lassen sich folgende anführen [64]:

- Zum einen entsprach der als Gewissensakt deutbare Appell, dazu noch von kompetenter Seite, der mehr Sicherheit durch mehr Waffen bezweifelte, einer latenten Sehnsucht nach einer Stimme der Vernunft. Die Situation wurde damals zunehmend als absurd und bedrückend empfunden, da die Sicherheit der Staaten vor allem auf Furcht beruhen sollte, viele den Aufrüstungsplänen der Politiker mißtrauten und sich den Entscheidungen der politischen Entscheidungsträger immer mehr ausgeliefert fühlten. [65] Der besorgte und aufklärerische Ton von außerhalb der Politik stehenden Fachleute, die es in den Augen der Bevölkerung wissen mußten, schien die Ahnungen und Ängste vieler Menschen zu bestätigen. Auf der Suche nach einer objetiven Instanz sahen deshalb weite Teile der Öffentlichkeit die Wissenschaftler als die einzig glaubhaften, nicht korrumpierbaren Vertreter der Wahrheit an [66].

- Zum anderen traf die als moralisch geboten gedeutete Erklärung offenbar einen Ton, der in der politischen Debatte um atomare Waffen gefehlt hatte. Ein mit so vielen Emotionen besetzes Thema wie das der atomaren Bewaffnung, wollte man nicht

---

[61] Beispielsweise hob die Süddeutsche Zeitung, 13. April 1957 („Das Streiflicht"), den „unüberhörbaren sittlichen Ernst" und die bekennerhafte „Zivilcourage" der Erklärung hervor.

[62] Stölken-Fitschen, 1995, S.212.

[63] Frankfurter Allgemeine Zeitung, 13. April 1957 („Die Bombe").

[64] Stölken-Fitschen, 1995, S.212ff.

[65] „Das Entsetzen, hilflos der Massenvernichtung anheimzufallen, droht ein Spiel in den Händen Weniger zu werden, von denen es abhängt, ob ganze Völker ihm begegnen müssen.", Rhein-Neckar-Zeitung, 15. April 1957 („Den Schrecken vor Augen").

[66] Als Bundeskanzler Adenauer den Wissenschaftlern in seiner ersten Stellungnahme empört das Recht absprach, zu politischen Fragen kompetent ihre Meinung äußern zu können, machten die meisten Leitartikler ihrer Entrüstung über die Arroganz in der Politik und die überhebliche Selbsteinschätzung des Kanzlers Luft. Die Neue Züricher Zeitung, 16. April 1957 („Der Streit um die Atomrüstung in Westdeutschland"), schrieb z.B. „die Art und Weise, wie er [Adenauer] seine Göttinger Gegenspieler abgekanzelt hat, wird nicht nur von der politischen Opposition als autokratisch empfunden, sondern als mangelnder Respekt vor der selbständigen Meinung anderer Bürger übel genommen".

> allein von politisch-taktischen Fragen bestimmt, sondern auch von moralischen und religiösen Einstellungen und Entscheidungen begleitet wissen [67].

Die Welt vom 13. April 1957 kommentierte: „So sind in die bisher in Deutschland vorwiegend von politischen und militärischen Gesichtspunkten bestimmten Debatten neue Elemente getragen worden: die Humanität und die Furcht vor der Vernichtung unserer Volkssubstanz. Beides kommt in der nüchternen Betrachtungsweise der Politik und des Militärs, die ihren eigenen Gesetzen der Logik unterliegen, oft zu kurz. Darin scheint uns das Verdienst der Atomforscher zu liegen, daß sie die Klausur der Politiker und Generale sprengen und der Bevölkerung die Kehrseite der heutigen auf atomare Verteidigung ausgerichteten Politik vor Augen führen.“ [68]
Dieses bemerkenswerte öffentliche Echo kontrastierte auffallend mit der im Vergleich zu älteren Appellen im großen und ganzen sehr nüchtern abgefaßten Erklärung, die eigentlich gar kein ausdrückliches „moralisches Unwerturteil“ [69] enthält und der Atombewaffnung sogar durchaus einen – bislang – friedenserhaltenden Effekt zuschreibt. Den entscheidenden Grund für die durchschlagende Wirkung sieht Stölken-Fitschen in dem individuellen, in einem kritischen Moment demonstrierten öffentlichen Sichverweigern der „unpolitischen“ Wissenschaftler, das zudem den Eindruck der von Gewissensqualen zerissenen Atomforscher verstärkte. [70]

---

[67]In Presseberichten wurde ein Auseinanderklaffen von Politik und Moral bei der Behandlung von Atomwaffen festgestellt: „Nur wenn sie dieses Entsetzen fühlen, können Politiker sich erkühnen, das Problem in die Hand zu nehmen, das sonst wahrhaftig jenseits ihrer Urteilskraft steht. Wir unterstellen keinem von ihnen, er erwäge diese Dinge nicht mit allem Ernst. Aber wir sind auch von keinem sicher, daß ihm wirklich Entsetzen und Menschlichkeit als vornehmste Ausgangspunkte seiner Erwägung gelten und er nicht vielmehr andere Rücksichten der nationalen Politik, der Heimatverteidigung, der militärischen Wirksamkeit seiner sittlichen Verpflichtung voranstellt.“, Süddeutsche Zeitung, 13. April 1957 („Das Streiflicht“). Hans Zehrer schrieb in der Welt, 4. Mai 1957 („Der einfachere Weg“): „Wir leiden darunter, daß wir dem zynischen und makabren Kalkül der Weltpolitik zu wenig geistige oder moralische Kraft gegenüber- oder entgegensetzen können.“

[68]Die Welt, 13. April 1957 („Ein Alarmruf“).

[69]Delbrück, Jost, Die Auseinandersetzung über das ethische Problem der atomaren Kriegsführung in den Vereinigten Staaten und der Bundesrepublik Deutschland, in: Kewening, Wilhelm (Hrsg.), Abschreckung und Entspannung. Fünfundzwanzig Jahre Sicherheitspolitik zwischen bipolarer Konfrontation und begrenzter Kooperation (= Veröff. d. Inst. f. Int. Recht an der Universität Kiel; Bd.76), Berlin 1977, S.95-147, hier S.124.

[70]Stölken-Fitschen, 1995, S.215. Ähnlich urteilt auch Gustav Heinemann, der gerade in dem verbindlichen Engagement des „Wir tun nicht mit“ den Grund für die starke Wirkung des Appells sah, vgl. Verhandlungen des Deutschen Bundestages, 3. Wahlperiode 1957, Stenographische Berichte, Bd.39, 9. Sitzung, 23. Januar 1958, S.405 (A).

3.2.1 Die Reaktion der Bundesregierung

Die Bundesregierung wurde durch die Erklärung völlig überrascht. [71] Noch am Tage ihrer Veröffentlichung nahm der Kanzler in einer Rede bei der Eröffnung der politischen Akademie der CDU in Eichholz bei Bonn Stellung, die ihm offensichtlich nicht leicht fiel, denn „der einundachtzigjährige Kanzler sei ‚kreidebleich' gewesen, habe ‚ungewöhnlich große Zeichen der Erregung gezeigt' und ‚mit zitternder Stimme' gesprochen" [72]. Einleitend bedauerte Adenauer, daß die Wissenschaftler vor ihrem Schritt nicht mit ihm gesprochen hätten [73], und bestritt die Kompetenz der Professoren, sich in dieser Weise politisch zu äußern:

> „Bei der Bedeutung der Angelegenheit wäre es gut gewesen, wenn sie mit ihm als verantwortlichen Leiter der Politik gesprochen hätte, der nach der Verfassung für die Richtlinien der Politik verantwortlich zeichne.
> Wenn die Wissenschaftler die Absicht hätten, sich für eine allgemein kontrollierte atomare Abrüstung in der ganzen Welt und in allen Ländern einzusetzen, dann entspreche das durchaus den Absichten und Intentionen der Bundesregierung. ‚Ich hoffe, daß das ihre Absicht war.' Es scheine ihm aber, daß die Wissenschaftler doch nicht im Besitz der Ergebnisse von Versuchen in den Vereinigten Staaten zum Schutz von Soldaten und Zivilisten vor der Wirkung der furchtbaren Waffen seien. Er hätte ihnen diese Ergebnisse gerne mitgeteilt. Wenn die Wissenschaftler sagten, ein kleines Land wie die Bundesrepublik schütze sich am besten durch einen ausdrückli-

---

[71] Die Erklärung, war am 12. April um 9 Uhr früh von einer Sekretärin Prof. Hahns telephonisch an FAZ und dpa durchgegeben worden. Sie wurde durch dpa ab Mittag verbreitet, erschien in den Zeitungen aber erst am Samstag, Rupp, 1984, S.74, Fußnote 367. Laut Der Spiegel, Jg.11, Hft. 17, 24. April 1957, S.11 („Atomwarnung"), steckte folgende Absicht hinter dieser Vorgehensweise: „In dem rührenden Bestreben pfiffig zu sein wie die Kinder der Politik, hatte der achtundsiebzigjährige Otto Hahn die Erklärung erst am Freitag ... an die Deutsche-Presse-Agentur geben lassen, um der Regierung keine Gelegenheit zur Entgegnung vor Montag zu bieten. Natürlich war der sentationelle Text so lange nicht aufzuhalten". Bickerich betont dagegen: „Der 78jährige Otto Hahn wollte mit diesem Vorgehen erreichen, daß das Manifest eine Weile auf die Leser wirken konnte und daß die ins Wochende abgetauchte Regierung daran gehindert wurde, es sogleich für tot zu erklären.", Bickerich, Wolfram, Franz Josef Strauß: Die Biographie, Düsseldorf 1996, S.105 (im folgenden zitiert als: Bickerich, 1996).

[72] Hoffmann, 1993, S.236.

[73] Adenauers Bedauern über die nicht stattgefundene Verständigung erscheint insofern verständlich, als er in dem Sinne informiert worden war, daß am 29. Januar von seiten der Wissenschaftler versprochen worden sei, sich vor einem Schritt in die Öffentlichkeit noch einmal mit der Bundesregierung in Verbindung zu setzen, vgl. Frankfurter Allgemeine Zeitung, 16. April 1957 („Die Koalition sieht die Nato-Planung gefährdet"). Diese angebliche Abmachung, vor allem von Strauß behauptet, wurde von Weizsäcker bei dem Gespräch zwischen dem Kanzler und den Wissenschaftlern am 17. April energisch dementiert, vgl. Heipp, Es geht ums Leben! Der Kampf gegen die Bombe, 1965, S.37, nach einem Bericht in der Süddeutschen Zeitung vom 20./21. April 1957.

> chen Verzicht auf den Besitz atomarer Waffen, dann habe das mit wissenschaftlichen Erkenntnissen nichts zu tun. Das sei eine Erklärung rein außenpolitischer und militärischer Natur. Man müsse aber Kenntnis von den Erkenntnissen haben, die diese Wissenschaftler nicht hätten, weil sie nicht zu ihm gekommen seien.
>
> Der Bundeskanzler fügte abschließend hinzu, das deutsche Volk könne sicher sein, daß die Bundesregierung und die Koalition alles tun würden, um das deutsche Volk für das sie verantwortlich seien, vor den Folgen eines Atomkrieges zu schützen.“ [74]

In einer zweiten Stellungnahme am Samstag auf dem außerordentlichen Parteitag der rheinländischen CDU in Köln ging der Kanzler dann auf die politische Aussage der Erklärung ein: „... das Wichtigste [an der Göttinger Erklärung] ist der kleine politische Satz, ‚daß dieses kleine Deutschland sich selbst und dem Weltfrieden am besten diene, wenn es keine atomaren Waffen habe‘. Das hat mit der Wissenschaft der Atomphysik gar nichts zu tun, das ist eine rein politische Frage und nichts anderes. ... Darin steckt folgendes: Auflösung der NATO. Wie ist es denkbar, daß die deutschen Truppen in der NATO etwa schlechter bewaffnet sind als die Amerikaner, daß die Amerikaner, die Italiener, die Franzosen, die Belgier, die Holländer die kleinen Atomwaffen haben, und die deutschen Truppen sie nicht haben. Das bedeutet mit anderen Worten eine Auflösung des ganzen westlichen Verteidigungsgürtels gegenüber der Sowjetunion.“ [75] Aus diesem Grund bezeichnete der Kanzler die Erklärung der Wissenschaftler als „irreal“ [76], weil sie an den politischen Gegebenheiten vorbeigehe. Außerdem eile sie der Wirklichkeit weit voraus, weil die Bundesrepublik noch keine taktischen Atomwaffen habe und er auch nicht wüßte, „ob das jemals kommen wird.“ [77]

Zu der Feststellung der Wissenschaftler, daß keiner von ihnen bereit wäre, sich an der Herstellung, Erprobung oder dem Einsatz von Atomwaffen in irgendeiner Weise zu beteiligen, erklärte Adenauer, daß „... keiner der Herren ... von irgend jemandem um Mitarbeit gebeten worden ist. Ich stelle weiter fest, daß auch niemals einer der 18 Herren darum gebeten werden wird.“ [78]

Der Bundeskanzler wiederholte sein am Freitag bereits geäußertes Bedauern, daß die Wissenschaftler nicht vorher mit ihm gesprochen hätten. Er erklärte sich aber bereit, sie jederzeit zu einer Aussprache über die politische Lage zu empfangen, wenn er sich auch dagegen verwahren müsse, daß auf diese Art Politik betrieben werde. Zudem betonte er jetzt seine eigenen Gewissensnöte: „Wenn einer in der Welt glaubt, daß mir die Frage der atomare Aufrüstung nicht eine Gewissensfrage von allergrößter Bedeutung ist, dann irrt er. Ich

---

[74]Frankfurter Allgemeine Zeitung, 13. April 1957 („Adenauer: Alles für den Schutz der Bevölkerung“). Vgl. auch Verhandlungen des Deutschen Bundestages, 2. Wahlperiode 1953, Stenographische Berichte, Bd.36, 209. Sitzung, 10. Mai 1957, S.12063 (B)-12064 (A).

[75]Bulletin des Presse- und Informationsamtes der Bundesregierung, Nr. 73, 16. April 1957, S.633 („Zur Frage der atomaren Rüstung. Ausführungen des Bundeskanzlers über die Erklärung der Atomwissenschaftler“).

[76]Ebenda., S.634.

[77]Ebenda.

[78]Ebenda., S.633.

versichere: Diese Frage bedrückt mich im tiefsten Inneren und beschäftigt mich Tag für Tag und Stunde für Stunde. ... Wir sind uns vollkommen darüber klar, daß ein Atomkrieg das Grauenhafteste des Grauenhaften ist, aber gerade deswegen bemühen wir uns, mit allen unseren Kräften unter Einsatz unserer moralischen und politischen Einstellung, zu einer atomaren Abrüstung aller Staaten zu kommen.“ [79]
Adenauers Kritik am Verhalten der 18 Atomwissenschaftler gipfelte schließlich in folgendem Satz: „Wenn sie die Atomwissenschaftler der ganzen Welt einschließlich der Sowjetunion auffordern würden, einzustehen für die Sache des Friedens und keine Forschungen und keine Arbeiten zu machen, die dazu dienen, daß die Atomwirkung für Waffen gebraucht würde, dann würden sie im Sinne der Bundesregierung und für den Weltfrieden gehandelt haben.“ [80]

Nicht nur besorgt, sondern zornig reagierte Verteidigungsminister Strauß, der schon am frühen Nachmittag des 12. April, noch ehe die Göttinger Erklärung in den Zeitungen veröffentlicht worden war, mit Otto Hahn telephonierte. Dieser notierte: „Mehr als eine halbe Stunde ist er sehr böse und schimpft. Ungehobelter Mensch!“ Wir hätten Gentleman's Agreement gebrochen etc. Ich widerspreche, so gut es geht ...“ [81] In einer Sendung des Westdeutschen Rundfunks am gleichen Tag bezeichnete Strauß den „ohne vorherige Fühlungnahme mit der Bundesregierung“ erfolgten Appell der Wissenschaftler als „leichtfertiges Experiment“ [82] und wies darauf hin, daß die „in diesem Aufruf unterzeichnenden Wissenschaftler ... nicht über eine ausreichende Kenntnis der politischen und militärischen Zusammenhänge [verfügen]. Und sie sind insbesondere nicht verantwortlich für die Sicherheit der Bundesrepublik und für den Schutz Europas vor einem sowjetischen Über-

[79]Bulletin des Presse- und Informationsamtes der Bundesregierung, Nr. 73, 16. April 1957, S.633 („Zur Frage der atomaren Rüstung. Ausführungen des Bundeskanzlers über die Erklärung der Atomwissenschaftler“). Der Spiegel kommentierte diese Äußerung wie folgt: „Es dauerte denn auch nicht lange, dann hatte Pressechef Felix von Eckardt den Kanzler aus seiner Kampfstimmung herausgerissen. Als der Kanzler ihm von seinen eigenen Gewissensbissen sprach, rief von Eckardt: ‚Das müssen sie den Leuten sagen.‘ Adenauer befolgte diesen Rat in der nächsten CDU-Versammlung, indem er seinen Zorn verhüllte und seine Gewissensnöte voranstellte.“, Der Spiegel, Jg.11, Hft. 17, 24. April 1957, S.12 („Atomwarnung“).

[80]Bulletin des Presse- und Informationsamtes der Bundesregierung, Nr.73, 16. April 1957, S.633f. („Zur Frage der atomaren Rüstung. Ausführungen des Bundeskanzlers über die Erklärung der Atomwissenschaftler“).

[81]Zitiert bei Hoffmann, Klaus, Schuld und Verantwortung – Otto Hahn: Konflikte eines Wissenschaftlers, Berlin [u.a.] 1993, S.236 (im folgenden zitiert als: Hoffmann, 1993).

[82]Wie unangebracht diese Äußerung objektiv war, zeigt die Gewissensnot, die die Anti-Atomwaffen-Haltung zumindest einiger Physiker ausmachte. In seiner Stellungnahme zur Regierungserklärung des Kanzlers vom 12. April bekannte z.B. Prof. Hahn, daß er 1945 nach dem Abwurf der Hiroshima-Bombe unter solch tiefen Depressionen gelitten hätte, daß er nicht weit von einem Selbstmord entfernt gewesen sei. Als Grund führte er sein Schuldgefühl als Entdecker der Uranspaltung an, Physikalische Blätter, Bd.13, Hft.5, S.235 („Wird die Warnung gehört?“); Münchner Merkur, 16. April 1957 („Atomforscher am Scheideweg“); Welt am Sonntag, 14. April 1957 („Prof. Dr. C. F. v. Weizsäcker: ‚Deshalb warnten wir ...‘“).

fall.“ [83] Auch an anderer Stelle äußerte Strauß sich abfällig über die Atomforscher. In einem Interview mit dem Magazin Der Spiegel charakterisierte er sie als „ahnungslose Narren“ [84], und im Bonner Presseclub machte er Nobelpreisträger Otto Hahn zu seiner Zielscheibe: Dieser sei „ein alter Trottel, der die Tränen nicht halten und nachts nicht schlafen kann, weil er an Hiroshima denkt“ [85]. Wie Adenauer in seiner zweiten Stellungnahme hob auch Strauß die „begeisterte Zustimmung der kommunistischen Presse in der Sowjetzone“ hervor [86]. Der Verteidigungsminister unternahm denselben, allerdings in wesentlich vorsichtigerer Form gehaltenen Versuch, den Atomforschern den Wind aus den Segeln zu nehmen, indem er sie der unbeabsichtigten Dienstleistung für den Kommunismus [87] bezichtigte, noch einmal am darauffolgenden Montag, den 15. April, bei einem Fernsehgespräch mit dem Chefredakteur der Süddeutschen Zeitung, Friedmann. [88]

Schon am selben Tag machten jedoch derart nervöse Attacken einer geschickteren Haltung Platz. Der Regierungssprecher erklärte: „Ich möchte nicht in das Fahrwasser gegenseitiger Beschuldigungen kommen. Dazu ist das Thema zu ernst. Ich will den Wissenschaftlern auch keinerlei Motive unterschieben. Wegen des übergroßen Ernstes dieser Frage sollte man nicht nach den Schuldigen hin und her suchen, sondern nach dem Weg, der zu dem

---

[83] 13. April 1957: Stellungnahme des Bundesministers Strauß zur Erklärung der Atomwissenschaftler, Dokumente zur Deutschlandpolitik, 3. Reihe/Band 3, 1957, 1. Drittelband, S.597-604, hier S.598.

[84] Der Spiegel, Jg.11, Hft.18, 1. Mai 1957, S.20 („Die kriegsverhindernde Philosophie“).

[85] Vgl. Hahn, Erlebnisse und Erkenntnisse, 1975, S.253. Die Verbreitung dieses Zitates ließ Strauß Jahre später durch das Oberlandesgericht Nürnberg untersagen, Bickerich, 1996, S.106.

[86] Badische Neueste Nachrichten, 15. April 1957 („Soll die Bundeswehr Atom-Waffen bekommen?“); Frankfurter Allgemeine Zeitung, 15. April 1957 („Strauß: Leichtfertiges Experiment“).

[87] Gerade die ersten scharfen Angriffe von Regierungsseite boten jedoch der östliche Seite eine hervorragende Angriffsfläche zu polemischer Kritik. In dem SED-Zentralorgan „Neues Deutschland“ vom 14. April 1957 war beispielsweise zu lesen: „Der in jeder Beziehung schmierige Kanzler ist nicht würdig, einem dieser Gelehrten auch nur die Schnürsenkel zu lösen. Der Alarmruf der Achtzehn wird sein politisches Ende beschleunigen, so sicher, wie auf die Nacht der Morgen folgt. – Das deutsche Volk entscheidet sich für das Leben, für die Zukunft, gegen den von Bonn heraufbeschworenen atomaren Tod. – Es hat die Kraft, die Landesverräter von ihren Stühlen zu stossen. Es kann von seinem Hausrecht Gebrauch machen und alle atomaren Waffen aus Westdeutschland verbannen, es kann jeder Kriegsvorbereitung ein Ende setzen, wenn es sich zusammenschliesst.“, Generallandesarchiv Karlsruhe (GLA), Bestand 69 KfK/INR 4: Zusammenstellung von Presse- und Rundfunkmeldungen sowie von Kommentaren in der sowjetischen Besatzungszone durch den Volksbund für Frieden und Freiheit e.V. vom 23. Mai 1957. Die konservative Neue Züricher Zeitung, 16. April 1957 („Propagandistische Auswertung durch Pankow“), kommentierte: „Die von achtzehn führenden deutschen Atomwissenschaftlern unterzeichnete Erklärung gegen die Ausrüstung der Bundeswehr mit Atomarwaffen wird vom *Regime Ulbricht* in den Mittelpunkt einer wilden Diffamierungskampagne gegen die Bundesregierung gestellt. Die Redaktionskollektive hinter dem Brandenburger Tor überschlagen sich förmlich in ihrem *Jubelgeschrei*. Der Schritt der Wissenschaftler wird als befreiende Tat gefeiert und als Bestätigung der Politik der Regierung Grotewohl propagandistisch ausgewertet.“

[88] Rupp, 1984, S.79.

Ziel führt: Frieden in der ganzen Welt.“ [89] Adenauer selbst erkannte sehr schnell, daß sein frühes Abkanzeln der Atomwissenschaftler taktisch unklug gewesen war und das sehr negative Presseecho fünf Monate vor der Bundestagswahl äußerst ungelegen kam. Wollte er aus dieser als Sieger hervorgehen, so war dem Kanzler klar geworden, mußte er die Bürger von der Moralität des eigenen Handelns überzeugen. Um die empörte Öffentlichkeit zu beruhigen und den Eindruck zu vermitteln, daß er die Fragen des Gewissens in seiner Politik durchaus berücksichtigte, lud Adenauer die Physiker in das Bundeskanzleramt ein. Zugleich verlautete, daß die Bundesregierung nach der Aussprache des Kanzlers mit den Wissenschaftlern einen Appell zur Beendigung des Atomwettrüstens an die Großmächte richten wolle. Diese gemeinsame Erklärung der geladenen Wissenschaftler, Bundesminister und des Militärs sollte nach außen ein grundsätzliches Einvernehmen demonstrierten. [90]

Die von Adenauer gewünschte Aussprache fand dann zwei Tage später, am 17. April, im Palais Schaumburg, dem Sitz des Regierungschefs, statt. Auf Einladung des Bundeskanzlers nahmen die Professoren Gerlach, Hahn, von Laue, Riezler und von Weizsäcker [91] an dem Gespräch teil, von Regierungsseite wurden Bundesverteidigungsminister Strauß, die Staatssekretäre Globke (vom Kanzleramt), Hallstein (vom Auswärtigen Amt) und Rust (vom Verteidigungsministerium), der persönliche Referent des Bundeskanzlers Kilb, die Generäle Heusinger und Speidel, der Bundespressechef Felix von Eckardt und der Kanzleibeamte Haenlein hinzugezogen [92]. Allerdings wurde der Bundesminister für Atomfragen Balke von der Einladungsliste gestrichen, obwohl er auch bei dem Gespräch am 29. Ja-

---

[89] Münchner Merkur, 16. April 1957 („Atomforscher nach Bonn gebeten“); Die Welt, 16. April 1957 („Vier Atomforscher von Kanzler eingeladen“).

[90] Hermann, 1977, S.212f.; Stölken-Fitschen, 1995, S.232f.

[91] Da nach Ansicht des Kanzlers der Kreis der Teilnehmer sonst zu groß geworden wäre, wurden nicht alle achtzehn Unterzeichner der Erklärung eingeladen, sondern nur die vier bekanntesten: Hahn, Heisenberg, von Laue und von Weizsäcker. Hahn schlug zusätzlich noch Gerlach vor. Heisenberg sagte ab und seinen Platz nahm Riezler ein, Frankfurter Allgemeine Zeitung, 16. April 1957 („Adenauer bittet die Atomforscher zu sich“); ebenda., 17. April 1957 („Strategische Erläuterungen für die Atomforscher“); Hahn, Mein Leben, 1968, S.234; Hoffmann, 1993, S.238. Heisenberg begründet seine Absage damit, daß „[...er sich] nicht vorstellen konnte, daß neue Gesichtspunkte zu einer Annäherung der Standpunkte führen könnten, und da [...er sich] auch aus gesundheitlichen Gründen noch keine harte Auseinandersetzung glaubte leisten zu können.“, Heisenberg, Der Teil und das Ganze, 1976, S.266. Er war jedoch zeitgleich für den 14. April in München im Rahmen von Besprechungen über die Verlegung des Max-Planck-Instituts bei Ministerpräsident Högner eingeladen, Hahn, Mein Leben, 1968, S.234.

[92] Hahn, Mein Leben, 1968, S.234; Heipp, Es geht ums Leben! Der Kampf gegen die Bombe, 1965, S.37, nach einem Bericht in der Süddeutschen Zeitung vom 20./21. April 1957. Hoffmann, 1993, S.240, geht noch etwas näher auf die den Professoren gegenüberstehenden „Verhandlungspartner“ ein: Globke und die beiden Generäle hatten bereits in der Zeit des Nationalsozialismus führende Positionen bekleidet: Heusinger als Generalleutnant und Chef einer Operationsabteilung, Speidel als Chef des Stabes einer Heeresgruppe. Globke hatte sich der Mittäterschaft bei der Verfolgung und Ausrottung der Juden schuldig gemacht. Daneben sollte der persönliche Referent des Bundeskanzlers Kilb später wegen schwerer passiver Bestechung verhaftet werden.

nuar anwesend war. Die offizielle Begründung hierfür lautete, der Bundeskanzler habe bewußt den für die friedliche Nutzung der atomaren Kräfte verantwortlichen Minister nicht zu dieser Aussprache über nukleare Waffen eingeladen, damit deutlich werde, daß die beiden Themen nicht miteinander verquickt sind. [93] In Wirklichkeit war wohl für die Ausladung ausschlaggebend, daß sich Balke von der ersten Stellungnahme des Kanzlers zu dem Appell der Atomforscher distanziert und die Professoren in Schutz genommen hatte: „Man kann keinem Staatsbürger verweigern, seine Meinung zu äußern." Seiner Ansicht nach seien die Bedenken der Wissenschaftler sehr ernst zu nehmen. [94] Verständlicherweise wollte Adenauer bei dem Gespräch auf der eigenen Seite keine divergierenden Meinungen haben. [95]

Hoffmann schildert die Vorgänge vor dem Palais Schaumburg am Morgen des 17. April 1957 wie folgt: „Was sich [... dort] abspielte, überschritt zweifellos das Maß diplomatischer Routinearbeit. Der Bonner Regierungspalast glich einer belagerten Festung. Presse-, Rundfunk-, Fernseh- und Bildreporter drängten sich in großer Zahl vor dem Eingang und verfolgten mit geschäftiger Unruhe das ständige Kommen und Gehen. Luftwaffenoffiziere der Bundeswehr schleppten große Generalstabskarten herbei". [96] Das Interesse der Reporter galt vor allem Otto Hahn, der mit einem bezeichnenden Blick auf den Regierungssitz meinte: „Machen Sie nur recht viele Bilder! Wer weiß, ob der uns hier wieder herausläßt." [97] Der Kanzler widmete den Wissenschaftlern immerhin sieben Stunden und verwies in seiner dreiviertelstündigen Eröffnungsrede auf die militärischen und politischen Implikationen der nuklearen Option [98]. Hahn notierte: „Lange Einführung Adenauers: sehr versöhnlich und überlegt. Aufgeregter und weniger gewandt: Herr Strauß." [99] Weiterhin erinnerte er sich: In einer Pause hielt mir Minister Strauß im Garten eine Standpauke. Was ich angestellt habe, ersähe man ja wohl aus dem ‚Triumphgeschrei' der Kommunisten." [100]

Generalleutnant Heusinger versuchte den Atomwissenschaftlern anhand großformatiger Welt- und Europakarten nahezubringen, warum die Bundeswehr aufgrund der bestehenden militärischen Kräfteverhältnisse mit Atomwaffen ausgerüstet werden müsse. Nachdem

---

[93] Die Welt, 18. April 1957 („Kanzler und Kernforscher dringen auf Abrüstung").

[94] Frankfurter Allgemeine Zeitung, 17. April 1957 („Balke nimmt die Atomforscher in Schutz").

[95] Rupp, 1984, S.79.

[96] Hoffmann, 1993, S.239.

[97] Die Welt, 18. April 1957 („Kanzler und Kernforscher dringen auf Abrüstung"). Ähnlich auch bei Hahn, Erlebnisse und Erkenntnisse, 1975, S.246; Hoffmann, 1993, S.239.

[98] Zur Aussprache insgesamt vgl. Frankfurter Allgemeine Zeitung, 18. April 1957 („Gegen generelle Atombewaffnung in Ost und West"); Hahn, Mein Leben, 1968, S.234ff.; Heipp, Es geht ums Leben! Der Kampf gegen die Bombe, 1965, S.37ff., nach einem Bericht in der Süddeutsche Zeitung, 20./21. April 1957.

[99] Zitiert bei Hahn, Dietrich (Hrsg.), Otto Hahn. Leben und Werk in Texten und Bildern. Mit einem Vorwort von Carl Friedrich von Weizsäcker, Frankfurt am Main 1988, S.280 (im folgenden zitiert als: Hahn, Dietrich, Otto Hahn, 1988).

[100] Hahn, Mein Leben, 1968, S.234.

auch Speidel [101] und Strauß gesprochen hatten, durften sich die Wissenschaftler äußern. Hahn faßte den in der Göttinger Erklärung dargelegten Standpunkt noch einmal zusammen. Danach erklärte von Weizsäcker, daß die Veröffentlichung des Appells erst durch die Erklärung Adenauers über taktische Atomwaffen provoziert worden sei: „Als wir dies lasen, sind wir aus der Haut gefahren. Wir sagten uns: jetzt muß etwas geschehen.“ Von Weizsäcker betonte, es sei sinnlos andere aufzufordern abzurüsten, wenn man es selbst nicht tue. [102]
Es gelang dem Kanzler, die Wissenschaftler zu einem Kommuniqué zu bewegen [103], in dem alle Beteiligten übereinstimmend die unabdingbare Notwendigkeit einer allgemeinen, kontrollierten Abrüstung betonten [104]:

> „Am 17. April 1957 fand im Hause des Bundeskanzlers eine Besprechung statt, an der der Herr Bundeskanzler, Bundesminister Strauß, die Staatssekretäre Professor Hallstein, Dr. Rust, Dr. Globke, die Generale Heusinger und Dr. Speidel und die Professoren Gerlach, Hahn, von Laue, Riezler und von Weizsäcker teilnahmen. Gegenstand der Besprechung war die weltpolitische und strategische Lage im Atomzeitalter in Verbindung mit der Erklärung der 18 deutschen Atomwissenschaftler vom 12. April 1957. Die Bundesregierung teilt die Besorgnisse, die in der genannten Erklärung zum Ausdruck kommen; sie stimmt mit den Motiven und Zielen der Wissenschaftler überein und empfindet volles Verständnis für die Verantwortung, die die Atomwissenschaftler für die Entwicklung in einer Welt der Spannung zwischen Ost und West in sich fühlen.
> Der Bundeskanzler und die Herren der Wissenschaft, die an dieser Besprechung teilnahmen, glauben, daß es notwendig ist, mit allen zur Verfügung stehenden Mitteln auf die Regierungen in Ost und West einzuwirken, um zu einem Abkommen über eine allgemeine kontrollierte Abrüstung zu gelangen, die den Menschen auf der ganzen Welt die Furcht vor einem Atomkrieg nehmen könnte. Sie sind sich der furchtbaren Gefahr bewußt, die durch die Entwicklung der Atomwaffen über die Menscheit gebracht wurde, und sind gewillt, jeder ehrlichen Anstrengung, diese Gefahr zu bannen, volle Mitarbeit zu gewähren.

[101] Speidel selbst äußert sich im Rückblick kritisch über die amerikanische Strategie der „massive retaliation“, vgl. Speidel, Erinnerungen. 1977, S.361. Da eine Reduzierung der amerikanischen Truppen zu befürchten war, befürwortete er die Stärkung der konventionellen Kräfte. Eine Ausrüstung der Bundeswehr mit atomaren Trägerwaffen hielt er jedoch auch für unverzichtbar: „Für uns Soldaten konnte es aber keine Frage sein, daß eine Politik der Friedenssicherung auf solche Waffen nicht verzichten konnte.“, ebenda., S.362.

[102] Heipp, Es geht ums Leben! Der Kampf gegen die Bombe, 1965, S.37ff.; Hoffmann, 1993, S.241.

[103] Allerdings waren die Forscher nicht, wie Adenauer gehofft hatte, zu einer Unterschrift unter den von Bundespressechef v. Eckardt bereits vorsorglich vorbereiteten Entwurf zu bewegen. Die Physiker wollten nur eine solche Erklärung unterzeichnen, die ihr früheres Memorandum inhaltlich widerspiegeln und noch einmal bestätigen würde. Zu den wichtigsten Änderungen des Entwurfs siehe Heipp, Es geht ums Leben! Der Kampf gegen die Bombe, 1965, S.41f.

[104] Birke, 1989, S.458f.; Schwarz, 1981, S.362.

> In einer eingehenden Aussprache über die politische und strategische Lage, in der sich die Bundesrepublik, Europa und die Welt befinden, wurde klargestellt, daß die Bundesrepublik nach wie vor keine eigenen Atomwaffen produzieren wird, und daß die Bundesregierung demgemäß keine Veranlassung hat, an die deutschen Atomwissenschaftler wegen einer Beteiligung an der Entwicklung nuklearer Waffen heranzutreten. Die Bundesregierung wird ihre Anstrengungen darauf richten, durch ein Abkommen zwischen allen Mächten eine generelle atomare Bewaffnung der sich in Ost und West gegenüberstehenden Mächte zu vermeiden. Die Atomforscher, die an der Besprechung teilgenommen haben, wünschen zum Ausdruck zu bringen, daß ihr Hauptziel nicht war, nur die Bundesrepublik aus einem allgemeinen Verhängnis herauszuhalten, sondern eine Initiative zu ergreifen zur Abwehr dieses die Welt bedrohenden Verderbens. Sie waren der Meinung, in dem Staat beginnen zu müssen, dessen Bürger sie sind.
> Der Bundeskanzler sprach den Wunsch aus, in diesen Fragen mit Vertretern der Wissenschaft in Verbindung zu bleiben und sie über die Entwicklung auf den genannten Gebieten sowie über die Entwicklung der internationalen Lage auf dem laufenden zu halten. Die Vertreter der Wissenschaft begrüßen den vom Bundeskanzler ausgesprochenen Wunsch“. [105]

Rückblickend zog Otto Hahn aus dem Ergebnis der Besprechung bei Adenauer eine positive Bilanz: „Wir waren mit dem Ergebnis zufrieden – Minister Strauß allerdings weniger –, denn mehr konnten wir nicht erreichen, und unseren Standpunkt hatten wir gehalten.“ [106] Zweifellos liegt in diesen Worten auch eine gewisse Resignation, denn die Atomforscher dürften sich über die Grenzen ihres Einflusses auf die Politiker im klaren gewesen sein. [107]
Die Sitzung endete in gelockerter Atmosphäre: „Hahn dankte für die Einladung und sagte, er sei am Morgen doch mit etwas Angst hereingekommen. Der Bundeskanzler erwiderte: ‚Was denken Sie, was ich für Angst hatte‘“. [108] Zum einen wird hier die Erleichterung der Physiker deutlich, daß ihnen persönliche Repressalien erspart geblieben waren. Zum anderen hatte der Appell auch den Kanzler vor allem hinsichtlich der im September anstehenden nächsten Bundestagswahlen ersthafte Sorgen bereitet. [109]

---

[105]Hahn, Mein Leben, 1968, S.235f. Bei der Verlesung der neuen Fassung gab es noch einen amüsanten Zwischenfall: „Adenauer, der selbst vortrug, stockte an einer Stelle: ‚Da jehört ein Komma hinein.‘ Hallstein widersprach und verwies auf die grammatischen Grundregeln. Aber der Kanzler blieb störrisch: ‚Da jehört aber doch'n Komma hinein! ‘. Irgend jemand lieferte dazu einen Kommentar, halblaut gesprochen, doch so, daß es alle hörten: *Wo das Komma sitzt, das bestimme ich!* Mit bösem Blick suchte Adenauer den Sprecher ausfindig zu machen. Es gelang ihm nicht. Gerlach aber lächelte vor sich hin. Er hatte den Frankfurter Dialekt Otto Hahns gleich erkannt.“, Hoffmann, 1993, S.242.

[106]Hahn, Mein Leben, 1968, S.236.

[107]Hoffmann, 1993, S.242.

[108]Heipp, Es geht ums Leben! Der Kampf gegen die Bombe, 1965, S.42.

[109]Hermann, 1976, S.106; Hoffmann, 1993, S.242.

Es wurde jedoch offensichtlich, daß beide Gruppen aneinander vorbei redeten. Für Adenauer und seine Berater standen die globale Strategie der USA, der Zusammenhalt des Westens und die Politik des Kalten Krieges – nicht zu vergessen die Bundestagswahlen sowie die öffentliche Meinung – im Mittelpunkt. Die Atomphysiker waren dagegen angetrieben durch ihr ethisches Empfinden und ihre Sorge über die letztendlichen Ziele des Verteidigungsministers. Sie hofften, die Bundesrepublik aus dem nuklearen Strudel heraushalten zu können. [110]

Mit diesem Kommuniqué, das den Wunsch nach echten Abrüstungsverhandlungen betonte, gelang es Adenauer erfolgreich, die Aufmerksamkeit von dem Problemkomplex Ausrüstung der Bundeswehr mit Atomwaffen weg auf die in London laufende Fünfmächte-Abrüstungskonferenz zu lenken. Beruhigend teilte Verteidigungsminister Strauß mit, für die nächsten achtzehn bis vierundzwanzig Monate sei eine effektive Ausrüstung der Bundeswehr mit taktischen Atomwaffen nicht akut; nur wenn die Gespräche innerhalb dieses Zeitraums keine konkreten Ergebnisse gebracht hätten, müsse mit einer atomaren Bewaffnung der Bundeswehr gerechnet werden [111]. Damit war die Taktik für den Wahlkampf festgelegt: keine frontale Ablehnung der Forderung, sondern elastisches Spiel auf Zeit, um erst einmal den Wahltermin hinter sich zu bringen. Der Kanzler richtete an die USA die dringende Bitte, die Londoner Gespräche doch auf keinen Fall vor den Bundestags-

[110] Cioc, 1988, S.79f. Weizsäcker, Die Verantwortung der Wissenschaft im Atomzeitalter, 1957, S.27f., schreibt über das Gespräch und die unterschiedlichen Auffassungen beider Parteien: „Das wichtigste an diesem Gespräch war für uns Wissenschaftler ohne Zweifel der tiefe Eindruck, den wir bekommen haben, von der Stärke der Sorge des Bundeskanzlers von der Atomrüstung in der Welt, von der Aufrichtigkeit seines Strebens nach Abrüstung. Der Unterschied seiner Auffassung von der unsrigen war, daß er in dem harten politischen Handel um eine Abrüstung, die unsere Freiheit nicht zum Opfer bringt, in einem einseitigen deutschen Verzicht eine Vorausleistung sieht, die der Gegner nicht honorieren, sondern zum Anlaß erhöhten Drucks nehmen werde. Diese Überlegung ist konsequent im politischen Kalkül. Aber es ist nicht zu leugnen, daß unsere Erklärung hervorgegangen ist aus dem Glauben, daß mit dem politischen Kalkül allein die Welt vor der atomaren Selbstvernichtung nicht zu retten ist und daß es Dinge gibt, die nicht zum Gegenstand politischen Kalküls gemacht werden dürfen. Wenn dieser Unterschied bestehen bleibt, so wäre doch meiner Überzeugung nach nichts falscher, als ihn heute durch eine Kluft zu erweitern. Im Gegenteil, der Bundeskanzler hat eine außenpolitische Initiative zur atomaren Abrüstung angekündigt und wir können nichts dringenderes wünschen als einen Erfolg dieser Initiative. Was wir zu ihrem Erfolg beitragen können, tun wir mit Freude."

[111] Frankfurter Allgemeine Zeitung, 18. April 1957 („Gegen generelle Atombewaffnung in Ost und West"). Auch zur Beruhigung der tatsächlich sehr betroffenen Vorstandsmitglieder, die für Besinnung und Abrüstung plädierten, betonte ihr Vorsitzender, um das Votum „Wir unterstützen alles was geschehen kann, um die Atombombe als Waffe auszuschließen" zu verhindern, daß sich die Frage der Bewaffnung der Bundeswehr praktisch erst in zwei Jahren, „vielleicht auch erst in drei Jahren" stellen werde. Je später, um so besser. Er scheute sich auch nicht hinzuzufügen, man solle „in der Sache völlig klar, objektiv, und ehrlich sein.", vgl. Bundeskanzler Konrad Adenauer vor dem Bundes-Parteivorstand der CDU in Bonn am 11. Mai 1957, in: Protokolle des CDU-Bundesvorstandes 1953-1957, S.1235.

wahlen zu beenden, selbst wenn sie ergebnislos verlaufen sollten. Nach dem Termin der Bundestagswahl und dem zu erwartenden Scheitern der internationalen Abrüstungsverhandlungen könnte die Bundesregierung dann ihre Haltung zur Frage der Nuklearisierung auch öffentlich einer neuen Überprüfung unterziehen. [112]
Dieser Beruhigungstaktik lag eine recht nüchterne Einschätzung der Situation zu Grunde: Die Mehrheit der Deutschen stand nicht hinter der langfristig angelegten Grundlegung der militärischen Westintegration. [113] Aus den klaren Daten zog Adenauer die Folgerung, keine neue Konfliktstrategie auszuprobieren und auf Konfrontation zu setzen. Der Kreis um Adenauer und Strauß war sich bewußt, daß das Image der Bundesregierung im Wahljahr ziemlichen Schaden nehmen mußte, wenn ihre Hauptverantwortlichen weiterhin den Vorstellungen der Atomforscher eine schroffe Abfuhr erteilen würden, obwohl diese - wie man ahnte - dem Grundempfinden der Mehrheit der Westdeutschen entsprachen [114]. Um möglichst neue überraschende Aktionen von seiten der Atomforscher zu vermeiden, erwog die Gruppe innerhalb der Regierungskoalition sogar die Bildung eines „deutschen Atomrates", der sich aus Parteien, wissenschaftlichen Vereinigungen, Kirchen und anderen Organisationen zusammensetzen und zur internen Klärung der für die Bevölkerung relevanten Probleme beitragen sollte. [115]

Was die Bundestagswahlen betraf, so gelang Adenauer ein überwältigender Wahlsieg, die CDU/CSU erreichte mit knapp über 50% der abgegebenen Stimmen die absolute Mehrheit. Der „Atomschock" in der Bevölkerung hatte bald nachgelassen [116] und dem Bundeskanzler gelang es, andere Ängste in der Bevölkerung zu wecken: Adenauer hatte seine Wahlkampfstrategie mit der Warnung an die Bevölkerung verbunden, daß diese Bundestagswahl „darüber entscheiden werde, ob Deutschland und Europa christlich bleiben oder kommunistisch" [117] werden würde. Die atomaren Ängste der Bundesbürger holten

---

[112] Fischer, 1993a, S.122; ders., 1993b, S.285; Schwarz, 1981, S.362.

[113] Vgl. die Auswertung von Meinungsumfragen bei Bald, 1994, S.100ff.

[114] Vgl. die Ergebnisse der Repräsentativerhebungen zur Frage der Atombewaffnung vom April 1957 durch das DIVO-Institut (Umfragen 1957. Ereignisse und Probleme im Urteil der Bevölkerung, hrsg. vom DIVO-Institut, Frankfurt am Main 1958, S.18 (im folgenden zitiert als DIVO-Institut, Umfragen 1957)) und vom Februar/März 1958 durch das EMNID-Institut (Emnid-Informationen, Nr. 11/1958) in der Bundesrepublik, wonach sich 77% bzw. 83% gegen die Stationierung von Atombomben und Atommunition bzw. Atomraketen in Westdeutschland aussprachen.

[115] Rupp, 1984, S.80. Diese Idee stammte von dem Bundestagspräsidenten Eugen Gerstenmaier. Er hatte während seiner Rede im Bundestag am 10. Mai 1957 den Vorschlag eines Beirates für Fragen der Atomwaffen gemacht (vgl. Kapitel 3.2.5.1). Diese Empfehlung wurde in Punkt IVb des Entschließungsantrages der Koalitionsfraktionen im Bundestag vom 10. Mai aufgegriffen, in dem die Bundesregierung um die Berufung eines Beirates für Fragen der Atomwaffen ersucht wurde, Anlage 2 zu Umdruck 1099, in: Verhandlungen des Deutschen Bundestages, 2. Wahlperiode 1953, Stenographische Berichte, Bd.36, 209. Sitzung, 10. Mai 1957, S.12138 (D)-S.12139 (A). Ein solcher Beirat trat in der „Öffentlichkeit" allerdings nie in Erscheinung.

[116] Vgl. das nachfolgende Kapitel zu Reaktionen der Öffentlichkeit.

[117] Protokolle des CDU-Bundesvorstandes 1953-1957, S.1262.

den Kanzler jedoch im Frühjahr 1958 bei der anstehenden parlamentarischen Entscheidung über die Ausrüstung deutscher Truppen mit nuklearen Trägerstystemen wieder ein. Die SPD schickte sich an, den Kampf der Opposition vom Parlament auf die Straße zu verlagern und setzte nun ihrerseits auf eine andere, nicht weniger bedrohlich klingende Warnung, die vor dem „Atomtod". [118]

3.2.2 Die Reaktion der Öffentlichkeit

Ebenso überrascht wie einzelne Regierungsmitglieder zeigten sich Presseagenturen und Redaktionen großer Tageszeitungen, als sie am 12. April von dem Schritt der Wissenschaftler erfuhren [119]. Ihre Reaktion reichte von spontaner Begrüßung [120] bis zu der kaum verhüllten Unterstellung, die Unterzeichner würden damit allein der Sowjetunion einen Dienst erweisen [121]. Die Erklärung sowie das entsprechende Verhalten der Bundesregierung dominierten von der Veröffentlichung des Appells an bis zum Tag nach dem Gespräch der Atomforscher mit dem Kanzler die Kommentarspalten eines beträchtlichen Teils der westdeutschen Tagespresse. Auch die großen Blätter des westlichen Auslands brachten Kommentare in diesem Zeitraum. [122]

Darüber hinaus erhielt die Erklärung spontanen Beifall nicht nur von den Oppositionsparteien, sondern auch von zahlreichen Organisationen, informellen Gruppierungen und Berufsgruppen, die keineswegs völlig mit den Kreisen und Schichten übereinstimmten, die die Wiederaufrüstung bekämpft hatten. Im folgenden sollen nun von diesen Reaktionen in chronologischer Reihenfolge die „politisch-soziologisch bemerkenswertesten" [123]

---

[118] Stölken-Fitschen, 1995, S.236.

[119] „Als uns am Freitag die Erklärung der deutschen Atomforscher telefonisch übermittelt war, haben wir lange still darüber gesessen." Baumgarten, Hans, „Die Tragik der Atomforscher", in: Frankfurter Allgemeine Zeitung, 15. April 1957.

[120] Rhein Neckar-Zeitung, 13. April 1957 („Akt der Verantwortung"); Süddeutsche Zeitung, 13. April 1957 („Das Streiflicht").

[121] „...der Aufruf der Professoren steigert wie eine völlig unkontrollierbare Kettenreaktion die Wirkung der langen Serie von Drohungen, welche die Sowjetunion gerade in diesen Tagen an eine ganze Anzahl von Ländern, nämlich nicht nur die skandinavischen Staaten, sondern auch an Großbritannien und Frankreich, an die Bundesrepublik und an Italien, an Griechenland und die Türkei gerichtet hat. Hält man sich vor Augen, daß die Sowjetunion in den letzten Tagen nicht weniger als vier Kernexplosionen veranstaltet hat, nachdem vor wenigen Wochen erst eine andere Versuchsreihe abgeschlossen wurde, und insgesamt 22 Atomexplosionen in der Sowjetunion durchgeführt worden sind, so muß die Tatsache, daß die Professoren gewiß ungewollt und vielleicht sogar unbewußt, einen Beitrag zu der unehrlichen sowjetischen Propaganda geleistet haben, jeden, dem die Sicherung der freien Welt am Herzen liegt, aufs tiefste beunruhigen und erschüttern.", Industrie-Kurier, 16. April 1957 („Gefährliche Kettenreaktion").

[122] Rupp, 1984, S.81. Zum Presseecho vgl. auch Physikalische Blätter, Bd.13, Hft.5, 1957, S.236f. („Wird die Warnung gehört?").

[123] Rupp, 1984, S.82.

wiedergegeben werden [124]: Noch am Tag der Erklärung nahm der Bundesvorstand des **Reichsbundes der Kriegs- und Zivilbeschädigten, Sozialrentner und Hinterbliebenen** [125] zur Göttinger Stellung und bekannte sich „als Sprecher von Millionen deutscher Kriegsopfer zu einer im Sommer 1956 in Brüssel angenommenen Entschließung des Weltfrontkämpferverbandes an die Vereinten Nationen, in der ausdrücklich die Ächtung aller Atomwaffen ausgesprochen wurde.“ [126]

Am Montag den 15. April begüßten **acht prominente Persönlichkeiten der evangelischen Kirche** in einem Telegramm an den Leiter des Max-Planck-Instituts in Göttingen, Prof. Hahn, den Appell der achtzehn Wissenschaftler. Sie dankten den Wissenschaftlern „für den Dienst, den Sie dem deutschen Volk und der Menschheit mit ihrer Warnung vor der atomaren Bewaffnung deutscher Streitkräfte geleistet haben. Wir sind tief bewegt davon, daß deutsche Gelehrte aus echtem wissenschaftlichen Ethos und letzter Verantwortung ihrer Gewissensbindung über alle anderen Rücksichten gestellt haben.“ Das Telegramm war unterzeichnet von Prof. Martin Fischer, Probst Dr. Grüber, Prof. Iwand, Kirchenpräsident D. Stempel, Prof. Gollwitzer, Dr. Gustav Heinemann, Kirchenpräsident Niemöller und Prof. Vogel. [127]
Gleichzeitig schickten **sieben Tübinger Persönlichkeiten**, darunter der Rektor der Universität, Prof. von Weizsäcker ebenfalls eine Dankadresse mit folgendem Inhalt: „Habt Dank und bleibt fest! Bildet Kern einer weltweiten Kettenreaktion. Die Menschen aller Völker werden hinter euch stehen!“ Dem Wortlaut des Telegramms schlossen sich brieflich weitere 35 Persönlichkeiten der Stadt, darunter 18 Professoren an. [128]
Daneben erklärten sich die Vertreter der **Studentenschaft der Universität Erlangen** in einer öffentlichen Stellungnahme mit den Atomforschern solidarisch. [129]

Am Mittwoch, den 17. April, nahm die **Bürgerschaft der Stadt Hamburg** zur Göttinger Erklärung begrüßend Stellung und ersuchte den Senat, auch mit den Stimmen der Bonner Regierungsparteien, bei der Bundesregierung und im Bundesrat dahingehend zu wirken, „daß die Bundeswehr jedenfalls solange nicht mit Atomwaffen ausgerüstet wird, als sich diese nur in den Händen der Großmächte befinden“. [130]

---

[124]Dokumentensammlungen finden sich in Blaubuch 1958; Heipp, Es geht ums Leben! Der Kampf gegen die Bombe, 1965; Michaltscheff, Die unverwüstliche Opposition, 1994; Walther, Atomwaffen und Ethik, 1981.

[125]Der Reichsbund der Kriegs- und Zivilbeschädigten, Sozialrentner und Hinterbliebenen schaltete sich 1958 aktiv in die Aktion „Kampf dem Atomtod“ ein und nahm an verschiedenen Demonstrationen in Hamburg, Bremen usw. teil, Michaltscheff, Die unverwüstliche Opposition, 1994, S.164.

[126]Blaubuch 1958, S.227.

[127]Wortlaut des Telegramms in Heipp, Es geht ums Leben! Der Kampf gegen die Bombe, 1965, S.44. Siehe auch Frankfurter Allgemeine Zeitung, 16. April 1957 („Theologen danken den Wissenschaftlern“).

[128]Blaubuch 1958, S.134f.

[129]Frankfurter Allgemeine Zeitung, 16. April 1957 („Die Studenten hinter den Professoren“).

[130]Vgl. Rupp, 1984, S.83.

Am 18. April befaßte sich dann der Bundesvorstand des **Deutschen Gewerkschaftsbundes** öffentlich [131] mit der Erklärung: Sich auf die Entschließung seines Bundeskongresses zur Atomwaffenfrage vom Oktober 1956 beziehend, aber weit über diese hinausgehend, wandte er sich erstmalig „gegen die Lagerung von Atomwaffen ...jetzt und künftig". Die Erklärung wurde mit den Worten begrüßt: „Wer die Menschheit auf der ganzen Welt vor der Vernichtung bewahren will, der muß nach Auffassung des Deutschen Gewerkschaftsbundes im eigenen Lande mit der Ablehnung von Atomwaffen beginnen". [132]

Einen Tag später, Karfreitag, meldete sich **Karl Barth**, der reformierte Theologe aus Basel, auf Anforderung der Zeitung „SOS", West-Berlin, zu Wort:

> „Der Appell von Dr. Albert Schweitzer, an die Männer der Wissenschaft: sie möchten der Menschheit über die Vorbereitungen zum Atomkrieg ‚die Wahrheit' sagen [133], ist nicht ungehört geblieben. Die Physiker, als die in dieser Sache zuständigen Fachleute – zuletzt achtzehn angesehene deutsche Vertreter dieser Wissenschaft – haben uns die Wahrheit, wie sie sich ihnen auf Grund ihrer Erkenntnis darstellt, geschaffen. ...Die Bekanntgabe dieser Wahrheit ist von den hohen politischen Stellen und der großen politischen Presse als unbefugte Einmischung in einen Bereich bezeichnet und behandelt worden, in welchem sie sich für allein zuständig halten. Man vertröstet uns damit, daß die Bemühungen um eine kontrollierte Abrüstung weitergehen sollen. Man läßt aber keine Zweifel daran, daß die Vorbereitungen zum Atomkrieg mit Einschluß der praktischen Versuche unterdessen fortgesetzt werden. Es bleibt nur übrig, von denen, die die öffentliche Macht und das öffentliche Wort haben, an die Menschen zu appellieren: Sie sollen sich solche Abweisung nicht gefallen lassen. Sie sollen die Sache in ihre eigenen Hände nehmen. Sie sollen ihrer Regierung und

[131] Von Gewerkschaftsseite hatten vorher bereits am 13. April der Vorsitzende der IG Metall, der größten Industriegewerkschaft der Bundesrepublik, Otto Brenner, sowie am 15. April der DGB-Landesbezirk Niedersachsen – ohne vorher mit dem geschäftsführenden Bundesvorstand in Kontakt zu treten – eine Stellungnahme abgegeben, Rupp, 1984, S.82f. Am 15. April äußerte sich auch der DGB-Landesbezirk Bayern: „Der DGB-Landesbezirk teilt die Meinung der Atomwissenschaftler, dass sich die Bundesrepublik am besten schützen und den Weltfrieden am ehesten fördern kann, wenn sie ausdrücklich und freiwillig auf den Besitz von Atomwaffen jeder Art verzichtet." Weiter heißt es: „Der Landesbezirk Bayern fordern den demnächst tagenden Bundesausschuss des Deutschen Gewerkschaftsbundes auf, sich der Erklärung der deutschen Atomwissenschaftler anzuschließen", Generallandesarchiv Karlsruhe (GLA), Bestand 69 KfK/INR 2: DGB Gewerkschaftsnachrichten Landesbezirk Bayern Nr. 25 (Abschrift) vom 15. April 1957.

[132] Blaubuch 1958, S.30. Siehe auch Frankfurter Allgemeine Zeitung, 20. April 1957 („Die SPD fordert Verzicht auf Atomwaffen").

[133] Karl Barth bezog sich hier offenbar auf einen Brief Albert Schweitzers, der am 14. April 1954 im „Daily Herald", London erschien und in dem zu lesen ist: „Die Wissenschaftler selbst, die alle in diesem Zusammenhang stehenden Fragen und Gefahren gründlich kennen, müssen zur Welt sprechen, möglichst viele von ihnen, und sie alle müssen der Menschheit die Wahrheit sagen in Wort und Schrift. Würden sie ihre Stimme erheben und würde jeder von ihnen einen Drang verspüren, die furchtbare Wahrheit auszusprechen, dann würden sie Gehör finden, denn dann würde die Menschheit begreifen, daß es bitter ernst ist.", Heipp, Es geht ums Leben! Der Kampf gegen die Bombe, 1965, S.25.

> ihrer Presse mit allen Mitteln zu verstehen geben, daß sie weder ausrotten noch ausgerottet werden wollen: auch nicht zur Verteidigung der ‚freien Welt', auch nicht zur Verteidigung des Sozialismus! Sie sollen den Verantwortlichen im Westen und im Osten ein Halt! zurufen, daß ihnen die Ohren gellen'". [134]

Zeitgleich beschloß der Ostern in Wermelskirchen tagende **Konvent der Kirchlichen Bruderschaft** [135] **im Rheinland** eine Erklärung zur atomaren Bewaffnung, in der sich die Versammelten verpflichteten „auf dem Schritt der atomaren Bewaffnung nicht einen Schritt weiter mitzugehen" und „das Gewissen der [...ihnen] anvertrauten Menschen in der Erkenntnis [zu] schärfen, daß kein Zweck die Herstellung von Massenvernichtungsmitteln rechtfertigt." [136]

Um die Ostertage (21./22. April) ebbte die Welle der zustimmenden Erklärungen zwar ab, sie erhielt aber durch den vom Missionsarzt und Philantrophen **Albert Schweitzer** verfaßten und am Osterdienstag über Radio Oslo verbreiteten und von 140 Rundfunkstationen in aller Welt gesendeten Appell zur Einstellung der Kernwaffenversuche neuen Schwung [137]. Nach Ansicht von Robert Jungk ist durch diesen „die Flamme der Anti-Atombewegung" als „wahrhaft weltumfassende Bewegung" entfacht worden [138].

Der Aufruf über die Gefahren freiwerdender Radioaktivität durch Atombombenversuche brachte einen weiteren wichtigen Aspekt in die Diskussion ein, obwohl er von seinem wissenschaftlichen Inhalt nichts enthielt, worauf nicht auch schon andere Wissenschaftler hingewiesen hätten. Die Ernsthaftigkeit, mit der „die moralische Autorität aus dem afrikanischen Dschungel" seinen Aufruf vortrug, traf aber einen neuen Ton. Schweitzer galt als „Persönlichkeit, die außerhalb von Interessen und Ideologien steht" [139], er war der Inbegriff des „guten Deutschen" [140]. Seine Worte, die er durch die schlichte Berufung „auf sein Alter und sein Lebenswerk im Dienste der ‚Ehrfurcht vor dem Leben'" [141] rechtfertigte, hatten um so mehr Gewicht, als sie eine betont nüchterne und detaillierte

---

[134] Ebenda., S.44.

[135] In den evangelischen Kirchen sind Bruderschaften vor allem nach den beiden Weltkriegen entstanden. Sie vereinen Pfarrer und Laien zu geistlich-diakonischem Leben in klosterähnlicher Wohngemeinschaft.

[136] Wortlaut des Appells in: Blaubuch 1958, S.187f.; in Walther, Atomwaffen und Ethik, 1981, S.39f., hier S.40.

[137] Der Text ist abgedruckt in Frankfurter Allgemeine Zeitung, 24. April 1957 („Die Atomgefahr in der wir heute leben"); Heipp, Es geht ums Leben! Der Kampf gegen die Bombe, 1965, S.49ff. Schweitzer war zu diesem Schritt von dem Publizisten Norman Cousins, einem aktiven Befürworter der amerikanischen Teststopp-Kampagne, angeregt worden. Dieser hatte ihn, von seinem letzten Hiroshima-Besuch kommend, in Lambarene aufgesucht und um Unterstützung gebeten, Stölken-Fitschen, 1995, S.249.

[138] Jungk, Robert, Heller als tausend Sonnen. Das Schicksal der Atomforscher, Reinbek bei Hamburg 1964, S.313f.

[139] Frankfurter Allgemeine Zeitung, 24. April 1957 („Notsignal").

[140] Cioc, 1988, S.44.

[141] Frankfurter Allgemeine Zeitung, 24. April 1957 („Notsignal").

Beschreibung der Folgen von Atombombentests auf Menschen und Umwelt enthielten. Die Beschränkung von Schweitzers Forderung nach einem Teststoppabkommen zwischen den drei Atommächten Amerika, UdSSR und England, ohne einseitige Verzichtsleistung und verbunden mit Garantien, die ein solches Abkommen vor politischem oder militärischem Mißbrauch schützen sollten, verliehen seinem Appell – im Gegensatz zur Göttinger Erklärung mit ihrem eindeutig politischem Bekenntnis – eine realistisch abgewogene Note, die ihm auch von der regierungsfreundlichen Presse ungeteilte Anerkennung zuteil werden ließ. [142] Für die Protestbewegung gegen die geplante atomare Bewaffnung der Bundeswehr wurde Schweitzer neben den Göttinger Professoren zum wichtigsten Gewährsmann. Zahlreiche Erklärungen und Aufrufe verknüpften ihre Demonstration gegen die Atomwaffenstationierung mit einem allgemeinen Hinweis auf die radioaktiven Gefahren durch Atombombenversuche oder mit einer Forderung an die verantwortlichen Staatsmänner, die Atomwaffentests unverzüglich einzustellen. Von diesen sollen nun noch einige aus den Monaten April und Mai 1957 aufgeführt werden.

Am Donnerstag nach Ostern (25. April) bedauerte die **Frankfurter Stadtverordnetenversammlung** in ihrer Entschließung, „daß sich die Bundesregierung bisher nicht entschließen konnte, sich den Forderungen der achtzehn Atomwissenschaftler und des Appells von Albert Schweitzer an die Weltöffentlichkeit auf eine sofortige Einstellung aller Versuche mit nuklearen Waffen anzuschließen. Sie ist mit den Atomwissenschaftlern der Überzeugung, daß der beste deutsche Beitrag zu diesem Ziel durch einen Verzicht der deutschen Armeen auf Atomwaffen und auf die Lagerung von Atomwaffen auf deutschem Boden erbracht werden kann.“ [143]

Erste offizielle Stellungnahmen **westdeutscher Kirchenleitungen** rief eine Samstag nach Ostern veröffentlichte folgende Erklärung der Dekane der sechs evangelisch-theologischen Fakultäten in der DDR hervor:

> Wir danken den westdeutschen Atomforschern für ihre Warnung vor einer atomaren Aufrüstung deutscher Streitkräfte.
> Wir danken den ostdeutschen Atomforschern für ihre Warnung vor einer Fortsetzung der Atombombenexperimente [144].

[142] Stölken-Fitschen, 1995, S.249. Die Frankfurter Allgemeine Zeitung, 24. April 1957 („Notsignal“), schrieb beispielsweise: „Das Notsignal aus dem afrikanischen Urwald darf nicht hinabsinken in das dumpfe Schweigen einer Menschheit, die ihre Sternstunden so oft unbeachtet vorübergehen läßt.“ Bundestagspräsident Gerstenmaier forderte unter dem Eindruck des Appells, „daß die NATO-Staaten, unabhängig von dem Fortgang der Londoner Abrüstungsverhandlungen auf weitere Atombombenversuche verzichten sollten“, Blaubuch 1958, S.103.

[143] Ebenda., S.108f.

[144] Bereits am 14. April hatten sieben namhafte ostdeutsche Atomphysiker, darunter Prof. Manfred von Ardenne, die Göttinger Erklärung begrüßt und ihre Solidarität im Kampf gegen die „Lagerung von Atomwaffen und die atomare Bewaffnung der Bundeswehr“ bekundet. In der Dresdener Erklärung heißt es: „Wir ostdeutschen Atomphysiker, die wir in der Deutschen Demokratischen Republik solche Probleme nicht kennen und die wir ausschließlich mit friedlicher Anwendung der Atomenergie beschäftigt sind, haben mit leidenschaftlicher innerer Bewegung

> Mit der Synode der Evangelischen Kirche in Deutschland und der gesamten Ökumene sind wir eins in der radikalen Verwerfung der Massenvernichtungsmittel.
> In ihnen werden Gottesgaben, der menschliche Verstand wie die Kräfte der Natur, mißbraucht.
> In ihnen wird der Mensch, der Gottes Ebenbild ist und für den Christus gestorben und auferstanden ist, verraten.
> In ihnen wird die Güte des Schöpfers selbst gelästert.
> Wir warnen davor, in dieser Sache mitzumachen oder sich verantwortungsloser Gleichgültigkeit und Resignation zu überlassen. Die Weltgefahr, die nicht nur das gegenwärtige Geschlecht, sondern unsere Kinder und Kindeskinder bedroht, fordert den Einsatz jedes einzelnen, um das Ziel einer allseitigen Ächtung und Abschaffung der Massenvernichtungsmittel zu erreichen." [145]

Drei Tage danach, am 30. April, unterschrieben auf dem Westfälischen Pfarrertag von 230 teilnehmenden Pfarrern 195 eine Erklärung, in der sie sich mit der Resolution der sechs ostdeutschen Dekane der evangelisch-theologischen Fakultäten, der sich mitlerweile auch acht Bischöfe der evangelischen Landeskirchen in der DDR, unter ihnen der Ratsvorsitzende der EKD, Bischof Dibelius, angeschlossen hatte [146], solidarisch erklärten und „den Atomforschern in West und Ost sowie ... Albert Schweitzer für ihre Warnungen vor einer Fortsetzung der Atombombenexperimente und vor der Ausrüstung von Streitkräften mit atomaren Waffen" dankten [147].

---

von dieser geschlossenen Aktion unserer großen westdeutschen Kollegen erfahren und fühlen uns in diesem Augenblick besonders eng mit ihnen verbunden.", Generallandesarchiv Karlsruhe (GLA), Bestand 69 KfK/INR 2: Äußerungen der Dresdener Atomphysiker, in: Ardenne, Manfred von, Mahnung gegen die Vorbereitungen des Atomkrieges auf deutschem Gebiet. Siehe auch Frankfurter Allgemeine Zeitung, 16. April 1957 („Ardenne begrüßt die Göttinger Erklärung"). Ebenfalls noch im April wurde dem Ministerpräsidenten der DDR eine von der Mitgliederversammlung der Physikalischen Gesellschaft der DDR einstimmig angenommene Resolution übermittelt, in der „alle Wissenschaftler der Welt ... [aufgefordert wurden], auf ihre Regierungen einzuwirken, mit dem Ziele, die Einstellung dieser [Kernwaffen-] Versuche zu erreichen." Heipp, Es geht ums Leben! Der Kampf gegen die Bombe, 1965, S.44. Bei beiden Stellungnahmen fehlt allerdings die gerade den besonderen moralischen Wert der Göttinger Erklärung ausmachende persönliche Verpflichtung der Atomforscher, jedweden Dienst an der Herstellung, der Erprobung oder dem Einsatz von Atomwaffen zu verweigern.

[145] Heipp, Es geht ums Leben! Der Kampf gegen die Bombe, 1965, S.44. Die unterzeichnenden Dekane sind: *Prof. D. Heinrich Vogel*, Berlin; *Prof. D. Dr. Arno Lehmann*, Halle; *Prof. D. Hans Bardtke*, Leipzig; *Prof. Lic. Werner Schmauch*, Greifswald; *Prof. D. Gerhard Glöge*, Jena; i.V. *Prof. D. Gottfried Quell*, Rostock. Diese Erklärung unterscheidet sich von der Resolution der Physikalischen Gesellschaft der DDR zwar durch ihre Radikalität und ihre Aufforderung zum persönlichen Einsatz, sie stellte für die DDR-Regierung jedoch ebensowenig einen Gefahrenpunkt dar, Rupp, 1984, S.86, Fußnote 425.

[146] „In Übereinstimmung mit der vorstehenden Erklärung und den Beschlüssen unserer Synoden bekennen sich auch die Unterzeichneten zu der Verwerfung aller Massenvernichtungsmittel.", Heipp, Es geht ums Leben! Der Kampf gegen die Bombe, 1965, S.45.

[147] Blaubuch 1958, S.187. Zu weiteren kirchlichen Stellungnahmen im April/Mai 1957 siehe

Nachdem die Wirkung des Aufrufs von Albert Schweitzer abgeklungen war, vergrößerte sich sehr bald mit Ausnahme des kirchlichen Raumes der Abstand zwischen den in der „Öffentlichkeit“ bekannten Appellen und Resolutionen:

Am 3. Mai richtete die **Hamburger Lehrergewerkschaft** an den Bundestag folgende Mahnung: „Wir Lehrer und Erzieher können nur für ein Dasein erziehen und es vorleben, das in Ehrfurcht vor dem Leben geführt und erfüllt wird! Solch ein Erziehungsauftrag verliert seinen Sinn in einer Welt, in der schon Atomwaffenversuche das Leben, die körperliche und geistige Substanz der Ungeborenen bedroht. Wir bekennen uns deshalb zum Geist und zum Inhalt der Worte, die Albert Schweitzer zur ganzen Welt gesprochen hat.“ [148]

Nach dem 5. Mai sandten 99 **Wissenschaftler, Schriftsteller und Künstler** einen „offenen Brief“ an Bundeskanzler Adenauer, in dem sie sich bei den Atomwissenschaftlern für ihren mutigen Schritt bedankten und der in folgender Mahnung gipfelte: „Die Bundesrepublik kann nur dann die internationale Entspannung für ihren Teil fördern und bessere Voraussetzungen für die Wiederherstellung der deutschen Einheit schaffen, wenn sie nicht nur auf die Herstellung atomarer Waffen, sondern auch kompromißlos auf die Ausrüstung der Bundeswehr mit taktischen Waffen durch die NATO verzichtet.“ [149]

Heipp, Es geht ums Leben! Der Kampf gegen die Bombe, 1965, S.46ff. bzw. noch ausführlicher im Kirchlichen Jahrbuch für die Evangelische Kirche in Deutschland, Bd.84, 1957, S.87ff.

[148] Blaubuch 1958, S.50.

[149] Ebenda., S.132; Michaltscheff, Die unverwüstliche Opposition, 1994, S.171. Der Brief war u.a. unterzeichnet von dem Maler Otto Dix, dem Schriftsteller Leonhard Frank und dem Verleger Ernst Rowohlt, deren Unterschriften ein Jahr später auch unter dem „Aufruf von Persönlichkeiten des kulturellen Lebens“ zu finden waren, vgl. Blaubuch 1958, S.135ff. Die Initiative zu dem offenen Brief war vom „Schwelmer Kreis“ ausgegangen und wurde vom „Fränkischen Kreis“ unterstützt. Beide Kreise waren lose Vereinigungen von Akademikern, die sich vor allem für das Ziel eines neutralen Deutschland einsetzten. Der „Schwelmer Kreis“ entstand Mitte der 50er Jahre um Dr. Helling, der „Fränkische Kreis“ 1953 um den Nürnberger Nervenarzt Wilhelm Gerstacker und wurde dann wesentlich von seinem Sektretär Prof. Franz Paul Schneider geprägt. Laut Bulletin des „Fränkischen Kreises“, Nr.3, Okt. 1957, S.2 („Nach den Bundestagswahlen“), trat dieser für die „friedliche Konkurrenz“ zwischen den beiden Blöcken ein. Die in den Petitionen und Aufrufen des Kreises zum Ausdruck kommendenden Wiedervereinigungs-Vorstellungen setzten auf eine kulturelle Annäherung beider Staaten, die Anerkennung der DDR durch die BRD, Verhandlungen zwischen beiden Regierungen und den Einbau Deutschlands in ein internationales Sicherheitssystem. Nach Ansicht des „Fränkischen Kreises“ wurde „die Wiederherstellung der deutschen Einheit durch die atomare Aufrüstung Westdeutschlands zusätzlich erschwert, weil sich am Ende auch die DDR veranlaßt sehen könnte, dem schlechten Beispiel des anderen Teilstaates zu folgen.“, Bulletin des „Fränkischen Kreises“, Nr.4, Nov. 1957, S.2 („Die Aktion des ‚Fränkischen Kreises‘ gegen die atomare Aufrüstung der Bundesrepublik geht weiter!“). Beide Vereinigungen wurden in der „Öffentlichkeit“ verdächtigt, kommunistische Tarnorganisationen zu sein; auf der Sammlung „Dokumente zum Göttinger Manifest“ des Fränkischen Kreises im Bestand 69 KfK/INR 4 des Generallandesarchivs Karlsruhe (GLA) ist z.B. handschriftlich „rot“ vermerkt. Siehe Blaubuch 1958, S.299; Michaltscheff, Die unverwüstliche Opposition, 1994, S.408ff.; Rupp, 1984, S.87f., Fußnote 434, S.94, Fußnote 473.

Mitte Mai nahm der **Göttinger Studentenrat** mit 38 gegen 3 Stimmen ein Manifest an, in dem die „Studenten der ganzen Welt“ aufgerufen wurden, von ihren Regierungen den Verzicht auf die Anwendung von Atomwaffen und auf Kernwaffenversuche zu fordern und sich für eine allgemeine kontrollierte Abrüstung einzusetzen. Etwas blauäugig heißt es in dem Manifest: „Wenn wir dem Beispiel unserer Lehrer folgen, werden wir auch den Abrüstungsgesprächen unserer Politiker das moralische Gewicht und – wenn nötig – den moralischen Druck verleihen ...“ [150]

Ebenfalls Mitte Mai wandten sich die in der **Arbeitsgemeinschaft Hamburger Frauen-Organisationen** zusammengeschlossenen 33 Verbände in einem Aufruf „an alle Frauen der atomar gerüsteten Länder in Ost und West“, sich bei ihren Regierungen für eine Einstellung der Kernwaffenversuche, eine Beschränkung aller Rüstungen und ein endgültiges Verbot aller Atomwaffen einzusetzen. [151]

Rupp konstatiert, daß sich die gesellschaftliche Basis beim politischen Kampf gegen die Atombewaffnung verglichen mit der Opposition gegen die Wiederbewaffnung wesentlich verbreitert hatte. [152] Dieses Ergebnis wird auch durch repräsentative Meinungsumfragen gestützt: Pendelte die Ablehnung der Wehrpflicht (für sich oder Verwandte) in der Bevölkerung in den Jahren 1952 bis 1955 zwischen 46% und 57% [153], sprachen sich bei Umfragen im Jahr 1957 auf einmal 64% [154] bzw. sogar 72% [155] gegen die Ausrüstung der Bundeswehr mit Atomwaffen aus. Der Beitrag der Göttinger Erklärung an dieser Steigerung lag Rupp zufolge darin, daß zum einen bisherige Regierungsanhänger die Atomwaffenpolitik der Bundesregierung kritisch zu betrachten begannen, daß aber zum anderen ein latentes Unbehagen gegenüber den neuen Waffen in breiten Bevölkerungskreisen schon vorhanden gewesen war und sich jetzt artikulierte. [156]

---

[150] Blaubuch 1958, S.222. Zu weitere Stellungnahmen aus der Studenten- und Schülerschaft siehe ebenda, S.221ff.

[151] Ebenda., S.213f. Von diesen 33 Hamburger Frauenverbänden richteten 21, darunter das Frauenwerk der Evgl.-luth. Landeskirche Hamburg, der deutsche Hausfrauenbund Landesverband Hamburg, die Vereinigung weiblicher Juristen und Volkswirte e. V. und die Frauengruppen der örtlichen Gruppierungen des DGB, der DAG, der SPD und der FDP, am 12. Dezember 1957 ein Schreiben an die Bundesregierung, den Bundespräsidenten, die Vorsitzenden der Bundestagsfraktionen und die Frauen im Bundestag, in dem sie die Bundesregierung darum bittet, dem Beispiel Dänemarks und Norwegens folgend, „auf die Lagerung von Atomwaffen und die Aufstellung von Atomraketen-Abschußrampen auf ihrem Gebiet zu verzichten, ebenda., S.214.

[152] Rupp, 1984, S.88.

[153] Noelle, Elisabeth/Neumann, Peter (Hrsg.), Jahrbuch der öffentlichen Meinung, 1947-1955, Allensbach 1956, S.374.

[154] Noelle, Elisabeth/Neumann, Peter (Hrsg.), Jahrbuch der öffentlichen Meinung 1958-1964, Allensbach 1965, S.471 (im folgenden zitiert als: Noelle/Neumann, Jahrbuch der öffentlichen Meinung 1958-1964).

[155] DIVO-Institut, Umfagen 1957, S.18.

[156] Rupp, 1984, S.89. An dieser Stelle soll schon einmal auf die Mitte der fünfziger Jahre aufkommende „Atompsychose“, ausgelöst durch das Bekanntwerden der von Atomtests ausgehenden Gefahren, hingewiesen werden, die durch friedliche Atomzeitaltervisionen zwar überlagert, aber

Ab Mitte Mai 1957 bis zur Pariser NATO-Konferenz im Dezember 1957 nahm die Intensität der zustimmenden Appelle zur Göttinger Erklärung bzw. der Atomwaffendiskussion in der Bundesrepublik insgesamt zwar ab. Das Problem verschwand aber nicht völlig von der Bildfläche, sondern wurde von verschiedenen gesellschaftlichen Gruppen unterschiedlich aufgegriffen. Während nun **Frauengruppen- und organisationen** stärker als zuvor in Erscheinung traten [157], kehrte in den **gewerkschaftlichen Raum** nach dem 1. Mai Ruhe ein [158].

Im **protestantisch-kirchlichen Raum** bildete der Vortrag „Die Christen und die Atomwaffen" des ehemaligen Ordinarius für Systematische Theologie an der Universität Bonn, Prof. Helmut Gollwitzer [159], vor der Evangelischen Studentengemeinde am 23. Juli 1957 den Auftakt für eine Reihe von Beiträgen zur ethischen Diskussion atomarer Bewaffnung aus theologischer Sicht. Innerhalb der EKD war damit der Anstoß zu einer äußerst kontrovers verlaufenden Diskussion gegeben, die im Frühjahr 1958 ihren Höhepunkt finden sollte. [160]

Aus dem **akademischen Bereich** kam am 19. Juli 1957 die Petition des „Fränkischen Kreises" an den Deutschen Bundestag, die der Bundesregierung vorwarf „aus der Warnung der Unterzeichner des Göttinger Manifestes und der Mahnung Albert Schweitzers ... trotz der Zustimmung weitester Kreise der Bevölkerung nicht die notwendigen Schlußfolgerungen gezogen" zu haben. Der Bundestag wurde aufgefordert, die Bundesregierung

---

nicht verdrängt werden konnten, vgl. ausführlicher Kapitel 3.2.6.

[157]Hier wären zum einen die „Erklärung bekannter deutscher Frauen" zu erwähnen, die bis Ende Juli mehr als 4.000 Frauen unterschrieben hatten, und in der es hieß: „Wir stimmen ebenso dem Appell der Atomphsyiker zu, in Deutschland keine atomaren Waffen, welcher Art auch immer, zu haben.", Blaubuch 1958, S.211. Am 28. Juni 1957 erschien ein von 18 westdeutschen Frauenverbänden unterzeichneter Aufruf an die Frauen der Welt, der sich zwar nicht direkt auf das Problem der Atombewaffnung bezog, „die Frauen aller Länder" jedoch dazu aufforderte, auf ihre Regierungen hinsichtlich einer „kontrollierte[n], stufenweise[n] Abrüstung" sowie „Maßnahmen und Einrichtungen zum Schutz der Bevölkerung" einzuwirken, ebenda., S.210. Am 7. Juli fand in der Frankfurter Paulskirche eine „in dieser Verantwortung ermutigt, durch die schriftliche Zustimmung mehrerer der 18 Göttinger Wissenschaftler" Tagung statt. Auf dieser sprachen Prof. Karl Bechert, Direktor des Instituts für Theoretische Physik der Universität Mainz, Dr. Bodo Manstein, Gründer des Kampfbundes für Atomschäden, sowie verschiedene Frauen zu dem Thema „Welche Aufgaben haben Frauen und Mütter im Atomzeitalter?", vgl. Generallandesarchiv Karlsruhe (GLA), Bestand 69 KfK/INR 2: Flugblatt „Gegen die Atomgefahr" (Korrespondenz Fassbinder). In einer dort verabschiedeten Erklärung wurde die Bundesregierung u.a. gebeten, „angesichts unseres geteilten Volkes auf atomare Ausrüstung der Bundeswehr radikal zu verzichten und darüber hinaus der Schaffung einer atomwaffenfreien Zone in Mitteleuropa zuzustimmen.", vgl. Blaubuch 1958, S.213.

[158]Siehe ausführlicher Rupp, 1984, S.91.

[159]Gollwitzer, Helmut, Die Christen und die Atomwaffen (= Theologische Existenz heute; Bd.61), München 1957 (im folgenden zitiert als: Gollwitzer, Die Christen und die Atomwaffen, 1957).

[160]Zum Problem des gerechten Krieges sowie den Positionen innerhalb der EKD siehe ausführlich Cioc, 1988, S.92ff.; Görlich, 1965, S.133ff.; Stölken-Fitschen, 1995, S.266.

zu verpflichten, „die Lagerung atomarer Waffen durch NATO-Einheiten auf dem Gebiet der Bundesrepublik grundsätzlich abzulehnen“ [161]. Der Appell war von 58 Professoren, 123 bildende Künstler und Schriftsteller [162], 36 Lehrer und Oberschullehrer sowie 28 Vertreter anderer geistiger Berufe unterzeichnet, darunter Prof. Helmut Gollwitzer, Hans Henny Jahnn, Prof. Franz Paul Schneider, Prof. Ernst Wolf, Prof. Renate Riemek, die im März 1958 auf der Unterzeichnerliste des Aufrufs „Kampf dem Atomtod“ wiederzufinden sein sollten. [163] Rupp erwähnt noch einen weiteren Appell von 20 Schriftstellern, der kurz vor der Bundestagswahl am 4. September 1957 der Öffentlichkeit übergeben wurde und der hinsichtlich der Atomwaffenfrage alle Deutschen dazu aufforderte, „am 15. September im Bewußtsein der Entscheidung über Sein oder Nichtsein zu wählen.“ Auch hier war eine Überlappung der Unterzeichnerkreise festzustellen: Der Aufruf trug u.a. die Unterschriften derjenigen Schriftsteller, die ein halbes Jahr später den Aufruf „Kampf dem Atomtod“ unterzeichnen sollten: Stefan Andres, Axel Eggebrecht, Hans Henny Jahnn, Ernst Kreuder, Wilhelm Lehmann und Paul Schallück. [164] Im Gegensatz dazu hatte der vier Tage später erscheinende Aufruf von 101 Hochschul- und Akademieprofessoren keinen Bezug zur anstehenden Bundestagswahl, sondern kritisierte, daß Politiker über die Appelle des letzten halben Jahres, „die die Existenz aller Menschen betreffen, einfach hinweggehen“. Dem Beispiel der Göttinger Achtzehn folgend, bekundeten die Unterzeichner, ihre „ wissenschaftliche Arbeit nicht für Kriegsvorbereitung und Krieg, sondern im Geist des Friedens für friedliche Aufgaben“ leisten zu wollen. Was den späteren Aufruf „Kampf dem Atomtod“ betraf, war er von Hans Iwand, Renate Riemek und Alfred Weber unterzeichnet. [165]

Kurz vor Beginn der NATO-Ministerratskonferenz im Dezember sprachen sich 10 Professoren verschiedener Fakultäten der Universität Heidelberg an die Erklärung der Göttinger Achtzehn erinnernd „gegen die Errichtung von Atomstützpunkten auf dem Gebiet der Bundesrepublik aus“. [166] Auch der Deutsche Frauenrat meldete sich am 7. Dezember unter dem Eindruck der bevorstehenden NATO-Konferenz zu Wort und forderte in seinem Appell „Nicht Atomtod - sondern Leben!“ zur Bildung einer atomwaffenfreien Zone in

---

[161]Blaubuch 1958, S.125.

[162]Von diesen unterzeichneten Leonhard Frank, Albrecht Goes, Hans Henny Jahnn, Wolfgang Koeppen, Hans J. Rehfisch, Ernst Rowohlt, Georg Schwarz, Fita Benckhoff, Albrecht Bessler, Werner Egk, Erich Engel, Ernst Fritz Fürbringer, Peter Lühr, Bele Bachem, Otto Dix, Ernst Geitlinger, Otto Pankok ein Jahr später den „Aufruf von Persönlichkeiten des kulturellen Lebens gegen die atomare Bewaffnung der Bundeswehr“, vgl. ebenda., S.126ff., S.135ff.

[163]Vgl. Blaubuch 1958, S.12, S.125ff.

[164]Rupp, 1984, S.95.

[165]Blaubuch 1958, S.12, S.138f.

[166]Ebenda., S.140. Das Telegramm war von dem Soziologen Alfred Weber, den Theologen R. Hupfeld, vom Rad und Günther Bornkamm, den Medizinern R. Siebeck, Alexander Mitscherlich und W. Kütemeyer, den Physikern Hans Kopfermann, dem Philosophen Karl Löwith und dem Soziologen H. von Eckardt unterzeichnet, ebenda. Dem Appell schloß sich etwas später noch der Historiker Werner Conze an, Heipp, Es geht ums Leben! Der Kampf gegen die Bombe, 1965, S.59.

Mitteleuropa auf. [167] Bei einer abschließenden Würdigung der ganzen öffentlichen Reaktionen auf die Göttinger Erklärung ist sicherlich der Auffassung von Rupp zuzustimmen, daß „ohne den Schritt der Achtzehn und ohne die an diesen immer wieder erinnernde, nie ganz abreißende Kette von Erklärungen – vermittelt durch eine in der Hauptsache nicht unfreundliche Presseberichterstattung – ... die Bundestagsdebatten und die im März [1958] beginnende Kundgebungskampagne ‚Kampf dem Atomtod' kaum den Widerhall in der Bevölkerung gefunden [hätten], auf den sie in diesem Frühjahr stießen.“ [168] Alternativvorschläge zur Einbeziehung der Bundesrepublik in die Atomrüstung des Westens waren allerdings rar. Wenn überhaupt welche gemacht wurden, so besaßen sie keine realistischen Verwirklichungschancen, da Adenauer rechtzeitig damit begonnen hatte, die „furchtsamen Wähler“ [169] vor der Bedrohung aus dem Osten zu warnen. Die Wirkung der Appelle ist deshalb mehr in einer emotionalen Vertiefung der Abneigung gegen Atomwaffen im eigenen Land zu sehen, weniger in einer rationalen.

3.2.3 Kritiker der Göttinger Erklärung

Die Diskussion um Wissen und Gewissen, die die Göttinger Erklärung entfachte, war jedoch nicht nur durch positive Resonanz bestimmt. Wie bereits erwähnt, erregte der Appell vor allem in Regierungskreisen deutliches Mißfallen. Politisch zwang die Kontroverse um die Göttinger Erklärung die Bundesregierung zwar zu keiner Korrektur ihrer Verteidigungspolitik. Ihre Veröffentlichung zu Beginn des Bundestagswahlkampfes beunruhigte Adenauer aber dahingehend, daß er glaubte, die durch die Erklärung der Göttinger Professoren und insbesondere den Appell Albert Schweitzers emotional aufgewühlte und beunruhigte Bevölkerung könnte der CDU bei den nächsten Bundestagswahlen den Rücken kehren. [170]

Diese Besorgnis kommt z.B. in Adenauers Rede auf dem CDU-Parteitag vom 11. Mai 1957 zum Ausdruck: „Wenn nicht etwas Unvorhergesehenes ereignet, kann man davon ausgehen, daß sich der Bundestagswahlkampf in erster Linie abspielen wird im Zeichen der Außenpolitik, und zwar im Hinblick auf die atomare Aufrüstung.“ [171] Besorgt äußerte er sich über die jüngsten Ergebnisse der Demoskopie: „Nach einer Umfrage von Allensbach, die nicht veröffentlicht worden ist, haben 67 Prozent der Befragten sich gegen uns ausgesprochen. ... Ich muß Ihnen sagen, daß war ein Schock, weil diese Frage nicht irgendwie rational, sondern einfach emotional beantwortet wurde. Und gegen solche Emotionen anzugehen, das ist außerordentlich schwer.“ [172] Frauen neigten seiner Ansicht nach beson-

---

[167] Generallandesarchiv Karlsruhe (GLA), Bestand 69 KfK/INR 2: Aufruf des Deutschen Frauenrates „Nicht Atomtod – sondern Leben!“ vom 7. Dezember 1957.

[168] Rupp, 1984, S.98.

[169] Siehe auch den Untertitel des Artikels von Zank, Adenauers Schachspiel mit den Atomwaffen, 1997.

[170] Cioc, 1988, S.80; Stölken-Fitschen, 1995, S.228, S.235.

[171] Protokolle des CDU-Bundesvorstandes 1953-1957, S.1224.

[172] Ebenda, S.1224f. Bei der Umfrage im April 1957 hatten sich 17% für und 64% gegen eine atomare Ausrüstung der Bundeswehr ausgesprochen (bei 19% Unentschieden). Davor waren bei

ders zur Emotionalität: „Ich fürchte, daß dieser Atomschreck etwas auf die Frauen wirkt. Der Hauptteil unserer Wähler besteht aus Frauen, so daß eine solche Sache uns besonders schlimm treffen kann. “ [173]
Adenauer hatte erkannt, daß die Regierung die atomaren Ängste der Bundesbürger nicht unterschätzen durfte, „denn die Angst ist auch bei unseren Leuten vorhanden, die sonst zu uns halten. Deswegen kann man die Angst auch nach meiner Meinung nur noch mit einer größeren Angst vertreiben. Um das machen zu können, muß man erst das Maß der berechtigten Angst auf das richtige Maß zurückführen und dann weiter sagen, es wird noch viel schlimmer gehen, wenn wir jetzt die Hände in die Taschen stecken.“ [174]

Nach der „Annäherung“ von Bundesregierung und Wissenschaft begann Adenauer mittels einer Strategie der Öffentlichkeitskampagne auf mehreren Ebenen eine geschickte Vorbereitung des Bundestagswahlkampfes. Zum einen wurde den Physikern die Kompetenz abgesprochen, sich in sicherheitspolitischen Angelegenheiten fachkundig äußern zu können:

> „Wir müssen unsereren Leuten sagen: Ob nun die Bundeswehr einmal atomar aufgerüstet wird oder nicht, das ändert an unserem Schicksal gar nichts, im Gegenteil, wenn sie nicht atomarisch ausgerüstet wird, dann ist damit die NATO erledigt. Das habe ich auch den 5 Vertretern der 18 Atomphysiker, die ich eingeladen hatte zu einem Vortrag der Generale Heusinger und Speidel, klargemacht, daß innerhalb der NATO, wenn ein Teil von ihr – das würden die Deutschen sein – minderwertig ausgerüstet ist, eine einheitliche Lenkung und Leitung überhaupt nicht mehr möglich ist und daß selbstverständlich auch diese minderwertig ausgerüsteten Truppen, also die deutschen Soldaten, einen Minderwertigkeitskomplex gegenüber den anderen bekämen. In den anderen Ländern sind die Menschen ganz anders. Auch der französische Verteidigungsminister hat gestern erklärt: Die französische Armee muß diese Waffen haben. Der Niederländer, der Schwede, der Däne, der Norweger [175], alle haben es erklärt, und die Bevölkerung steht hinter ihnen. Bei uns ist es anders.“ [176]

Zum anderen lud er zur Beruhigung der eigenen Reihen sowie zur Hebung des Ansehens der CDU in den Augen der Öffentlichkeit, für den anstehenden 7. Bundesparteitag im Mai einen der renomiertesten deutschen Ethik-Professoren, **Helmut Thielicke**, als Gastredner zur Frage der Atomwaffen ein. [177] Der Lutheraner Thielicke, Professor für systematische Theologie und Religionsphilosophie an der Universität Hamburg und Herausgeber

einer Umfrage im März 1956 noch 32% dafür und nur 49% dagegen gewesen (bei ebenfalls 19% Unentschieden), Noelle/Neumann, Jahrbuch der öffentlichen Meinung 1958-1964, S.471.

[173] Protokolle des CDU-Bundesvorstandes 1953-1957, S.1231.

[174] Ebenda., S.1236.

[175] Allerdings kann das Streben der Dänen und Norweger nach atomaren Waffen nicht sehr groß gewesen sein, denn beide Länder lehnten auf der Pariser NATO-Konferenz im Dezember 1957 eine Stationierung von Mittelstreckenraketen ab.

[176] Protokolle des CDU-Bundesvorstandes 1953-1957, S.1228.

[177] Rupp, 1984, S.80f.; Görlich, 1965, S.259ff.; Stölken-Fitschen, 1995, S.233. Thielicke hatte

der *Zeitschrift für Evangelische Ethik* [178], schien hervorragend für Adenauers Zweck geeignet: Zum einen beargwöhnte der konservative Kleriker die Einmischung von politischen Außenseitern in die Angelegenheiten des Staates. [179] Zum anderen lehnte er überzogene politische Forderungen der Atomwaffengegner, wie etwa einen sofortigen Teststopp oder Abschaffung der Atomwaffen, ab:

> „Ich halte etwa den allgemeinen Rat, daß im Namen des christlichen Gebots der Liebe alle Atomwaffen prinzipiell abzuschaffen seien ... für unrealistisch. Und zwar würde ich so argumentieren: Gerade weil ... Mißtrauen eine entscheidend bewegende Kraft unserer Welt ist, darum wird man aus purer Sorge, der andere könnte trotz eines eingegangenen Vertrages seine Atomwaffen nicht restlos vernichten, auch die eigenen nicht preisgeben wollen." [180].

Darüber hinaus sympatisierte Thielicke zwar mit der CDU, war selbst aber kein Parteimitglied. [181]

Adenauer, der sich über die suggestive Wirkung der Appelle von berühmten Wissenschaftlern im klaren war, hätte es am liebsten gesehen, wenn auf dem Parteitag neben Thielicke auch noch ein kompetenter Naturwissenschaftler zu Schweitzers Aussagen Stellung [182] bezogen und konkret darüber gesprochen hätte: „Es ist nicht an dem, es ist nicht berech-

---

zunächst die Einladung Adenauers, die durch den damaligen Ministerpräsidenten von Schleswig-Holstein, Kai-Uwe von Hassel an ihn herangetragen worden war, abgelehnt. Dem Kanzler gelang es erst unter Einsatz seines ganzen Charmes („Herr Professor, Sie werden doch so'nen alten Mann wie misch nisch im Stich lassen!") den widerstrebenden Thielicke zu einen Vortrag zum Thema „Gewissen und Verantwortung im Atomzeitalter" zu gewinnen. Thielicke, Helmut, Zu Gast auf einem schönen Stern: Erinnerungen, Hamburg 1984, S.361f. (im folgenden zitiert als: Thielicke, Erinnerungen, 1984).

[178]Thielickes Beiträge zur nuklearen Diskussion umfassen Thielicke, Helmut, Christliche Verantwortung im Atomzeitalter, Stuttgart 1957a; ders., „Der Christ und die Verhütung des Krieges im Atomzeitalter", in: Zeitschrift für Evangelische Ethik, Jg.1, Hft.2, März 1957b, S.1-6; ders., „Abschaffung der Atomwaffen – was kann die Kirche dazu tun?, in: Deutsches Allgemeines Sonntagsblatt, Nr.18, 5. Mai 1957c (im folgenden zitiert als: Thielicke, Abschaffung der Atomwaffen, 1957c); ders., Die Atomwaffe als Frage an die christliche Ethik (= Sammlung gemeinverständlicher Vorträge und Schriften aus dem Gebiet der Theologie und Religionsgeschichte; Bd.219), Tübingen 1958.

[179]Cioc, 1988, S.84.

[180]Thielicke, Abschaffung der Atomwaffen, 1957c.

[181]Göttinger Tageblatt, 14. Mai 1957 („Das Wort des Theologen: ‚Gewissen und Verantwortung im Atomzeitalter'"); Stölken-Fitschen 1995, S.233.

[182]Albert Schweitzer weithin begrüßte Radioansprache schien Adenauer am meisten Sorgen zu bereiten. Die Göttinger Erklärung schätzte er für die allgemeine Zustimmung zur Politik der Bundesregierung anscheinend als nicht so gefährlich ein: „Nach dem ersten Auftreten der 18 Wissenschaftler war nach den Berichten, die wir von der ADK [Arbeitsgemeinschaft Demokratischer Kreis] gehabt haben – die wahrscheinlich Hunderte von Versammlungen abgehalten haben mit Diskussionen usw. –, eine Wirkung dieser Erklärung der Wissenschaftler nicht vorhanden. Das Bild hat sich aber schlagartig geändert durch den Aufruf von Albert Schweitzer.

tigt“ [183]. Seine Partei riet aber von diesem Vorhaben mit der Begründung ab, daß die Stimme des Urwalddoktors in der Bevölkerung durchgeschlagen hätte und sich die CDU mit einer Stellungnahme gegen Schweitzer der Gefahr aussetzen würde, „die ganze öffentliche Meinung, soweit sie den Rundfunk und die Presse betrifft“ [184], gegen sich zu richten.

Thielicke, der für seinen Vortrag [185] unbegrenzte Redezeit sowie die Möglichkeit der Kritik an der CDU ausdrücklich zur Bedingung gemacht hatte [186], nutzte diesen, um weit über die Göttinger Erklärung hinaus zunächst ganz generell die mangelnde Bedeutung der Ethik in der Politik anzuprangern: „Das geschilderte Mißtrauen – und zwar ganz gleich, ob es sich um Regierungsparteien oder Opposition handelt –, läßt sich auf das folgende, höchst destruktive Gefühl zurückführen. ... Die Parteipolitiker sind, so sagt dieses Gefühl, allen Thesen der Verfassung zum trotz nicht ihrem Gewissen, sondern der Gruppendisziplin ihrer Parteien verantwortlich. Die maßgebende Norm ist ihres Handelns ist also ein zweckgebundenes Interesse und nicht eine ethische Instanz wie das Gewissen.“ [187] Er trat für ein verantwortliches, vom Gewissen inspiriertes Handeln der Politiker ein: „Der katastrophale Mangel an Staatsgefühl, den wir so schmerzlich beklagen, gründet nach meiner Überzeugung ... nicht zuletzt in dieser ethischen Karrikatur des Parteipolitikers und damit des Politikers, ja der Demokratie überhaupt. ... Darum kommt für eine politische Partei – schon um ihrer politischen Potenz willen – alles darauf an, dieses Zerrbild zu überwinden.“ [188]

Auf politische Außenseiter eingehend, meinte er, daß es zwar leicht sei „radikale Forderungen zu erheben und Pathos des Unbedingten zu kultivieren“, hob aber hervor, daß „ethische Entscheidungen ... nicht allein in einem luftleeren Raum gefällt [werden], sondern ... unter dem Druck bestimmter Bedingungen und im Rahmen bestimmter Zwangsläufigkeiten“ [189].

Albert Schweitzer ist den allermeisten Deutschen ein Begriff, auch für die jungen Leute, man schätzt ihn sehr hoch, mit Recht. ... Was Albert Schweitzer gesagt hat, ist von einem Großteil der deutschen Bevölkerung als ein Evangelium hingenommen worden.“, Protokolle des CDU-Bundesvorstandes 1953-1957, S.1224. Er persönlich sei aber davon überzeugt, daß Schweitzers Behauptung, „daß nämlich das Gras, die Kühe, die Milch, der Regen, die Eier und was weiß ich noch alles radioaktiv seien“ nicht richtig sei, ebenda., S.1236.

[183] Ebenda., S.1237.

[184] Ebenda.

[185] Thielicke, Helmut, Gewissen und Verantwortung im Atomzeitalter, in: ders., Christliche Verantwortung im Atomzeitalter, Stuttgart 1957a, S.80-122 (im folgenden zitiert als: Thielicke, Gewissen und Verantwortung, 1957a).

[186] Darüber hinaus hatte Thielicke sich vorbehalten, daß vorher niemand sein Manuskript einsehen und Änderungswünsche vorbringen dürfte, Thielicke, Erinnerungen, 1984, S.362f. Rupp bemerkt jedoch zu Recht, daß Adenauer wohl kaum einen, die Göttinger Erklärung offen befürwortenden Theologen um diesen oder einen ähnlichen Vortrag gebeten hätte, Rupp, 1984, S.80, Fußnote 395.

[187] Thielicke, Gewissen und Verantwortung, 1957a, S.81.

[188] Ebenda., S.82.

[189] Ebenda., S.85. Thielicke fand in diesem Zusammenhang das Dilemma von Einstein beson-

Was den ethischen Standpunkt gegenüber der atomaren Rüstung betraf, vertrat Thielicke zwar die Auffassung, daß man es hier mit einer völlig neuen Qualität der Waffen zu tun hatte, die „die Situation des Krieges ... grundsätzlich und nicht nur quantitativ im Sinne technischer Weiterentwicklung verändert hat. Ein kommender Krieg zwischen Gegnern mit halbwegs äquivalentem Atompotential wird nicht nur zur Vernichtung des Gegners, sondern gleichzeitig zur Selbstvernichtung führen. Der kommende Krieg wird nicht nur das Problem des Tötens, sondern auch das des Selbstmordes stellen.“ [190] Er wandte sich aber offen gegen pauschale Forderungen nach atomarer Abrüstung oder einseitigen Verzichtsleistungen, wie sie in der Göttinger Erklärung ja letztendlich zum Ausdruck kommen [191]. Für Thielicke war die nukleare Abschreckung eine folgerichtige und geeignete Entwicklung, die im atomaren Zeitalter angesichts des menschlichen Naturells und der Neigung zu gegenseitigem Mißtrauen eine Möglichkeit des Austarierens der Gegensätze bot [192]. Keine Alternative zu diesem Gleichgewicht der Kräfte und damit ein „ethically unconscionable act“ [193] sei dagegen, „daß eine der beiden Partner eine Verzichtsvorleistung treffen soll, die ihn dem anderen ausliefert“. [194]
Der Theologe strebte eine ausgleichende Position an und warnte vor der scheinbaren Alternative „zwischen einem konsequenten Pazifismus und einer ebenso konsequenten Aufrüstung mit atomaren Waffen“ [195]. Vorsichtige Schritte der Annäherung seien notwendig, Initiativleistungen, die das Mißtrauen um einiges abbauen könnten, wie beispielsweise

ders lehrreich: „Man darf nicht vergessen, daß selbst Einstein in seinem berühmten Briefe an Roosevelt, in dem er die Regierung der USA bat, sich aktiv des Uran-Problems anzunehmen, die gleichen Erfahrungen durchlebt und durchlitten hat. Als er, der Pazifist und Vertreter des Humanitätsgedankens, Informationen über eine angebliche deutsche Atomrüstung empfangen hatte, verlagerte sich seine Entscheidung ebenfalls aus dem Medium einer abstrakten Grundsätzlichkeit in das Medium der Tatsachen.“, Thielicke, Gewissen und Verantwortung, 1957a, S.85. Als zweites Beispiel führte er die amerikanischen Wissenschaftler, die in den Jahren zwischen 1945 und 1949 aus Gewissensgründen die Rüstungsspirale aufhalten wollten, an. Sie wurden in dem Moment, als die Sowjetunion ebenfalls über die Atombombe verfügte, mit einer politisch-etischen Entscheidung konfrontiert: Konnten sie verantworten, daß der Westen durch ihre etwaige Weigerung an dem Bau neukearer Waffen mitzuwirken, „ein wehrloses Objekt der östlichen Willkür“ werden würde, ebenda., S.84.

[190] Ebenda., S.107.

[191] „Also sind die Weltmächte im Namen des Gewissens oder – wenn die darauf nicht hören – im Namen des elementaren Selbsterhaltungstriebes aufzufordern, keine Atomwaffen mehr herzustellen. Und doch *kann* ich diesen Satz in dieser Form nicht aussprechen, weil er in einem letzten Sinne unrealistisch wäre.“, ebenda., S.107.

[192] „Aus Angst, daß der andere Partner doch heimlich Atomwaffen produzieren könnte, oder daß er die vorhandenen Bomben trotz aller Abrüstungsverträge nicht vernichten, sondern vergraben könnte, oder daß er den Auslöseknopf für einen nuklearen Angriff einen Moment eher auslösen könnte – aus dieser Angst heraus wird keiner der beiden Partner auf den relativen Sicherheitsfaktor der Äquivalenz der Kräfte verzichten.“, ebenda., S.108.

[193] Cioc, 1988, S.85.

[194] Thielicke, Gewissen und Verantwortung, 1957a, S.110.

[195] Ebenda., S.110f.

der bereits von den CDU-Bundestagspräsidenten Eugen Gerstenmaier vorgeschlagene bedingte Verzicht der Westmächte auf Atombomentests [196].

Doch obwohl Adenauer geglaubt hatte, er hätte mit Thielicke, wie Cioc sich ausdrückt, „an ideal court theologican and defender of the CDU faith against the Göttinger heresy“ [197] gefunden, mußte er sich in dieser Hinsicht eines anderen belehren lassen. Die Göttinger Erklärung, so erklärte Thielicke vor der CDU-Zuhörerschaft, hätte „einen großen Eindruck“ [198] auf ihn gemacht. Auf den Appell näher eingehend, äußerte er zunächst großes Verständnis dafür, daß „die Wissenschaftler sich nicht an die Atomkollegen der anderen Länder, sondern an die eigene [Regierungs]Adresse“ [199] gewandt hätten. Thielicke teilte zwar nicht die politischen Thesen der Forscher, weil er die Gefahr sah, dem Osten damit in die Hände zu arbeiten, betonte aber die ethische Bedeutung des Appells, indem er anerkennend und bewundernd über das „Ethos des ersten Schrittes“ [200] sprach. Er war von dem Anspruch der Wissenschaftler tief beeindruckt, daß nicht nur diplomatische und militärische Gesichtspunkte für eine politische Entscheidung von solcher Tragweite wie die atomare Aufrüstung der Bundeswehr entscheidend sein sollten: „Eine Tat des Gewissens *setzt* einfach auch neue politische Fakten, sie *bewirkt* eine Initialzündung und *ändert* darum die realen Verhältnisse.“ [201] Der Verzicht auf Atomwaffen für die Bundeswehr sei vielleicht ein ungeeignetes, ein nicht durchführbares Zeichen, „aber wenn es so ist oder sein sollte, dann bleibt damit die ethische Pointe jenes Appells der Atomforscher doch in Kraft, nämlich einen eigenen aktiven und zeichenhaften Beitrag zu leisten, damit es nicht zum supernuklearen Inferno kommt.“ [202]

Thielicke nutzte seinen Vortrag, um die Politiker des CDU-Vorstands ohne Umschweife aufzufordern, den ethischen Fragestellungen in der Politik mehr Platz einzuräumen: „Wofür aber Männer, die kein politisches Mandat haben – wie etwa Albert Schweitzer oder die zuständigen Wissenschaftler oder auch die Kirche – sorgen müssen, das ist dies (und das möchte ich um so nachdrücklicher sagen): Sie dürfen die Politiker nicht an der Frage vorübergehen lassen, ob das politische Calcul in jedem Falle die letzte Instanz zu sein habe und ob nicht auch in der Politik die wagende zeichenhafte Tat ihren Ort

---

[196] „...ich glaube nicht, daß wir morgen zur Abrüstung und zur kollektiven Sicherheit kommen werden. Ich bin überzeugt, daß wir nur über sehr langwierig zu durchschreitende Etappen werden dahinter kommen können. Aber wir können heute vielleicht schon gewisse Teilziele angehen. Ein solches erreichbares Teilziel scheint mir der Verzicht der Atommächte auf Versuchsexplosionen zu sein“, Gerstenmaier, in: Verhandlungen des Deutschen Bundestages, 2. Wahlperiode 1953, Stenographische Berichte, Bd.36, 209. Sitzung, 10. Mai 1957, S.12082 (C, D).

[197] Cioc, 1988, S.85.

[198] Thielicke, Gewissen und Verantwortung, 1957a, S.113.

[199] Ebenda.

[200] Ebenda. „Ich meine den Vorschlag der Atomforscher, daß die Bundesrepublik nicht mit Atomwaffen ausgerüstet werden dürfe, damit nicht in Form einer Kettenreaktion nun alle kleinen Völker ebenfalls zu Atommächten werden und so eine unabsehbare Fülle radioaktiver Gefahrenherde entsteht.“, ebenda.

[201] Ebenda., S.114.

[202] Ebenda., S.115.

habe.“ [203] Ihn beunruhigte weniger der politische Diletantismus der Physiker, als die ethische Bankrotterklärung der politischen Parteien: „Es ist ein sehr ernstes Krankheitssymptom und ein Zeichen für die Vergötzung der politischen Eigengesetzlichkeit, wenn weite Kreise, auch unter den Politikern, einen Gewissensappell gar nicht mehr als solchen hören und verstehen können, sondern ihn entweder politisch interpretieren oder ihn politisch ausnutzen. Wenn die Korrespondenz der einen Partei (dem Sinne nach) schreibt, daß die achtzehn Atomforscher die Funktionäre einer sehr fragwürdigen politischen Regie seien, und wenn Vertreter der anderen Partei nichts Eiligeres zu tun haben, als sie zu Motoren in ihrem Wahlkampf zu machen, also als Wertpapier einer Gewissens- und Schicksalsfrage in wahlpolitisches Kleingeld umzumünzen, dann kann ich nur sagen, dasß es ganz einfach traurig ist, und daß es nicht dazu dient, die innere Glaubwürdigkeit solcher Politiker zu legitimieren.“ [204]

Der Theologe rief am Ende seines etwa zweistündigen Vortrags die Politiker nachdrücklich dazu auf, Appelle des Gewissens ernst zu nehmen und sie nicht etwa zu verunglimpfen, nur weil sie politisch fragwürdig seien, „sondern sich darüber freuen, daß solche Äußerungen und Verantwortungen überhaupt laut werden. Sie zeigen doch, daß an dieser Stelle die verhängnisvolle Degeneration des Ethos überwunden ist und daß führenden Gelehrte ihre Arbeit nicht einfach als Selbstzweck, sondern auch als einen Dienst verstehen, daß sie darum verantwortlich fragen müssen, wem sie dienen.“ [205] Vieles – so Thielicke – könnte „aus einem sterilen Vorbeireden zu einem schöpferischen Miteinander werden, wenn man mehr Kontakt miteinander hielte. Müssen erst solche Leuchtkugeln wie der Atomforscher-Appell hochgeschossen werden, damit man etwas zu ahnen beginnt?“ [206]

Thielickes Rede war bei weitem die eloquenteste Analyse der Göttinger Erklärung und machte als einzige auf die verschiedenen politischen und ethischen Faktoren, die zu dem Entschluß der Atomwissenschaftler geführt hatten, aufmerksam. Sie wurde seinerzeit jedoch nicht als Mittelweg zwischen den Fronten oder als Aufruf zur Mäßigung und Reflektion in mitten einer immer emotionsgeladeneren Debatte aufgefaßt: [207] Adenauer, der sich sofort nach Beendigung von Thielickes Vortrag, zu Wort gemeldet hatte – was allerdings vorher im CDU-Vorstand abgesprochen worden war [208] –, dankte dem Redner fast überschwenglich und vergaß auch nicht zu betonen, daß die Ausführungen Thielickes mit seiner eigenen Gewissenserforschung übereinstimmen würden. [209] Der Redner fühlte sich geschmeichelt und registrierte über Adenauers Lobeshymne zunächst gar nicht, daß der Kanzler in seiner kurzen Ansprache nahezu alle kritischen Bemerkungen Thielickes geschickt übergangen und vor allem dessen bedingte Zustimmung zur Göttinger Erklärung

---

[203] Thielicke, Gewissen und Verantwortung, 1957a, S.115.

[204] Ebenda., S.117.

[205] Ebenda., S.118.

[206] Ebenda., S.119.

[207] Cioc, 1988, S.86.

[208] Protokolle des CDU-Bundesvorstandes 1953-1957, S.1242.

[209] Göttinger Tageblatt, 14. Mai 1957 („Adenauer gegen Atomwaffenverzicht. Antwort an Professor Thielicke: dankbar für seine Worte“).

„bis auf Null-Ton“ [210] abgedämpft hatte. [211] Ernst Wolf, wie Thielicke Professor für Systematische Theologie in Göttingen, bezeichnete die Rede dagegen als fatal, denn Thielicke argumentiere politisch, obwohl ihm dabei „der Sinn für die politischen Realitäten und für die mögliche Einrechnung geschichtlicher Erfahrungen“ abgehe. [212] Diese Reaktionen auf Thielickes Rede machen deutlich, daß es immer schwieriger wurde, ein moralisches Argument als etwas anderes wahrzunehmen als einen Zusatz zu einer bestimmten politischen Angelegenheit. [213]

Von prominenter wissenschaftlicher Seite bekam die Bundesregierung Schützenhilfe von dem damaligen Ordinarius für Theoretische Physik an der Universität Hamburg, **Pascual Jordan**. Jordan, in den zwanziger Jahren zusammen mit Born und Heisenberg einer der Mitbegründer der Quantenmechanik, war der erste bekannte Physiker, der die Erklärung seiner Kollegen heftig kritisierte. [214] Politisch stand er der CDU nahe und kandidierte bei der Bundestagswahl im Herbst auch erfolgreich für diese Partei [215].
Ähnlich wie Adenauer und Strauß stellte auch er die Inkompetenz der Physiker in politischen Fragen in den Mittelpunkt seiner Kritik: „Ein Chirurg, ein Pianist oder ein prominenter Fußballspieler hat für die Beurteilung **dieser** Frage [der atomaren Ausrüstung der Bundeswehr] genausoviel fachliche Zuständigkeit wie ein Atomphysiker, nämlich **gar keine**.“ [216] Er bemühte sich, dem Eindruck entgegenzutreten, daß „ein Manifest, dessen

---

[210] Thielicke, Erinnerungen, 1984, S.364.

[211] Cioc, 1988, S.86; Stölken-Fitschen, 1995, S.234f.

[212] Wolf, Ernst, Theologische Atom-Diskussion, Mai 1958 (Auszug), in: Walther, Atomwaffen und Ethik, 1981, S.63-66, hier S.63, S.65.

[213] Cioc, 1988, S.86.

[214] Cioc, 1988, S.80ff.; Stölken-Fitschen, 1995, S.229.

[215] Die Deutsche Volkszeitung, Jg.5, Nr.34, 24. August 1957, S.4 („Pascual Jordan – Propagandist im Soll der CDU“) bemerkt allerdings hierzu: „Pascual Jordan kandidiert als Mitglied der CDU für den dritten Deutschen Bundestag. Nachdem er in Hamburg abgelehnt worden war, organisiert man jetzt für ihn einen ‚sicheren‘ sechsten Platz auf der niedersächsischen Landesliste der CDU.“

[216] Jordan, Pascual, „Die Verantwortung des Wissenschaftlers“, in: Der Mittag, 25. April 1957b (im folgenden zitiert als: Jordan, Die Verantwortung des Wissenschaftlers, 1957b); Hervorhebungen in der Vorlage. In einem anderen Artikel wird er sogar noch deutlicher: „ ...das Göttinger Manifest [hat] in weitesten Kreisen der Öffentlichkeit den falschen Eindruck erzeugt ..., als wenn jetzt Menschen auf Grund ihrer besonderen Autorität einen Ausweg aus der Gefahr zeigen könnten. Die Öffentlichkeit ist ja heute weithin geneigt, uns Atomphysiker als allwissende Wesen zu betrachten. In Wirklichkeit sind wir nichts anderes als hilflose Menschen. Es muß sogar zusätzlich gesagt werden, daß dieses Manifest eine Äußerung von extrem unpolitischen Menschen ist, die auf Grund ihres Lebensweges, fern von allem politischen Treiben, über grundlegende politische Fragen bestimmt weniger urteilsfähig sind, als der durchschnittliche demokratische Staatsbürger. Die extreme Weltfremdheit, welche an der Gestaltung des Göttinger Manifestes federführend war – der Mangel an Übersicht über die Weltlage – ist der auffälligste Charakterzug dieses Manifestes.“, ders., „Atomangst – gefährlicher Ratgeber“, in: Das Fenster, Hft.5, Mai 1957c, S.4-7, hier S.5 (im folgenden zitiert als: Jordan, Atomangst – gefährlicher Ratgeber, 1957c).

Unterzeichner ausnahmslos prominente Atomphysiker sind, ... automatisch den Anspruch [erheben könnte], als autoritatives Urteil von Sachverständigen bewertet zu werden.“ [217] Stattdessen hielt er die Göttinger Erklärung für eine „extrem einseitige Beurteilung des Problems“, die eine Gruppe prominenter Physiker „in sensationeller Form an die Öffentlichkeit gebracht hat, statt sie zunächst zum Gegenstand einer Meinungsforschung unter den Physikern selbst zu machen.“ [218] Wie die Regierungsseite vertrat er die Auffassung, daß die Göttinger Erklärung den Sowjets in die Hände spielte: Das „seit Jahr und Tag erfolgte Trommelfeuer“ [219] von „unzutreffenden oder nicht genügend durchdachten Warnungen“ [220] hätte in der Bundesrepublik eine Atompanik ausgelöst, die „zu den Trumpfkarten der Sowjetpolitik“ gehören würde [221]: „Auf diesem Hintergrund konnte das ‚Göttinger Manifest‘ eine ungeheure Begeisterung auslösen, als es die – durch nichts begründete – Behauptung verkündete, eine auf moderne Waffen freiwillig verzichtende Bundesrepublik wäre ‚am besten geschützt‘. Wenn 18 prominente Forscher uns versichern, die Sowjets würden eine waffenlose Bundesrepublik nicht angreifen, so ist das natürlich eine Versicherung, die größte Erleichterung bewirken muß – bei allen denen, die es glauben.“ [222]
Jordan war auch bestrebt, die Prognosen zur radiokativen Verseuchung zu widerlegen, mit denen Albert Schweitzer kurz vorher, am 23. April, an die Öffentlichkeit getreten war: „Das Göttinger Manifest hat ausdrücklich darauf verzichtet, ein in der westlichen Welt verbreitetes Märchen zu wiederholen, das sich aufgrund so vieler unzutreffender Warnungen inzwischen in vielen Köpfen eingenistet hat, nämlich, daß schon die bisherigen Erprobungen von Versuchsbomben eine Gefährdung der Menschheit in ihrer Gesundheit herbeiführen.“ [223] Er tat dies allerdings in einer kaum überzeugenden, beispiellosen Art der Verharmlosung der bestehenden Gefahren unter Hinzuziehung bereits bekannter „Vergleiche“: „Wäre es wahr, daß jede Spur von Radioaktivität schädlich wäre, insbesondere für die Erbanlagen, so müßten alle berühmten Heilbäder von dem Fremden ängstlich gemieden werden, und die dortigen Einheimischen müßten längst degeneriert und schließlich ausgestorben sein.“ [224]

---

[217] Jordan, Die Verantwortung des Wissenschaftlers, 1957b.

[218] Ebenda.

[219] Jordan, Pascual, „Ursachen und Auswirkungen der Atom-Panik“, in: Politische Informationen, Ausgabe B, Bd.4, 1957d, S.2-6, hier S.3 (im folgenden zitiert als: Jordan, Ursachen und Auswirkungen der Atom-Panik, 1957d).

[220] Jordan, Atomangst – gefährlicher Ratgeber, 1957c, S.4.

[221] Jordan, Pascual, Wir müssen den Frieden retten!, Köln, o.J. [1957a], S.13 (im folgenden zitiert als: Jordan, Wir müssen den Frieden retten, 1957a).

[222] Jordan, Ursachen und Auswirkungen der Atompanik, 1957d, S.3.

[223] Jordan, Atomangst – gefährlicher Ratgeber, 1957c, S.7.

[224] Jordan, Wir müssen den Frieden retten, 1957a, S.11. Der Physiker führt noch weitere Vergleiche für die „Harmlosigkeit“ der Radioaktivität an: „Dagegen hat es Jahrzehnte gedauert, bevor man erkannte, daß gewisse Färbemittel für Lebensmittel in hohem Maße krebserzeugend wirken; noch heute wird die Öffentlichkeit darüber im Dunkeln gehalten, welche entsetzliche Verbreitung der Lungenkrebs erst in den letzten Jahrzehnten gefunden hat, wahrscheinlich infolge von Zigarettenrauchen; die durch industrielle Abwässer verusachten Schäden werden oft

Bereits in seinem 1956 erschienenen Buch „Der gescheiterte Aufstand" hatte Jordan sich mit den Warnungen und Protesten international renommierter Wissenschaftler auseinandergesetzt und deren Meinungen und Besorgnisse mit einer Mischung aus „science fiction and social Darwinism" zu entkräftigen versucht. [225] Dem Schreckensbild einer verseuchten Erdoberfläche setzte er das Bild großer unterirdischer Städte entgegen, in denen die Menschheit „ohne Schwierigkeiten und Unbequemlichkeiten einmal fünf Jahre unter der Erde ... bleiben [kann], bis der Atomgestank draußen abgeklungen ist." [226] Dem in seinen Augen drohenden Problem der Überbevölkerung stellte er den Atomkrieg gegenüber, um diese „zwei unlösbar scheinende[n] Probleme wechselseitig zur Auflösung" [227] zu bringen. Jordans Überlegungen zur „Erhaltung der biologisch notwendigen Erbgesundheit der Menschheit" [228] ließen schon damals einen Rezensenten die Frage stellen, ob Jordan hier „für die systematische ‚Ausmerzung erbkranken Nachwuchses' – wenn auch mit ‚humaneren' Methoden als mit denen der Nazis" plädiere. [229]

Trotz seiner Stellung in der CDU war der Hamburger Physiker damit kaum als Kronzeuge gegen die Göttinger und andere seiner wissenschaftlichen Kollegen geeignet, so daß die CDU etwa in Wahlkampfbroschüren nur eine „harmlose" Auswahl seiner Äußerungen, meist zusammen mit anderen Gewährsleuten der Regierung, wiedergab. [230] Obwohl die

---

erst nach sehr langer Zeit erkannt und auch dann nicht abgestellt; die Auspuffgase unserer Autos ergeben Schädigungen, die von Spezialisten sehr ernst beurteilt werden. Wir hatten in der Bundesrepublik im Jahre 1956 nicht weniger als 13 000 Verkehrstote – und die Zahl nimmt zu. Warum redet man von allen diesen Problemen nicht, sondern nur von den angeblichen Gefahren der Radioaktivität? Daß es bei jedem Unternehmen auch Unfälle und Schädigungen gibt, ist sebstverständlich. Aber verglichen mit den Verkehrstoten betragen alle beweisbaren und in nüchterner Beurteilung als wahrscheinlich anzusehenden Auswirkungen bisheriger Bombenerprobungen schwerlich wesentlich mehr als ein Hundertstel Prozent. Alles andere ist Phantasie.", Jordan, Wir müssen den Frieden retten, 1957a, S.12f.

[225] Cioc, 1988, S.80; Stölken-Fitschen, 1995, S.230.

[226] Jordan, Pascual, Der gescheiterte Aufstand. Betrachtungen zur Gegenwart, Frankfurt am Main, 1956, S.179 (im folgenden zitiert als: Jordan, Der gescheiterte Aufstand, 1956). In seinen utopischen Phantasien geht er sogar noch weiter: „Im Jahre 3000 werden Millionen von Menschen auf dem Mars leben; viele werden dort geboren und später begraben werden, ohne je die Reise zur heimatlichen Erde mitgemacht zu haben – wie ja auch die Amerikaner in ihrer Mehrheit nie Europa sehen. Diese Marsbewohner werden ihr ganzes Leben vorwiegend in geschlossenen Räumen leben und nur in Schutzanzügen ins Freie gehen können. So werden auch die Erdmenschen (schon in näherer Zukunft) einige Jahre des Ausgehverbots gut überstehen, sofern bis dahin die *unterirdischen Städte* fertig sind, welche die *einzig mögliche Stadtform der Zukunft sind.*", ebenda., S.15. Eine Rezension prangerte bei diesen Sätze die „Hybris und Verachtung des Menschen" an, die aus ihnen spräche, Burg, Walter, „Der gescheiterte Aufstand", in: Die Neue Gesellschaft, Bd.4, 1957, S.393-396, hier S.395 (im folgenden zitiert als: Burg, Rezension: Der gescheiterte Aufstand, 1957).

[227] Jordan, Der gescheiterte Aufstand, 1956, S.176.

[228] Ebenda.

[229] Burg, Rezension: Der gescheiterte Aufstand, 1957, S.395.

[230] Stölken-Fitschen, 1995, S.230f. Die Behauptung von Cioc, 1988, S.80, die CDU habe Jordan

atomaren Ängste innerhalb der Bevölkerung und die konstatierte „Strahlenpsychose" [231] der Partei große Sorgen bereitete, war sich der Parteivorstand doch darüber im klaren, daß jede Art der Gefahrenverharmlosung im Wahlkampf nur schädliche Auswirkungen haben konnte. [232]

Dagegen hatte die Kritik an den Göttinger Achtzehn durch den international bekannten Baseler Philosophen **Karl Jaspers** [233], eine größere Tiefenschärfe. Als Jaspers 1958 seinen zwei Jahre vorher gehaltenen und vielbeachteten Radiovortrag „Die Atombombe und die Zukunft des Menschen" [234], der bereits die Grundzüge seiner politischen Philosophie des atomaren Zeitalters enthielt, zu einem Buch gleichen Titels erweiterte [235], nutzte er auch die Gelegenheit auf die Göttinger Erklärung zu reagieren. [236]

Grundlage seiner Untersuchung war die nüchterne Betrachtung der gegebenen politischen Lage, in der er die Grenzsituation der Menschheit zwischen der Möglichkeit der totalen Selbstzerstörung durch atomare Waffen und der befürchteten weltweiten Expansion des Totalitarismus zum Ausdruck kommen ließ. Jaspers zufolge war die westliche Welt gezwungen, entweder im Schatten der Pilzwolke zu leben oder den Triumph des Totalitarismus zuzulassen:

> „Der Atombombe, als dem Problem des Daseins des Menschen schlechthin, ist nur ein einziges anderes Problem gleichwertig: die Gefahr der *totalitären Herrschaft* (nicht schon das Problem von Diktatur, Marxismus, Rassentheorie) mit ihrer alle Freiheit und Menschenwürde vertilgenden terroristischen Struktur. Dort ist das Dasein, hier das lebenswerte Dasein verloren. An beiden äußersten Möglichkeiten kommen wir heute zum Bewußtsein dessen, was wir wollen, wie wir leben möchten, wozu wir bereit sein müssen." [237]

Für Jaspers bedeutete ein grundsätzlicher Verzicht auf die Drohung mit dem Atombombeneinsatz, die ihm zudem ohne die Bereitschaft zur Anwendung im Ernstfall als sinnlos erschien, bereits die erste Stufe hin zur Selbstauslieferung des Westens an den totalitären

---

für eine Aufklärungskampagne als Gegenoffensive zu Schweitzer und den Göttingern gezielt ausgewählt, läßt sich dagegen nicht belegen. In den Protokollen des CDU-Bundesvorstandes 1953-1957, S.1232, ist nur von der Dringlichkeit die Rede, einen „einheitlichen Aufklärungskampf" zu führen.

[231] Protokolle des CDU-Bundesvorstandes 1953-1957, S.1234.

[232] Ebenda.

[233] Jaspers war im Gegensatz zu Jordan nicht unmittelbar in die Parteipolitik involviert, Cioc, 1988, S.205, Fußnote 29.

[234] Jaspers, Karl, Die Atombombe und die Zukunft des Menschen. Ein Radiovortrag, München 1957.

[235] Jaspers, Karl, Die Atombombe und die Zukunft des Menschen. Politisches Bewußtsein in unserer Zeit, München 1958 (im folgenden zitiert als: Jaspers, Die Atombombe und die Zukunft des Menschen, 1958).

[236] Siehe Cioc, 1988, S.82ff.; Stölken-Fitschen, 1995, S.258ff. Letztere geht stärker auf Jaspers philosophischen Hintergrund ein.

[237] Jaspers, Die Atombombe und die Zukunft des Menschen, 1958, S.22.

Staat. [238] Insofern erwies er sich als harter Verfechter der westlichen Verteidigungsdoktrin. Auch wenn Jaspers somit die Einschätzung der CDU von der Bedrohung durch einen expansiven Totalitarismus und ihr Festhalten an der Abschreckungsdoktrin teilte, so unterschied er sich durchaus von der CDU durch seine Besorgnis über die längerfristig möglicherweise nicht hinreichend gesicherte abschreckende Wirkung des Besitzes von Atomwaffen. [239] Die vage Aussicht auf ein Funktionieren der nuklearen Abschreckung, der labile Frieden der Angst, erschien ihm auf Dauer als zu ungewiß; sein politisches Denken hob auf eine umfassende Weltfriedensordnung ab [240]. Deshalb stimmte er mit der Aussage der Göttinger Erklärung zur nuklearen Abschreckung überein („Wir halten diese Art, den Frieden und die Freiheit zu sichern, auf die Dauer für unzuverlässig, und wir halten die Gefahr im Falle ihres Versagens für tödlich."). [241] Nach Jaspers erhob sich in der Erklärung „der überpolitische Geist selbstbewußten Gewissens gegen den verwerflichen Anspruch des Staatslenkers" [242]; in ihr wurde „das heute sinnvolle deutsche politische Bewußtsein" [243] offenbar. Den großen Verdienst der Atomforscher sah er darin, „die Kunde einiger grundlegender Tatsachen in Deutschland so zu verbreiten, wie es keiner der bisherigen Erklärungen von Einstein, Otto Hahn und Born je gelungen ist. Die Autorität der Sachkundigen hat durch ihr geschlossenes Auftreten und dadurch, daß sie sich an die Bundesregierung wandte, die Aufmerksamkeit des ganzen Volkes erregt und damit erreicht, was kein Einzelner vermochte". [244]

Für Jaspers schien die Erklärung allerdings mehr ein „philosophisch als ein politisch bedeutendes Ereignis" [245] zu sein. Seine Kritik ging dahingehend, daß sie weder aus politischen noch ethischen Gesichtspunkten haltbar sei. Hinsichtlich des ethischen Anspruchs der Erklärung [246] beurteilte er die Einstellung der Physiker, sich an Forschung und Lehre zur friedlichen Verwendung der Atomenergie zu beteiligen, aber bei der Herstellung der Bomben nicht mitwirken zu wollten, als widersprüchlich. Seiner Ansicht nach hätte nur ein kompleter Verzicht auf Forschung und Lehre in der Atomphysik Sinn gemacht:

> „Jeder, der durch die Ausbildung Geschulte kann doch später der Atombombe zu Diensten stehen. Denn jeder hat später die freie Entscheidung, was er mit seinen Kenntnissen machen will. Forschung und Unterricht in der Atomphysik zieht die

---

[238] „Die Beruhigung, es sei nur Drohung, wäre verhängnisvoll. Wer unter keinen Umständen die Bombe anwenden will, braucht sie auch nicht herzustellen. Er hätte sich dem, der sie anzuwenden bereit ist, schon unterworfen.", ebenda., S.223.

[239] Stölken-Fitschen, 1995, S.261.

[240] Jaspers, Die Atombombe und die Zukunft des Menschen, 1958, S.146f.

[241] Ebenda., S.277.

[242] Ebenda., S.269.

[243] Ebenda.

[244] Ebenda., S.269f.

[245] Ebenda., S.276.

[246] „Die Erklärung leitet ihre Verantwortung her aus den Folgen der wissenschaftlichen Tätigkeit. Die Forschungen bringen der Atombombentechnik die Mittel. Die Ausbildung des Nachwuchses zieht die Menschen heran, die die Bomben herstellen und handhaben können. ‚Deshalb können wir nicht zu den politischen Folgen schweigen'.", ebenda., S.270.

> Menschen heran, die die Bomben herstellen können. Die Forscher sind also doch bereit, diese Verantwortung für die Folgen ihres Tuns, die sie nicht wollen, zu übernehmen.“ [247]

Jaspers fand es von den Physikern ethisch unentschuldbar, die ganze Verantwortung für nukleare Waffen in die Hände von Edward Teller und anderen zu legen, die direkt in nuklearen Verteidigungsprojekten involviert waren. Für ihn war es leichtfertig, auf der einen Seite den Glauben an die Freiheit sowie die Notwendigkeit der nuklearen Abschreckung zu betonen, auf der anderen Seite aber nicht gewillt zu sein, sich in der Forschung zur nuklearen Verteidigung zu engagieren. [248]
In bezug auf das politische Urteil der Erklärung meinte Jaspers, die Göttinger Achtzehn hätten vor allem die gegenwärtige weltpolitische Situation [249] sowie speziell die deutsche Lage außer acht gelassen:

> „Ein für uns hartes Beispiel der Wirklichkeit russischer totalitärer Politik und der im Abendland weitverbreiteten Unklarheit über diese sind die Erörterungen über die Wiedervereinigung Deutschlands. Wenn man sagt, Deutschland könne nur wiedervereinigt werden, wenn Mitteleuropa in einen Zustand gebracht werde, der weder für Russland noch für den Westen bedrohlich sei, so ist das zwar richtig, aber nichtssagend. Denn dieser Zustand könnte nur eintreten, wenn die beiden Großmächte selbst einander nicht mehr bedrohlich erscheinen. Solange diese beiden im Kampfe sind, ist für beide Seiten jede Verschiebung der Grenze der Macht bedrohlich. Eine militärfreie Sphäre, eine atomfreie Zone, eine neutrale Zone, ein Vakuum würde von beiden Seiten nur danach beurteilt, welche Gefahren und Vorteile daraus für die eigene Seite entspringen.“ [250]

Zur Frage der Ausrüstung der Bundeswehr mit atomaren Waffen stellte Jaspers fest:

> „Deutschland hat nicht die Erlaubnis, Atomwaffen herzustellen. Nichts spricht dafür, daß die Atommächte bereit wären, solche Bewilligung zu erteilen. Eine Mitwirkung der deutschen Physiker zur Herstellung deutscher Atombomben steht für absehbare Zeit nicht zur Frage. – Es scheint von der NATO geplant, nicht unmittelbar, aber für später, die deutsche Armee mit Atomwaffen auszurüsten, jedoch so, daß die Verfügung über den Gebrauch praktisch von der Leitung der NATO-Armee, nicht der deutschen Armee abhängt. Die noch nicht eingetretene, aber vielleicht kommende Situation ist also die, daß Deutschland als ein Glied der NATO-Armee wie

[247] Jaspers, Die Atombombe und die Zukunft des Menschen, 1958, S.270.

[248] Cioc, 1988, S.83.

[249] „Für die kleinen Staaten wie für die beiden Deutschland, auch für Frankreich, England u.a. gilt: Die Außenpolitik dieser ‚souveränen‘ Staaten ist faktisch in die Weltpolitik der Großmächte so einbezogen, daß sie entweder in freien hegemonialen oder in unfreien Satellitenverhältnisssen unter Führung der Großen auf das Ganze der Menschheit bezogen ist. Dabei ist für jeden das eigene Interesse unlösbar verbunden an die Macht, durch die allein die eigene begrenzte Sicherheit besteht.“, Jaspers, Die Atombombe und die Zukunft des Menschen, 1958, S.271.

[250] Ebenda., S.188.

die anderen Glieder ebenfalls mit Atomwaffen ausgerüstet werden kann, die nicht Deutschland herstellt.“ [251]

Nach Jaspers waren sich die Verfasser der Göttinger Erklärung dieser realen Lage nicht bewußt: „Sie [die Erklärung] bezieht sich nur auf den einen Punkt: die absolute Verwerfung der Atomwaffen für die deutsche Armee. Die Forderung ist beschränkt, beziehungslos zur Welt und ein bloßes Nein.“ [252]
Jaspers glaubte, ein einseitiger Verzicht auf die Ausstattung der deutschen Armee mit Atomwaffen hätte eine militärische Schwächung der NATO zur Folge, ohne die Sowjetunion einen Schritt näher an den Verhandlungstisch zu bringen. Zudem wäre die Sicherheit der Bundesrepublik in Gefahr, die nach Jaspers „nur durch den Weltfrieden und ihr relativer Schutz ... nur durch Amerika“ [253] garantiert werden könne. Für ihn enthielt die Erklärung ein ungesundes Quantum der Patentlösung des „Aus-dem-Spiel-Bleibens“ sowie eine „Tendenz zum Neutralismus“. Wäre diese Haltung die persönliche Gewissensentscheidung der Wissenschaftler geblieben oder hätte zu persönlichen Konsequenzen geführt, wäre das Nein unangreifbar gewesen. Aber die Forscher hätten das Nein zu einer Forderung an das politische Handeln der Bundesrepublik gemacht und müßte darum an seinen Folgen in der Welt geprüft werden. Jaspers Schlußfolgerung sah wie folgt aus: „Das Nein weist keinen positiven Weg. Weder Sicherheit Deutschlands noch Weltfrieden werden gefördert.“ [254]

Eine überzeugende Lösung aus dem Dilemma „Atomkrieg“ oder „Totalitarismus“ wußte aber auch er nicht anzubieten. Seiner Erinnerung an die ethische Kategorie des Opfers und sein Plädoyer für die anscheinend utopische Möglichkeit einer weltweiten Umkehr durch Erweckung vernünftiger Kräfte, vermochten die Öffentlichkeit nicht zu überzeugen. Sterile Aufgeregtheit schien ihm angesichts der Gefährdung durch die Bombe jedenfalls die falsche Antwort zu sein. Immerhin bot Jaspers Überzeugung, die Verteidigung gegen totale Herrschaft könne notfalls auch die Selbstvernichtung rechtfertigen, Befürwortern der Atombewaffnung Identifikationsmöglichkeiten. Sie mochten ihr Gewissen damit beruhigen, daß sich zur Rechtfertigung des unter bündnispolitischen und militärischen Überlegungen heraus für richtig gehaltene Kurs auch theologisch und philosophisch anspruchsvollen Argumente finden ließen. [255]

Eine der schärfste Verurteilungen der Göttinger Erklärung kam aus den Reihen der politischen Publizistik und rief in der angesehenen Halbmonatszeitschrift *Die Gegenwart* eine kontroverse Diskussion sowohl innerhalb der Redaktion als auch in dem Leserbriefspalten

[251] Ebenda., S.273.

[252] Ebenda.

[253] Ebenda., S.274.

[254] Ebenda., S.275.

[255] Schwarz, 1983, S.57.

hervor, die bald auch von anderen Zeitschriften [256] aufgegriffen wurde. [257] Aus Protest gegen einen kritischen, aber wohlmeinenden redaktionellen Leitartikel zur Göttinger Erklärung [258], attackierte **Michael Freund**, Professor für politische Wissenschaften in Kiel und selbst einer der Herausgeber der *Gegenwart*, die Göttinger Achtzehn in zweierlei Hinsicht: [259]

1. Zum einen sah er in ihrer „Kundgebung", wie er es nannte, eine Kapitulation des Westens vor der Sowjetunion und bezeichnete den Appell als ein neues „München", diesmal nicht von Hitler, sondern von der Sowjetunion diktiert. Der Sowjetunion schien es geglückt zu sein, einen Großteil der europäischen Randmächte aus der Atomrüstung des Westens herauszubrechen. Für ihn stellte das „Ohne uns" der Atomwissenschaftler ein politischer Unsinn dar und war im übrigen auch moralisch verdächtig: „So billig können sich die Deutschen nicht aus dem Verderben und aus dem Schiffbruch der Menschheit davonstehlen. Die Bundesrepublik kann nicht in einem Glashaus den Zuschauer spielen und sich mit Protesten gegen die radioaktiven Strahlen abschirmen. Europa wird auf jeden Fall eine Hölle sein, wenn es nicht gelingt, den Atomkrieg überhaupt abzuschaffen. Es ist etwas Phantastisches, sagen zu wollen: ich mache da nicht mit."

2. Zum anderen stellte Freund ähnlich wie Adenauer, Strauß und Jordan, die Kompetenz der Göttinger, sich als Wissenschaftler-Kollektiv zu einem derart politischen Problem zu äußern, in Abrede: „Im übrigen scheinen mir Naturwissenschaftler für die Politik disqualifiziert zu sein. Wer die Formel über die Atomspaltung zu denken und nachzudenken vermag, hat einen Intellekt, der mit dem gemeinen Menschengeist fast nichts mehr zu tun hat, er ist eigentlich nicht von dieser Welt."

Magret Boveri kam nach einem heftigen Briefwechsel mit Michael Freund in der *Deutschen Universitäts-Zeitung* zu dem Ergebnis, daß die Empörung über die politische Meinungsäußerung von fachlich ganz anders spezialisierten Professoren nur einer Verunglimpfung der unerwünschten Widersacher in den Augen der Öffentlichkeit dienen sollte, um

---

[256] Deutsche Universitätszeitung (DUZ), Bd.19, Nr.10, 1957, S.12-13 und Nr.13-14, S.29-30, 1957. Zur Reaktion auf Freunds Artikel siehe die zahlreichen Leserbriefe, in: Die Gegenwart, Jg.12, Nr.11, 1. Juni 1957, S.329-332.

[257] Stölken-Fitschen, 1995, S.231.

[258] Die Gegenwart, Jg.12, Nr.8, 20. April 1957, S.225-226 („Das Signal"). In diesem wird das Recht der Göttinger Achtzehn auf politische Meinungsäußerung nicht in Zweifel gezogen: „Es ist unmöglich anzunehmen, die Atomforscher seien sich nicht der politischen Tragweite ihres Schrittes bewußt gewesen. Wer die Warner auf ihre wissenschaftliche Zuständigkeit zurückweisen will, verkennt den Ernst ihrer Lebensauffassung. ... Jedem steht die Freiheit politischer Ansichten zu. Man braucht kein Atomforscher zu sein, um sich seine politische Meinung zu bilden, aber der Atomforscher kann *auch* eine haben. Wenn es für ihn zur Politik gehört, seine Kenntnisse über die modernen Machtmittel der Politik nicht zu verschweigen, so erfüllt er sogar eine Pflicht."

[259] Freund, Michael, „Atomwissenschaft und Politik (Brief an uns selbst)", in: Die Gegenwart, Jg.12, Nr.9, 4. Mai 1957, S.264-265.

sich nicht auf ihre Argumente einlassen zu müssen. [260] Grundsätzlich ging es hier jedoch nicht um die „professörlich-politischen Rechte", sondern um deren strittige Stellungnahme zur Außen- und Sicherheitspolitik der Bundesrepublik [261] und – wenn man die Göttinger Erklärung als Appell des Gewissens auffaßte – auch um die Diskussion ethischer Fragen, die die nukleare Bewaffnung ohne Zweifel aufwarf. [262]

3.2.4 Die Reaktion der Oppositionsparteien

Im folgenden soll die Reaktion der Oppositionsparteien der zweiten Amtsperiode Adenauers auf die Göttinger Erklärung näher beleuchtet werden. Bei diesen handelt es sich um die SPD, die größte und zunächst einzige Oppositionspartei im Zweiten Bundestag, die FDP, die sich seit dem Frühjahr 1956 in der Opposition befand sowie die Vertriebenenpartei GB/BHE (Gesamtdeutscher Block/Bund der Heimatvertriebenen und Entrechteten) [263], die seit 1955 Oppositionspartei war. [264] Auf letztere soll hier allerdings nicht mehr näher eingegangen werden, da sie sich kaum zur Atomwaffenfrage geäußert und sich dieses Themas auch nicht in bemerkenswerter Weise im Wahlkampf 1957 bedient hat. Zudem gelang es der GB/BHE nicht mehr in den 3. Bundestag einzuziehen. Sie schied somit als außenpolitisch relevante Größe aus. [265]

Die Göttinger Erklärung überraschte die Oppositionsparteien sicher ebenso wie die Regierungsparteien. Bei der SPD-Spitze kann mit ziemlicher Sicherheit ausgeschlossen werden, daß zwischen ihr und den Initiatoren des Appells vor der Veröffentlichung Kontakt bestand [266], weniger allerdings bei der FDP. Da drei Tage vor Bekanntgabe der Erklärung der

---

[260] Boveri, Magret, „Antwort an Michael Freund", in: Deutsche Universitätszeitung (DUZ), Bd.19, Nr.13-14, 1957, S.29-30.

[261] Ebenda., S.30.

[262] Stölken-Fitschen, 1995, S.232.

[263] Die 1950/51 als Bund der Heimatvertriebenen und Entrechteten gegründete Partei, die 1952 seinem Namen die Bezeichnung „Gesamtdeutscher Block" voranstellte, trat besonders für die Interessen der Vertriebenen, Flüchtlinge und anderer durch Kriegs- und Nachkriegsereignisse geschädigte Gruppen ein. Sie gewann vor allem in den überproportional von Flüchtlingen bewohnten Ländern Schlewig-Holstein, Bayern und Württemberg-Baden. Der Block erzielte bei den Landtagswahlen in Schleswig-Holstein 1950 das zweitbeste Wahlergebnis (23,4%) nach der SPD und lag damit noch vor der CDU. Der GB/BHE verlor aber im Laufe der fünfziger Jahre seine Anziehungskraft, als die wirtschaftliche und soziale Integration von Vertriebenen und Flüchtlingen gelang. Dieser Prozeß vollzog sich in den Jahren 1953-1957, in denen diese Interessenpartei dem zweiten Kabinett Adenauer angehörte, Birke, 1989, S.364ff.; Morsey, 1995, S.52.

[264] Rupp, 1984, S.98, S.114, S.118.

[265] Ebenda., S.118f.

[266] Die Atomwissenschaftler hatten sich bis auf von Weizsäcker, der einmal vor der CDU-Kreisgruppe Göttingen sprach, bis zum Wahltag öffentlicher Äußerungen enthalten, Rupp, 1984, S.96. Hahn hatte zudem in dem Gespräch mit dem Bundeskanzler, den Vorwurf, sie hätten parteipolitischen Überlegungen nachgegeben, mit Schärfe zurückgewiesen und erklärt, daß viele der

FDP-Parteivorsitzende Dr. Reinhold Maier (1957-1960) auf einer Pressekonferenz – ohne daß zu diesem Zeitpunkt in der Öffentlichkeit hiervon schon die Rede gewesen wäre – vor einer Umstellung der deutschen Atomforschung von friedlichen auf kriegerische Zwecke gewarnt hatte [267], vermuteten Tageszeitungen, gestützt auf die Information, der FDP-Vorsitzende sei mit einem der „Göttinger" – Prof. Maier-Leibnitz – verwandt, daß Dr. Maier von den Diskussionen der Wissenschaftler erfahren haben könnte. Laut Rupp hat sich diese Vermutung aber nicht bestätigt. [268]

Nachfolgend soll nun für SPD und FDP nach einer genaueren Analyse ihrer sicherheitspolitischen Positionen, die Aufschluß über ihre Stellung zur Atomwaffenfrage geben, gezeigt werden, daß die Ablehnung einer Einbeziehung beider deutscher Staaten in die Atomrüstung der beiden Militärblöcke nach der Göttinger Erklärung plötzlich bei beiden Parteien sehr populär war. Daran schließt sich jeweils eine Betrachtung der Behandlung des Themas im Wahlkampf an.

3.2.4.1 SPD und Atomwaffen in Deutschland

Der Kurs der SPD-Führung in der Atomwaffenfrage kann erst vor dem Hindergrund der fast die gesamte „langfristige" Sicherheitspolitik der SPD dieser Zeit prägenden Leitidee eines **kollektiven europäischen Sicherheitssystems** verstanden werden.

Die SPD war vor allem deshalb gegen den Beitritt der Bundesrepublik Deutschland zur NATO und WEU eingetreten, weil diese Option ihrer Ansicht nach eine Wiedervereinigung Deutschlands erheblich erschweren, wenn nicht sogar unmöglich machen würde. [269] Die Wiederherstellung der Einheit Deutschlands nahm für sie absolute Priorität ein: „Wir unterscheiden uns von den übrigen Parteien in der Bundesrepublik in bezug auf das, was wir unser Anliegen Nummer 1 nennen – Wiedervereinigung – nicht einfach dadurch, daß wir sozusagen etwas stärker für Frieden und Wiedervereinigung eintreten. Für uns ist sie unverzichtbar als Hauptantriebskraft der deutschen Politik auch dann, wenn die Großmächte versagen sollten." [270]

Beteiligten der CDU wesentlich näher stünden als der SPD, Heipp, Es geht ums Leben! Der Kampf gegen die Bombe, 1965, S.41, nach einem Bericht in der Süddeutsche Zeitung, 20./21. April 1957.

[267] Frankfurter Allgemeine Zeitung, 10. April 1957 („Maier gegen Atomwaffen der Bundeswehr"). Es heißt in dem Artikel u.a.: „Maier sprach sich außerdem kategorisch gegen eine Herstellung von Atomwaffen in der Bundesrepublik überhaupt aus, da den deutschen Wissenschaftlern früher Zusicherungen gegeben worden seien, daß ihre Kenntnisse und Forschungsergebnisse nur einer friedlichen Nutzung der Kernenergie dienen sollten."

[268] Rupp, 1984, S.116f.

[269] Wilker, 1977, S.26.

[270] Herbert Wehner auf dem Bundesparteitag der SPD 1954 in Berlin, in: Protokoll der Verhandlungen des Parteitags der Sozialdemokratischen Partei Deutschlands vom 20. bis 24. Juni 1954 in Berlin, hrsg. vom Vorstand der Sozialdemokratischen Partei Deutschlands, Hannover, Bonn, o.J., S.87.

Das wiedervereinigte Deutschland sollte alternativ zum sicherheitspolitischen Konzept der Bundesregierung seinen Platz und seine Sicherheit im Rahmen eines kollektiven Sicherheitssystems in Europa finden. Die Vorstellung von einem solchen System, die in der Parteispitze schon in der Entstehungsphase der Bundesrepublik vorhanden war, wurde allerdings erst in den Jahren 1954/55 in konkrete sicherheitspolitische Konzeptionen umgesetzt. [271] Ausgangspunkte markierten die beiden Leitgedanken „Europäische Sicherheit und deutsche Einheit sind ein gemeinsamer Komplex“ [272] sowie „daß die Wiedervereinigung Deutschlands nur ... zu erlangen [ist], wenn das wiedervereinigte Deutschland weder sowjetischer Satellit noch amerikanischer Truppenübungsplatz wird.“ [273]

Ausgehend von dem Grundgedanken, daß „die Teilung Deutschlands ... nur überwunden werden [kann], wenn Ost und West die Absicht aufgeben, ein wiedervereinigtes Deutschland so in ihr militärisch-politisches Sicherheitssystem einzubeziehen, daß es die andere Seite als Bedrohung empfindet“ [274], plädierte die SPD für Verhandlungen der Vier Mächte über ein Abkommen, das den militärischen Status des neuen deutschen Staates von vornherein festschreiben und ihn gleichzeitig in ein System festgelegter militärischer Stärken zumindest der mitteleuropäischen Staaten bei gegenseitiger Beistandspflicht und Garantie durch die Großmächte einordnen sollte. [275] Hinzu kam die Forderung, „daß sich die Bundesrepublik entschieden für die Verpflichtung Gesamtdeutschlands ausspricht, im territorialen Bereich des wiedervereinigten Deutschlands keine ausländischen Militärstützpunkte und Basen zuzulassen mit Ausnahme solcher, die sich aus den Verpflichtungen des regionalen Sicherheitssystems ergeben. Selbstverständlich müßte dieses Sicherheitssystem alle vier heutigen Besatzungsmächte umfassen“. [276] Die aufgrund

[271] Rupp, 1984, S.112f.; Wilker, 1977, S.26f., S.36.

[272] Programm der SPD zu den Viermächteverhandlungen über die deutsche Wiedervereinigung (Beschluß PV [Parteivorstandes] vom 29. April 1955), in: Jahrbuch der Sozialdemokratischen Partei Deutschlands 1954/55, hrsg. vom Vorstand der Sozialdemokratischen Partei Deutschlands, Hannover, Bonn, o.J., S.342.

[273] Rede von Fritz Erler im Bundestag, in: Verhandlungen des Deutschen Bundestages, 2. Wahlperiode 1953, Stenographische Berichte, Bd.23, 70. Sitzung, 25. Februar 1955, S.3725 (C). In der gleichen Rede hieß es an anderer Stelle etwas allgemeiner: „Das wiedervereinigte Deutschland als Teil eines amerikanisch beherrschten Militärsystems ist offensichtlich nicht möglich. Da ich nicht annehmen kann, daß Sie das wiedervereinigte Deutschland mit einem Militärbündnis mit der Sowjetunion ausstatten wollen, bleibt doch eigentlich dann nur übrig, daß daß das wiedervereinigte Deutschland eben kein militärischer Verbündeter eines einseitigen Systems von Militärallianzen wird“, ebenda., S.3726 (A).

[274] 14. Juli 1956: Forderungen des Parteitages der SPD in München zur deutschen Wiedervereinigungspolitik, in: Dokumente zur Deutschlandpolitik, 3. Reihe/Band 2, 1956, 2. Halbband, bearbeitet von Ernst Deuerlein und Hansjörg Schierbaum, herausgegeben vom Bundesmininisterium für Gesamtdeutsche Fragen, Frankfurt am Main [u.a.] 1963, S.597-600, hier S.598.

[275] Rupp, 1984, S.113. Durch Ost und West übergreifende Abkommen sollten die beiden Teile Deutschlands aus ihren jeweiligen Bündnissystemen herausgelöst werden, um so die Wiedervereinigung Deutschlands zu erreichen und europäischen Sicherheit – garantiert durch die USA und die UdSSR – zu schaffen, Wilker, 1977, S.35.

[276] Programm der SPD zu den Viermächteverhandlungen über die deutsche Wiedervereinigung

der Westverträge bestehenden Verpflichtungen zur Wiederbewaffnung sollten storniert und später in ein kollektives Sicherheitssystem im Rahmen der UNO überführt werden [277]. Die freie Wahlentscheidung aller Deutschen sollte erst nach Festlegung dieses Status erfolgen, denn anders sei die Sowjetunion kaum dazu bereit, den dabei ziemlich sicher zu erwartenden politischen Bankrott der pro-sowjetischen Kräfte in der DDR hinzunehmen. [278] Durch den Einbau Gesamtdeutschlands in das neue Machtgleichgewicht würde nach Auffassung der SPD letztendlich der stufenweise Abbau der gegeneinander gerichteten Pakte NATO und Warschauer Pakt möglich und das „Gleichgewicht der Abschreckung" durch eine „dauerhafte Friedensordnung in Europa" ersetzt [279]. Das europäische Sicherheitssystem wurde von Erler am 31. Januar 1957 im Bundestag sowie im „Ollenhauer-Plan" vom 23. Mai 1957 weiter konkretisiert und mit folgenden Merkmalen versehen: [280]

1. Beteiligung des wiedervereinigten Deutschlands und der westlichen und östlichen Nachbarstaaten.
2. Gegenseitige Nichtangriffserklärung.
3. Gegenseitige Beistandspflicht gegen jeden Angreifer von innerhalb und außerhalb des Systems – ohne Vetorecht.
4. Schiedsgerichtsbarkeit.
5. Rüstungsbegrenzung und Rüstungskontrolle.
6. Regionalsystem entsprechend der UN-Satzung.
7. Garantieerklärung der USA und der Sowjetunion.

(Beschluß PV [Parteivorstandes] vom 29. April 1955), in: Jahrbuch der Sozialdemokratischen Partei Deutschlands 1954/55, hrsg. vom Vorstand der Sozialdemokratischen Partei Deutschlands, Hannover, Bonn, o.J., S.344.

[277]„Der internationale Status Gesamtdeutschlands steht im engen Konnex mit der Eingliederung des wiedervereinigten Deutschland in ein europäisches Sicherheitssystem im Rahmen der Vereinten Nationen. Gesamtdeutschland würde in dem kollektiven europäischen, also regionalen Sicherheitssytem im Rahmen der UNO vollberechtigter und vollverpflichteter Partner sein. Dabei ist klarzustellen, daß das wiedervereinigte Deutschland nicht die Absicht hat, Mitglied des einen oder des anderen Militärblocks zu werden. Das aber wäre weder Neutralismus noch Neutralität, denn es würde sich durch Aufstellung eigener Truppen verpflichten, an der Garantierung und Verteidigung der Sicherheit innerhalb der Bestimmungen der Vereinten Nationen voll mitzuwirken. Diese Eingliederung ist das Ergebnis einer frei auszuhandelnden Vereinbarung zwischen den Partnermächten und der frei gewählten gesamtdeutschen Regierung.", ebenda., S.343f.

[278]Schwarz, 1981, S.266.

[279]Forderungen der SPD zur deutschen Wiedervereinigungspolitik, Punkt I, 1, in: Jahrbuch der Sozialdemokratischen Partei Deutschlands 1955/56, hrsg. vom Parteivorstand der Sozialdemokratischen Partei Deutschlands, Hannover, Bonn, o.J., S.319.

[280]Rupp, 1984, S.114; Wilker, 1977, S.31.

Zur Verwirklichung dieses gesamteuropäischen Sicherheitssystems schienen nach Ansicht der SPD eine Ablehnung der „Atombewaffnung" sowie die Forderung nach Schaffung eines atomwaffenfreien Raumes in Mitteleuropa am besten geeignet: Während eine atomar gerüstete Bundeswehr sowohl die Verhandlungen über die Errichtung eines solchen Systems bedeutend komplizieren als auch die Atmosphäre für derartige Verhandlungen erheblich verschlechtern würde, bot eine atomwaffenfreie Zone dagegen die Möglichkeit, „ein vernünftiges Stärkeverhältnis" [281] der europäischen Kräfte zu schaffen.
Diese enge konzeptionelle Verknüpfung des kollektiven Sicherheitssystems in Europa mit „Abrüstung", „Rüstungsbegrenzung und Rüstungskontrolle" und „Entspannung" sowie die Bereitschaft, auf eine – natürlich als vorläufig angenommene – Teilverwirklichung des Sicherheitssystems einzugehen, förderten jedoch auch die Lockerung des bis dahin starren politischen Junktims von Entspannung und Wiedervereinigung in der Deutschlandpolitik der SPD, wie sich schließlich am sichtbarsten im „Deutschland-Plan" vom 8. März 1959 zeigen sollte. [282] In der Öffentlichkeit fand das sozialdemokratische außenpolitische „Kontrastprogramm" [283] allerdings kaum Resonanz, sondern rief im Gegenteil mit seiner verwirrenden Verwendung des Begriffs ‚Sicherheitssystem' den auch von der CDU/CSU kräftig geschürten Eindruck hervor, die SPD sei eine neutralistische [284] und somit von der Sowjetunion potentiell beeinflußbare Partei. [285]

Ein Vergleich zwischen der Politik Adenauers mit der der sozialdemokratischen Opposition führt zu folgendem Ergebnis: [286] Adenauer befand sich im Gleichklang mit der nach 1945 bestehenden Machtkonstellation. Seine Politik der Stabilisierung der Bundesrepublik in politischer, ökonomischer und sozialer Hinsicht fand eine mehrheitliche Bestätigung in der Bevölkerung. Dagegen zielten die Überlegungen der Sozialdemokratie auf eine partielle Revision der internationalen Machtkonstellation. Auf Bundesebene blieb eine mehrheitliche Bestätigung und damit die Chance auf eine praktisch-politische Bewährung aus.

Die SPD blieb bei Bekanntwerden der ersten Nachrichten über Atomwaffen auf westdeutschen Territorium zunächst erstaunlich passiv. Vor 1957 sprachen sich weder Parteiführungsgremien noch Spitzenpolitiker gegen die weitere Stationierung amerikanischer

---

[281] Rede von Fritz Erler im Deutschen Bundestag, in: Verhandlungen des Deutschen Bundestages, 3. Wahlperiode 1957, Stenographische Berichte, Bd.39, 9. Sitzung, 23. Januar 1958, S.372 (D).

[282] Rupp, 1984, S.114; Wilker, 1977, S.31, S.34.

[283] Schwarz, 1981, S.192.

[284] In der Tat stand die Sozialdemokratie in mehr oder weniger pazifistischen, antimilitaristischen Denktraditionen, und so war es nicht überraschend, daß sich die SPD in zunehmendem Maße als Entspannungspartei verstand, Schwarz, 1981, S.208.

[285] Longerich, Michael, Die SPD als „Friedenspartei" – mehr als nur Wahltaktik?: Auswirkungen sozialdemokratischer Traditionen auf die friedlichen Diskussionen 1959-1983 (= Europäische Hochschulschriften: Reihe 31, Politikwissenschaft; Bd.165), Frankfurt am Main 1990, S.78 (im folgenden zitiert als: Longerich, 1990); Wilker, 1977, S.36.

[286] Erdmenger, Klaus, Adenauer, die Deutsche Frage und die sozialdemokratische Opposition, in: Foschepoth, Josef (Hrsg.), Adenauer und die Deutsche Frage, Göttingen 1988, S.169-182, hier S.179.

Atomwaffenverbände in Westdeutschland aus. [287] Schwarz zufolge hatten sich die Sozialdemokraten bis dahin vor allem aus zwei Gründen zurückgehalten: Zum einen wollten sie sich auf die vordringlich wichtige Wehrgesetzgebung konzentrieren und hier aufzeigen, daß auch sie bedingt wehrfähig waren [288]. Der Wandel der SPD kam allerdings zu spät, um einer Bevölkerung deren Sicherheitsdenken vom Kalten Krieg geprägt war, veranschaulichen zu können, daß die SPD mehr als nur eine „Nein-Sager-Partei" war [289]. Zum anderen war ihnen bewußt, daß jede Kritik an der Atomstrategie der NATO einer Kritik an den USA gleichkäme, was ebenfalls nicht in die Wohlverhaltenslinie während des Vorwahlkampfes gepaßt hätte. Die Entwicklungen im NATO-Bereich in Verbindung mit wahltaktischen Überlegungen [290] ließen die SPD aber 1957 das vorsichtige Schweigen aufgeben. [291] Im Januar 1957, zu Beginn des Wahljahres, bezog Erler Position in der Frage der atomaren Ausrüstung der Bundeswehr und bezeichnete „die Ausstattung der Bundeswehr mit Atomwaffen [...als] eine außerordentlich gefährliche Entscheidung". Als Begründung führte er an, daß die Bundeswehr dadurch „sofort den Charakter einer Streitkraft" bekäme, „die bewußt auf eine Auseinandersetzung mit der Sowjetunion ausgerüstet" werde. Außerdem verschlechtere eine westdeutsche Atombewaffnung ganz erheblich das Klima für Fortschritte auf dem Weg zur Lösung der Deutschlandfrage. Als Alternative verlangte er verstärkte Bemühungen um „ein Abkommen über die Begren-

---

[287] Rupp, 1984, S.98ff.

[288] Nach der ergebnislos verlaufenen Berliner Viermächtekonferenz vom 25. Januar bis zum 18. Februar 1954, von der sich die SPD konkrete Fortschritte für die Wiedervereinigung erhofft hatte, begann in der Außen-, Deutschland- und Wehrpolitik ein mühsamer Prozeß des Umdenkens. Zwar fand die Partei nach wie vor an der Rolle eines Hüters der deutschen Einheit Gefallen, aber ihr wurde jetzt stärker als zuvor der unlösbare Zusammenhang zwischen Sicherheits- und Wiedervereinigungsfrage bewußt. Damit veränderte sich auch die Zielrichtung sozialdemokratischer Verteidigungspolitik. Statt jede Art eines militärischen Beitrags zu opponieren, begann die SPD allmählich, sich auf jene Bedingungen zu konzentrieren, unter denen sie westdeutsche Streitkräfte akzeptieren würde. Zunehmend ging es für sie um eine Beeinflussung der inneren Struktur und der demokratischen Kontrolle der Bundeswehr. Allerdings blieb die grundsätzliche Bereitschaft zur Friedenssicherung und zur Verteidigung der Freiheit auch militärischen Mitteln einzusetzen, noch immer an Bedingungen und Einschränkungen geknüpft, die es der Parteiführung auch zukünftig nicht erlaubten, in verteidigungspolitischen Fragen schnell und selbständig zu handeln, Birke, 1989, S.376f.

[289] Longerich, 1990, S.82.

[290] Die Partei versuchte zwar Anfang 1957 – nicht zuletzt mit Blick auf die nach der Niederschlagung der Volksaufstände in Polen und Ungarn (Oktober/November 1956) umgeschlagene Stimmung –, pazifistische Neigungen und die Abneigung gegen Militärallianzen in den Hintergrund treten zu lassen. Aber schließlich mochten die Sozialdemokraten doch nicht auf zugkräftige Reizthemen verzichten und legten sich deshalb mit Blick auf die Jungwähler und die eigenen Anhänger auf die Abschaffung der allgemeinen Wehrpflicht fest. Ebenso konnten die Sozialdemokraten im Frühjahr der Versuchung nicht wiederstehen, aus den Atomängsten der Bevölkerung ein großes Wahlkampfthema zu machen. Das Thema wurde jedoch zu früh angesprochen und lief sich schon in der Vorwahlkampfphase tot, Schwarz, 1981, S.366.

[291] Ebenda., S.359.

zung und Kontrolle der Rüstungen.“ [292] Parteioffiziell wurde dann erstmals zwei Monate später, anläßlich einer Presseverlautbarung des Oberbefehlshabers der NATO-Streitkräfte in Europa, General Nordstad, demzufolge in absehbarer Zeit auch die Bundeswehr mit Mehrzweckwaffen ausgerüstet und hierfür unter amerikanischen Verschluß Atommunition zur Verfügung gestellt werden sollte [293], zu diesem Thema Stellung genommen: Ollenhauer lehnte am 29. März im Namen seiner Partei die Pläne des Generals entschieden ab, da solche Vorhaben nur „die Gefahren für die Sicherheit und Existenz des deutschen Volkes erhöhen“ würden. [294] Am 2. April brachte die SPD dann mit einer Großen Anfrage die öffentliche Erörterung der Atomwaffenpolitik der Bundesregierung in Gang. Die Bundesregierung wurde u.a. um Auskunft zu folgenden Fragen ersucht, über die dann am 10. Mai 1957 im Bundestag beraten wurde:

> 1. „Was tut die Bundesregierung, um der Gefahr entgegenzuwirken, daß Deutschland in einen Atomkrieg einbezogen wird, und was gedenkt sie zu tun, um auch die Deutschen in der sowjetischen Besatzungszone vor den Gefahren eines Atomkonflikts zu schützen?
>
> 4. Ist die Bundesregierung bereit ...ihre Zustimmung zur Stationierung von Atomwaffenverbänden auf dem Gebiet der Bundesrepublik Deutschland zu verweigern?
>
> 6. Wann, unter welchen Umständen und aus welchen Gründen hat die Bundesregierung der Stationierung von Atomwaffen und Atommunition in der Bundesrepublik zugestimmt?
>
> 7. Trifft es zu, daß ein Sprecher des Verteidigungsministeriums in den Vereinigten Staaten die Ausrüstung der Bundeswehr mit Atomwaffen verlangt hat, und ist das die Auffassung der Bundesregierung?“ [295]

Bei oberflächlicher Betrachtung sind die sicherheitspolitischen Grundfragen in der Anfrage der Oppositionspartei wohl erfaßt und angesprochen. Allerdings zeigen die Passagen, in denen es um die konkreten politischen Geschehnisse der Entscheidungsfindung im Kanzleramt, im Ministerium und in den Verhandlungen mit den USA bzw. mit der NATO ging, daß der SPD angemessene, präszise Informationen fehlten [296]: Bereits seit einem halben Jahr hatten die NATO-Staaten mit der „Politischen Direktive“ ihre Übereinstimmung

---

[292] Erler, Fritz, „Umrüstung“, in: Außenpolitik, Jg.8, Hft.1, 1957 S.12-20, hier S.18f.

[293] Keesing's Archiv der Gegenwart, Bd.27, 1957, S.6329 A.

[294] Europa-Archiv, 1. Halbjahr 1957, Jg.12, 7.Folge, 5. April 1957, S.9796.

[295] Große Anfrage der SPD-Fraktion betreffend Atomfragen, in: Verhandlungen des Deutschen Bundestages, 2. Wahlperiode 1953, Anlagen zu den Stenographischen Berichten, Bd.50, Drucksache 3347 vom 2. April 1957.

[296] Die amerikanischen Streitkräfte waren bereits seit 1954 mit atomaren Waffen ausgerüstet, so daß Wilker, 1977, S.71, annahm, daß Frage 4 und 6 (die letzen beiden) nur rhetorischen Charakter gehabt hätten. Die Sozialdemokraten mußten sich nun angesichts der zu erwartenden Bundestagswahlen im September 1957 den Vorwurf gefallen lassen, daß die mit solcher Verspätung aufgegriffene Problematik in einen Zusammenhang mit den Wahlen im Herbst gebracht werden sollte, Pöttering, 1975, S.102.

über die Richtung der nuklearen Militär- und Sicherheitspolitik gefunden. Die Anfrage erfolgte also viel zu spät. [297]
Der Öffentlichkeit gegenüber begründete die SPD die Anfrage damit, daß sie zwar immer für gleiches Recht und gleiche Pflichten der NATO-Staaten eingetreten sei, sich aber die Bemühungen um volle Gleichberechtigung angesichts der Teilung Deutschlands nicht auf die „Atombewaffnung“ konzentrieren sollten. Eine solche Ausrüstung werde den gleichen Schritt auf der anderen Seite zur Folge haben und darüber hinaus die Deutschlandgespräche völlig erkalten lassen. Ganz im Gegensatz zu der Bedeutung, die die SPD der Atomwaffenfrage nun zumaß, schenkte die Tagespresse diesem ersten Angriff auf die Atomwaffenpolitik der Bundesregierung nur geringe Aufmerksamkeit. [298]

Der Schritt der Wissenschaftler und die ersten Reaktionen von Adenauer und Strauß mußten den Parteimanagern als Geschenk des Himmels anmuten. Ollenhauer begegnete denn auch Adenauers Äußerungen mit den Worten, „das deutsche Volk könne diese Männer [die 18 Atomwissenschaftler] nur beglückwünschen. Die Ansicht des Bundeskanzlers, es wäre gut gewesen, die Wissenschaftler hätten vorher mit ihm als dem verantwortlichen Leiter der Politik gesprochen, beweise ein nicht mehr zu überbietendes Maß an Arroganz und Ueberheblichkeit. In einer solchen Frage höre die Parteipolitik auf, und ein solcher Mann dürfe nicht an der Spitze des deutschen Volkes bleiben.“ [299] Der SPD-Pressechef Partei, Fritz Heine, kündigte an, „daß die Frage der Atomrüstung auch im Wahlkampf diskutiert werden müsse. ‚Die Regierung Adenauer – Strauß darf gewiß sein, daß ihr die SPD in dieser Diskussion nichts schenken wird.‘“ [300]
Die Sozialdemokraten, die sich endlich wieder einmal in einer wichtigen aktuellen sicherheitspolitischen Frage in völliger Übereinstimmung mit der „Volksmeinung“ glaubten, waren aber dahingehend wirklichkeitsfern, als sie annahmen, daß die Wähler am 15. September 1957 allein nach Maßgabe ihrer Meinung in der Atomwaffenfrage votieren würden. [301] Hinzu kam, daß die SPD hinsichtlich des Themas der Atombewaffnung im Wahlkampf – im Maßstab der Zeit gesehen – ziemlich unglücklich agierte: Am 27. April 1957 hatte die Regierung der Sowjetunion die Bundesregierung in einer scharfen Note vor einer Atombewaffnung der Bundeswehr gewarnt, in ihren Argumenten hauptsächlich auf die sich dadurch ihrer Ansicht nach steigende Kriegsgefahr, aber auch auf negative Konsequenzen für die Lösung der Wiedervereinigungsfrage hinweisend. Auch die SPD ließ sich nun zu einem erneuten außenpolitischen Frontalangriff gegen die Regierung hinreißen, und machte damit den Vorsatz mancher Sozialdemokraten, endlich von der totalen

[297]Bald, 1994, S.58f.

[298]Rupp, 1984, S.102f. Schon unter den wenigen Kommentaren tauchte der Vorwurf auf, die SPD habe sich dieses Themas vor allem aus wahltaktischen Erwägungen angenommen, um von den massiven Verdächtigungen Herbert Wehners wegen seiner kommunistischen Vergangenheit abzulenken, ebenda., S.103, Fußnote 514.

[299]Frankfurter Allgemeine Zeitung, 15. April 1957 („Scharfe Spannung nach der Göttinger Erklärung“).

[300]Die Welt, 17. April 1957 („Die Regierung plant Appell zur atomaren Abrüstung“).

[301]Rupp, 1984, S.104.

außenpolitischen Konfrontation wegzukommen, mit der die SPD bisher wenig Erfolg gehabt hatte, zunichte. [302] Vor allem aber setzte sie sich nun in noch massiverer Weise als schon im Wahlkampf 1953 der Verdächtigung aus, mit dem Kommunismus zusammenzuarbeiten [303]. Um solche Verdachtsmomente zu entkräften, hätte die SPD nach Auffassung von Rupp, die Frage der „Atombewaffnung" aus der Liste der Wahlkampfthemen streichen müssen, wie dies mit der Forderung nach „völliger Neuorientierung der Wirtschaft auf sozialistischer Grundlage" schon geschehen war. [304] Allerdings weist Kitzinger darauf hin, daß die Wählerschaft in wirtschaftspolitischer Hinsicht nicht so recht an eine „Mauserung" der Partei glaubte. [305]

Die Partei entschied sich für einen Mittelweg: Die „Atomgefahr" wurde im Rahmen der allgemeinen Wahlpropaganda als eine der Gefahren präsentiert, denen sich die Bevölkerung über kurz oder lang aussetze, käme nicht eine andere Partei an die Regierung. Ein von den Spitzengremien der Partei am 15. August verabschiedeter Aufruf, den Pirker allerdings als „eine nicht sehr wirksame Mischung von politischer Dramatisierung und Positivität" [306] charakterisiert, lautete:

> „Am 15. September fällt die Entscheidung. Wer CDU/CSU wählt, der riskiert: dauernde Einparteienherrschaft, Teuerung und Inflation, endgültige Spaltung unseres Vaterlandes, Atombomben und Atomtod. Wer SPD wählt, der sichert: stabile Preise, stabile Währung, Wiedervereinigung in Freiheit, Atomkraft nur für den Frieden". [307]

---

[302] Schwarz, 1981, S.362.

[303] Der stellvertretende SPD-Vorsitzende Wilhelm Mellies hatte nach Pressemeldungen erklärt, er könne jedes Wort dieser Note über die Atomgefahr nur unterstreichen und die russische Verlautbarung bestätige lediglich die Konzeption der SPD, Keesing's Archiv der Gegenwart, Bd.27, 1957, S.6414 E. Ein halbes Jahr nach der Niederwerfung des ungarischen Aufstandes durch die Rote Armee, war es nicht gerade geschickt, der Sowjetunion auch nur in einem einzigen Punkt eine richtige Einschätzung der politischen Situation zu attestieren.

[304] Rupp, 1984, S.105.

[305] Kitzinger, U. W., Wahlkampf in Westdeutschland. Eine Analyse der Bundestagswahl 1957, Göttingen 1960, S.100 (im folgenden zitiert als: Kitzinger, 1960).

[306] Pirker, Theo, Die SPD nach Hitler. Die Geschichte der Sozialdemokratischen Partei Deutschlands 1945-1964, Berlin 1977, S.241 (im folgenden zitiert als: Pirker, 1977).

[307] Jahrbuch der Sozialdemokratischen Partei Deutschlands, 1956/57, hrsg. vom Vorstand der Sozialdemokratischen Partei Deutschlands, Hannover, Bonn, o.J., S.354. Der Wahlkampf 1957 wurde unter den beiden Hauptslogan „Mehr Wohnungen statt Kasernen - darum SPD!" sowie „Fort mit der Wehrpflicht - raus aus der NATO - deshalb SPD!" geführt, Wolf, Werner, Wahlkampf und Demokratie, Bielefeld [2]1990, S.29 (im folgenden zitiert als: Wolf, 1990). Bei dem Plakatfeldzug kam aber auch folgenden kurze Texte zum Einsatz: „Deutsche Einheit - darum SPD", „Keine Wehrpflicht - darum SPD", „Runter mit den Preisen", „Mehr Wohnungen statt Kasernen", „Sicherheit für Alle", Vertrauen zur SPD", Kitzinger, 1960, S.106. Nur in wenigen Parteibezirken, wie beispielsweise in Hannover, wo der Physiker Prof. Dr. Karl Bechert für die SPD kandidierte, wurde die Atomgefahr stärker herausgestellt: „Eines der Plakate aus Hannover ...zeigte einen Tank, der Atomgeschosse feuerte und das Gesicht Adenauers trug. Ein

Daneben nahm die SPD den Vorschlag einer atomwaffenfreien Zone in ihr Wahlprogramm „Sicherheit für Alle" auf. Gefordert wurde darin:

> „...ein Abkommen über die allgemeine, international kontrollierte Abrüstung und über die Ausschaltung von Atomwaffen zu erreichen. ... Der erste, sofort zu unternehmende Schritt ist ein Abkommen der für die Wiederherstellung der deutschen Einheit Verantwortlichen, das die Lagerung atomarer Waffen in beiden Teilen Deutschlands verhindert. Weil die Gefahr eines Atomkrieges wächst, je mehr Mächte Atomwaffen haben, ist in Europa ein atomwaffenfreier Raum zu schaffen. Eine Ausdehung der atomaren Bewaffnung auf das gespaltene Deutschland wird dagegen seine Wiedervereinigung unmöglich machen. Deutschland wird zum Experimentierfeld der Politik atomarer Drohungen herabgewürdigt." [308]

In seiner Rede auf dem Wahlkongreß der SPD in Dortmund am 16. Juni 1957 verlangte Ollenhauer: „Niemals atomare Aufrüstung in der Bundesrepublik! Wir Sozialdemokraten fordern, daß die atomare Aufrüstung der Bundeswehr unterbleibt, und daß in Verhandlungen mit den beteiligten Mächten eine Vereinbarung darüber getroffen wird, daß in keinem Teil Deutschlands ausländische atomare Streitkräfte stationiert oder atomare Waffen gelagert werden." [309] Mit einem Plan über eine atomwaffenfreie Zone in Europa war bisher nur die Sowjetunion in Erscheinung getreten. [310] Die „Ignorierung einer der wichtigsten Erfolgsvoraussetzungen" [311] für eine Bundestagswahl, nämlich die offenbare Mißachtung des antikommunistischen Vorurteils, nach dem jeder Vorschlag eines kommunistischen Staates verwerflich oder bedrohlich war, erscheint doch als ziemlich erstaunlich. Rupp erklärt dies damit, „daß den Parteiführern Nützlichkeit und allgemeine Plausibilität eines solchen disengagement-Konzepts [312] unmittelbar einleuchtete, weil sie meinten, derartige Pläne enthielten ganz gleich in welcher Absicht propagiert, Chancen für Fortschritte auf dem Weg zur Wiedervereinigung und würden aufgrund der in ihnen projektierten Gegenseitigkeit der Verpflichtungen auch den Wählern sinnvoll erscheinen." [313]

---

anderes zeigte den Kopf eines Leichnams, der von Atomstrahlen deformiert war mit dem Text: ‚Atomrüstung zeugt Massentod – die SPD mahnt und warnt'", Kitzinger, 1960, S.107.

[308] 10. Juni 1957: Aus dem Wahlkampfprogramm der SPD: Sicherheit für alle, in: Dokumente für Deutschlandpolitik, 3. Reihe/Band 3, 1957, 2. Drittelband, bearbeitet von Ernst Deuerlein u.a., herausgegeben vom Bundesmininisterium für Gesamtdeutsche Fragen, Frankfurt am Main [u.a.] 1967, S.1183-1185, hier S.1183f. (im folgenden zitiert als: Dokumente für Deutschlandpolitik, 3. Reihe/Band 3, 1957, 2. Drittelband).

[309] 16. Juni 1957: Aus der Rede des Vorsitzenden der SPD, Ollenhauer, in: Dokumente für Deutschlandpolitik, 3. Reihe/Band 3, 1957, 2. Drittelband, S.1185-1188, hier S.1186f.

[310] Vgl. den bereits erwähnten „Gromyko-Plan", Kapitel 2.2.4, S.41, Fußnote 164.

[311] Rupp, 1984, S.106.

[312] Unter „disengagement" wurde ein Auseinanderrücken der militärischen Bündnissysteme und die Schaffung von rüstungsbegrenzten Zonen in Europa verstanden. Zwischen 1957 und 1959 wurden von westlicher Seite ca., 60, von östlicher Seite ca. 20 verschiedene Disengagement-Pläne präsentiert, Wilker, 1977, S.39.

[313] Ebenda.

Mit ihrem außenpolitisch eher kooperativen Programm (z. B. Forderung nach atomwaffenfreien Zonen) unter Priorität der Wiedervereinigung in einem gesamteuropäischen Sicherheitssystem kam die SPD jedoch nicht gegen die damalige Grundstimmung in der Bevölkerung an, die der CDU-Wahlkampf-Slogan „Keine Experimente" hervorragend widerspiegelte. Im Zeichen des unerwartet kräftigen wirtschaftlichen Aufstiegs und begünstigt durch die Segnungen der Rentenreform und Preisstabilisierung wünschten die Wähler eher eine Konsolidierung der eingetretenen Verhältnisse als die Risiken politischer Veränderung. Als nach der Wahl 1957 die Stimmen ausgezählt waren, zeigte sich, daß die „Angst vor der Sowjetunion ... über die Atomangst einen Sieg errungen" [314] hatte. [315] Die sozialdemokratische Führung mußte den Willen der Bevölkerung zur Kenntnis nehmen, den nun einmal eingeschlagenen Weg des Wiederaufbaus der Bundesrepublik fortzuführen. [316] Ob eine Wahlkampfführung mit einem eindeutigen Schwergewicht auf die Atomwaffenfrage den Wahlausgang für die SPD günstiger gestaltet hätte, muß bezweifelt werden. Rupp gibt zwar zu bedenken, daß eventuell bei den Bevölkerungsschichten, für deren Wahlverhalten nicht ausschließlich wirtschaftliche Erwägungen ausschlaggebend waren, weil es ihnen materiell leidlich gut ging, wie den Beamten und z.T. Angestellten, stärkere Stimmengewinne möglich gewesen wären. Darauf deuten jedenfalls die zahlreichen Solidaritätsbekundungen zur Göttinger Erklärung aus dem Hochschulraum, von Frauenorganisationen und aus dem Bereich der evangelischen Kirche hin. [317] Die breiten Wählerschichten ließen sich jedoch von der Aufregung in der öffentlichen Meinung und in Teilen des Bildungsbürgertums kaum beeindrucken. Zwar sprachen sich in Repräsentativumfragen im Frühjahr 1957 knapp zwei Drittel der Befragten gegen die Ausrüstung deutscher Truppen mit Atomwaffen aus, aber zugleich befand sich die Sympathiekurve der CDU/CSU im Anstieg. Die Anti-Atomtod-Kampagne hatte nur einen kurzzeitigen Einbruch zur Folge, der rasch wieder ausgebügelt werden konnte. Offensichtlich war zwar vielen Bürgern bei dem Gedanken an Atomwaffen nicht wohl, aber die Frage schien eben doch nicht von vordringlicher Bedeutung zu sein. Entscheidender als die Frage der atomaren Ausrüstung der Bundeswehr war für einen bedeutenden Teil der westdeutschen Bevölkerung wohl die Frage nach einem größtmöglichen Maß an Sicherheit vor der kommunistischen Bedrohung, und in dieser Hinsicht sahen die Positionen der Opposition, die den Forderungen der Sowjetunion so fatal glichen, wenig vertrauenerweckend aus. Dagegen verkörperte die geniale CDU-Parole „Keine Experimente" dieses Sicherheitsstreben und verflocht die erfolgreiche Außen-, Wirtschafts- und Sozialpolitik zu einer bündigen Formel. [318]

---

[314] Noack, Paul, Die Außenpolitik der Bundesrepublik Deutschland, Stuttgart [u.a.] ^{2}1981, S.71.

[315] Birke, 1989, S.366; Longerich, 1990, S.83

[316] Wolf, 1990, S.30.

[317] Rupp, 1984, S.109f. Vgl. Adenauers Befürchtungen angesichts der Erwartung, die SPD würde ihren Wahlkampf auf die Atomwaffenfrage konzentrieren: „So, wie die Situation im Schatten der Atomgefahr sich entwickelt hatte, konnte man davon ausgehen, daß der Bundestagswahlkampf, wenn sich nicht etwas Unvorhergesehenes ereignet, in erster Linie im Zeichen der Außenpolitik stehen würde, und zwar in Hinblick auf die atomare Rüstung.", Adenauer, Erinnerungen 1955-1959, S.300.

[318] Kleßmann, Christoph, Zwei Staaten, eine Nation. Deutsche Geschichte 1955-1970, Göttingen

Nach der verlorenen Bundestagswahl wurde in der SPD die Umorientierung in organisatorischer, personeller und programmatischer Hinsicht forciert [319], wobei vor allem die Anerkennung eines bundesdeutschen Verteidigungsbeitrages [320] für Aufsehen sorgte.

Die geschlagene SPD glaubte endlich doch Oberwasser zu gewinnen, als einige Wochen nach der Bundestagswahl die Idee einer atomwaffenfreien Zone in Europa durch den bereits erwähnten „Rapacki-Plan", - die Errichtung einer solchen Zone bestehend aus Polen, den beiden Teilen Deutschlands und der Tschechoslowakei - , auch auf internationaler Ebene verstärkt diskutiert wurde [321] und dadurch wieder auf die innerdeutsche Atomdebatte zurückwirkte. [322] Im November und Dezember hielt der ehemalige US-Botschafter in Moskau und „eigentliche Vater des Disengagement-Gedankens" [323], George F. Kennan, eine Serie von Radiovorträgen im britischen Rundfunk - die Reith Lectures - , in welcher

---

1988, S.108 (im folgenden zitiert als: Kleßmann, 1988); Schwarz, 1981, S.362f. Letzerer resümiert, daß „diese Kontroverse wieder einmal [zeigte], daß der Kanzler zwar starke Stömungen in der veröffentlichten Meinung und auf seiten der Gebildeten gegen sich, die breite Meinung aber auf seiner Seite hatte.", ebenda., S.263.

[319]Vgl. hierzu v.a. Köser, Helmut, Die Grundsatzdebatte in der SPD von 1945/46 bis 1958/59. Entwicklung und Wandel der Organisationsstruktur und des ideologisch-typologischen Selbstverständnisses der SPD. Eine empirische Untersuchung, phil.Diss., Freiburg 1971. Vgl. zur Änderung in der Führungsstruktur der Fraktion: Wilker, 1977, S.20. Vgl. zur Programmatik: Gersdorff, Gero von, Sozialdemokratie und Sicherheitspolitik seit 1945, in: Brauch, Hans Günter (Hrsg.), Sicherheitspolitik am Ende? Eine Bestandsaufnahme, Perspektiven und neue Ansätze, Gerlingen 1984, S.37-47, hier S.42.

[320]„Auch ohne den Ausbruch eines atomaren Vernichtungskrieges kann die Bundesrepublik Deutschland Gegenstand örtlicher Übergriffe und Angriffe auf ihr Gebiet werden. Deshalb muß die Bundesrepublik ein angemessenes Verhältnis ihrer eigenen Verteidigungsanstrengungen zu denen ihrer unmittelbaren Nachbarn, insbesondere zu den deutschen militärischen Kräften auf der anderen Seite der Demarkationslinie, einhalten. Für diese Aufgabe eignet sich eine zahlenmäßig begrenzte, dafür aber bewegliche und gut ausgebildete Truppe aus Freiwilligen viel besser als ein Massenheer auf der Grundlage der allgemeinen Wehrpflicht.", 23. Mai 1958: Entschließungen des Parteitages der SPD in Stuttgart, in: Dokumente zur Deutschlandpolitik, 3. Reihe/Band 4, 1958, 2. Drittelband, bearbeitet von Ernst Deuerlein und Gisela Biewer, herausgegeben vom Bundesmininisterium für Gesamtdeutsche Fragen, Frankfurt am Main [u.a.] 1969, S.1160-1163, hier S.1162.

[321]Der Rapacki-Plan hatte im Westen vor allem deshalb Befürworter, weil die vorgeschlagene atomwaffenfreie Zone zu Zweidritteln aus Territorium des Ostblocks bestehen sollte und damit eine Verringerung des sowjetischen Einflusses in Osteuropa versprach, Cioc, 1988, S.46. Daneben wurde auch befürchtet, daß die Ausrüstung der Bundeswehr mit Kernwaffen von der Sowjetunion als direkte Bedrohung empfunden werden würde, Schwarz, 1989, S.583.

[322]Schwarz, 1983, S.46. In Hinblick auf die innerdeutsche Atomdebatte schreibt Cioc, 1988, S.47: „Rapacki unveiled his plan at the moment when America was preparing to sell nuclear-capable Matador cruise missiles to West Germany. The timing was of course not accidential: it made the German government appear political intransigent and military greedy in the eyes of the opposition, thereby fostering domestic discord."

[323]Ebenda., S.45.

er außer der Schaffung eines neutralisisierten, wiedervereinigten Deutschlands auch für ein atomares Disengagement in Mitteleuropa plädierte, um die Gefahr einer atomaren Auseinandersetzung am Eisernen Vorhang zu verringern. [324] Obschon sich die westlichen Regierungen den Disengagement-Ideen gegenüber zurückhalten zeigten (am aufgeschlossensten war der neue britische Premierminister Macmillan), sah sich die SPD zum ersten Mal seit Gründung der Bundesrepublik international nicht mehr völlig isoliert. [325]

Der Rapacki-Plan [326] rief bei der SPD ihrem Wahlprogramm entsprechend eine grundsätzlich positive Einschätzung hervor. Sofort richtete der SPD-Pressedienst an die Bundesregierung, die aus ihrer Ablehnung kein Hehl machte, die Frage, wie sie denn ihren Willen zur Verständigung mit ihren östlichen Nachbarn glaubhaft machen wolle, wenn sie derartige Entspannungsvorschläge brüsk ablehne. [327] Auf der Sitzung des Parteivorstandes vom 20. November 1957 verabschiedete dieser im Blick auf die am 16. Dezember stattfindende Pariser NATO-Konferenz eine „Entschließung zur internationalen Lage", in der die Bundesregierung aufgefordert wurde, politische Bemühungen zu verlangen, „durch Schaffung eines atomwaffenfreien Raumes im Herzen Europas die Spannungen zu mindern, unsere Sicherheit zu vergrößern und auf diese Weise den Weg zur Lösung unserer politischen Probleme zu lösen." [328] Die SPD-Fraktion brachte am 5. Dezember 1957 einen Entschließungsantrag „betr. Haltung der Bundesregierung gegenüber der Politik der NATO" ein, in dem die Bundesregierung aufgefordert wurde, auf der NATO-Konferenz „Verhandlungen zwischen den beiden beteiligten Mächten mit dem Ziel eines atomwaffenfreien Raumes in Europa zu fordern" [329]. Der Antrag forderte weiterhin die Bundesregierung auf, „die allgemeinen Grundlagen der NATO-Politik einer Prüfung zu unterziehen" und die „militärische Integration der Bundeswehr in die Infrastruktur und den Führungsaufbau der NATO nicht so weit voranzutreiben, daß eine künftige Änderung des militärischen Status beider Teile Deutschlands verhindert und infolgedessen die Spaltung Deutschlands

---

[324] Pöttering, 1975, S.136ff.; Rupp, 1984, S.110. The Reith Lectures sind als Buch in deutscher Übersetzung erschienen, vgl. Kennan, George, F., Rußland, der Westen und die Atomwaffe, Frankfurt am Main 1958.

[325] Schwarz, 1983, S.46. Innerparteilich war die neue außenpolitische Auseinandersetzung zudem für die Politiker um den Parteivorsitzenden Ollenhauer ein Mittel, um von den unerfreulichen Reformdiskussionen abzulenken und nach außen Einigkeit zu demonstrieren, ebenda.

[326] Obwohl sich die SPD in ihren Stellungnahmen auch auf die Disengagement-Pläne der Labour-Abgeordneten Gaitskell und Healey bezog, ohne dies öffentlich kenntlich zu machen, bildeten die Rapacki-Vorschläge in der Öffentlichkeit ihren fast ausschließlichen Bezugspunkt. Wilker, 1977, S.47, begründet dieses Verhalten damit, daß die beiden genannten Pläne ausdrücklich eine Neutralisierung Deutschlands postulierten, während sich führende SPD-Politiker vehement dagegen aussprachen.

[327] Keesing's Archiv der Gegenwart, Bd.27, 1957, S.6672 A.

[328] Jahrbuch der Sozialdemokratischen Partei Deutschlands, 1956/57, hrsg. vom Vorstand der Sozialdemokratischen Partei Deutschlands, Hannover, Bonn, o.J., S.356.

[329] Antrag der Fraktion der SPD betr. Haltung der Bundesregierung gegenüber der Politik der NATO, in: Verhandlungen des Deutschen Bundestages, 3. Wahlperiode 1957, Anlagen zu den Stenographischen Berichten, Bd.55, Anlage, Drucksache 54 vom 5. Dezember 1957.

verewigt wird." [330] Angesichts der durch die Wahl völlig unangreifbar gewordenen parlamentarische Position der CDU/CSU, war diese Aufforderung an die Regierung, sich in Paris den sozialdemokratischen Forderungen gemäß zu verhalten, natürlich vergeblich.

Bei diesen ersten Stellungnahmen nach der Bundestagswahl begann die SPD-Führung – von der „Öffentlichkeit" unbemerkt – ihre Position in der Frage der atomaren Waffen allmählich zu modifizieren: Von einer Aufforderung an die Westmächte, ihre Atomwaffenverbände aus Deutschland abzuziehen, war nun nicht mehr die Rede. Lediglich „die Stationierung der Mittel- und Langstreckenraketen sowie ... auch [der] Bau von entsprechenden Abschußrampen im Bundesgebiet" [331] wurde abgelehnt, womit die SPD indirekt das vorläufige Vorhandensein der auch atomar einsetzbaren Kurzstreckenraketen (Zweiweg-Waffen) „Corporal" und „Honest John" bei den amerikanischen Stationierungstruppen billigte. Ein atomwaffenfreies Deutschland wurde jetzt primär über Disengagement-Verhandlungen angestrebt. Die Funktion eines Wegbereiter zu diesem Ziel sollte nun der geforderte Atomwaffenverzicht der Bundesrepublik übernehmen. [332]

3.2.4.2 FDP und Atomwaffen in Deutschland

Die sich seit Frühjahr 1956 in der Opposition befindenden Freien Demokraten unterschieden sich in ihrer Ausgangsposition zur Atombewaffnung wesentlich von der SPD: Ihr Experte Dr. Erich Mende [333] betonte in den Wehrdebatten immer wieder die Notwendigkeit starker Landstreitkräfte auch im „atomaren" Zeitalter, die er u.a. sogar damit begründete, daß starke Heeresverbände notwendig seien, um nach verlustreicher atomarer Auseinandersetzung die Kampfhandlungen mit klassischen Waffen fortführen zu können: „Aber ... durch die Revolutionierung der modernen Waffen sind Landstreitkräfte nicht schlechthin überflüssig geworden. Ganz im Gegenteil, auch das Manöver der Carte blanche stellte fest ..., daß die beiderseitigen Luftwaffen sich so hohe Verluste zugefügt haben, daß am Ende ein Patt erreicht war und man dazu überging, die Auseinandersetzung mit den klassischen Waffen fortzusetzen. Das heißt, die letzte Entscheidung hatte doch wieder die Panzer- oder Infanteriedivision." [334]

---

[330] Antrag der Fraktion der SPD betr. Haltung der Bundesregierung gegenüber der Politik der NATO, in: Verhandlungen des Deutschen Bundestages, 3. Wahlperiode 1957, Anlagen zu den Stenographischen Berichten, Bd.55, Anlage, Drucksache 54 vom 5. Dezember 1957.

[331] Ebenda.

[332] Rupp, 1984, S.112. Rupp führt diese minimale Kursänderung auf den nach der Wahlniederlage verstärkten Einfluß der „Reformer" um Erler und Carlo Schmid, aber auch Herbert Wehner zurück, ebenda. Diese waren bei der Neuwahl des Fraktionsvorstandes am 30. Oktober 1957 zu neuen stellvertretenden Fraktionsvorsitzenden hinter Ollenhauer gewählt worden. Der bisherige stellvertretende Partei- und Fraktionsvorsitzende Mellies kam nicht mehr in den Vorstand, Wilker, 1977, S.20.

[333] Dieser war im 2. Bundestag 2. stellvertretender Fraktionsvorsitzender und seit April 1956 stellvertretender Parteivorsitzender.

[334] Verhandlungen des Deutschen Bundestages, 2. Wahlperiode 1953, Stenographische Berichte, Bd.27, 116. Sitzung, 7. Dezember 1956, S.6218 (C). Zur Position der FDP in der Wie-

Die Koalition zwischen CDU/CSU und der FDP hatte nach der Bundestagswahl 1953 mehr und mehr Risse bekommen. Der Kanzler suchte die Meinung der FDP nur noch bei seltenen Gelegenheiten, beispielsweise wenn er ihre Stimmen im Bundestag brauchte, um Gesetzesvorlagen durchzubringen. Unter ihrem Parteivorsitzenden Thomas Dehler (1954-1956) attackierten die Liberalen die Außen- und Sicherheitspolitik des Kanzlers und fingen an, sich selbst als Partei der Wiedervereinigung zu profilieren. [335] Im Gegensatz zur CDU/CSU betonte Dehler die Notwendigkeit einer aktiven Deutschland- und Ostpolitik, um den Dissens zwischen den Zielen Westintegration und Wiedervereinigung abzumildern. [336] Das Scheitern der vom 18. bis 23. Juli 1955 in Genf stattfindenden Deutschland-Konferenz [337] verstärkte Dehlers Vorbehalte sowohl gegenüber der deutschlandpolitischen Aufrichtigkeit der Westmächte, die im Verlauf der Verhandlungen vom Eden-Plan [338] abgerückt und zu den alten westlichen Maximalforderungen in der deut-

derbewaffnungsfrage siehe Wagner, Dietrich, FDP und Wiederbewaffnung: die wehrpolitische Orientierung der Liberalen in der Bundesrepublik Deutschland 1949-1955 (= Militärgeschichte seit 1945; Bd.5), Boppard am Rhein, 1978.

[335]Cioc, 1988, S.39.

[336]Kaak, Heino, Die F.D.P.: Grundriß und Materialien zur Geschichte, Struktur und Programmatik (= Studien zum politischen System der Bundesrepublik Deutschland; Bd.18), Meisenheim am Glan ²1978, S.19 (im folgenden zitiert als: Kaak, 1978). Die Liberalen knüpften 1955 große Erwartungen an die Ratifikation der Westverträge, die sie selbst mit breiter Mehrheit unterstützt hatten. Mit dem Ende des Besatzungsstatuts und der Erlangung der Souveränität der Bundesrepublik Deutschland wurden in der FDP allgemein Hoffnungen auf eine neue Außenpolitik verbunden. Dem deutschen Interesse an der Wiedervereinigung würde nunmehr auf gleichberechtigter Basis und mit eigener Stimme stärkeres internationales Gewicht verliehen werden können. Die neugewonnene außenpolitische Stellung der Bundesrepublik Deutschland forderte in den Augen Dehlers geradezu eine eigene, westdeutsche Konzeption zur Wiedervereinigung, die bei der anstehenden internationalen Deutschlandkonferenz auf die Tagesordnung gehöre. Nachdrücklich unterstützte Dehler das Pläne schmieden seiner Partei im Frühjahr 1955 und rief damit bei Adenauer, der die Liberalen auf Neutralitätskurs wähnte, größtes Mißfallen hervor, Brauers, Christof, Liberale Deutschlandpolitik 1949-1969. Positionen der F.D.P. zwischen nationaler und europäischer Orientierung mit einem Vorwort von Hans-Dietrich Genscher (= Politikwissenschaft; Bd.17), Münster [u.a.] 1993, S.87 (im folgenden zitiert als: Brauers, 1993).

[337]Es gelang dieser Gipfelkonferenz, die erstmals seit Jalta und Potsdam die Regierungschefs der ehemaligen Siegermächte wieder an einen Tisch brachte, nicht, das Deutschlandproblem im Zusammenhang europäischer Sicherheitsbestrebungen zu lösen. Eine Einigung scheiterte vordergründig an der westlichen Forderung nach freien und geheimen gesamtdeutschen Wahlen sowie dem östlichen Beharren auf Abzug aller ausländischer Truppen und der Auflösung der multilateralen Paktsysteme. Als eigentlicher Grund muß jedoch die fehlende Bereitschaft beider Seiten angesehen werden, die mit einer Wiedervereinigung Deutschlands und der Neudefinition seines Bündnisstatus verbundenen Machtverschiebungen und deren Rückwirkungen auf das eigene Hegemonialsystem hinzunehmen, Birke, 1989, S.444ff.; Haftendorn, 1986, S.66; Morsey, 1995, S.41.

[338]Der Vorschlag des britischen Premierministers Eden sah den Abschluß eines Sicher-

schen Frage zurückgekehrt waren [339], als auch gegenüber Adenauers als konzeptionslos verstandener Wiedervereinigungspolitik. [340]

Sehr zur Verärgerung des Kanzlers stellten Dehler und andere führende Freie Demokraten nun offiziell die Westintegration der Bundesrepublik in Frage und forderten direkte Gespräche über die Wiedervereinigung zwischen Bonn und Moskau anstelle von Vier-Mächte-Konsultationen. [341] Als Adenauer die FDP-Fraktion in einem Brief vom 22. November 1955 ultimativ aufforderte, bis zum 1. Dezember verbindlich zu erklären, daß sie seine Außenpolitik künftig uneingeschränkt und vorbehaltlos unterstützen werde, kam es zu einer schweren Koalitionskrise. [342] Adenauer verlangte von der FDP ein Bekenntnis zur Unabänderlichkeit der Pariser Verträge, ferner sollte sich die FDP verpflichten, im Bundestagswahlkampf 1957 auf jede „agitatorische Auseinandersetzung" mit der Politik der Unionsparteien zu verzichten. [343] Trotz mehreren Koalitionsgesprächen konnte keine Einigung erreicht werden, weil der Kanzler darauf abzielte, Thomas Dehler auszuschalten. Im Februar 1956 kündigte die FDP das Bündnis mit der CDU auf, nachdem die CDU/CSU

heitspaktes zwischen den vier auf der Konferenz vertretenen Staaten und einem wiedervereinigten Deutschland, die Einrichtung von Rüstungsinspektionen beiderseits der Ost-West-Demarkationslinie in Deutschland sowie die Schaffung einer entmilitarisierten („verdünnten") Zone beiderseits der Oder-Neiße-Linie (als der neuen deutschen Ostgrenze – ohne daß dies explizit ausgesprochen wurde) vor. Voraussetzung für den Sicherheitspakt war die Wiederherstellung Gesamtdeutschlands über freie Wahlen, Birke, 1989, S.446; Hillgruber, 1983, S.75. Zum Eden-Plan siehe ausführlich Eden, Anthony, Full Circle: The Memoirs of Anthony Eden, London 1960.

[339] Allerdings enthielt auch der Eden-Plan die „Maximalforderung" der Wiederherstellung der Einheit Deutschlands über geheime und freie Wahlen. Die Gipfelkonferenz in Genf muß vielmehr als eine Art Wasserscheide zwischen der Nachkriegszeit und einer neuen Ära der Ost-Westbeziehungen mit einer vorläufigen schweigenden Hinnahme des Status quo der deutschen Teilung angesehen werden. Die Westmächte brachten zwar noch einmal die Wiedervereinigung als Punkt eins auf die Tagesordnung, doch verweilten die Verbündeten der Bundesrepublik bei der Deutschlandfrage nur so lange, wie dies ihren Verpflichtungen gegenüber Bonn unerläßlich erschien. Schnell rückten sie die Notwendigkeit von Verhandlungen über Sicherheits- und Abrüstungsfragen in den Vordergrund, bei denen vor allem die USA glaubte, den größeren Handlungsspielraum zu besitzen, Haftendorn, 1986, S.66; Morsey, 1995, S.41; Schwarz, 1981, S.271f.

[340] Brauers, 1993, S.88.

[341] Ebenda.; Schwarz, 1971, S.304. „Am 24. September 1955 hielt Dr. Dehler eine Rede in Uelzen, in der er sich nach Zeitungsberichten ganz offenbar auf den Standpunkt stellte, die Wiedervereinigung sei bei Fortbestehen der Pariser Verträge nicht möglich, da man dies den Russen nicht zumuten könne. Diese Äußerung stand in krassestem Wiederspruch zu unserer Regierungspolitik.", Adenauer, Erinnerungen 1955-1959, S.69.

[342] Gutscher, Jörg Michael, Die Entwicklung der FDP von ihren Anfängen bis 1961, Königstein/Ts. [2]1984, S.172 (im folgenden zitiert als: Gutscher, 1984).

[343] Keesing's Archiv der Gegenwart, Bd.25, 1955, S.5491 C. Das Ultimatum schloß mit den Worten: „Es ist besser für Deutschland, in die Bundestagsdiskussion mit einer verkleinerten, aber in sich geschlossenen Minderheit hineinzugehen, als mit einer Koalition, die in Wirklichkeit keine Koalition mehr ist.", ebenda.

im Januar 1956 einen Antrag zur Einführung eines neuen Wahlsystems, des sogenannten Grabenwahlsystems [344], im Bundestag einbrachte, dessen Annahme vermutlich die FDP aus dem Bundestag eliminiert hätte. [345]

Während der Koalition mit der CDU/CSU hatte die FDP es nicht vermocht, sich als eigenständiger Partner mit klarem Profil zu profilieren. Dies galt vor allem für die Außen- und Sicherheitspolitik, auf die Partei in der Vergangenheit nur einen geringen Einfluß ausgeübt hatte. Sie geriet nun völlig unvorbereitet und ohne alternative Zukunftsperspektive in die Opposition und befand sich zudem in der unangenehmen Situation, die Außen- und Deutschlandpolitik der Regierung, die sie vormals unterstützt hatte, attakieren zu müssen. Darüber hinaus wies ihre Wiedervereinigungskonzeption Gemeinsamkeiten mit den Sozialdemokraten auf. Ergebnis war eine widersprüchliche Politik ohne klare Strategie, einheitliche Konzeption, unumstrittener Führungsspitze und innerparteiliche Geschlossenheit während des ersten Jahres in der Opposition. [346]
Der unter dem Titel „Deutschland-Plan" oder „Mende-Plan" publizierte Gegenentwurf zur amtlichen Deutschlandpolitik Adenauers stellte im wesentlichen eine Zusammenfassung von Vorschlägen und Initiativen der vorangegangenen Jahre dar. Dr. Erich Mende trug dieses deutschlandpolitische Alternativkonzept der FDP-Führung um Dehler am 1. März 1956 auf einer Pressekonferenz in Stuttgart, „aus der Zucht des Kabinetts [entlassen] und frei von jeder Rücksichtnahme auf eine Regierungskoalition" vor [347]. Die Anerkennung sowjetischer Sicherheitsinteressen, der Rückzug der westlichen und östlichen Armeen bis hinter den Rhein bzw. die Oder-Neiße-Linie und eine Einigung der vier Siegermächte über den militärischen Status Deutschlands als erstem Schritt zur Wiedervereinigung waren in dieser Form schon Bestandteile des Pfleiderer-Plans von 1952 [348]. Auch der Gedanke eines

---

[344]Dieses Wahlgesetz hätte das seit 1949 geltende ‚personalisierte Verhältniswahlrecht' durch ein am klassischen ‚Mehrheitswahlrecht' orientiertes Wahlsystem ersetzt, Brauers, 1993, S.89.

[345]Kaak, 1978, S.19; Schwarz, 1981, S.304ff. Durch das Grabenwahlsystem wurden die heterogenen FDP-Landesverbände in leidenschaftlicher Gegnerschaft zu Adenauer geeint und die koalitionstreuen Anhänger aus der FDP-Fraktion herausgesprengt: 16 Abgeordnete einschließlich der vier Bundesminister Blücher, Neumayr, Preusker und Schäfer erklärten am 22. Februar 1956 ihren Austritt aus der Fraktion. Der Grund für die Abspaltung lag vor allem darin, daß es Dehler nicht gelungen war, die divergierenden Gruppierungen in Partei und Fraktion zu integrieren und die Politik der FDP auf eine allseits verbindliche Grundlage zu stellen. Die ausgeschiedenen Angeordneten gründeten eine neue Partei, die Freie Volkspartei (FVP), die nach der nächsten Bundestagswahl mangels Erfolg in der CDU aufging, Cioc, 1988, S.40; Gutscher, 1984, S.178ff.; Kaak, 1978, S.20; Schwarz, 1981, S.307ff.

[346]Cioc, 1988, S.40; Kaak, 1978, S.20.

[347]Mende, Erich, Die FDP. Daten, Fakten, Hintergründe, Stuttgart-Degerloch 1972, S.107.

[348]Der ehemalige Bundestagsabgeordneten und nunmehrigen Botschafters der Bundesrepublik in Belgrad, Dr. Pfleiderer, hatte am 6. Juni 1952 in einer Rede in Waiblingen vorgeschlagen, der Sowjetunion eine Wiedervereinigung auf parlamentarisch-demokratischer Basis dadurch akzeptabel zu machen, daß für diesen Fall West- und Ostblocktruppen auseinanderrückten und jeweils nur noch einen kleinen Teil des alten Deutschen Reiches besetzt hielten, während der freiwerdende Raum durch blockfreie deutsche Streitkräfte von festgelegter Stärke gesichert werden sollte,

„überwölbenden europäischen Sicherheitssystems“ war von Mende bereits im Mai des Vorjahres vorgestellt worden und bildete eine gemeinsame außenpolitische Plattform für ein Zusammengehen mit der SPD [349]. Die Vorschläge des britischen Premiers Eden vom Juli 1955 während der Genfer Gipfelkonferenz über eine gegenseitige Rüstungskontrolle waren nach Mende geeignet, um auf dieser Basis „das ‚Ja‘ aller vier Siegermächte für diesen neuen militärischen Status Deutschlands“ [350] zu ermöglichen. Aus dem Eden-Plan von 1954 während der Berliner Konferenz stammten die einzelnen Etappen der Wiedervereinigung nach Einigung über den deutschen militärischen Status. Als einziges neues, aber wenig spektakuläres Element an Mendes Wiedervereinigungsplan ist der erstmals aufgestellte konkrete Zeitplan von drei Jahren nach der Einigung über den Status Deutschlands und dem fünften Schritt, der Aufnahme von Friedensverhandlungen zwischen dem geeinten Deutschland und den vier Siegermächten, zu erwähnen. Der Frage der deutschen Neutralität wurde durch die Ausarbeitung eines komplizierten internationalen Vertragssystems von einem ‚Fünf-Mächte-‘ bzw. ‚Fünfzehn-Mächte-Pakt‘ bei Weiterexistenz von NATO und Warschauer Pakt ausgewichen. Der Mende-Plan ging jedoch kaum auf die inzwischen eingetretene Modifikation in den deutschlandpolitischen Positionen der Siegermächte ein. Weder Mende noch Dehler hatten den Übergang der sowjetischen Deutschlandpolitik zur „Zwei-Staaten-Theorie“ Anfang 1955 realisiert, die einen Rückzug der UdSSR aus der DDR selbst unter Anerkennung sowjetischer Sicherheitsinteressen, verbunden mit dem Angebot deutscher Bündnisfreiheit, unwahrscheinlich werden ließ. Ebensowenig war der Eden-Plan als Grundlage geeignet, da er zumindest von der zeitweiligen Existenz zweier deutscher Staaten ausging, was mit der von allen Bonner Parteien geteilten starren bundesdeutschen Rechtsposition der Alleinvertretung nicht zu vereinbaren war. [351]

Die Vorschläge Mendes fanden teilweise, wenn auch recht undifferenziert unter der allgemeinen Forderung nach einer „Außenpolitik der Entspannung“, in das Berliner Programm der Partei vom Januar und das Wahlprogramm vom Juni 1957 Eingang, wobei erstaunlicherweise ein eindeutiger Zusammenhang mit dem projektierten Wiedervereinigungsprozeß fehlte. [352]

Cioc hebt hervor, daß sich die Inkonsistenz der FDP nirgendwo deutlicher zeigte als in der Frage der Atombewaffnung. [353] Eine Politik, die zum einen die Notwendigkeit starker Landstreitkräfte in der Bundesrepublik und zum anderen die Rücksichtnahme auf die Sicherheitsinteressen der UdSSR betonte, legte laut Rupp eine zumindest vorläufige

Pfleiderer, Karl Georg, Für oder wider die Verträge, in: ders., Politik für Deutschland, Reden und Aufsätze 1948-1956, Stuttgart 1961, S.83-99, hier S.96ff.

[349] Schwarz, 1981, S.310.

[350] 1. März 1956: Rede des Abg. Mende (FDP) in Stuttgart: Grundzüge eines Deutschland-Planes zur Wiedervereinigung, in: Dokumente zur Deutschlandpolitik, 3. Reihe/Band 2, 1956, 1. Halbband, bearbeitet von Ernst Deuerlein und Hansjürgen Schierbaum, herausgegeben vom Bundesmininisterium für Gesamtdeutsche Fragen, Frankfurt am Main [u.a.] 1963, S.154-158, hier S.156.

[351] Brauers, 1993, S.94.

[352] Rupp, 1984, S.116.

[353] Cioc, 1988, S.41.

Ablehnung der „Atombewaffnung" durchaus nahe. [354] Dennoch unterstützte der sicherheitspolitische Experte Mende im September 1956 den Gedanken einer aus 300.000 Freiwilligen bestehenden mit Atomwaffen ausgerüsteten Bundeswehr, die entlang der innerdeutschen Grenze stationiert werden sollte. Er argumentierte ähnlich wie Verteidigungsminister Strauß, daß Deutschland ohne taktische Atomwaffen eine Provinzmacht wäre. In den Pariser Verträgen hätte die Bundesrepublik nur auf die Herstellung von, nicht aber auf die Ausrüstung der eigenen Armee mit Atomwaffen verzichtete. Letzteres hielt er für unabdingbar. [355] Diese Sichtweise war für die Partei jedoch nicht akzeptabel, da sie in krassem Gegensatz zu ihrer Wiedervereinigungspolitik stand. Es dauerte aber noch weitere sechs Monate bis die FDP eine eindeutige Position in der Atomwaffenfrage bezog. In ihrer Wahlplattform, dem Berliner Programm, das vom 8. Bundesparteitag am 26. Januar 1957 in Berlin beschlossen wurde, hieß es noch recht ambivalent: „Die FDP bejaht daher eine Wehrpolitik, die der politisch-geographischen Lage, den militärischen Gegebenheiten und der Entwicklung der Rüstungstechnik entspricht." [356] Einige Monate später auf der Rengsdorfer Klausurtagung am 6./7. April 1957 entschied der Bundesvorstand, die „Produktion und Lagerung von Atomwaffen auf deutschen Boden" [357] abzulehnen.

Nach Bekanntgabe der Göttinger Erklärung fungierten auch bei der FDP „Atomgefahr" und „Atombewaffnung" als Wahlkampfthemen. Auf einer Wahlversammlung in Offenburg erklärte der Wahlkampfleiter der FDP, der nordrhein-westfälische Landtagsabgeordnete Wolfgang Döring, die Atomforscher hätten mit ihrer Forderung nach Verzicht auf die atomare Bewaffnung der Bundeswehr Mut bewiesen. Die Freien Demokraten teilten den Standpunkt der Wissenschaftler. Auf jeden Fall müsse der Eindruck vermieden werden, daß die Bundeswehr aggressiven Charakter habe [358]. Seit Ende April trat die Partei nicht

---

[354]Rupp, 1984, S.116.

[355]Cioc, 1988, S.41. Lediglich zu der Deutschland nicht betreffenden Frage der Atombombenversuche richtete die FDP Mitte 1956 einen Antrag an die Bundesregierung auf die Großmächte in Richtung auf eine vorläufige Einstellung der Versuche einzuwirken, Antrag der Fraktion der FDP betr. Atombombenversuche, in: Verhandlungen des Deutschen Bundestages, 2. Wahlperiode 1953, Anlagen zu den Stenopraphischen Berichten, Bd.43, Drucksache 2576 vom 28. Juni 1956.

[356]Berliner Programm 1957, in: Juling, Peter, Programmatische Entwicklung der FDP 1946 bis 1969: Einführung und Dokumente (= Studien zum politischen System der Bundesrepublik Deutschland; Bd.19), Meisenheim/Glan 1977, S.145-154, hier S.153 (im folgenden zitiert als: Juling, 1977).

[357]6./7.4.1957: Sitzung des Bundesvorstandes unter Teilnahme der Mitglieder des Arbeitskreises, in: Bracher, Karl Dietrich/Morsey Rudolf/Schwarz, Hans-Peter (Hrsg.), Freie Demokratische Partei: Die Liberalen unter dem Vorsitz von Thomas Dehler und Reinhold Maier: 1954-1960/FDP-Bundesvorstand (= Sitzungsprotokolle/FDP-Bundesvorstand; 2) (Quellen zur Geschichte des Parlamentarismus und der politischen Parteien: Reihe 4, Deutschland seit 1945; Bd.7), Düsseldorf 1991, S.256 (im folgenden zitiert als: FDP-Bundesvorstand/Protokolle).

[358]Badische Neueste Nachrichten, 15. April 1957 („Soll die Bundeswehr Atom-Waffen bekommen?"). Der FDP-Bundesvorsitzende Reinhold Maier äußerte sich wie folgt zu der ersten Stellungnahme des Kanzlers auf die Göttinger Erklärung: „Der Herr Bundeskanzler vermag leider die Autorität der achtzehn hochqualifizierten deutschen Persönlichkeiten nicht anzuerkennen. Wie

nur für einen vorläufigen, sondern auch wie die SPD für einen unbedingten Verzicht auf atomare Ausrüstung der Bundeswehr ein. Am 29. April gab der FDP-Bundesvorstand eine Erklärung zur Frage der atomaren Bewaffnung ab, in der es hieß: „Der Bundesvorstand der Freien Demokraten richtet seine Bedenken gegen die Entwicklung, die Erzeugung und die Anwendung von atomaren Waffen durch und für die Bundesrepublik. Der friedliche Zweck der Forschungsarbeit für nutzbringende Atomvorhaben darf nicht durch die Umstellung auf den Kriegszweck verfälscht werden. Auch hat in der gegenwärtigen Lage ein entschlossener Verzicht auf die atomare Aufrüstung mehr Aussicht auf Achtung der deutschen Belange als der Versuch, den Weltmächten auf diesem gefahrvollen Felde nachzueifern.“ [359] In ihrem Wahlprogramm, das auf dem Wahlkongreß am 5. Juni 1957 in Hamburg verkündet wurde, forderte die FDP „Bewahrt uns vor der Atomgefahr“ und führte dazu folgendes aus:

> „Die Gefahr eines Atomkrieges mit seinen grauenvollen Auswirkungen bedroht auch unser Volk. Schon die Atombombenversuche in aller Welt verseuchen Luft und Wasser und gefährden die Menschheit. Erst der Aufstand der deutschen Wissenschaftler und Albert Schweitzers haben die Fachwelt wachgerüttelt. Und immer noch wartet unser Volk vergeblich auf einen entscheidenden Schritt der Bundesregierung.
> Deshalb fordert die Freie Demokratische Partei:
>
> - Als deutschen Beitrag zur allgemeinen Abrüstung den Verzicht der Bundesregierung auf die Ausrüstung der Bundeswehr mit atomaren Waffen.
> - Geeignete internationale Kontrollmaßnahmen, die eine Stationierung oder Lagerung von Atomwaffen in Deutschland beiderseits des Eisernen Vorhangs verhindern [360].
> - Sofortige Maßnahmen für einen umfassenden Atomschutz der Bevölkerung, der bisher sträflich vernachlässigt worden ist.
> - Entwicklung und Nutzung der Atomenergie ausschließlich für friedliche Zwecke.“ [361]

---

immer weiß er alles besser als alle Sachverständigen.“ Sein Stellvertreter Dr. Mende meinte, es bleibe abzuwarten, ob jetzt auch die CDU/CSU bereit sei, sich mit den sachlichen Argumenten und dem Ernst der Lage auseinanderzusetzen den nun der Appell der deutschen Atomforscher in geradezu dramatischer Weise vor Augen führe, Frankfurter Allgemeine Zeitung, 15. April, 1957 („Strauß: Leichtfertiges Experiment“).

[359]29./30.4.1957: Sitzung des Bundesvorstandes, FDP-Bundesvorstand/Protokolle, S.260. Siehe auch Keesing's Archiv der Gegenwart, Bd.27, 1957, S.6416 E. Laut Cioc, 1988, S.41f., ließ sich die Partei bei der Formulierung dieses Abschnitts weniger von der Experten, sondern mehr von der „öffentlichen Meinung“, d.h. von Meinungsumfragen leiten.

[360]Die Freien Demokraten forderten zwar wie die SPD einen einseitigen Verzicht der Bundesrepublik auf Atomwaffen, waren aber weniger radikal in bezug auf die Waffen in den Händen fremder Truppen. Die internationalen Kontrollmaßnahmen, die hier gefordert wurden, setzen jedoch ein symmetrisches Abkommen voraus, das noch schwerer zu erreichen war, als die SPD-Forderung nach einem einseitigen Verzicht der in Westdeutschland stationierten alliierten Truppen auf Atomwaffen, Kitzinger, 1960, S.56.

[361]Aktionsprogramm 1957, in: Juling, 1977, S.155-158, hier S.155.

Obwohl der Slogan „Bewahrt uns vor Atomgefahr!“ im Wahlprogramm an zweiter Stelle stand, spielten weder diese Forderung noch die Atomwaffenfrage im Wahlkampf eine große Rolle. Eine stärkere Betonung der FDP-Vorstellungen zu diesem Problem hätte auch ihre Wahlkampftaktik, gegebenenfalls nach beiden Seiten koalitionsbereit zu sein, stark gefährdet. [362]

Nach dem recht enttäuschenden Wahlausgang [363] war von der Atomwaffenproblematik zunächst nicht mehr die Rede: In der Debatte um die Regierungserklärung am 5. November ging der Sprecher der Partei, der stellvertretende Fraktionsvorsitzende Dr. Max Becker, auf die inzwischen bekanntgewordenen Vorschläge des polnischen Außenministers nicht mit einem Wort ein. Erst kurz vor der NATO-Konferenz, am 11. Dezember, schnitt die Bundestagsfraktion das Thema der internationalen Disengagement-Diskussionen an und wünschte von der Bundesregierung zu wissen, ob diese sich für eine atomwaffenfreie Zone in Mitteleuropa einsetzen wolle und ob sie bereit sei, „die Vorstellungen des früheren Botschafters Dr. Pfleiderer und des Ersten Eden-Plans der Genfer Konferenz vom Juli 1955 mit den NATO-Partnern zu erörtern.“ [364]

Zweifellos haben auch bei der FDP das Wahldatum sowie die Ereignisse des Frühjahrs 1957 zu einer Konkretisierung ihrer Anti-Atomwaffen-Position geführt, die zumindest eine Zurückstellung der Ausrüstung der Bundeswehr mit Trägerwaffen vorsah.

3.2.5 Die Atomdebatten im Deutschen Bundestag

Die interessantesten, die atomare Ausrüstung der Bundeswehr betreffenden Debatten im Bundestag spielten sich zwischen dem 10. Mai 1957 und dem 25. März 1958 ab. Die meisten wurden von SPD-Führern ausgelöst, die den Funken der Opposition gegen Adenauers Politik zu entzünden hofften. Die Ereignisse, die dazu beitrugen, eine lebhafte Diskussion zu sichern, sind zwar alle schon genannt worden, sollen hier aber noch einmal kurz skizziert werden: Im Februar 1956 kündigte die FDP die Regierungskoalition auf und näherte sich in Verteidigungsfragen der Haltung der SPD an. Im Oktober 1956 wurde Strauß, der im folgenden nicht nur eifrig Amerikas Nuklearabschreckungsdoktrin unterstützte, sondern auch auf ein deutsch-französisches Nuklearforschungsprojekt drängte, zum Verteidigungsminister ernannt. Im Dezember 1956 forderten verschiedene NATO-Staaten die Vereinigten Staaten auf, die Verbündeten mit taktischen Nuklearwaffen (Trägerwaffen) kurzer und mittlerer Reichweite auszurüsten. Im April 1957 erklärte die USA dazu ihre

---

[362] Rupp, 1984, S.117; Schwarz, 1981, S.366.

[363] Hatten die Wahlen von 1953 bereits einen Rückgang von 11,9% auf 9,5% der Stimmen gebracht, so setzte sich dieser nun weiter fort. Die FDP erhielt 7,7% der Stimmen, was 41 Mandaten entsprach und einen Verlust von 7 Mandaten bedeutete, Brauers, 1993, S.109; Schwarz, 1981, S.370.

[364] Große Anfrage der Fraktion der FDP betreffs Haltung der Bundesregierung auf der NATO-Konferenz am 16. Dezember 1957, in: Verhandlungen des Deutschen Bundestages, 3. Wahlperiode 1957, Anlagen zu den Stenographischen Berichten, Bd.55, Drucksache 82 vom 11. Dezember 1957.

Bereitschaft [365]. Ebenfalls im April 1957 unterlief Adenauer sein berühmter „Artillerie"-faux pas in einer Pressekonferenz, auf den achtzehn prominente westdeutsche Wissenschaftler mit der publizitätsträchtigen „Göttinger Erklärung" reagierten, in der sie Adenauers leichtfertige Bemerkung abkanzelten und feierlich erklärten, nicht an Forschungen für nukleare Verteidigung teilnehmen zu wollen. Im September 1957 versuchte die SPD, die Bundestagswahlen zu einer Volksabstimmung gegen Adenauers Verteidigungspolitik zu machen. Im Oktober 1957 stellte Adam Rapacki einen umfassenden Plan für ein atomwaffenfreies Mitteleuropa vor, den die SPD während der nächsten Monate zu popularisieren versuchte. Schließlich verabschiedete der Bundestag im März 1958 einen Prototyp des Doppelbeschlusses, der die NATO-Entscheidung, Mittelstreckenraketen in der Bundesrepublik aufzustellen und unterdessen Rüstungsverhandlungen mit den Sowjets aufzunehmen, sanktionierte. [366]

3.2.5.1 Die Bundestagsdebatte vom 10. Mai 1957

Ihren ersten parlamentarischen Höhepunkt erreichte die Atomwaffendiskussion mit der Bundestagsdebatte vom 10. Mai 1957, die sich ausschließlich mit der Großen Anfrage der SPD-Fraktion vom 2. April befaßte. [367] Der außergewöhnliche Charakter der „parlamentarischen Atomschlacht" [368] zeigte sich bereits an der Dauer der Debatte, die morgens um neun Uhr begann und erst nach zehn Uhr abends endete. [369] Im Gegensatz zu der großen Debatte im darauffolgenden Jahr erstreckte sich die Sitzung jedoch nur über einen Tag. Thematisch war der Inhalt der neun Fragen der SPD-Opposition [370] an die Regierung so umfangreich, daß die Debatte notwendigerweise auf das gesamte Spektrum der außenpolitischen Orientierung der Bundesrepublik zurückkommen mußte. [371] Der Regierungskoalition war kurz zuvor durch die Schlußkommuniqués zweier Sitzungen, der des Nordatlantikrates sowie der der Westeuropäischen Union, der Rücken gestärkt worden, da sich beide für eine Ausrüstung aller westlichen Streitkräfte mit taktischen Atomwaffen ausgesprochen hatten. [372] Im folgenden sollen nun einige der Reden vorgestellt werden.

Die Redeschlacht wurde von **Fritz Erler** [373] für die SPD eröffnet, der die außen- und sicherheitspolitische Konzeption der Opposition den Vorstellungen der Regierung ge-

[365]Haftendorn, 1986, S.164; Pöttering, 1975, S.92.

[366]Cioc, 1990, S.509f.

[367]Görlich, 1965, S.36ff.; Pöttering, 1975, S.97; Rupp, 1984, S.106f.

[368]Neue Züricher Zeitung, 12. Mai 1957.

[369]Vgl. Verhandlungen des Deutschen Bundestages, 2. Wahlperiode 1953, Stenographische Berichte, Bd.36, 209. Sitzung, 10. Mai 1957, S.12051 (A)-12138 (C).

[370]Siehe Kapitel 3.2.4.1, S.101.

[371]Pöttering, 1975, S.97.

[372]Görlich, 1965, S.36f.

[373]Vgl. die Rede Erlers in der „Atomdebatte" des Bundestages, in: Verhandlungen des Deutschen Bundestages, 2. Wahlperiode 1953, Stenographische Berichte, Bd.36, 209. Sitzung, 10. Mai 1957, S.12052 (A)-12062 (B). Die Konzeption der Rede Erlers wird ausführlich bei Pöttering, 1975, S.98ff., erläutert. Siehe auch Wilker, 1977, S.72ff. Die Frankfurter Allgemeine Zeitung, 11.

genüberstellte und letztere eindringlich ersuchte, „dem irrsinningen Wettlauf zum atomaren Selbstmord ein Ende zu setzen". [374] Ein Hauptanliegen der deutschen Politik müsse es sein, einen Beitrag zur Abrüstung zu leisten. Ergebnisse bei den laufenden Abrüstungsverhandlungen, von denen sich die Partei günstige Auswirkungen auf die Lösung des Problems der Wiedervereinigung versprach, ließen sich aber nur erreichen, wenn die Bundesrepublik auf atomare Trägerwaffen zugunsten der allgemeinen Abrüstung zwischen Ost und West verzichten würden: „Deshalb müssen alle Kräfte ... nun auf dieses Ziel der Entspannung, der Ermöglichung einer umfassenden Abrüstung in Zusammenhang mit der Wiedervereinigung unseres Landes konzentriert werden ... Das ist unvereinbar mit dem Drängen nach Atomwaffen und Teilnahme am atomaren Wettrüsten." [375]
Zudem erhöhe die atomare Bewaffnung der Bundeswehr die Sicherheit der Bundesrepublik nicht – wie die Regierung es behaupte – sondern eher sei das Gegenteil der Fall. Nach Erler beruhte die Sicherheit in erster Linie darauf, „daß die Sowjetunion sich der Gefahren eines Angriffs und der Gewißheit eines Gegenschlages durch die Vereinigten Staaten bewußt ist. Das hängt gar nicht davon ab, ob die Bundesrepublik taktische Atomwaffen besitzt. Im Gegenteil, die Illusion, daß wir uns vielleicht selbst schützen könnten, gefährdet unter Umständen sogar die Entschlossenheit der Vereinigten Staaten zur Hilfe." [376]
An dieser Stelle läßt sich das Dilemma der SPD-Position exemplarisch aufzeigen. Einerseits übte die SPD an der NATO-Strategie selbst keine grundsätzliche Kritik. Andererseits war sie jedoch nicht bereit, eine Angleichung des deutschen Verteidigungskonzepts an das der Allianz zu befürworten, was die Ausrüstung der Bundeswehr mit atomaren Trägerwaffen bedeutet hätte. Ein solcher Schritt wäre aber einer nachträglichen Zustimmung der Politik der Westbindung der Bundesrepublik gleichgekommen. Dieses Dilemma in der verteidigungspolitischen Argumentation der Sozialdemokraten wäre nur durch eine Aufrechterhaltung des konventionellen Status quo der deutschen Streitkräfte und eine Herauslösung der Bundeswehr aus dem NATO-Bündnis zu lösen gewesen. Diesen Weg

---

Mai 1957 („Der Bundestag einmütig für Welt-Abrüstung"), bezeichnete ihn als „einen ihrer [der SPD] wirksamsten Redner".

[374] Erler, in: Verhandlungen des Deutschen Bundestages, 2. Wahlperiode 1953, Stenographische Berichte, Bd.36, 209. Sitzung, 10. Mai 1957, S.12052 (A).

[375] Erler, in: ebenda., S.12057 (D). Der Partei- und Fraktionsvorsitzende Ollenhauer hob diesen Aspekt ebenfalls hervor: „Unsere Sorge ist, daß wir mit der atomaren Aufrüstung der Bundeswehr und allen sich daraus ergebenden Konsequenzen einen Weg gehen, auf dem wir Gefahr laufen, nicht nur die Freiheit, von der immer die Rede war, sondern auch die nackte Existenz unseres Volkes zu verlieren und alle Aussichten für eine Wiedervereinigung unseres Vaterlandes ebenfalls in Schutt und Asche untergehen zu lassen.", Ollenhauer in: ebenda., S.12129 (C).

[376] Erler, in: ebenda., S.12060 (C). In der Rede von Carlo Schmid waren noch weitere sozialdemokratische Argumente gegen eine atomare Ausrüstung der Bundeswehr zu finden. Für Carlo Schmid war eine Ausrüstung der Bundeswehr mit diesen Waffen kein Mittel, „die Sowjetunion zur Aufgabe ihrer Politik zu zwingen. [... Vielmehr] wird dies die Haltung der Sowjetunion in allen großpolitischen Fragen verhärten.", Schmid, in: ebenda., S.12078 (C). Ferner würde die Anwendung taktischer Atomwaffen, die allein schon im Stande seien, chaotische Zustände herbeizuführen, „unweigerlich die Anwendung strategischer Atomwaffen" nach sich ziehen, ebenda., S.12080 (D).

beschritt die SPD jedoch auch zuletzt deshalb nicht, um sich gewisse Optionen für eine Neuorientierung der sozialdemokratischen Westpolitik offen zu halten. [377]

Der Versuch der Bundesregierung mit Hilfe des Begriffs der „Gleichberechtigung" die Aufrüstung der Bundeswehr mit atomaren Waffen durchzusetzen, erschien Erler weder politisch überzeugend noch logisch konsequent: „Es ist ein Unterschied, ob einem im fremden Interesse eine Diskriminierung auferlegt wird oder ob ein Volk sich im eigenen Interesse freiwillig Beschränkungen auferlegt. Denn wenn Sie Ihren Gedanken der Gleichberechtigung zu Ende führen, ... dann gehört logisch dazu nicht nur der Besitz von Atomwaffen, um sie notfalls einsetzen zu können, sondern auch einmal die Produktion von Atomwaffen und ... der Besitz der Wasserstoffbombe." [378]

Erler sah die Aufgabe der SPD vor allem darin, das deutsche Volk über die Wirkungen der Atomwaffen aufzuklären und auf Gefahren aufmerksam zu machen, die mit der Lagerung von Atomwaffen auf den Gebiet der Bundesrepublik verbunden waren: „Die alte Erkenntnis kann nicht oft genug wiederholt werden: bei Konflikten mit diesen Waffen gibt es nicht Sieger und Besiegte, sondern nur Besiegte. Das deutsche Volk würde einen solchen Konflikt nicht überleben. ... Jede Verteidigung verliert ihren Sinn, wenn das zu schützende Objekt dabei zerstört wird. ... das, was heute den Frieden aufrechterhält, das Gleichgewicht des Schreckens, jawohl, das besteht, ob es in der Bundesrepublik Deutschland Atomwaffen gibt oder nicht." [379] Erler zufolge sei es erwiesen, „daß die eigenen Atomwaffen im Konfliktfalle ziemlich sicherlich die Bomben – und zwar die schwersten einschließlich der Wasserstoffbomben – der Großmächte geradezu auf sich ziehen würden". [380] In der Beweisführung von SPD-, aber auch FDP-Politikern im Deutschen Bundestag und später auch auf Kundgebungen der außerparlamentarischen Protestbewegung galt der Atomkrieg als sichere Endstufe der nuklearen Abschreckung. Hauptansatzpunkt war also nicht der Charakter der Bombe als eine politische Waffe zum Zweck der Kriegsverhinderung, sondern ihre Existenz überhaupt. Ihr Zerstörungspotential wurde als solches für sittlich inakzeptabel gehalten und ihre Abschaffung gefordert. [381]

Auf die Göttinger Erklärung und die „Artillerie-Äußerung" des Kanzlers eingehend, sagte Erler, Bundeskanzler Adenauer habe, als er die taktische Atomwaffen als eine Weiterentwicklung der Artillerie bezeichnete, in laienhaften Unverstand gehandelt: „Dafür haben aber jene 18 Wissenschaftler offenbar wenigstens gewußt, was dem Herrn Bundeskanzler nicht bekannt war, welche Auswirkungen taktische Atomwaffen haben. Sonst hätte er nicht von der Fortentwicklung der Artillerie gesprochen." [382] Das Verhalten des Kanzlers gegenüber den Atomwissenschaflern charakterisierte Erler wie folgt: „... in keinem demo-

[377]Pöttering, 1975, S.100f.; Wilker, 1977, S.73f.

[378]Erler, in: Verhandlungen des Deutschen Bundestages, 2. Wahlperiode 1953, Stenographische Berichte, Bd.36, 209. Sitzung, 10. Mai 1957, S.12056 (A, B).

[379]Erler, in: ebenda., S.12057 (A, B).

[380]Erler, in: ebenda., S.12058 (D).

[381]Stölken-Fitschen, 1995, S.254f.

[382]Erler, in: Verhandlungen des Deutschen Bundestages, 2. Wahlperiode 1953, Stenographische Berichte, Bd.36, 209. Sitzung, 10. Mai 1957, S.12059 (A).

kratischen Staate ist es möglich, daß ein Regierungschef in dieser Weise gewissermaßen daß Monopol der Diskussion für sich in Anspruch nimmt und anderen die Mitwirkung an der Meinungsbildung streitig machen sucht." [383] Der Kanzler habe die Atomwissenschaftler behandelt wie früher ein Unteroffizier die Rekruten [384].

Bei der Beantwortung der Großen Anfrage der SPD hielt sich Verteidigungsminister **Franz Josef Strauß** [385] ganz streng an die militärisch-politischen Gegenbenheiten und warnte davor „in der praktischen und psychologischen Verteidigungsbereitschaft nachzulassen, bevor die Sowjetunion eine sichtbare Bereitschaft zeigt, ..., die Spannungsherde zu beseitigen und nach jahrelangen Verhandlungen endlich einem Abrüstungsabkommen zuzustimmen." [386] Die Bundesregierung sei bereit, sich einem solchen Abkommen jeder-

---

[383]Erler, in: ebenda.

[384]Erler, in: ebenda., S.12059 (C). Auf diese Vorwürfe ging Adenauer noch vor Abgabe der Regierungserklärung durch Verteidigungsminister Strauß ein: „Solange ich an diesem Platze stehe", wird das Ziel der Bundesregierung die allgemeine kontrollierte atomare Abrüstung bleiben, Adenauer, in: ebenda., S.12063 (A). Er verwahrte sich dagegen, daß Erler den Versuch unternommen habe, „der deutschen Öffentlichkeit ein Bild von [...ihm] über die Verhandlungen mit den Atomphysikern zu geben, daß hundertprozentig falsch ist.", ebenda. Adenauer sprach dann davon, „daß er genausogut wie Herr Erler die tiefe Gewissensnot fühle, in die diese Waffenentwicklung jeden gebracht habe, der irgendwie mit Politik zu tun hat.", ebenda., S.12064 (C). Allerdings entstünde für die NATO eine Krise, wenn sich die Bundesrepublik allein einer Notwendigkeit moderner Ausrüstung entzöge. Adenauer bat die Opposition die Debatte so zu führen, „daß sie auch auf die Russen in dem Sinne einwirkt, nachzugeben und endlich dem zwanzigsten Vorschlag [von Eisenhower] auf atomare kontrollierte Abrüstung stattzugeben.", Adenauer, in: ebenda., S.12065 (B).

[385]Vgl. die Ausführungen von Verteidigungsminister Strauß in der gleichen Debatte, S.12065 (B)-12074 (A). Siehe auch Görlich, 1965, S.38ff. Eine Erläuterung der Konzeption der Rede findet sich bei Pöttering, 1975, S.102ff. Nach einer späteren Darstellung von Strauß hatte dessen Rede vom 10. Mai 1957 eine recht eigenartige Vorgeschichte: „Strauß entwarf eine Antwort auf die Große Anfrage der SPD. Eine Kabinettskomission prüfte und billigte den Text. Aber am Abend vor der entscheidenden Bundestagssitzung begab sich Adenauer auf den Rückzug und erklärte, er sei mit der vorgesehenen Antwort nicht einverstanden. Sie müsse ganz anders lauten. Neue Richtlinie: ‚Die Bundesregierung ist für den Frieden. Die Bundesregierung wünscht keine nukleare Bewaffnung der Bundeswehr. Die Bundesregierung wünscht auch nicht, daß für immer Atomsprengkörper auf deutschem Boden stationiert werden. Die Bundesregierung wird alles tun, um Abrüstung und Frieden zu fördern.'
FJS: ‚Da habe ich gesagt, wenn Sie diese Antwort geben wollen, Herr Bundeskanzler ist das Ihre Sache. Ich werde es nicht tun. In meiner Antwort gebe ich eine genaue Begründung, warum die Stationierung der Atomsprengkörper auf deutschem Boden bündnispolitisch und militärtechnisch notwendig ist. Wir müssen den Kampf aufnehmen und die Sache durchziehen.'
Die meisten Kabinettsmitglieder sprachen sich gegen die ‚Kapitulation' des Bundeskanzlers aus. Es blieb bei der vorbereiteten Erklärung, die Strauß am nächsten Tag im Bundestag vortrug.", Dalberg, Thomas, Franz Josef Strauß. Porträt eines Politikers, Gütersloh 1968, S.130.

[386]Strauß, in: Verhandlungen des Deutschen Bundestages, 2. Wahlperiode 1953, Stenographische Berichte, Bd.36, 209. Sitzung, 10. Mai 1957, S.12073 (D)-12074 (A).

zeit zu unterwerfen. Bis zu diesem Zeitpunkt, den niemand mehr als das deutsche Volk herbeisehne, müsse aber auch für Deutschland der Leitspruch aller in der atlantischen Sicherheitsgemeinschaft verbündeten Nationen gelten: „Vigilia pretium libertatis – Frei bleibt nur, wer auf der Hut ist.“ [387]
Strauß verband in seiner Argumentation die Bedrohung aus dem Osten, die noch immer bestehe [388], und die Gefahr für die NATO bei einem deutschen Alleingang in der Frage der atomaren Ausrüstung [389] mit der Feststellung, daß erfolgreiche Wiedervereinigungsverhandlungen mit Moskau den Beistand der Verbündeten voraussetzten. Dieser Beistand bedinge für die Bundesrepublik eine Erfüllung ihrer vertraglichen Verpflichtungen. [390] Wie ein roter Faden zog sich der Hinweis durch die Regierungserklärung, daß jede Schwächung der Rüstung nicht zur Entspannung, sondern zur Lockung für den Angreifer führen werde, und daß nur Verteidigungsbereitschaft und Verteidigungsfähigkeit den Frieden erhalten würden. Dabei betonte der Verteidigungsminister die eminent politische Bedeutung der Kernwaffen in Europa: „Die Rote Armee besitzt eine erhebliche Überlegenheit an konventionellen Waffen, sie verfügt über Atomkampfmittel aller Art [391]. Wird den Verteidigungskräften in Europa eine mindestens gleichwertige Ausrüstung und Bewaffnung verweigert, so bedeutet das geradezu einen Anreiz zur Aggression.“ [392] Als Utopie bezeichnete er die Meinung, „daß die Bundesrepublik allein auf sich gestellt eine Politik treiben kann, die das Gebiet der Bundesrepublik und das der sowjetischen Besatzungszone aus einem allgemeinen Atomkrieg heraushalten würde.“ [393] Das Problem der Lagerung der amerikanischen Atommunition wurde europäisiert: „Bis zum Erfolg der Abrüstungsverhandlungen können die eu-

[387] Strauß, in: Verhandlungen des Deutschen Bundestages, 2. Wahlperiode 1953, Stenographische Berichte, Bd.36, 209. Sitzung, 10. Mai 1957, S.12074 (A).

[388] „Nach wie vor ist die Bundesrepublik durch das militärische Potential und die unveränderlich gebliebene politische und ideologische Zielsetzung der Sowjetunion einer ernsten Bedrohung ausgesetzt.“, Strauß, in: ebenda., S.12073 (B).

[389] „Eine isolierte Sicherheitspolitik der Bundesrepublik ist heute nicht mehr möglich. Nur im Verein mit unseren Bundesgenossen können die einzig wirksamen Maßnahmen getroffen werden, die geeignet sind, den Ausbruch eines Krieges zu verhindern und ganz Deutschland vor ihm zu schützen.“, Strauß, in: ebenda.

[390] „Es sind die Sicherheitsstreitkräfte der Vereinigten Staaten, die in erster Linie die Verantwortung für die Verteidigung der freien Welt tragen. Wenn von den Vereinigten Staaten eine volle Sicherheitsgarantie für die Bundesrepublik einschließlich Westberlins verlangt wird und wenn man sich auf die Zuverlässigkeit dieser Garantie verlassen will – ein Verlangen, das gerade von der Opposition dieses Hauses bei zahlreichen Gelegenheiten gestellt und betont worden ist –, dann muß man den USA auch die Möglichkeit geben, die für die Wirksamkeit und Glaubhaftigkeit dieser Garantie erforderlichen Maßnahmen zu treffen.“, Strauß, in: ebenda., S.12069 (C).

[391] Die Sowjetunion hatte tatsächlich zu diesem Zeitpunkt die atomaren Waffen vollständig in ihre Militärdoktrin einbezogen, Pöttering, 1975, S.107f.

[392] Strauß, in: Verhandlungen des Deutschen Bundestages, 2. Wahlperiode 1953, Stenographische Berichte, Bd.36, 209. Sitzung, 10. Mai 1957, S.12069 (C).

[393] Strauß, in: ebenda., S.12068 (B, C).

ropäischen Staaten der Gefahr nur gemeinsam entgegentreten. Ein Ausscheiden einzelner Staaten in dem Versuch, sich jeder Verantwortung, jedem Risiko und jeder Gefahr zu entziehen, führt zum Zusammenbruch der Freiheit und Sicherheit für alle Beteiligten.“ [394]

Er warnte das Haus, „sich zur Verhinderung eines Angriffs und damit zur Vermeidung eines Krieges ausschließlich auf die abschreckenden Wirkungen der großen strategischen Atomwaffen in den USA“ [395] zu verlassen. Die Forderung nach Beschränkungen in der Bewaffnung der Verbündeten sowie der Verzicht auf die Ausrüstung der Bundeswehr mit atomaren Trägerwaffen für den Fall erfolgloser Abrüstungsverhandlungen wurden kompromißlos verworfen: „Andererseits bedeuten der bedingungslose Verzicht ... auf die Ausstattung der eigenen Streitkräfte mit Atomwaffen – ich verstehe unter ‚bedingungslos‘: für alle Zeiten und ohne jede Einschränkung –, wie offensichtlich auch in dieser Interpellation verlangt wird, und die Verweigerung von Atomwaffen für die ausländischen NATO-Streitkräfte – das sind ja die zwei von der Sowjetunion ohne jedes eigene Entgegenkommen erhobenen Forderungen – eine Vorleistung gegenüber den Sowjets, die jede Aussicht auf ein umfassendes Abrüstungsabkommen erheblich vermindern und sein Zustandekommen wesentlich erschweren, wenn nicht überhaupt aussichtslos machen würde.“ [396] Er versicherte, daß hinsichtlich des Zivilschutzes unter Berücksichtigung des neuesten Standes der Technik, wirksame Maßnahmen geplant seien [397].

Die Ausrüstung der Bundeswehr mit nuklearen Trägerwaffen sollte jedoch nicht bedeuten, daß die Bundesrepublik nach einer nationalen Verfügungsgewalt über derartige Waffen strebe. Eine deutsche Atomwaffen-Produktion lehnte Strauß ausdrücklich ab und erinnerte daran, daß die Bundesrepublik als einziger Staat der Welt einen ABC-Waffen-Verzicht geleistet hatte: „Wir sind erklärte Gegner einer Ausdehnung der Atomwaffenproduktion auf immer mehr mittlere und kleinere Völker. Wir sind erklärte Gegner einer nationalen Verfügungsgewalt über solche Atomwaffen, weil wir wissen, daß Atomwaffen in den Händen von Staaten mit nationalistischer Politik und hochexplosiven politischen Zielen zu dauernder erheblicher Gefährdung führen.“ [398] Pöttering zufolge besteht kein Zweifel daran, daß diese Absage an die nationale Verfügungsgewalt über Atomwaffen ernst gemeint war und auch der Gesamtkonzeption der Bundesregierung entsprach. [399]

Hinsichtlich der zeitlichen Komponente der Ausrüstung der Bundeswehr mit atomaren Trägerwaffen zog sich Strauß angesichts des unmittelbar bevorstehenden Bundestagswahl-

[394] Strauß, in: ebenda., S.12070 (A, B).

[395] Strauß, in: ebenda., S.12069 (B).

[396] Strauß, in: ebenda., S.12071 (A).

[397] Strauß, in: ebenda., S.12073 (D).

[398] Strauß, in: ebenda., S.12072 (A). Strauß wies auch noch einmal darauf hin, daß die Bundesregierung in keinem Fall die Herstellung eigener Atomwaffen beabsichtige, ebenda., S.12072 (B).

[399] Pöttering, 1975, S.103. Er führt zur Stützung dieser These Mahnke, 1972, S.43; Nerlich, 1965, S.645f., sowie Richardson, James L., Deutschland und die NATO. Strategie und Politik im Spannungsfeld zwischen Ost und West, Köln [u.a.] 1967, S.53, an.

kampfes auf eine verzögernde Position zurück und behandelte diese Frage als noch nicht aktuell: „Die Bundesregierung hat die Ausrüstung der Bundeswehr mit Atomwaffen bisher weder verlangt noch ist sie ihr angeboten oder aufgedrängt worden. Es ist ihr ausgesprochener Wunsch, daß durch den Abschluß eines Abrüstungsabkommens sich dieses Problem von selbst erledigt.“ [400] Damit wurde wissentlich die Unwahrheit gesagt, da die Entscheidung spätestens im April 1957 mit der amerikanischen Zusage, die NATO-Verbündeten mit Raketen mittlerer und kürzerer Reichweite auszurüsten, gefallen war. [401]

Danach lenkte **Carlo Schmid** [402] in der Aussprache auf die Erklärung der Achtzehn zurück und verteidigte die Wissenschaftler, ohne daß sie im übrigen von Regierungsseite noch einmal ausdrücklich angegriffen worden wären, in eindrucksvollen Worten [403]: „Man hat davon gesprochen, die Verlautbarung der Achtzehn sei ein bloßes Manifest gewesen. Nein, ..., das war kein bloßes Manifest; das war eine Tat! Diese Männer haben nicht ihr Gewissen auf billige Art und Weise erleichtern wollen.“ [404] Er bescheinigte ihnen eine patriotische Tat aus der Freiheit des Gewissens: „Wie sähe die Welt heute aus, wenn sich in den Jahren vor 1933 die deutschen Universitäten so verhalten hätten, wie die Achtzehn sich jetzt verhalten haben!“ [405] Den gegen die Atomforscher erhobenen Vorwurf der politischen Unklugheit wies der Abgeordnete zurück: „Nun, wenn Moral das Handeln nach der Stimme des Gewissens ist – etwa im Sinne der Konkretisierung des kategorischen Imperativs hier und jetzt, wenn Politik Umgang mit der Macht und den Mitteln der Macht nach Zweckmäßigkeitsgesichtspunkten ist, wenn Atomkrieg Selbstmord ist – nun, dann haben die Achtzehn, die erklärten, sich an der Herstellung von Selbstmordinstrumenten nicht beteiligen zu wollen, ebenso moralisch wie politisch gehandelt!“ [406]
Der ausdrückliche Hinweis auf die Zusammengehörigkeit der politisch-militärischen und der ethischen Seite des Atomproblems war zwar begrüßenswert. Carlo Schmids Position war jedoch in dem Moment angreifbar, als er aufgrund des öffentlichen und moralischen Prestiges der Göttinger Achtzehn zugleich erhöhte politische Qualitäten für sie

[400] Strauß, in: Verhandlungen des Deutschen Bundestages, 2. Wahlperiode 1953, Stenographische Berichte, Bd.36, 209. Sitzung, 10. Mai 1957, S.12073 (C). Bundeskanzler Adenauer fügte später hinzu: „Wenn man das hört, sollte man glauben, morgen oder übermorgen werde unsere ganze Bundeswehr mit Atomwaffen bis dorthinaus bewaffnet. Keine Silbe ist von einer solchen Vorstellung richtig. Die Frage ist überhaupt noch nicht spruchreif; sie hat sich noch gar nicht gestellt. ... Und sollen wir in diesem Augenblick, wo diese Frage gar nicht spruchreif ist, die erst in zwei, drei Jahren spruchreif sein wird, sollen wir da, während in London die Balance so ist, dieses Gewicht in die Waagschale der Sowjets legen?“, Adenauer, in: ebenda., S.12130 (D).

[401] Haftendorn, 1986, S.168. Siehe auch Wilker, 1977, S.72.

[402] Vgl. die Ausführungen von Carlo Schmid in der gleichen Debatte, in: Verhandlungen des Deutschen Bundestages, 2. Wahlperiode 1953, Stenographische Berichte, Bd.36, 209. Sitzung, 10. Mai 1957, S.12074 (A)-12084 (C). Siehe auch Görlich, 1965, S.42.

[403] Rupp, 1984, S.107.

[404] Schmid, in: Verhandlungen des Deutschen Bundestages, 2. Wahlperiode 1953, Stenographische Berichte, Bd.36, 209. Sitzung, 10. Mai 1957, S.12075 (C).

[405] Schmid, in: ebenda., S.12075 (D).

[406] Schmid, in: ebenda.

beanspruchte: „Wenn man Menschen wie den Achtzehn nicht zutraut, auch unter dem Druck des Gewissens politisch richtig zu handeln – was sollten wir dann noch mit unserer Demokratie anfangen?“ [407] Damit wurde die Göttinger Erklärung, zu deren Verteidiger sich Carlo Schmid in seiner Rede machte, von den Atomwissenschaftlern völlig unbeabsichtigt, zum Aushängeschild einer politischen Partei gemacht und mit deren politischen Zielen gleichgesetzt. [408]

Im Anschluß an die sehr ausführliche Stellungnahme zur Göttinger Erklärung wies auch Schmid eindringlich auf das qualitativ Neue eines Atomkrieges gegenüber jeder anderen Form kriegerischer Auseinandersetzung hin und betonte, daß jener mit der totalen Vernichtung des Siegers und des Besiegten enden würde, und das die biologische Substanz der Völker auf Generationen hinaus denaturiert werden könnte. [409] Schmid berief sich dabei auf die Warnungen des Papstes [410] und Albert Schweitzers [411] und zitierte auch den Bundeskanzler, der 1954 gesagt habe, daß die Bundesrepublik nicht nur auf die Herstellung, sondern auch auf den Gebrauch von Massenvernichtungsmitteln verzichten werde, um durch ihr Vorangehen ein gutes Beispiel für andere zu bieten. [412]

Der Vizepräsident des Bundestages räumte ein, daß die Erklärungen der Bundesregierung manchen schlüssig erscheinen könnten [413], spielte aber dann auf das „einfache Denken“

---

[407]Schmid, in: ebenda.

[408]Görlich, 1965, S.43. „...wenn wir nicht zugrunde gehen wollen, wenn wir hier im Westen unseren Vorrang vor der totalitären Welt behalten wollen, müssen wir anerkennen, daß eine Gewissensentscheidung den Vorrang vor jeder Zweckmäßigkeitsentscheidung hat.“, Schmid, in: Verhandlungen des Deutschen Bundestages, 2. Wahlperiode 1953, Stenographische Berichte, Bd.36, 209. Sitzung, 10. Mai 1957, S.12076 (B, C).

[409]Schmid, in: ebenda., S.12077 (C, D).

[410]Am 24. April 1957 hatte Papst Pius XII. in einem Appell an die Menschheit die „Beendigung des erschöpfenden und kostspieligen Wettrennens in Richtung auf den Atomtod“ gefordert. In der Note hieß es weiter, daß Atomexplosionen unabsehbare biologische Folgen für die künftigen Generationen der Menschheit haben könnten, vgl. Frankfurter Allgemeine Zeitung, 25. April 1957 („Appell des Papstes gegen das Atomwettrüsten“). Allerdings wollte der Papst, wie eine frühere Botschaft vom 30. September 1954 zeigte, die Möglichkeit offen halten, daß ein Krieg, der zur Selbstverteidigung unvermeidlich war, auch mit Atomwaffen geführt werden konnte, vgl. ausführlich Allmeida, José Antonio, Papst Pius XII. und der Atomkrieg, phil.Diss., Freiburg im Breisgau, 1961.

[411]Schmid, in: Verhandlungen des Deutschen Bundestages, 2. Wahlperiode 1953, Stenographische Berichte, Bd.36, 209. Sitzung, 10. Mai 1957, S.12077 (D).

[412]Schmid, in: ebenda., S.12083 (B).

[413]„Wozu ist – politisch und militärisch – eine ‚atomare‘ Politik notwendig? Ist sie nützlich, ist sie schädlich? Die Bundesregierung behauptet ihre Notwendigkeit und ihre Nützlichkeit, denn sie erhöhe – insbesondere erhöhe die Stationierung von Atomwaffenverbänden auf unserem Boden – die Sicherheit des deutschen Volkes. Weiter sagt sie, daß durch taktische Atomwaffen in Händen der Bundeswehr die Sicherheitschancen in Deutschland erhöht würden, und drittens behauptet sie, eine atomare Ausrüstung der Bundeswehr könne die Sowjetunion abschrecken und, zum mindesten in Fragen der Wiedervereinigung und in Fragen der allgemeinen Abrüstung, verhand-

des Kanzlers an, das nicht genüge, wenn es wesentliche Elemente auslasse. [414] Wie Erler ging Schmid dann noch auf die Einwände seiner Partei gegen eine atomare Aufrüstung der Bundeswehr ein.

Als Hauptredner der CDU/CSU-Fraktion antwortete Bundestagspräsident **Dr. Eugen Gerstenmaier** [415], – die „Göttinger" so oft wie möglich zitierend – in „einer unpathetischen, ernsten Rede" [416] mit einem defensiven Plädoyer für ernsthafte Abrüstungsverhandlungen und die Aufnahme eines generellen Atomwaffenverbots in die Konvention des Internationalen Roten Kreuzes. [417] Er betonte, daß sich die Atomfrage „nicht dazu eignet, ein Hauptschlager des Wahlkampfes zu werden. ... Ähnlich wie in der Wiedervereinigung ist nämlich auch hier das politische Ziel in diesem Hause, ..., völlig klar. Er heißt für alle: Festigung des Friedens." [418]
Gerstenmaier sprach in einem versöhnlichen Ton und wies darauf hin, daß schon 1949 Ansatzpunkte zu einer gemeinsamen Außenpolitik in der Bundesrepublik vorhanden gewesen wären, und bedauerte, daß es nicht dazu gekommen sei. Er hob aber hervor, daß die SPD sich immer zur freien Welt bekannt habe [419]. Die politische Linie der SPD bezeichnete Gerstenmaier als „bedauerlich" [420], weil sie folgende Gefahren in sich berge: „Wer den deutschen Beitrag zur NATO entweder zurücknehmen oder seinen maximalen Wert drücken will, der schwächt, so wie die Dinge jedenfalls heute stehen, nicht nur die heute wichtigste Weltorganisation für die Erhaltung des Friedens, sondern der riskiert Deutschland, solange ein anderes, mindestens gleich verlässliches Schutzsystem für uns nicht besteht." [421]
Als Anhänger einer „aktiven deutschen Rußlandpolitik mit dem Ziel des Ausgleichs und der Versöhnung" [422] machte Gerstenmaier darauf aufmerksam, daß „Amerika sich aus eigenem Entschluß dem weiteren Einbruch Rußlands in die freie Welt entgegengestellt und ...ihn durch diesen Widerstand ...zum Stehen gebracht" [423] habe und die rauhe Wirklichkeit von Ungarn nicht vergessen werden dürfe. Die Frage, „ob ein neutrales Ge-

---

lungsgeneigter machen. Das sind Behauptungen, die auf den ersten Blick dem einen oder dem anderen schlüssig erscheinen mögen.", Schmid, in: Verhandlungen des Deutschen Bundestages, 2. Wahlperiode 1953, Stenographische Berichte, Bd.36, 209. Sitzung, 10. Mai 1957, S.12078 (A, B).

[414] Schmid, in: ebenda., S.12078 (B).

[415] Vgl. die Ausführungen von Eugen Gerstenmaier in der gleichen Debatte, S.12084 (D)-12098 (B).

[416] Frankfurter Allgemeine Zeitung, 11. Mai 1957 („Die Regierungserklärung in der Atomdebatte").

[417] Rupp, 1984, S.107.

[418] Gerstenmaier, in: Verhandlungen des Deutschen Bundestages, 2. Wahlperiode 1953, Stenographische Berichte, Bd.36, 209. Sitzung, 10. Mai 1957, S.12085 (B).

[419] Gerstenmaier, in: ebenda., S.12089 (C).

[420] Gerstenmaier, in: ebenda., S.12090 (B).

[421] Gerstenmaier, in: ebenda., S.12090 (B, C).

[422] Gerstenmaier, in: ebenda., S.12087 (D).

[423] Gerstenmaier, in: ebenda., S.12088 (C).

samtdeutschland des seitherigen Schutzes und Beistandes der Vereinigten Staaten von Amerika unter allen Umständen gewiß sein" [424] dürfe, war seiner Ansicht nach noch offen. Solange diese Frage aber offenbliebe, sei die sozialdemokratische Idee eines europäischen Sicherheitssystems nicht diskutabel. Gerstenmaier konnte nicht das geringste Anzeichen dafür erkennen, „daß ein neutrales Deutschland vor [... sowjetischen] politischen Interventionen sicher sein könnte." [425]
Der Bundestagspräsident äußerte Verständnis dafür, wenn angesichts der Konsequenzen eines atomaren Gegenschlages die Stimmung aufkomme: „Dann geschehe was mag – dies ohne mich!" [426] Aber mit einem grundsätzlich erklärten Verzicht auf den atomaren Gegenschlag werde die Gefahr eines Atomangriffs nicht kleiner, sondern größer. Er kritisierte indirekt die Atomphysiker, denn „gerade weil sie das gelten lassen müssen, stürzen sich gerade die guten Köpfe, die nämlich so weit denken in unserer Zeit, mit einem Salto mortale der Verzweiflung in die vollständige Resignation und sagen, daß uns nur noch die Wahl bliebe zwischen dem Atomtod und der Sklaverei. Nun wir sagen, daß diese Alternative, dieses Entweder-Oder, unwahr ist." [427] Nach seiner Auffassung wird diese Vision solange nicht wahr werden, wie „wir uns in der freien Welt nicht blind und unbesonnen und tatenlos machen lassen von den Manövern Moskaus." [428] Es gelte demnach, die Klippen des Atomtodes und der Versklavung durch den Bolschewismus zu umschiffen, wobei sich folgende Chancen eröffneten: „Erstens in der Einigkeit und in der Einigung der freien Welt, zweitens in ihrem ebenso zähen wie geduldigen Bemühen um Ausgleich und Frieden und drittens ... in ihrer Entschlossenheit zum Widerstand gegen jeden Angriff und notfalls mit allen Mitteln." [429]
Zu einer Äußerung des Kernphysikers von Weizsäcker, „der Einwand der Achtzehn sei aus dem Glauben hervorgegangen, daß die Welt mit dem politischen Kalkül allein vor der atomaren Selbstvernichtung nicht zu retten sei" [430], erklärte Gerstenmaier: „Es darf auch nicht vergessen werden, daß genau dasselbe, was die Achtzehn für sich, ihr Gewissen, die Sorgsamkeit ihrer Überlegung in Anspruch nehmen, auch wir nicht minder für uns und unsere Überlegungen in Anspruch nehmen können." [431] Die CDU/CSU achte jeden Ausdruck des Gewissensernstes, aber „wir reichen unsere Hand zu nichts, was nach unserer Überzeugung dazu angetan ist, den Zusammenhalt der freien Welt zu gefährden, Deutschland zu isolieren und der Gefahr der Versklavung zu unterwerfen, und das möglicherweise

[424] Gerstenmaier, in: ebenda., S.12088 (C, D).
[425] Gerstenmaier, in: ebenda., S.12089 (A).
[426] Gerstenmaier, in: ebenda., S.12092 (D).
[427] Gerstenmaier, in: ebenda.
[428] Gerstenmaier, in: ebenda., S.12093 (A).
[429] Gerstenmaier, in: ebenda., S.12093 (B).
[430] Gerstenmaier, in: ebenda., S.12096 (C, D).
[431] Gerstenmaier, in: ebenda., S.12096 (D). Das politische Kalkül der CDU/CSU sei „der auch von uns unablässig geprüfte Ausdruck ... des Gewissensernstes mit dem wir uns es nicht leicht machen, unsere Politik zu treiben. ... Und es ist auch der Ausdruck eines Friedenswillens und eines Gewissensernstes, von dem ich glaube, daß er dem unserer Kritiker nicht nachsteht.", ebenda., S.12097 (C).

auch noch, ohne die Welt in Tat und Wahrheit von der Angst vor dem Atomtod damit befreien zu können.“ [432]
Gerstenmaier regte die Bildung eines Beirates für Fragen der Atomwaffen [433] an, „der etwa aus 12 Personen ..., Wissenschaftlern, Politiker, Militärs, Männer des öffentlichen Lebens [bestehen]“ und dessen Aufgabe es sein sollte „ohne Zeitverlust das einschlägige Material, darunter auch das der bisherigen Abrüstungsverhandlungen im Bereich der Vereinten Nationen, zu studieren, zu sichten und die Ergebnisse dieser Untersuchungen laufend bekannt zu geben. Es ist wichtig, daß das deutsche Volk mehr als seither weiß, was sich eigentlich im internationalen Bereich in dieser Sache tut.“ [434] Der Abgeordnete setze sich weiter für eine bessere Unterrichtung der Öffentlichkeit über die Atomwaffenentwicklung durch Druckschriften ein [435].
Beifall von allen Seiten des Hauses erhielt der Bundestagspräsident, als er sich persönlich bereiterklärte, dem von der SPD eingebrachten Antrag zuzustimmen, an die Großmächte zu appellieren, ihre Atomwaffenversuche einzustellen. [436]

Der stellvertretende Partei- und Fraktionsvorsitzende der FDP **Dr. Erich Mende** [437], der für die Freien Demokraten sprach, bewegte sich geschickt zwischen dem Ja der Bundesregierung zur Atombewaffnung und dem kategorischen Nein der SPD-Opposition. Er brachte die mögliche atomare Bewaffnung der Bundeswehr mit der deutschen Frage in Zusammenhang und hob die negativen Auswirkungen auf den Einigungsprozeß hervor. [438] Im Gegensatz zur Bundesregierung vertrat Mende nicht die Ansicht, daß alle NATO-Staaten mit gleichen Waffen ausgerüstet sein müßten. Für das zweigeteilte Deutschland seien vielmehr andere Maßstäbe gültig als für die übrigen NATO-Staaten. Die NATO sei kein homogenes Gebilde, sondern weise Verschiedenheiten hinsichtlich der Produktion und der Aufgabe der einzelnen Partnerstaaten auf [439].

---

[432]Gerstenmaier, in: Verhandlungen des Deutschen Bundestages, 2. Wahlperiode 1953, Stenographische Berichte, Bd.36, 209. Sitzung, 10. Mai 1957, S.12097 (C, D).

[433]Gerstenmaier, in: ebenda., (C, D). Der Gedanke zur Bildung dieses Beirates war mit seiner Fraktion wahrscheinlich nicht abgestimmt, denn der Bundestagspräsident hatte in seinen Ausführungen erklärt, „das Vertrauen meiner Fraktion hat mich hierhergestellt, um eine Rede zu halten, die noch nicht einmal mit ihr abgestimmt ist.“, Gerstenmaier, in: ebenda., S.12094 (A).

[434]Gerstenmaier, in: ebenda., S.12095 (D).

[435]Gerstenmaier, in: ebenda.

[436]„Ich sehe nicht, warum man dem nicht zustimmen soll. Wenn meine Fraktion anderer Meinung ist, dann werde ich das hinzunehmen wissen; aber hier vertrete ich jedenfalls das, was ich in dieser Sache für richtig halte.“, Gerstenmaier, in: ebenda., S.12096 (B).

[437]Vgl. die Ausführungen von Erich Mende in der gleichen Debatte, S.12098 (C)-12110 (D).

[438]Brauers, 1993, S.106.

[439]„Wir glauben, daß ... für das zweigeteilte Deutschland andere Mäßstäbe gelten als für die 14 anderen NATO-Partner. ... Herr Abgeordneter Gerstenmaier stellte das so dar, als sei die NATO ein homogener Körper, als kenne sie keine Arbeitsteilung bei ihren Verteidigungsaufgaben und als brächten Modifizierungen eines Partners das ganze Gebäude zum Zusammenbruch. Dem ist gottlob nicht so.“, Mende, in: Verhandlungen des Deutschen Bundestages, 2. Wahlperiode 1953,

Die FDP habe, so betonte Mende, niemals die Notwendigkeit der Verteidigung der Freiheit bestritten. Die FDP sei für einen deutschen Verteidigungsbeitrag, doch ergebe sich aus der anderen Lage Deutschlands auch, daß dieser Beitrag eine andere Form und andere Funktionen haben müsse. Die Bundesregierung müsse nicht nur immer die Freiheit, der 51 Millionen Bundesrepublikaner, sondern auch die Freiheit der 17 Millionen in einem wiedervereinigten Deutschland sehen. Die deutsche Politik müsse von zwei Faktoren bestimmt werden: Sicherstellung des Schutzes unserer Freiheit und Wiederherstellung der staatlichen Einheit Deutschlands. Letzteres könne nach Ansicht der FDP nur duch die Schaffung einer entspannten oder neutralisierten Zone in Europa verwirklicht werden, wie es der ehemalige britische Premierminister Eden und der FDP-Abgeordnete Pfleiderer vorgeschlagen hätten. Zu diesem Gedanken habe sich jetzt auch der amerikanische Präsident Eisenhower bekannt. [440]
Das Nein Mendes wies jedoch durch die Bindung einer Entscheidung in dieser Frage an den weiteren Verlauf der Verhandlungen des Londoner UN-Abrüstungskomitees, eine zeitliche Befristung auf und wurde dadurch relativiert: „Wir glauben, daß man in der Politik niemals ‚niemals' und niemals ‚ewig' sagen sollte. ... Ob sich aus einer neuen Situation auch eine neue Konstruktion ergibt, kann niemand sagen. Wir möchten aber, daß zum gegenwärtigen Zeitpunkt und auch in absehbarer Zeit die Bundeswehr so lange nicht mit atomaren Waffen ausgerüstet wird, als erstens noch die geringste Chance für die Wiedervereinigung sichtbar ist und zweitens die Londoner Abrüstungskonfenrenz gewisse Aussichten auf Erfolg eröffnet." [441] Er signalisierte damit die Bereitschaft zu einer „gemäßigten Opposition", die die Rückkehr der FDP ins bürgerliche Lager nicht verbauen sollte. [442]

Am Ende der Atomdebatte vom 10. Mai 1957 stand die Abstimmung über die Entschließungsanträge der Bundestagsfraktionen zur Atompolitik, in denen die Parteien noch einmal den von ihnen in der Debatte zum Ausdruck gebrachten politischen Willen zusammenfaßten. Der Entschließungsantrag der Sozialdemokraten bestand aus zwei Abschnitten. Gemäß Abschnitt I sollte die Bundesregierung einen „feierlichen Appell" an die damaligen Atommächte USA, Großbritannien und UdSSR zur Ausarbeitung von Vorschlägen für eine Test-Stopp-Abkommen und zur vorläufigen Einstellung der Kernwaffenversuche richten. Abschnitt II war der Kern des sozialdemokratischen Entschließungsantrages und stellte eine direkte Aufforderung an die Bundesregierung dar,

1. „die Ausrüstung der Bundeswehr mit atomaren Waffen zu unterlassen,
2. die Zustimmung zur Lagerung von Atombomben und zur Stationierung von Atomwaffen-Verbänden durch dritte Mächte auf dem Gebiet der Bundesrepublik zu verweigern und, falls eine solche Zustimmung ausgesprochen worden sein sollte, sie zurückzunehmen,

---

Stenographische Berichte, Bd.36, 209. Sitzung, 10. Mai 1957, S.12100 (C, D).
[440]Mende, in: ebenda., S.12102 (D)-12103 (C).
[441]Mende, in: ebenda., S.12110 (B).
[442]Brauers, 1993, S.107.

3. dem deutschen Volke bekannt zu geben, welche Maßnahmen die Bundesregierung ergreifen wird, um die Bevölkerung der Bundesrepublik vor den möglichen Auswirkungen der Stationierung von Atomwaffen auf seinem Gebiet zu schützen.“ [443]

Es gelang der SPD-Fraktion jedoch nicht, für die Maximalforderungen ihres Entschließungsantrags die Zustimmung von Teilen der Koalitionsfraktionen zu gewinnen. Ohnehin zielte ihre Argumentation mehr auf Wirkung außerhalb als innerhalb des Parlaments. Mit 228-Nein-Stimmen wurde Teil II des Antrags bei 113 Ja-Stimmen und 16 Enthaltungen in namentlicher Abstimmung verworfen. Ebenfalls nicht angenommen wurde ein entsprechender Antrag der FDP. [444]
Dagegen konnte die Bundesregierung aufgrund der Mehrheitsverhältnisse ihre Vorstellungen durchsetzen. Die Koalitionsfraktionen CDU/CSU und DP/FVP [445] nahmen eine Entschließung an, die eine begrenzte Einstellung der Atombombenversuche durch die Großmächte forderte [446], „was sie nichts kostete, und beteuerten mit treuherzigem Augenaufschlag“ [447], daß die Bewaffnung der Bundesrepublik mit atomaren Waffen „jetzt nicht“ zur Entscheidung stehe: „Sie steht in engem Zusammenhang mit dem Erfolg der Abrüstungsverhandlungen. Der Deutsche Bundestag erwartet, daß diese Verhandlungen

[443]Entschließungsantrag der Fraktion der SPD vom 9. Mai 1957, Anlage 3, Umdruck 1093, in: Verhandlungen des Deutschen Bundestages, 2. Wahlperiode 1953, Stenographische Berichte, Bd.36, 209. Sitzung, 10. Mai 1957, S.12139 (B, C). Nach Schwarz, 1981, S.362, befanden sich die Sozialdemokraten damit erneut in einem völligen Gegensatz zur Sicherheitspolitik der gesamten NATO, und boten Adenauer nun die Gelegenheit zu seinem auf Konfrontationskurs angelegten Wahlkampf.

[444]Lediglich für Abschnitt I des Antrags, der die Großmächte um Vorschläge für ein Test-Stopp-Abkommen und eine begrenzte Einstellung der Versuchsexplosionen ersuchte, stimmten – in namentlicher Abstimmung – neben den Abgeordneten von FDP und GB/BHE aus der CDU/CSU-Fraktion die Abgeordneten Dr. Eugen Gerstenmaier und Peter Nellen sowie der fraktionslose Abgeordnete der Zentrumspartei Brockmann. Dagegen votierten für Abschnitt II, der die Ausklammerung Westdeutschlands aus der atomaren Aufrüstung Westeuropas vorsah, neben der SPD-Fraktion nur der Zentrumsabgeordnete, während sich GB/BHE- und selbst FDP-Fraktion der Stimme enthielten bzw. mit Nein stimmten. Zum Abstimmungsergebnis vgl. Verhandlungen des Deutschen Bundestages, 2. Wahlperiode 1953, 209. Sitzung, 10. Mai 1957, S.12141ff. und S.12145 (C). Zum Entschließungsantrag der Fraktion der FDP vom 10. Mai 1957 siehe Anlage 4, Umdruck 1096, in: ebenda., S.12139 (C, D). Vgl. auch Pöttering, 1975, S.114; Rupp, 1984, S.107f.

[445]Seit Februar 1957 bestand eine Gemeinschaftsfraktion von Deutscher Partei (DP) und der Abspaltung des Ministerflügels der FDP, der Freien Volkspartei (FVP), Morsey, 1995, S.54.

[446]Deneben wurden Aufklärung der Bevölkerung über einen wirksamen Strahlenschutz durch die Bundesregierung sowie Errichtung eines Beirates für Fragen der Atomwaffen aus Wissenschaftlern, Politikern und militärischen Sachverständigen geforderte, Entschließungsantrag der Fraktionen der CDU/CSU, DP(FVP) vom 10. Mai 1957, Anlage 2, Umdruck 1099, in: Verhandlungen des Deutschen Bundestages, 2. Wahlperiode 1953, Stenographische Berichte, Bd.36, 209. Sitzung, 10. Mai 1957, S.12138 (D)-12139 (A).

[447]Schwarz, 1981, S.362.

erfolgreich sein werden.“ [448] Hinsichtlich der Bewaffnung der verbündeten Streitkräfte erklärte die Resolution: „Das deutsche Volk erwartet von seinen Verbündeten Schutz und Verhinderung eines sowjetischen Angriffs. Deshalb hat der Deutsche Bundestag keinen Anlaß, von den Verbündeten Einschränkungen der Ausrüstung ihrer für die Verteidigung der Bundesrepublik eingesetzten Truppen zu fordern.“ [449]

Insgesamt machte die Debatte deutlich, daß sich die Regierung sehr vorsichtig zu taktieren gezwungen sah, daß es unabhängige von „Establishment“ und „Öffentlichkeit“ gleichermaßen geachtete Persönlichkeiten gab, die es wagten, im Wahljahr die Exekutive öffentlich zu kritisieren, und daß sich eine verhältnismäßig starke Opposition – aus welchen Gründen auch immer – mit dieser Kritik identifizierte. [450]

Mit der Abstimmung über die Entschließungsanträge der Fraktionen fand eine Bundestagsdebatte ihren Abschluß, in der die Gegensätzlichkeiten der außen- und sicherheitspolitischen Konzeptionen von Regierung und Opposition hart kollidiert waren. Dennoch wurde ihr Ton beispielsweise von der Frankfurter Allgemeinen Zeitung als „leidenschaftlich, aber sachlich“ bezeichnet. [451] Die Fraktionen hatten durch Auswahl ihrer Hauptsprecher dafür Sorge getragen, daß die Debatte weniger durch die Entfesselung der polemischen Argumentationen, sondern vielmehr durch das Ringen um die verschiedenen Positionen – mochten sie auch mehr auf Wirkungen außerhalb des Parlaments bedacht sein, – geprägt war. [452]

---

[448] Entschließungsantrag der Fraktionen der CDU/CSU, DP(FVP) vom 10. Mai 1957, Anlage 2, Umdruck 1099, in: Verhandlungen des Deutschen Bundestages, 2. Wahlperiode 1953, 209. Sitzung, 10. Mai 1957, S.12138 (D).

[449] Ebenda., S.12139 (A).

[450] Rupp, 1984, S.108.

[451] Frankfurter Allgemeine Zeitung, 11. Mai 1957 („Der Bundestag einmütig für Welt-Abrüstung“). Bei Schwarz, 1981, S.362, ist von einer der „leidenschaftlichsten politischen Auseinandersetzungen der ganzen Adenauer-Ära“ die Rede. Das Göttinger Tageblatt, 11./12. Mai 1957 („Atomdebatte auf hohem Niveau: Bonn für kontrollierte Abrüstung“), sprach von einer „scharfe[n] und zugleich tiefschürfende[n] Debatte“. In der Welt, 11. Mai 1958 („Atom-Debatte“), war folgendes zu lesen: „Eine Bundestagsdebatte von hohem Niveau und hoher Sachlichkeit! Wir sind glücklich, das feststellen zu können. Denn es wäre unerträglich gewesen, wenn der vor uns stehende Wahlkampf bei der ersten grundsätzlichen Erörterung des Atom-Problems in den Plenarsaal des Bundestags hineingezerrt worden wäre. Hier geht es um unser Schicksal, um das der Menschheit, nicht um Erfolge oder Niederlagen von Parteien. Gebannt hingen die Abgeordneten oft am Munde des Redners. Es war ein Tag, an dem sie jedes Wort ernst nahmen. Auch die Zwischenfragen am Mikrophon blieben sachlich.“

[452] Pöttering, 1975, S.115. Ähnlich auch Görlich, 1965, S.37: „Erklärlicherweise steigerte sich das anfangs noch gemäßigte Klima im Verlauf der 14 Stunden durch die nervliche Überbeanbspruchung der Teilnehmer zur Siedehitze. Dennoch ist gerade diese Debatte durch das Bemühen gekennzeichnet, dem politischen Gegner gerecht zu werden und seine Artgumente als Vernunftgründe zu akzeptieren.“

3.2.5.2 Die Bundestagsdebatte vom 23. Januar 1958

Hatte Adenauer, der sich durch das Ergebnis der Bundestagswahlen vom September 1957 auch in seiner außenpolitischen Linie bestätigt fühlte, geglaubt, nach der Wahl würde Ruhe in die Frage der Atombewaffnung einkehren, so mußte er sich schnell eines anderen belehren lassen. Cioc stellt fest: „As Adenauer entered his newly won electoral paradise, however, he discovered, that he was back in the garden of Anthony Eden, with nuclear neutralism tempting the populace.“ [453] Vor allem in dem im Oktober 1957 veröffentlichte Rapacki-Plan sahen SPD und FDP einen fruchtbaren Ansatz für eine neue Wiedervereinigungsinitiative und strebten eine baldige Bundestagsdebatte an, in der die Große Anfrage der FDP vom 11. Dezember 1957 [454] und der, in einer neuen Fassung vorliegenden, vormals am 12. Dezember eingebrachten SPD-Antrag erörtert werden sollten [455].

Die SPD forderte in ihrem Entschließungsantrag, nicht nur in Konsequenz ihrer bisher vertretenen Haltung, daß die Bundeswehr nicht mit atomaren Waffen ausgerüstet werden sollte, und daß das Gebiet der Bundesrepublik nicht für die Stationierung von Mittel- und Langstreckenraketen, auch nicht für den Bau entsprechender Abschußrampen zur Verfügung gestellt werde. Darüber hinaus verlangten die Sozialdemokraten von der Bundesregierung die Bereitschaft, sich an Verhandlungen über eine atomwaffenfreie Zone in Europa zu beteiligen. [456] In diesen Verhandlungen sollte außerdem nach den Vorstellungen der SPD der gleichwertige Abzug der fremden Truppen aus dem zu schaffenden atomwaffenfreien Raum durchgesetzt werden. Die Bundesregierung wurde weiterhin – wie bereits erwähnt – ersuchte, „die allgemeinen Grundlagen der NATO-Politik einer Prüfung zu unterziehen“ und die „militärische Integration der Bundeswehr in die Infrastruktur und den Führungsaufbau der NATO nicht so weit voranzutreiben, daß eine künftige Änderung des militärischen Status beider Teile Deutschlands verhindert und infolgedessen die Spaltung Deutschlands verewigt wird.“ [457]

---

[453] Cioc, 1988, S.46.

[454] Vgl. Kapitel 3.2.4.2, S.115.

[455] Laut Rupp, 1984, S.121, Fußnote 604, handelten beide Oppositionsparteien unabhängig voneinander. Beide Schriftstücke waren anläßlich der Pariser NATO-Konferenz verfaßt worden, die auch außerhalb des Parlaments neue Appelle hervorrief, vgl. Kapitel 3.2.2 und Kapitel 3.2.6.1.

[456] Schwarz, 1983, S.51f.

[457] Antrag der Fraktion der SDP betr. Haltung der Bundesregierung gegenüber der Politik der NATO, in: Verhandlungen des Deutschen Bundestages, 3. Wahlperiode 1957, Anlagen zu den Stenographischen Berichten, Bd.55, Drucksache 54 vom 5. Dezember 1957. Gleichzeitig hatte die SPD einen weiteren Antrag eingebracht, indem der Bundestag aufgefordert wurde, klarzustellen, daß „die Bundeswehr nicht mit atomaren Waffen ausgerüstet werden soll“ und daß „die Bundesregierung an ihrer Verpflichtung festhält, in der Bundesrepublik die Herstellung von atomaren, biologischen und chemischen Waffen nicht zu erlauben“. Für die DDR wurden entsprechende Regelungen erwartet, vgl. Antrag der Fraktion der SDP betr. Bemühungen der Bundesrepublik um internationale Entspannung und Einstellung des Wettrüstens, in: ebenda., Drucksache 54 (neu).

Zu der von den Oppositionsparteien herbeigewünschten außenpolitischen Debatte kam es am 23. Januar 1958. Diese bildete den Auftakt für eine Reihe von parlamentarischen Auseinandersetzungen über die Disengagement-Vorschläge, die während des ganzen Jahres im Zusammenhang mit der Diskussion über die Ausrüstung der Bundeswehr mit atomaren Trägerwaffen das politische Klima in der Bundesrepublik bestimmen sollten. Bereits diese erste Debatte machte deutlich, daß die Bundesregierung dem Rapacki-Plan und den ihn begleitende Initiativen sowie auch anderen Vorschlägen, wie beispielsweise den Disengagement-Vorstellungen von Kennan, mit außerordentlicher Skepsis gegenüberstanden. [458] So brachte die der Debatte vorangehende Regierungserklärung des Bundesaußenministers **von Brentano** [459] zur Disengagement-Frage fast keine neuen Gesichtspunkte; sie fügte den bekannten Argumenten nur ein weiteres hinzu, nämlich daß es „zu einem Abzug der Truppenkontingente der ... alliierten Verbündeten aus Deutschland" käme, wenn ihnen die Ausrüstung mit Atomwaffen nicht gestattet bleibe. [460] Zum Entschließungsantrag der SPD machte von Brentano unmißverständlich deutlich, daß die Bundesregierung weder willens sei, wie Dänemark und Norwegen von vornherein keine Mittelstreckenraketen-Stützpunkte auf eigenem Territorium zuzulassen, noch bereit sei, die von der NATO beschlossene Anlage von Atommunitions-Lagern im Bundesgebiet prinzipiell abzulehnen; ob dieses oder jenes allerdings tatsächlich erfolgen müsse, hänge zunächst vom Urteil militärischer Sachverständiger ab [461].

---

[458]Pöttering, 1975, S.145. Obwohl der Kanzler auf der NATO-Konferenz in Paris und noch zum Jahreswechsel seine Bereitschaft zu einem Entspannungsdialog mit Moskau bekundet hatte, zeigte sich Anfang 1958 recht schnell, daß die Bundesregierung in der Frage der Kernwaffenstationierung und -ausrüstung nicht zu Konzessionen neigte. Den unmittelbaren Anlaß für diese die Öffentlichkeit überraschende Wendung hatten um die Jahreswende zwei Schreiben des sowjetischen Ministerpräsidenten Bulganin an den Bundeskanzler gegeben, in denen eindringlich vor atomarer Aufrüstung im Bundesgebiet gewarnt und u.a. Disengagement-Vorstellungen, insondere der „Rapacki-Plan", befürwortet wurden. Als dann noch Botschafter Smirnow den Kanzler ausgerechnet auf der Gratulationscour zum 82. Geburtstag fragte, weshalb die Bundesrepublik nicht wie Dänemark und Norwegen in Paris ihren Verzicht auf die Stationierung von Raketen erklärt habe, empfand Adenauer dies als ausgesprochene Unverschämtheit, Rupp, 1984, S. 122; Schwarz, 1983, S.48f. Bereits am 15. Januar hielt er eine eigenhändig entworfene Rundfunkansprache, in der er dem Rapacki-Pan eine brüske Abfuhr erteilte: „Eine solche atomwaffenfreie Zone hat bei dem heutigen Stande der Waffentechnik und nach den Erfahrungen, die in den letzten Kriegen mit der Achtung vor der Neutralität gemacht worden sind, keinen Zweck, oder richtiger gesagt: sie bietet den betreffenden Ländern keinen Schutz. Der Zweck, warum der Vorschlag gemacht und von Bulganin in seinem Brief erwähnt worden ist, ist ganz klar und eindeutig: Die Schaffung dieser Zone würde das Ende von NATO und damit das Ende der Freiheit Westeuropas und auch das Ende unserer Freiheit bedeuten.", Keesing's Archiv der Gegenwart, Bd.28, 1958, S.6846 B. Vgl. auch Adenauers Ausführungen „Bulganins Briefaktionen vom Dezember 1957/Januar 1958, in: Adenauer, Erinnerungen 1955-1959, S.360ff.

[459]Brentano, in: Verhandlungen des Deutschen Bundestages, 3. Wahlperiode 1957, Stenographische Berichte, Bd.39, 9. Sitzung, 23. Januar 1958, S.297 (C)-304 (A).

[460]Brentano, in: ebenda., S.303 (A).

[461]Brentano, in: ebenda., S.302 (A, B).

In der Debatte selbst bildeten neben dem „Rapacki-Plan" und den Gedanken Kennans, auch die kurz vor dem 23. Januar erfolgten Gespräche zwischen offiziellen Vertretern Frankreichs, Italiens und der Bundesrepublik über eine gemeinsame Rüstungsproduktion, Hauptansatzpunkte für die Attacke der Oppositionsparteien. [462] Zwar gelang es den Sprecher von SPD und FDP nicht, der Bundesregierung plausibel nachzuweisen, daß sie sowohl den Ausbau Westdeutschlands zur Atomwaffenfestung betreibe als auch eine Umgehung des Herstellungsverzichts beabsichtige [463]. Ihr Eintreten für Disengagement-Verhandlungen brachte aber dennoch einen ersten parlamentarischen Erfolg: Der Sprecher der Deutschen Partei (DP) [464] in der Debatte, **Schneider** [465], deutete an, daß seine Fraktion den „Rapacki-Plan" ebenfalls als Diskussionsgrundlage für eine ernsthafte Erörterung der Entspannungsmöglichkeiten in Mitteleuropa in Erwägung zöge [466].

Ihren Höhepunkt – Rupp spricht sogar von ihrem „zeitgeschichtlichen Rang" [467] – erreichte die Bundestagsdebatte indessen am späten Abend. Zwei der erbittertsten Gegner der Bundesregierung (beide ehemalige Bundesminister) griffen hintereinander den Bundeskanzler scharf an und nahmen dabei fast drei Stunden Hauptsendenzeit im Radio, – die Debatte wurde durch Rundfunkanstalten zum Teil direkt übertragen –, für sich in Anspruch. [468]

[462]Verhandlungen des Deutschen Bundestages, 3. Wahlperiode 1957, Stenographische Berichte, Bd.39, 9. Sitzung, 23. Januar 1958, S.315 (B), S.370 (A, B).

[463]Daß die entsprechenden Vermutungen der Oppositionsparteien nicht ganz aus der Luft gegriffen waren, wird aus Adenauers Erinnerungen, unter Annahme ihrer Authetizität, ersichtlich: „Gaillard [der französische Ministerpräsident] meinte, daß die Zusammenarbeit zunächst nur auf den Gebieten hergestellt werden sollte, auf denen die beteiligten Länder schon eine längere technische Erfahrung besäßen. Auf dem Gebiet der Atomwaffen würden nämlich besondere Probleme im Zusammenhang mit den Pariser Verträgen auftreten. Ich [Adenauer] erwiederte, solange es sich um Forschungsuntersuchungen handele, könne nichts passieren.", Adenauer, Erinnerungen 1955-1959, S.339. Siehe auch ebenda., S.326ff.

[464]Die Deutsche Partei, 1947 aus der früheren Welfenpartei in Niedersachsen (Niedersächsische Landespartei) hervorgegangen und als Regionalpartei vorwiegend auf bestimmte Regionen Norddeutschlands beschränkt, zog 1957 zum letzten Mal in den Deutschen Bundestag ein. Sie hatte dazu allerdings die Wahlhilfe der CDU über Listenverbindungen bzw. Abtretung von sicheren Wahlkreisen („Huckepacksystem") benötigt, weil sie – ähnlich wie auch 1953 – selbst nur einen Stimmenanteil von 3,4% erreichte und damit eigentlich an der Fünfprozenthürde gescheitert wäre. Sie vereinigte sich 1961 mit dem Gesamtdeutschen Block/BHE zur Gesamtdeutschen Partei, die sich 1972 auflöste, Grebing, Helga, Die Parteien, in Benz, Wolfgang (Hrsg.), Politik (= Die Geschichte der Bundesrepublik Deutschland; Bd.1), Frankfurt am Main 1989, S.71-150, hier S.93f.; Morsey, 1995, S.54.

[465]Schneider, in: Verhandlungen des Deutschen Bundestages, 3. Wahlperiode 1957, Stenographische Berichte, Bd.39, 9. Sitzung, 23. Januar 1958, S.343 (C)-349 (B).

[466]„Trotzdem sollte der Gedanke verfolgt werden, ob in dem Rapacki-Plan eventuell doch Ansätze vorhanden sind, die es verdienen, ergründet und weiterentwickelt zu werden.", Schneider, in: ebenda., S.346 (D).

[467]Rupp, 1984, S.123.

[468]Cioc, 1984, S.47f.; Rupp, 1984, S.123. Während bei Cioc, ebenda., die Rede davon ist,

Dr. Thomas Dehler [469], Bundesjustizminister bis 1953, behauptete, mit der beabsichtigten „Atombewaffnung“ werde wiederum die Grundtendenz der Außenpolitik Adenauers bestätigt, die faktisch auf die Teilung Deutschlands gerichtet sei. Dehler rechnete in scharfen Worten mit der Außenpolitik Adenauers ab und beschuldigte den Kanzler „alles getan zu haben, um die Wiedervereinigung Deutschlands zu verhindern.“ [470] Die Regierung, so Dehler, habe sich ein ganz bestimmtes Ziel gesetzt, nämlich „diese Bundesrepublik, diese 50 Millionen Menschen zu Wohlfahrt zu bringen, ihnen Sicherheit zu geben“ [471], die Wiedervereinigung stünde dagegen im Hintergrund. Er verglich den Rapacki-Plan mit der Stalin Note vom März 1952 [472], wobei er Adenauer vorwarf, ihn im Zusammenhang mit letzterer bewußt getäuscht zu haben: „Der Herr Bundeskanzler hat uns damals erklärt: Das ist ein Störmanöver! - Genau das gleiche, was er heute erklärt. Ich habe ihm damals

---

daß „SPD and FDP conspired to put Dehler and Heinemann back-to-back toward the end of the discussion“, findet sich bei Brauers eine andere Bewertung. Für ihn zeigt sich bei der Festlegung der Reihenfolge der Redner das innerparteiliche Gewicht dahingehend, „daß mit Mende und Maier zwei ‚Gemäßigte‘ als Sprecher der FDP-Fraktion auftraten, während Dehler erst zu mitternächtlicher Stunde ans Rednerpult treten konnte.“, Brauers, 1993, S.111.

[469] Dehler, in: Verhandlungen des Deutschen Bundestages, 3. Wahlperiode 1957, Stenographische Berichte, Bd.39, 9. Sitzung, 23. Januar 1958, S.384 (D)-399 (C). Ende 1957 hatte die FDP-Fraktion zur Koordination der weiteren Oppositionsarbeit in den einzelnen Sachgebieten erstmals eigene Arbeitskreise gebildet. Dabei war Dehler, einer der lautstärksten Vertreter eines entschiedenen Oppositionskurses, zum Vorsitzenden des wichtigsten Arbeitskreises für „Außen-, Wehrpolitik, gesamtdeutsche Fragen“ gewählt worden. Nach der Wahl Dehlers kündigte das Gremium die Ausarbeitung einer außenpolitischen Konzeption der Bundesregierung an, Brauers, 1993, S.111; Schollwer, Wolfgang, Liberale Opposition gegen Adenauer: Aufzeichnungen 1957-1961 (= Biographische Quellen zur deutschen Geschichte nach 1945; Bd.9), München 1990, S.35 (im folgenden zitiert als: Schollwer, 1990).

[470] Dehler, in: Verhandlungen des Deutschen Bundestages, 3. Wahlperiode 1957, Stenographische Berichte, Bd.39, 9. Sitzung, 23. Januar 1958, S.395 (B).

[471] Dehler, in: ebenda., S.392 (B, C).

[472] In der Note vom 10. März 1952 schlug Stalin den drei Westmächten Verhandlungen über den Abschluß eines Friedensvertrages vor. Dessen Ziel sollte ein bis zur deutsch-polnischen Demarkationslinie an Oder und Neiße (die von der DDR schon im Görlitzer Abkommen vom 6. Juni 1950 als „Friedensgrenze“ anerkannt worden war) verkleinertes Gesamtdeutschland sein, das aus den Machtblöcken in Ost und West ausgeklammert und neutralisiert werden sollte. Diesem Deutschland sollten, nach Abzug aller ausländischer Truppen, eigene nationale Streitkräfte begrenzten Umfangs zugestanden werden. Der Charakter der in der Note angesprochenen „demokratischen Ordnung“ Deutschlands blieb allerdings unklar. In dem sich anschließenden, bis Herbst 1952 ergebnislos geführten Notenwechsels mit den Westmächten erklärte sich Stalin in einer weiteren Note vom 9. April 1952 bereit, auch freie gesamtdeutsche Wahlen unter Viermächtekontrolle in sein Vorschlags-„Paket“ aufzunehmen, Birke, 1989, S.306ff.; Hillgruber 1981, S.60; Morsey, 1995, S.35. Zur Stalin-Note siehe ausführlicher Steininger, Rolf, Eine Chance zur Wiedervereinigung?: die Stalin-Note vom 10. März 1952; Darstellung und Dokumentation auf der Grundlage unveröffentlichter britischer und amerikanischer Akten (= Archiv für Sozialgeschichte; Beiheft 12), Bonn ^{2}1986.

vertraut. ...Ich bin in der Regierung geblieben. Ich schäme mich, ja." [473] Dehler selbst blieb jedoch in dieser Debatte ein über die Vergangenheitsbewältigung hinausreichendes politisches Konzept schuldig. [474]

Dr. Dr. **Gustav W. Heinemann** [475], 1949/50 erster Bundesinnenminister, nun als SPD-Abgeordneter im Bundestag [476], unterzog wie Dehler die Politik der Bundesregierung einer schonungslosen Kritik und hielt ihr vor, daß sie in unverantwortlicher Art und Weise alle Gelegenheiten zur Wiedervereinigung ungenutzt verstreichen ließe. Im Gegensatz zu Dehler, der „wieder einmal seinem Ruf als unbeherrschter Debattenredner voll gerecht wurde" [477], war seine These, aus der heraus er den Bundeskanzler direkt zum Rücktritt aufforderte [478], jedoch sachlicher vorgetragen und gründlicher belegt. [479]

Heinemann konterte den wiederholt an die SPD gerichteten Vorwurf der Christdemokraten, systematisch Atompanik zu erzeugen, um damit politische Geschäfte zu machen [480], mit der Frage nach der moralischen Vertretbarkeit der politischen Entscheidungen der

[473]Dehler, in: Verhandlungen des Deutschen Bundestages, 3. Wahlperiode 1957, Stenographische Berichte, Bd.39, 9. Sitzung, 23. Januar 1958, S.393 (A).

[474]Brauers, 1993, S.111.

[475]Heinemann, in: Verhandlungen des Deutschen Bundestages, 3. Wahlperiode 1957, Stenographische Berichte, Bd.39, 9. Sitzung, 23. Januar 1958, S.401 (A)-406(D).

[476]Heinemann, Präses der Synode der Evangelischen Kirchen Deutschlands und 1945 einer der Mitbegründer der CDU, wurde 1950 plötzlich international bekannt, als er am 9. Oktober 1950 von seinem Amt demonstrativ aus Protest dagegen zurücktrat, daß Adenauer ohne Rücksprache mit den übrigen Ministern in seinem Kabinett und ohne vorher von den westlichen Alliierten darum gebeten worden zu sein, den Amerikanern zwölf deutsche Divisionen angeboten hatte. 1952 trat er aus der CDU aus, vgl. ausführlich Koch, Dieter, Heinemanns Kritik an Adenauers Deutschlandpolitik, in: Foschepoth, Josef (Hrsg.), Adenauer und die Deutsche Frage, Göttingen 1988, S.207-234. Daneben zeigte sich auch ein religiös – Heinemanns Position entstammte der bruderschaftliche Tradition der Bekennenden Kirche – und national motivierter Gegensatz zu der Position des Kanzlers. Bei Heinemann verbanden sich christliche Verantwortung angesichts der Unverhältnismäßigkeit der nuklearen Waffen mit der Befürchtung, die atomare Ausrüstung der Bundeswehr könnte die Teilung Deutschlands entdgültig besiegeln und damit auch den deutschen Protestantismus in zwei Lager spalten. Bereits 1951 hatte Heinemann zusammen mit Frau Helene Wessel die „Notgemeinschaft für den Frieden Europas" gegründet, die 1952 in eine politische Partei mit dem Namen „Gesamtdeutsche Volkspartei" (GVP) umgewandelt wurde. Fünf Jahre später wurde die GVP aufgelöst, und die meisten Parteimitglieder, darunter auch Heinemann und Helene Wessel, traten der SPD bei, Birke, 1989, S.290; Michaltscheff, Die unverwüstliche Opposition, 1994, S.192f.; Stölken-Fitschen, 1995, S.256.

[477]Brauers, 1993, S.111.

[478]„Herr Bundeskanzler, für mich persönlich bedeutet dieses alles an Sie die Frage, ob sie nicht nachgerade zurücktreten wollen. Warum, Herr Bundeskanzler? ...ich meine, daß eine ruhige Überlegung und Prüfung der gesamten Gegebenheiten es nachgerade nahelegen sollten, den Weg freizugeben für andere Kräfte, die nun aus dieser Gegebenheit wirklich und glaubwürdig das entwickeln, was geboten ist.", Heinemann, in: Verhandlungen des Deutschen Bundestages, 3. Wahlperiode 1957, Stenographische Berichte, Bd.39, 9. Sitzung, 23. Januar 1958, S.404 (C).

[479]Michaltscheff, 1994, S.197; Rupp, 1981, S.123.

[480]Heinemann, in: Verhandlungen des Deutschen Bundestages, 3. Wahlperiode 1957, Stenogra-

Regierungspartei, vor allem aber mit der Frage nach der christlichen Verantwortung in der Politik. Heinemann beanstandete, daß die CDU ihre politischen Feldzüge gegen den Kommunismus mit dem Atheismus-Vorwurf religiös überhöhte und die atomare Bewaffnung gegen einen Angriff aus dem Osten zur Glaubensfrage hochstilisierte [481]: „In der Nummer vor der Wahl, der Nummer vom August 1957, war eine Zuschrift zu lesen, wonach der Westen ja noch eine Waffe gegen das Untier im Osten habe und diese Waffe die aufhaltende Macht im Sinne des zweiten Thessalonicherbriefes gegen die Antichristen sei. ..., verehrte Freuden von der CDU und dem evangelischen Teil darin, sorgen Sie doch dafür, daß solche Klänge endlich verschwinden. Es geht nicht um Christentum gegen Marxismus. ... Es geht um die Erkenntnis, daß Christus nicht gegen Karl Marx gestorben ist, sondern für uns alle.“ [482] Heinemann rief dazu auf, statt des Kriegsrisikos das „Risiko friedlicher Begegnungen und Auseinandersetzungen einzugehen“. [483] Im Gegensatz zu Adenauers Konzeption sei die politische Aufgabe der Westdeutschen nach dem Krieg eine doppelte gewesen, „nämlich das harte, das unerschütterliche Nein zum totalitären System zu verbinden mit dem Ja zur Nachbarschaft zu den totalitär regierten Ostvölkern. Das müssen wir miteinander fertigbringen, dieses Nein und gleichzeitig dieses Ja. Ich habe dem Herrn Bundeskanzler nie und in keinem Augenblick vorgeworfen, daß er mit den westlichen Nachbarn einen Ausgleich betrieb. Das war unerläßlich. Aber ich habe ihm immer vorgeworfen und tue es auch in dieser Stunde, daß er mit diesem westlichen Ausgleich neue Ostfeindschaft verbunden hat ....“ [484] Nicht die Sozialdemokratie werden den Untergang Deutschlands herbeiführen [485], so Heinemann weiter. „Der Untergang Deutschlands – das ist unsere Sorge – kann kommen, wenn nicht endlich wenigstens mit dem Wettrüsten Schluß gemacht wird“ [486]. Heinemann warnte die Bundesregierung nachdrücklich vor einer Ausrüstung der Bundeswehr mit atomaren Waffen [487], indem er appellierte: „Jedes Risiko ist geringer als das Risiko des Krieges!“ [488]

---

phische Berichte, Bd.39, 9. Sitzung, 23. Januar 1958, S.404 (D).

[481] Stölken-Fitschen, 1995, S.256.

[482] Heinemann, in: Verhandlungen des Deutschen Bundestages, 3. Wahlperiode 1957, Stenographische Berichte, Bd.39, 9. Sitzung, 23. Januar 1958, S.404 (A).

[483] Heinemann, in: ebenda., S.406 (C).

[484] Heinemann, in: ebenda., S.404 (A, B).

[485] So hatte Adenauer die Deutschen im Bundestagswahlkampf vor einem Sieg der SPD gewarnt, Schwarz, Hans Peter (Hrsg.), Konrad Adenauer. Reden 1917-1967. Eine Auswahl, Stuttgart 1975, S.366.

[486] Heinemann, in: Verhandlungen des Deutschen Bundestages, 3. Wahlperiode 1957, Stenographische Berichte, Bd.39, 9. Sitzung, 23. Januar 1958, S.406 (D).

[487] „Ich appelliere hier ... an Sie mit der Frage, ob oder wie Sie glauben, verantworten zu können, auf Massenvernichtungsmittel zuzuschreiten .... Sie werden nicht etwa mit dem Satz durchkommen, daß eine solche atomare Bewaffnung zwangsläufig sei, weil andere Mächte, weil die Sowjetunion solche Massenvernichtungsmittel besitze. ‚Zwangsläufig‘ - das ist eine atheistische Denkkategorie! ... Es wird auch nicht gelingen, die Menschen hierzulande an die Massenvernichtungsmittel einfach zu gewöhnen, so wie man ihnen die Aufrüstung nach 1950 angewöhnt hat.“, Heinemann, in: ebenda., S.406 (A, B).

[488] Heinemann, in: ebenda., S.406 (C).

Die beiden Attacken trafen die CDU/CSU-Fraktion ziemlich unvorbereitet und keinem ihrer nachfolgenden Redner, die das Podium in dem Versuch die Offensive wiederzuerlangen betraten, gelang es durch Entkräftung zumindest eines Teil der Argumente der beiden Redner den Schaden wiedergutzumachen. Der Sozialdemokrat Dr. Mommer konnte am Ende der Sitzung unwidersprochen feststellen, die Regierung habe „heute in einer der größten Redeschlachten, die wir in diesem Hause gehabt haben, eine große Niederlage erlitten.“ [489] Die Dehler-Rede wurde ebenso wie der im Tenor ähnliche Wortbeitrag von Heinemann von der Presse in den nächsten Wochen begeistert aufgegriffen, hatten sie doch Abwechslung in die Berichterstattung über den gewöhnlichen grauen Parlamentsalltag gebracht. Laut Meinungsumfragen hatte die Debatte in nicht unerheblichem Maße einen Anstieg der Sympathiekurve für die Oppositionsparteien [490] zur Folge. [491]

Heinemann hatte den wunden Punkt in der Argumentation der Christdemokraten getroffen: Trotz aller gegenteiligen Beteuerung von CDU-Politikern im Bundestag lief die Politik der Bundesregierung letztendlich auf eine Abwägung zwischen Kommunismus und Atomkrieg hinaus. Auch der wiederholte Hinweis auf die nun einmal bestehende Einbindung in die NATO-Struktur und die sich schon daraus ergebende Verpflichtung zur Übernahme der vom Bündnis beschlossenen Verteidigungsdoktrin blieb demgegenüber fadenscheinig. Die Regierung setzte allein auf die militärische Abschreckungswirkung der NATO-Nuklearstrategie und die vage Hoffnung, daß die Androhung des atomaren Vergeltungsschlages die Welt der freiheitlichen Demokratie vor dem totalitären Kommunismus bewahren würde [492]. Dahinter versteckte sich die unausgesprochene Bereitschaft, bei einem Versagen der Abschreckung auch den Atomkrieg als Option zu akzeptieren. Nach Auffassung von Stölken-Fitschen fehlte zu diesem Zeitpunkt ein die militärische Abschreckung ergänzendes Konzept von Entspannungspolitik, das auf politischer Ebene mögliche Konfliktursachen zwischen den Blöcken abfangen würde: „Wenn es nicht vorher gelänge, das kommunistische Feindbild abzumildern und den Konflikt zwischen den antagonistischen Mächten in Richtung einer Politik der Entspannung zu beenden, stellte man die westliche

---

[489] Mommer, in: Verhandlungen des Deutschen Bundestages, 3. Wahlperiode 1957, Stenographische Berichte, Bd.39, 9. Sitzung, 23. Januar 1958, Verhandlungen, S.418 (B).

[490] Nach Repräsentativerhebungen des Emnid-Instituts im monatlichen Abstand zu der Frage „Welche der heutigen Parteien ist Ihnen am sympatischsten?“ sank der CDU/CSU-Anteil vom Dezember 1957 bis zum Februar 1958 von 39% der befragten Personen auf 34%, während der SPD- und FDP-Anteil im gleichen Zeitraum von 29% auf 31% bzw. von 5% auf 7% anstieg, vgl. Emnid-Informationen, Nr.5/1958 und 10/1958.

[491] Rupp, 1984, S.123f.

[492] Beispielsweise erklärte Außenminister von Brentano in seiner Rede am 23. Januar 1958: „Die Staaten der freien Welt, die sich in diesem Bündnis zusammengeschlossen haben, müssen ihre Stärke erhalten und ausbauen, um mit der Entwicklung in der unfreien Welt Schritt zu halten. ...Wenn wir uns zu der Freiheit des Menschen und der Nation bekennen, dann müssen wir auch den Mut und die Entschlossenheit zeigen, jedem entgegenzutreten, der es etwa unternehmen könnte, diese Freiheit anzutasten.“, Brentano, in: Verhandlungen des Deutschen Bundestages, 3. Wahlperiode 1957, Stenographische Berichte, Bd.39, 9. Sitzung, 23. Januar 1958, S.298 (D)-299 (A).

Gesellschafts- und Werteordnung in letzter Konsequenz eben doch über den Frieden und den Erhalt des Menschengeschlechts.“ [493]
Jedoch müssen sich auch die moralischen und christlichen Konzepte einer kritischen Reflexion unterziehen lassen, denn wer die Bombe selbst nur in Kategorien ihres Einsatzes betrachtet, übersieht die politischen Wirkungskräfte der atomaren Abschreckung. In der Argumentation der SPD spielten erstaunlicherweise sicherheitspolitische und militärstrategische Faktoren nur eine geringe Rolle, obwohl die gültige Nuklearstrategie der NATO und ihre Auswirkungen für die deutsche Sicherheitspolitik genug Ansatzpunkte für eine Kritik geboten hätten. Sie hielt an der Idee eines kollektiven Sicherheitssystems in Europa fest, ohne die bereits existierende miltärstrategische Eingebundenheit der Bundesrepublik in das nordatlantische Verteidigungsbündnis zu berücksichtigen. Zur gleichen Zeit vollzog die USA bereits einen Wandel ihrer Militärstrategie weg von der massiven Vergeltung durch strategische Atomwaffen hin zu dem Konzept der „abgestuften Vergeltung“. [494]

3.2.5.3 Die Bundestagsdebatte vom 20.-25. März 1958

Nicht überraschend suchte die Regierung eine Revanche für die rhetorische Niederlage vom 23. Januar und verlangte eine neue außenpolitische Debatte, die im März stattfinden sollte. Als deren Anfangstermin wurde 20. März gewählt [495]. Die Bundesregierung drängte vor allem deshalb auf das baldige Ansetzen einer außenpolitischen Debatte, da für Mitte April eine Konferenz der Verteidigungsminister in Paris geplant war, auf der die entsprechenden Stellen der NATO gemäß einem Beschluß der NATO-Regierungschefs vom Dezember 1957 ein Dokument vorlegen sollten, in dem konkrete Empfehlungen für die Verwendung derjenigen Waffen auszusprechen waren, die nach den Dezemberbeschlüssen von Paris der gemeinsamen Verteidigungsplanung in Europa zugrundegelegt werden sollten. [496] Adenauer verlangte vom Bundestag eine grundsätzliche Stellungnahme zu diesen Fragen, um Verteidigungsminister Strauß mit einer klaren Weisung des Parlaments in die Pariser Beratungen der Konferenz der Verteidigungsminister der NATO entsenden zu können [497]. Er berichtigte damit schon sechs Monate nach dem Sieg seiner Partei bei der

[493]Stölken-Fitschen, 1995, S.257.

[494]Ebenda., S.258.

[495]Die Debatte sollte ursprünglich Anfang März nach der Rückkehr des Kanzlers aus dem Frühjahrsurlaub stattfinden, und der Ältestenrat hatte schon den 12. März in Betracht gezogen. Der Anfangstermin der Debatte wurde jedoch auf Drängen außenpolitischer Experten der Unionsfraktion und auf Antrag des außenpolitisch engagierten Bundestagspräsidenten Gerstenmaier auf den 20. März verschoben, Rupp, 1984, S.149f. Der SPD wäre eine Vertagung bis nach Ostern (6./7. April) noch mehr entgegengekommen, um wie von bürgerlicher Seite angenommen wurde, „die Wirkung ihrer Ende März beginnenden Kundgebungen gegen den ‚Atomtod‘ ab[zu]warten“, Frankfurter Allgemeine Zeitung, 10. März 1958 („Außenpolitische Debatte schon am 20. März“).

[496]Pöttering, 1975, S.176.

[497]„Wenn unser Verteidigungsminister am 16. April in der Konferenz der Verteidigungsminister in Paris zu all diesen Fragen Stellung nehmen soll, dann muß er und muß die Bundesregierung wissen, wie der Bundestag in seiner Mehrheit darüber denkt. Das ist der zwingende Grund,

Bundestagswahl seine Prognose vom Mai 1957, daß die Ausrüstung der Bundeswehr mit modernen Waffen „erst in zwei, drei Jahren spruchreif" sein würde [498].

Schon die ersten Stunden dieser sich auf vier Tage (20., 21., 22. und 25 März) erstreckenden Redeschlacht, deren äußerer Anlaß die Große Anfrage der Unionsfraktion an die Bundesregierung zur Behandlung der Deutschlandfrage auf künftigen internationalen Konferenzen bildete [499], zeigten, wie sehr Verteidungsfragen zum Spielball der Innenpolitik geworden waren. Eine sachliche Diskussion war zu diesem Zeitpunkt bereits nicht mehr möglich, da die Debatte während der Anti-Antomkampagne stattfand [500]. Das Regierungslager versuchte, die führende Oppositionspartei einer Art militärisch-politischen Inquisition zu unterziehen. [501] Allerdings wurde von keinem ihrer Sprecher die Ausrüstung der Bundeswehr mit nuklearen Waffen gefordert. Stattdessen betonten alle die Notwendigkeit einer sich ausbalancierenden Abrüstung, eines Friedenvertrages sowie der Umkehrung der Rüstungsspirale durch Verhandlungen. [502]
Bundeskanzler **Adenauer** [503] hatte von vornherein keinen Widerspruch duldend die Behauptung als Prämisse gesetzt, die anstehende Frage der Atombewaffnung sei gleichbedeutend mit der Frage, ob die Bundesregierung in der NATO bleiben wolle oder nicht [504]. Verteidigungsminister **Strauß** [505] führte wie in der großen Bundestagsdebatte des Vorjahres die atomare Ausrüstung der Bundeswehr sofort wieder auf die politische und militärische Ebene zurück. In einer provokanten Bundestagsrede hob er hervor: „Wir wollen keine Ausstattung einer deutschen Armee mit taktischen Atomwaffen, wir wollen keine

warum wir diese Aussprache in diesen Tagen haben müssen.", Adenauer, in: Verhandlungen des Deutschen Bundestages, 3. Wahlperiode 1957, Stenographische Berichte, Bd. 40, 21. Sitzung, 25. März 1958, S.1100 (B).

[498]Adenauer, in: ebenda., 2. Wahlperiode 1953, Stenographische Berichte, Bd.36, 209. Sitzung, 10. Mai 1957, S.12130 (D).

[499]Verhandlungen des Deutschen Bundestages, 3. Wahlperiode 1957, Stenographische Berichte, Bd. 40, 18. Sitzung, 20. März 1958, S.823.

[500]Am 10. März war der Aufruf des Arbeitsausschusses „Kampf dem Atomtod" an die Öffentlichkeit gegeben worden, dessen Unterzeichnerliste eine große Anzahl bekannter Persönlichkeiten des öffentlichen Lebens aufwies, vgl. Kapitel 3.2.6.2. Die Erregung über die atomare Ausrüstung der Bundeswehr verschärfte sich noch, als bekannt wurde, daß ein amerikanischer Düsenbomber vom Typ B-47 auf einem Übungsflug über der Ostküste der USA eine Atombombe verloren hatte. Die Kernladung war zwar nicht explodiert, aber immerhin wurden durch die Explosion der Zündladung sechs Personen verletzt, Die Welt, 13. März 1958 („Atombombe fiel in ein amerikanisches Dorf").

[501]Cioc, 1990, S.510; Rupp, 1984, S.150.

[502]Cioc, 1988, S.49.

[503]Adenauer, in: Verhandlungen des Deutschen Bundestages, 3. Wahlperiode 1957, Stenographische Berichte, Bd.40, 18. Sitzung, 20. März 1958, S.840 (C)-847 (C).

[504]„Wenn es die strategische Planung der NATO – die wir natürlich nachprüfen müssen und nachprüfen werden – verlangt, daß auch wir, die Bundesrepublik, von dieser Fortentwicklung der Waffentechnik Gebrauch machen, und wenn wir uns dann weigern, das zu tun, scheiden wir damit aus der NATO aus.", Adenauer, in: ebenda., S.843(B).

[505]Strauß, in: ebenda., S.861 (B)-880 (B).

Produktion dieser Atomwaffen, wir sind gegenüber jedem Verbot von Atomwaffen auf der Basis der Kontrolle und der Gleichgewichtigkeit der konventionellen Kräfte aufgeschlossen. Unsere Verbündeten haben freie Hand, auch im Namen Deutschlands diese Erklärungen abzugeben. Wir sind aber nicht gewillt, das Potential der Verteidigung durch unser Nein so zu schwächen, daß daraus der Angreifer die Hoffnung schöpfen könnte, eines Tages Europa ohne das Risiko eines Dritten Weltkrieges in seine Hand zu bekommen.“ [506] Die Bundeswehr brauche eine Luftverteidigung, argumentierte Strauß, weil die Sowjetunion in der Lage sei, Wasserstoffbomben auf Zentraleuropa mittels Überschallbomber abzuwerfen [507]. Darüber hinaus seien auch für deutsche Soldaten atomar einsetzbare Waffensysteme unerläßlich, da der Ostblock schließlich auch über solche Waffen verfüge. Seine Begündung faßt die Position der Bundesregierung zusammen: „...damit, daß man die Existenzberechtigung einer Waffe in den eigenen Händen bestreitet, den Händen derer, die sich ihrer Verantwortung bewußt sind, schafft man sie in den Händen eines potentiellen Aggressors doch nicht aus der Welt! Es ist nicht einzusehen, warum die Waffen in den Händen der Sowjetrussen harmloser und weniger gefährlich sein sollen, als in unseren eigenen Händen, die wir nur um unser nacktes Leben und um die Behauptung unserer Freiheit ringen.“ [508] Die SPD griff er mit der für sie damals ziemlich unangenehmen Frage an: „Wie stehen Sie eigentlich praktisch zur Landesverteidigung?“ [509]

Der Strauß antwortende sozialdemokratische Redner, **Fritz Erler**, konterte denn auch auf dessen Frage in verständlicher Erregung [510] mit dem Paukenschlag: „Als ich vorhin nachdenklich auf meinem Platz saß und spürte: Hier wird also heute in diesem Hause um die Atombewaffnung der Bundeswehr gerungen, da trat in meine Erinnerung eine

---

[506]Strauß, in: ebenda., S.879 (D)-880 (A).

[507]Strauß, in: ebenda., S.877 (B).

[508]Strauß, in: ebenda., S.875 (C, D).

[509]Strauß, in: ebenda., S.877 (C). Hinsichtlich dieser Fragestellung hatten sich die Sozialdemokraten nämlich noch einige Wochen zuvor in heftigen innerparteilichen Auseinandersetzungen befunden. Durch Indiskretion war die Studie eines SPD-Verteidigungsexperten an die Öffentlichkeit gelangt, in der behauptet wurde, daß die atomare Aufrüstung der Bundeswehr zwischen den Parteien in kurzer Zeit keinen Streitpunkt mehr darstellen werde, da aufgrund der technischen Entwicklung bald auch konventionelle Geschütze in der Lage seien würden, atomare Munition zu verschießen. Weiterhin sei eine effektive Boden-Luftabwehr mit Raketen ohne atomaren Sprengkopf zukünftig nicht mehr denkbar. Da diese Thesen zur offiziellen SPD-Linie in diametralem Widerspruch standen, stießen sie auf entsprechend empörte Ablehnung bei der Mehrheit in Parteivorstand und Fraktion. In einigen Pressekommentaren wurde vermutet, dies sei der Versuch einiger führender Parteimitglieder, ihre sicherheitspolitischen Vorstellungen durchzusetzen. Mit diesen wurden Namen wie Fritz Erler, Helmut Schmidt, Herbert Wehner und Carlo Schmid als sogenannte „Reformer“ in Verbindung gebracht; die ersten beiden distanzierten sich jedoch vor der Bundestagsfraktion von der Studie. Parteiintern wurde diese Angelegenheit zunächst vertagt, Wilker, 1977, S.79f.

[510]Neben der provozierenden Rede von Strauß spielte in der Reaktion von Erler bei der Bundestagsdebatte wohl auch eine Rolle, daß er sich durch das außerparlamentarische Engagement des linken Flügels der Partei in der „Kampf-dem-Atomtod“-Bewegung von diesem überholt sah und deshalb laut Schwarz, 1983, S.53, das Heil in schärfsten Angriffen auf die Regierung suchte.

für unser Volk einstmals schreckliche Lage, als ein Mann, den wir alle als Verderber der Nation kennen, vor eine große Kundgebung in der damaligen Reichshauptstadt trat und sagte: Wollt ihr den totalen Krieg?" [511] Daraufhin verließen die meisten Abgeordneten der CDU/CSU unter Protest das Plenum und kehrten erst nach Ende der Rede zurück. [512] Der spätere FDP-Pressereferent Wolfgang Schollwer zeigte in seinen Aufzeichnungen Verständnis für Erlers Erregung: „Aber war das wirklich so weit hergeholt? Man muß diesen Strauß in Aktion sehen, um wieder das Fürchten zu lernen. Vor allem, wenn ihn dabei die Jubelstürme seiner Parteifreunde umbrausen, sobald der Bayer seine Politik des ‚Immer-feste-druff' vom Rednerpult herausschreit. Man kann es Erler nicht verdenken, wenn ihm nach der Straußtirade Erinnerungen an Goebbels-Sportpalastrede im Frühjahr 1943 kommen und dessen ‚Wollt ihr den totalen Krieg? '" [513]

Der FDP-Vorsitzende **Reinhold Maier** formulierte am Nachmittag des gleichen Tages eine ähnliche Replik und erntete damit ebenfalls lebhaften Protest der Unionsparteien: „...dem Herrn Bundesverteidigungsminister würde ich kein Feldgeschütz anvertrauen; denn wer so spricht wie der Herr Bundesverteidigungsminister, der schießt auch. Das war sogar nicht mehr die Rede eines Staatsmannes, sonder das war eine Rede vom Krieg und war Kriegsgeschrei. ... heute haben wir hier nicht den Verteidigungsminister einer eben in der Aufrüstung begriffenen Bundesrepublik gehört, sondern wir haben den Reichskriegsminister gehört. Und es ist die Rede gewesen von Größenwahn: das war nicht mehr die Sprache eines friedlichen Staatswesens, sondern das war die Sprache eines hochgerüsteten Militärstaates." [514]

Die parlamentarische Auseinandersetzung hatte demnach bereits am ersten Tag die Entwicklung „zu der leidenschaftlichsten Debatte, die der Bundestag bisher erlebt hatte" [515], genommen und wies eine Siedehitze auf, die die gesamte viertägige Redeschlacht kennzeichnen sollte. Einzelne Abgeordnete traten in diesen Tagen offenbar allein zu dem Zweck an das Podium, um den Gegner als Bedrohung Deutschlands oder der Demokratie zu verunglimpfen. Die Debatten arteten zum Teil in Schreiwettbewerbe zwischen CDU/CSU- und SPD-Abgeordneten aus, die von ihren Sitzen beleidigende Zwischenrufe austauschten und Obszönitäten schrien. Daneben trug die Debatte durch Lifeübertragung im Rundfunk auch in starken Maße zur Emotionalisierung der außenpolitischen Diskussion in der Bevölkerung bei. [516]

---

[511] Erler, in: Verhandlungen des Deutschen Bundestages, 3. Wahlperiode 1957, Stenographische Berichte, Bd.40, 18. Sitzung, 20. März 1958, S.880 (D).

[512] Verhandlungen des Deutschen Bundestages, 3. Wahlperiode 1957, 18. Sitzung, 20. März 1958, S.880 (D), S.293 (A).

[513] Schollwer, 1990, S.44.

[514] Maier, in: Verhandlungen des Deutschen Bundestages, 3. Wahlperiode 1957, Stenographische Berichte, Bd.40, 18. Sitzung, 20. März 1958, S.895 (D).

[515] Pöttering, 1975, S.177f. Diese Hyperbel hatte Schwarz bereits zur Kennzeichnung der vorhergehenden Debatte vom 23. Januar 1958 verwendet, vgl. Kapitel 3.2.5.2, S.129, Fußnote 451.

[516] Cioc, 1988, S.62; ders., 1990, S.590; Rupp, 1984, S.151f.

Schollwer kommentierte denn auch die Debatte wie folgt: „Tags darauf [21. März 1958] glich der Bundestag vollends einem Hexenkessel. Nach einer provokatorischen Rede des DP-Abgeordneten Schneider aus Bremerhaven, die ständig durch wütende Zwischenrufe Wehners unterbrochen wurde, war es dem Bundestagspräsidenten kaum noch möglich, die Debatte einigermaßen in der Hand zu behalten. Wie besessen droschen die Redner aufeinander los. Heute vormittag hatte die Debatte schließlich solche Formen angenommen, daß Gerstenmaier die ‚Aussprache' unterbrach, um dem Plenum mitzuteilen: die Hörer am Radio schickten bereits Telegramme und bäten, nun ‚des grausamen Spiels genug sein zu lassen'. Doch am Dienstag geht diese Vernichtungsschlacht weiter ..." [517] Der Abgeordnete **Wolfgang Döring** von der FDP griff das Verhalten der Regierungspartei an: „Sobald nämlich jemand eine andere Meinung als die Christlich-Demokratische Union, als die Regierungspartei, hat, geht das Zetermordio los: ‚Neofaschisten, Nationalbolschewisten, Halbkommunisten, Ganzkommunisten, sowjethörig'. Wir kennen diese Litanei. Aber das wird uns nicht davon abhalten, etwas zu tun, was wir für nötig halten, nämlich uns dafür einzusetzen, daß in einer so heiklen Frage, wie sie hier zur Diskussion steht, der Versuch gemacht wird, objektiv den Sachverhalt zu klären." [518]
Der junge SPD-Verteidigungsexperte **Helmut Schmidt** [519], der in diesen Monaten sein Debüt im Bundestag gab und mit scharfen Reden gegen die Regierung hervorgetreten war, hielt die provozierendste Rede. [520] Er warf den CDU/CSU-Abgeordneten blinden Gehorsam gegenüber dem Kanzler vor: „So lange Sie aber den Kanzler haben, sind Sie vor der Notwendigkeit des Nachdenkens bewahrt. Er denkt für euch alle, und wie logisch und wie einfach und wie primitiv!" [521] Strauß nannte er einen „machtbessenen" [522] und gefährlichen Mann [523]. Darüber hinaus beanstandete er die Doppeldeutigkeit und den „deutsch-nationalen Größenwahn" [524] des Regierungslagers: „... wenn Sie vom Abendland reden, meinen Sie die NATO, nichts als die NATO und nur die NATO .... Und wenn Sie von der Einigkeit der NATO reden, meinen Sie Atombomben für die Bundeswehr. Und wenn Sie von Atomwaffen für Ihre Bundeswehr sprechen, meinen Sie die militärische Macht und die Macht um ihrer selbst willen." [525] Schmidts Rede gipfelte in folgendem scharfen Angriff auf die CDU/CSU-Abgeordneten, von denen einige der Weimarer Zentrumspartei angehört hatten: „Ihre Zustimmung zu dem Ermächtigungsgesetz hat uns wie viele Millionen anderer später auf die Schlachtfelder Europas geführt und in die Keller

[517] Schollwer, 1990, S.44f.

[518] Döring, in: Verhandlungen des Deutschen Bundestages, 3. Wahlperiode 1957, Stenographische Berichte, Bd.40, 19. Sitzung, 21. März 1958, S.990 (D).

[519] Schmidt, in: ebenda., 20. Sitzung, 22. März 1958, S.1037 (A)-1048 (B).

[520] Cioc, 1988, S.62f.; Schwarz, 1983, S.53.

[521] Schmidt, in: Verhandlungen des Deutschen Bundestages, 3. Wahlperiode 1957, Stenographische Berichte, Bd.40, 20. Sitzung, 22. März 1958, S.1039 (D)-1040 (A).

[522] Schmidt, in: ebenda., S.1045 (C).

[523] Schmidt, in: ebenda., S.1044 (C).

[524] Schmidt, in: ebenda., S.1048 (B).

[525] Schmidt, in: ebenda., S.1043 (D)-1044 (A).

unserer Städte, Millionen in die KZ und deren Todeskammern." [526] Aus der Vergangenheit zog der Abgeordnete folgende Schlußfolgerungen für die Zukunft: „Wir sagen dem deutschen Volke in voller, ernster Überzeugung, daß der Entschluß, die beiden Teile unseres Vaterlandes mit atomaren Bombe gegeneinander zu bewaffnen, in der Geschichte einmal als genauso schwerwiegend und verhängnisvoll angesehen werden wird, wie es damals das Ermächtigungsgesetz für Hitler war." [527]

Der nachfolgende CDU-Redner **Kurt Georg Kiesinger** bezeichnete denn auch Schmidts Rede als einen einzigen „Schmutzkübel" [528].

Die Erregung auf der linken Seite war vor allem aus psychologischer Sicht verständlich [529]:

- Zum einen mußte es die Sozialdemokraten frustrieren, daß sie auf Entscheidungen in der als Grundsatzfrage angesehenen „Atombewaffnung", bei der sie sich in Übereinstimmung mit der überwältigenden Mehrheit der westdeutschen Bevölkerung wähnten, ohne Einfluß waren.
- Zum anderen verstärkte das zeitlich ungefähre Zusammenfallen der Redeschlacht mit dem 25. Jahrestag der Ermächtigungsdebatte dieses Frustrationserleben noch durch das Gefühl, wieder einmal vergeblich gegen heraufziehendes Unheil anzukämpfen.

In der Atomwaffenfrage selbst brachte die parlamentarische Auseinandersetzung jedoch kaum neue Erkenntnisse. Beide Seiten schlugen sich die inzwischen wohlbekannten Argumente um die Ohren, ohne einer Übereinstimmung näher zu kommen. Zudem hatte sich in der jeweiligen außen- und wehrpolitischen Konzeption der Regierungsparteien und der Opposition seit dem Jahr zuvor nichts verändert. Da SPD und FDP aber unter allen Umständen eine endgültige Entscheidung über die atomare Ausrüstung der Bundeswehr verhindern wollten, befürworteten sie eine Fortdauer der Debatte. Auch hoffte die Opposition durch die Diskussion im Bundestag selbst sowie mit der großen Kundgebung „Kampf dem Atomtod" in Frankfurt am Main am 23. März an einem der beiden sit-

[526] Schmidt, in: Verhandlungen des Deutschen Bundestages, 3. Wahlperiode 1957, Stenographische Berichte, Bd.40, 20. Sitzung, 22. März 1958, S.1040 (D).

[527] Schmidt, in: ebenda., S.1041 (B, C). Rupp, 1984, S.152, Fußnote 793, hat die Teilnehmer dieser Debatte mit denen der Reichstagsdebatte über das Ermächtigungsgesetz verglichen und kommt zu folgendem Ergebnis: In den Reihen der CDU saßen 1957 fünf Abgeordnete, die 1933 für das Gesetz gestimmt hatten, die Abgeordneten Paul Bausch, Paul Gibbert, Dr. Heinrich Krone, Ernst Lemmer und Frau Helene Weber. Ebenso hatte auch der FDP-Vorsitzende Dr. Reinhold Maier, der jetzt gegen die „Atombewaffnung" eintrat, für das Ermächtigungsgesetz gestimmt. Dagegen befanden sich unter den Abgeordneten der SPD noch vier, die im Reichstag gegen das Ermächtigungsgesetz gestimmt und danach den Weg in Emigration, Illegalität oder KZ angetreten hatten: Prof. Dr. Fritz Baade, Josef Felder, Kurt Pohle und Heinrich Ritzel.

[528] Kiesinger, in: Verhandlungen des Deutschen Bundestages, 3. Wahlperiode 1957, Stenographische Berichte, Bd.40, 20. Sitzung, 22. März 1958, S.1041 (B, C).

[529] Rupp, 1984, S.152.

zungsfreien Tagen des Bundestages [530], die öffentliche Meinung nachhaltig beeinflussen zu können. [531] Auf Seiten der SPD hatte die Debatte noch einmal die unterschiedlichsten Ablehnungsmotivationen erkennbar gemacht [532]: Bei Erler standen relativ nüchtere Erwägungen zum militärstrategischen Sinn einer Verteidigung mit taktischen Atomwaffen und zu deren Opportunität im Kontext intensiver Bemühungen um regionale Abrüstung im Vordergrund [533], bei Heinemann moralisch-religiöse Beweggründe [534] und bei dem juristischen Experten der SPD-Fraktion, Adolf Arndt, ein ganzes Knäul abrüstungs- und wiedervereinigungspolitischer sowie sittlicher-humaner Aspekte [535]. Ollenhauer erklärte im Namen seiner Fraktion, die Haltung der Bundesregierung drohe einen „nationalen Notstand" herbeizuführen [536], und Helmut Schmidt verstieg sich sogar in einem Vergleich mit dem Ermächtigungsgesetz von Hitler [537]. Starke Gruppen innerhalb der SPD befanden sich nun auf einem ziemlich neutralistischen Kurs. Die langsame Hinwendung der Sozialdemokraten zu realistischen Positionen in der Militärpolitik schien wieder rückgängig gemacht. [538]

Die parlamentarische Auseinandersetzung endete am 25. März 1958. [539] Der Bundestag stimmte mit Mehrheit für eine Ausrüstung der Bundeswehr mit nuklearen Trägerwaffen, indem er dem Entschließungsantrag der Regierungsfraktionen CDU/CDU und DP, der die von Adenauer seit 1949 betriebene Außenpolitik verteidigte, während er die Großmächte zu Verhandlungen über allgemeine Abrüstung und Rüstungskontrolle aufforderte, seine Zustimmung erteilte. Die Niederlage der SPD, die gegen den Antrag gestimmt hatte, erschien noch größer, da sich die FDP in ihrer Mehrheit der Stimme enthalten hatte. [540] Der für die Bündnispolitik der Regierung wichtige Abschnitt lautete:

---

[530] Vgl. Kapitel 3.2.6.4.

[531] Görlich, 1965, S.78f.

[532] Klotzbach, Kurt, Der Weg zur Staatspartei: Programmatik, praktische Politik und Organisation der deutschen Sozialdemokratie 1945-1965, Berlin [u.a.] 1982, S.469f. (im folgenden zitiert als: Klotzbach, 1982).

[533] Verhandlungen des Deutschen Bundestages, 3. Wahlperiode 1957, Stenographische Berichte, Bd.40, 18. Sitzung, 20. März 1958, S.883, S.886; ebenda., 21. Sitzung, 25. März 1958, S.1120.

[534] Heinemann, in: ebenda., 21. Sitzung, 25. März 1958, S.1063ff.

[535] Arndt, in: ebenda., 18. Sitzung, 20. März 1958, S.858ff.

[536] Ollenhauer, in: ebenda., 21. Sitzung, 25. März 1958, S.1151 (A).

[537] Schmidt, in: ebenda., 20. Sitzung, 22. März 1958, S.1041 (B, C).

[538] Cioc, 1990, S.590; Rupp, 1984, S.152; Schwarz, 1983, S.53

[539] Die CDU/CSU-Fraktion war nach dem Wochenende um eine möglichst rasche Beendigung der Debatte bemüht, da sie befürchtete, daß eine weitere Ausdehnung der Diskussion angesichts der überwiegend negativen Einstellung der Bevölkerung zur atomaren Aufrüstung der Bundeswehr ausschließlich der Opposition zu gutekommen und darüber hinaus die Geschlossenheit der eigenen Reihen gefährden würde. Sie setzte deshalb einen Geschäftsordnungsantrag durch, der eine Beschränkung der weiteren Redezeit auf acht Stunden vorsah, Rupp, 1984, S.156.

[540] Cioc, 1988, S.49; Haftendorn, 1986, S.169; Pöttering, 1975, S.176.

„Der Bundestag stellt fest, daß die Bundeswehr lediglich der Erhaltung des Friedens und der Verteidigung dient. Darum fordert er die Bundesregierung auf, bis zum Zustandekommen eines allgemeinen Abrüstungsabkommens den Aufbau der deutschen Landesverteidigung im Rahmen der Nordatlantischen Verteidigungsgemeinschaft fortzusetzen. In Übereinstimmung mit den Erfordernissen dieses Verteidigungssystems und angesichts der Aufrüstung des möglichen Gegners müssen die Streitkräfte der Bundesrepublik mit den modernsten Waffen so ausgerüstet werden, daß sie den von der Bundesrepublik übernommenen Verpflichtungen im Rahmen der NATO zu genügen vermögen und den notwendigen Beitrag zur Sicherung des Friedens wirksam leisten können.“ [541]

In gewisser Hinsicht wies diese Resolution ähnlich wie der 1979 von der NATO verabschiedete Entschluß [542] die Form eines „Doppelbeschluß“ auf, da eine Abrüstungsinitative mit einer nuklearer Modernisierung im Falle des Scheiterns der Verhandlungen verknüpft wurden. [543]
Die Interpretation dieses Antrages durch den außenpolitischen Sprecher der CDU/CSU-Fraktion **Kurt Georg Kiesinger**, daß „der Akzent auf der Frage einer allgemeinen kontrollierten Abrüstung“ liege und die Bundeswehr nur mit „modernsten“ Waffen ausgerüstet werden sollte, falls eine allgemeine kontrollierte Abrüstung nicht zustande komme [544], konnte nicht darüber hinwegtäuschen, daß die Entscheidung für eine Ausrüstung der Bundeswehr mit den „modernsten“ Waffen doch einen relativ unwiderruflichen Charakter besaß, da weder Verhandlungen über ein allgemein kontrolliertes Abrüstungsabkommen noch eine Wiederaufnahme der moribunden Londoner Abrüstungskonferenz geplant waren. Mit der Annahme des Antrages sprach sich der Bundestag gleichzeitig gegen den Rapacki-Plan aus, da sich die Verwirklichung des Antrags und die Realisierung einer atomwaffenfreien Zone in Mitteleuropa gegenseitig ausschlossen. [545]

Infolgedessen lehnte die Parlamentsmehrheit von CDU/CSU und DP [546] alle Anträge der Opposition von SPD und FDP, die auf den Verzicht der Ausrüstung der Bundes-

[541] Entschließungsantrag der Fraktionen der CDU/CSU, DP vom 25. März 1958, Anlage 10, Umdruck 41, in: Verhandlungen des Deutschen Bundestages, 3. Wahlperiode 1957, Stenographische Berichte, Bd.40, 21. Sitzung, 25. März 1958, S.1169 (B-D).

[542] Ab Herbst 1983 sollten Mittelstreckenraketen vom Typ Pershing I (Reichweite 720 km) durch Pershing II-Raketen (Reichweite 1.800 km) und Cruise Missiles (Reichweite 2.500 km) ersetzt werden, falls Verhandlungen der USA mit der Sowjetunion über die Verminderung ihres Potentials an Mittelstreckenraketen bis dahin scheitern sollten. Nachdem die sowjetisch-amerikanischen Verhandlungen bis November 1983 zu keinem entscheidenden Ergebnis geführt hatten, wurde in den europäischen NATO-Staaten mit der Aufstellung der Raketentypen begonnen. Die Sowjetunion brach daraufhin die Gespräche mit den USA ab, Haftendorn, 1986, S.232ff.

[543] Cioc, 1988, S.49.

[544] Kiesinger, in: Verhandlungen des Deutschen Bundestages, 3. Wahlperiode 1957, Stenographische Berichte, Bd.40, 21. Sitzung, 25. März 1958, S.1160 (B). Er wies zudem noch darauf hin, daß mit „modernen Waffen“ keine Wasserstoffbomben gemeint waren, ebenda., S.1160 (D).

[545] Cioc, 1988, S.49; Pöttering, 1975, S.176f.

[546] Die CDU/CSU-Fraktion zeigte eine erstaunliche Geschlossenheit, vor allem wenn man be-

wehr mit atomaren Waffen [547] bzw. auch nur auf einen befristeten Entscheidungsaufschub zielten [548], sowie ein Abkommen zur Schaffung einer atomwaffenfreien Zone forderten [549], in zum Teil namentlicher Abstimmung entweder ab oder verwies sie an den Auswärtigen Ausschuß. Auch die Forderung des FDP-Fraktionsvorsitzenden Mende nach einem „Programm des nationalen Notstandes", das von einer Allparteienregierung unter einem neuen CDU-Kanzler [550] - damit wurde indirekt für eine Ablösung Adenauers plädiert - getragen werden und u.a. Verhandlungen mit der polnischen Regierung über eine atomwaffenfreie Zone in Mitteleuropa zustande bringen sollte [551], konnte den Lauf der Dinge nicht mehr ändern. [552]

Damit fand eine der „heftigsten parlamentarischen Auseinandersetzungen überhaupt in der Geschichte der Bundesrepublik" [553] ihr vorläufiges Ende. Zwar hatte die Bundesregie-

---

denkt, daß einige Abgeordnete evangelischen Landeskirchen angehörten, die vor der atomaren Aufrüstung der Bundeswehr gewarnt hatten. Lediglich der Abgeordnete Peter Nellen, dem in der Folgezeit immer stärkere Gewissensbisse kamen und der schließlich zur SPD übertrat, stimmte nachweisbar mit den Oppositionsparteien für einen Antrag, der die allgemeine Verwerfung von Kernwaffen als Mittel der Kriegsführung durch den Bundestag und eine Initiative der Bundesregierung zur Konstituierung eines Clubs der Nichtatommächte forderte. Daneben stimmten aus der DP-Fraktion die Abgeordneten Eisenmann und Logemann für den SPD-Antrag auf Vertagung der Entscheidung bis zu einer Konferenz der Regierungschefs der Vereinigten Staaten und der Sowjetunion, Rupp, 1984, S.159f.

[547] „Die Bundesregierung wird ersucht, keinerlei Verpflichtungen einzugehen und keinerlei Maßnahmen zu treffen, die die Ausrüstung der Bundeswehr mit Atom- und Wasserstoff-Sprengkörpern, die Stationierung von Atomraketen und den Bau von Basen für diese Raketen zum Ziele haben.", Antrag der Fraktion der SPD vom 18. März 1958, Anlage 6, Umdruck 37, in: Verhandlungen des Deutschen Bundestages, 3. Wahlperiode 1957, Stenographische Berichte, Bd.40, 21. Sitzung, 25. März 1958, S.1168 (C, D).

[548] „Der Bundestag wolle beschließen: Die Frage, ob die Bundeswehr mit atomaren Massenvernichtungsmitteln üben oder ausgerüstet werden kann oder soll, soll zurückgestellt werden, bis die in Aussicht genommene Konferenz zwischen den Regierungschefs der Vereinigten Staaten von Amerika und der Sowjetunion stattgefunden hat. Von dem amerikanischen Angebot, 48 „Matador"-Raketen für die Bundeswehr zu erwerben, wird kein Gebrauch gemacht." Antrag der Fraktion der SPD vom 25. März 1958, in: ebenda., Anlage 12, Umdruck 43, S.1170 (B).

[549] Antrag der Fraktion der SPD vom 18. März 1958, in: ebenda., Anlage 7, Umdruck 38, S.1168 (D); Antrag der Fraktion der FDP vom 18. März 1958, in: ebenda., Anlage 3, Umdruck 34, S.1167 (D)-1168 (A).

[550] Die Formulierung lautete, „unter einem Bundeskanzler, der der stärksten Fraktion des Hauses entstammt und der den Willen und die Eignung für eine gemeinsame Deutschlandpolitik besitzt.", Mende, in: ebenda., S.1151 (C). Vermutlich war dabei an Bundestagspräsident Eugen Gerstenmaier gedacht worden, der sich in der Atomwaffenfrage nachdenklicher äußerte, vgl. Rupp, 1984, S.159, Fußnote 835.

[551] Mende, in: Verhandlungen des Deutschen Bundestages, 3. Wahlperiode 1957, Stenographische Berichte, Bd.40, 21. Sitzung, 25. März 1958, S.1151 (B, C).

[552] Pöttering, 1975, S.177; Rupp, 1984, S.159.

[553] Schwarz, 1983, S.53.

rung nun ihren Kurs festgelegt und folgte dem einmal eingeschlagenen Weg mit unbeirrter Konsequenz, in Wahrheit ging jedoch keine Seite als Sieger hervor. Die Zeitungen beurteilten die Debatte zumeist sehr kritisch. „Der Bundestag", schrieb beispielsweise Fritz René Allemann von der Zeit, „hat durch die Art wie er diese Aussprache geführt hat, sich selbst, das parlamentarische Regierungssystem und die Demokratie diskreditiert." [554] Seiner Ansicht nach haben die Abgeordneten des Bundestages „in diesen Tagen durch ihre Unbeherrschtheit der Demokratie mehr Schaden zugefügt als alle Verfassungsfeinde von links und rechts in ein paar Jahren." [555] Für Allemann war die Debatte nichts anderes „als die Fortsetzung des Wahlkampfes mit gröberen Mitteln." [556]

Die innenpolitische Debatte ging jedoch weiter: mit der von der SPD und den Gewerkschaften getragenen Protestbewegung „Kampf dem Atomtod" versuchte die Opposition, über die Mobilisierung der öffentlichen Meinung Druck auf die Regierung auszuüben, um diese zur Aufgabe ihrer Pläne zu veranlassen. [557]

3.2.6 Außerparlamentarischer Widerstand gegen die Atombewaffnung

Auch wenn das zum politischen Markenzeichen gewordene Kürzel „APO" den späteren sechziger Jahren vorbehalten bleiben soll, so ist doch festzuhalten, daß es seit Bestehen der Bundesrepublik in wechselnden Formationen und in unterschiedlicher Stärke stets eine heftige, in ihren Motiven sehr ernsthafte, außerparlamentarische Opposition gegeben hat, die alle großen außenpolitischen Entscheidungen begleitete [558]. Zwischen den verschiedenen außerparlamentarischen Bewegungen bestanden zwar punktuell personelle und programmatische Zusammenhänge, im wesentlichen aber formierten sich um neue Entscheidungen und Probleme immer wieder neue Oppositionsgruppen. Allerdings läßt sich auch der fast gesetzmäßig wirkende Mechanismus beobachten, daß in der Bevölkerung bereits verankerte Widerstände schnell abflauten und auf einen kleinen Kern von dezidierten Gegnern schrumpfte, sobald die politische Entscheidung im Parlament gefallen war. [559] Dies galt für die drei großen außerparlamentarischen Mobilisierungskampagnen gegen die Wiederbewaffnung in den Jahren 1950 bis 1955, dem Jahr der Einrichtung der Bundeswehr [560],

[554]Fritz René Allemann, „Wie sag ich's meinem Volke?", in: Die Zeit, 27. März 1958.

[555]Ebenda.

[556]Ebenda.

[557]Haftendorn, 1986, S.169.

[558]Dies belegt, daß die westdeutsche Gesellschaft gar nicht so unpolitisch war. Das Bild der Ära Adenauers als einer Zeit der politischen Anpassung und des „motorisierten Biedermeier" trifft zwar einen wesentlichen Zug der Zeit, weist aber zumindest für die zweite Hälfte dieser Zeit eher eine Schieflage auf, Kleßmann, 1988, S.158.

[559]Ebenda., S.158.

[560]Bredow, Wilfried von/Brocke, Rudolf H., Krise und Protest: Ursprünge und Elemente der Friedensbewegung in Westeuropa, Opladen, 1987, S.151 (im folgenden zitiert als: Bre-

- die 1950 einsetzende *„Ohne-mich"-Bewegung*, die ihren stärksten moralischen Rückhalt im ethischen Pazifismus und in der evangelischen Kirche besaß, und in der sich die unvergessenen Kriegserlebnissen der Deutschen und der Unwillen der Jugend, erneut Kriegsdienst zu leisten, der traditionelle Antimilitarismus bei Teilen der deutschen Arbeiterbewegung sowie bildungsbürgerliche Motiven des Ausstiegs aus der Geschichte (als Reaktion auf den Schock des Aufstiegs und Falls des Dritten Reiches) mischten [561];

- die *Volksbefragungs-Bewegung* von 1951/52 vor allem pazifistischer, neutralistischer und kommunistischer Strömungen mit dem Ziel, statt der Wiederaufrüstung einen Friedensvertrag auf der Grundlage staatlicher Einheit und militärischer Neutralität durchzusetzen;

- die 1955 unter sozialdemokratisch-gewerkschaftlicher Führung organisierte *Paulskirchen-Bewegung* gegen die Ratifizierung der Pariser Verträge, die zugleich auf die Offenhaltung von Verhandlungsmöglichkeiten über die Wiedervereinigung Deutschlands gerichtet war.

Aber auch auf die 1958 einsetzende Kampagne „Kampf dem Atomtod" gegen die atomare Bewaffung der Bundeswehr traf dieses Kennzeichen zu. Im folgenden soll nun die Vorgeschichte dieser Bewegung aufgezeigt werden.

In der deutschen Bevölkerung scheint die Problematik der neuen Waffen im ersten Jahrzehnt nach Hiroshima noch kein Thema gewesen zu sein; [562] selbst die Diskussion um die Wiederbewaffnung vollzog sich, was militärtechnische Fragen betraf, so als ob es die Atomwaffen nicht gebe. [563] Zu dieser Zeit besaß Amerika noch das beruhigend wirkende nukleare Monopol, und über die Spätfolgen bei den Überlebenden von Hiroshima und Nagasaki, den *Hibakushba* [564], war wegen der US-Zensur noch wenig bekannt. Gerade die amerikanische Zensur, die eine objektive Berichterstattung über die Folgen von Atomeinsätzen

---

dow/Brocke, 1987); Otto, Karl A., Außerparlamentarische Bewegungen – Kontinuität und Perspektiven, in: Rupp, Hans Karl (Hrsg.), Eine andere Bundesrepublik: Geschichte und Perspektiven. Eine Auseinandersetzung in Vorträgen (= Reihe Metro; Bd.9), Marburg 1980, S.181-204, hier S.182 (im folgenden zitiert als: Otto, 1980).

[561] Dietzfelbinger, Eckart, Die Protestaktion gegen die Wiederaufrüstung der Bundesrepublik Deutschland von 1948-1955, phil.Diss, Erlangen-Nürnberg, 1984, S.72f.

[562] Rupp, 1984, S.65, führt zwar an, daß im Gegensatz dazu in den beiden führenden Großmächten der westlichen Welt, den USA und Großbritannien, bereits eine öffentliche Diskussion stattgefunden hätte. Nach Stölken-Fitschen, 1995, S.48, gab es jedoch in den ersten Jahren des Atomzeitalters auch in den Vereinigten Staaten keine spezifischen und laut artikulierten Ängste vor der atomaren Gefahr.

[563] Rupp, 1984, S.65.

[564] *Hibakushba* ist die japanische Bezeichnung für Menschen, die Atombombenangriffe überlebt haben. Hi bedeutet Leiden, baku: Bombe, sha: Mensch. In Abgrenzung zu den üblichen Begriffen Seizonsha (Überlebender) oder Higaisha (Opfer) soll Hibakushba verdeutlichen, daß Atombombenfolgen in das Leben der Betroffenen unvergleichlich tiefer eingreifen, als andere Kriegsfolgen es je tun können, Tashiro, Elke/Tashiro, Jannes Kazuomi, Hiroshima. Menschen

verhinderte, hatte eine Bagatellisierung und Verharmlosung der Gefahren der radioaktiven Strahlen und letztendlich eine Verdrängung des Schocks von Hiroshima zur Folge [565]. Erst als die Sowjets in der Atomrüstung gleichzogen und das atomare Wettrüsten mit der Entwicklung immer größerer Bomben und der Gefahr gegenseitiger Vernichtung einsetzte, als überdies immer gefährlichere Bombentests den Wettlauf zwischen den Atommächten begleiteten und drastische Berichte über Strahlenschäden bekannt wurden, entwickelte sich die Furcht vor der Atombombe und dem radioaktiven „Fall-out" zu einer allgegenwärtigen Empfindung, die bis in die Alltagsgespräche drang. [566]

Als entscheidende Zäsur für die Wahrnehmung von Atombombenversuchen und das Nachdenken über die atomaren Kräfte muß das Unglück von Bikini am 1. März 1954 angesehen werden [567]. Trotzdem setzte in Deutschland bei weiten Kreisen der Bevölkerung erst ein allmählicher Mentalitätswechsel in Hinblick auf Atombomben ein. Zwar war eine neue Nachdenklichkeit über den Umgang mit atomaren Kräften zu spüren, da man sich offenbar viel stärker als nach Hiroshima einer Zeitwende bewußt war. Anders als im betroffenen Asien, vor allem aber anders als in Großbritannien, dem Nährboden und späteren Zentrum antinuklearer Kampagnen, machte sich zunächst keine große Aufregung wegen der fortgesetzen Atombombenversuche breit. Aus deutscher Sicht fanden derartige Atomtestexplosionen immer noch fernab im Pazifik statt, obwohl das Fischer-Unglück vom 1. März 1954 bereits die Frage nach der Fernwirkung von Atombombenexperimenten aufwarf [568].

---

nach dem Atomkrieg. Zeugnisse, Berichte, Folgerungen, München [3]1983, S.51.

[565]Am 19. September 1945 wurde von der amerikanischen Besatzungsmacht eine Pressezensur verhängt. Bis zum Ende der Besatzungszeit im Jahr 1952 durften weder Berichte über die Atombombe und ihre Folgen noch Filmaufnahmen veröffentlicht werden. Hunderte von Aufzeichnungen und Bildmaterialien verschwanden damals in den Magazinen der amerikanischen Archive. Zwar gelang es einem ausländischen Korrespondenten ohne Genehmigung Hiroshima zu betreten. Sein Artikel, der eine schonungslose Darstellung des unbeschreiblichen Leidens der Strahlenkranken enthielt, wurde jedoch wie alle Meldungen über die gefährlichen Auswirkungen radioaktiver Strahlung von den amerikanischen Behörden dementiert. Diese betonten, daß der größte Teil der tödlichen Verletzungen von der enormen Druckwelle und der Ausbreitung des Feuers herrühre. Eine 1982 veröffentlichte UNO-Studie über Kernwaffen geht davon aus, daß ca. 50% der Todesopfer von Hiroshima direkt oder indirekt auf Brandverletzungen zurückzuführen sind, Stölken-Fitschen, 1995, S.44f.

[566]Radkau, 1983, S.98; Stölken-Fitschen, 1995, S.44ff.

[567]Bei der Zündung einer ersten transportfähigen amerikanischen Wasserstoffbombe – knapp sieben Monate nach der UdSSR – war es im Pazifik zu einem Unfall gekommen, als dreiundzwanzig japanische Fischer in einen radioaktiven Ascheregen gekommen waren und sich am ganzen Körper Strahlungsverletzungen zugezogen hatten, obwohl sie sich außerhalb der eingerichteten Sperrzone befunden hatten. Zudem brachten Fischerboote, die in diesen Gefilden gefischt hatten, kontaminierte Fänge nach Japan. Die Furcht vor radioaktiv verseuchter Nahrung hatte dort den Zusammenbruch der Fischmärkte und den Ausbruch einer regelrechten Thunfisch-Panik zur Folge, vgl. Lapp, Ralph E., Die Reise des Glücklichen Drachen. Eine moderne Odyssee. Mit einem Vorwort von Pearl S. Buck, Düsseldorf 1958, S.46ff, S.104ff.

[568]Zunächst fehlten offizielle Angaben über den radioaktiven Fall-out der Bombe. Auf der von der amerikanischen Atomic Energy Commission auf Druck der Öffentlichkeit einberaumten

Wenngleich eine Reihe von Artikeln und Kommentaren erschienen, beherrschte das Thema doch nicht die Titelseiten der Zeitungen. [569]

Dementsprechend riefen auch Nachrichten von der Existenz amerikanischer Atomgeschütze in der Bundesrepublik nur bei etwas mehr als ein Drittel der Westdeutschen Ablehnung hervor [570]. Lediglich von Seiten der evangelischen Kirche wurden Proteste in Form eines offenen Briefes eines evangelischen Pfarrers an seine Kirchenleitung sowie eines Appells weiterer protestantischer Geistlicher an die Weltkirchenkonferenz in Evanston [571] bekannt. In ersterem hieß es: „Die Kirche hat die Bevölkerung zu fragen: Willst du Atommagnete in Gestalt von Atomgeschützbataillonen? Sie hat der Besatzungsmacht der USA das Unrecht vorzuhalten, hier solche Instrumente aufzustellen, und dem Staat der Westzone das Unrecht, dies unwidersprochen zuzulassen. Die Kirche muß bestreiten, daß diese Waffen zu den ‚taktischen Waffen' zählen dürfen, zumal in volkreichen Gebieten in Deutschland. Sie sind indirekte Fortsetzungen der amerikanischen Massenausbombung Westdeutschlands, da sie auf die Plätze und Länder, in denen sie vermutet werden, Atombomben und furchtbare Repressalien beschwören." [572]

Pressekonferenz mußte deren Vorsitzender Lewis L. Strauss zugeben, daß sich vor einem Test oder der Anwendung von Atom- und Wasserstoffbomben, die Windrichtung offenbar nicht exakt berechnen lasse, Stölken-Fitschen, 1995, S.99ff. Meßergebnisse Heidelberger Wissenschaftler stellten radioaktive Zerfallsprodukte von Atombomben fest, die in nur kurzer Zeit den halben Erdumfang zurückgelegt haben mußten: „Aus dem untersuchten Material ergibt sich für das erste Auftreten der Schwaden der Explosionen bei Nevada eine Reisezeit von etwa 10 bis 20 Tagen. Die kürzeste bisher aufgetretene Zeit war 5 Tage. Für die Versuche auf den Marshall-Inseln Anfang 1954 wurden ebenfalls kurze Zeiten zwischen 10 und 20 Tagen gefunden. Für die in der UDSSR ausgelösten Bomben liegen die Reisezeiten bei etwa 30 Tagen. Spuren der englischen Versuche in Australien konnten nicht gefunden werden.", vgl. Sittkus, Albert, „Beobachtungen an radiokativen Schwaden von atomtechnischen Versuchen im Jahre 1953/54", in: Naturwissenschaften, Bd.42, Nr.17, 1955, S.478-482, hier S.480 (im folgenden zitiert als: Sittkus, 1955).

[569]Stölken-Fitschen, 1995, S.101ff. Für einige Intellektuelle, speziell für einige Schriftsteller wie Anna Seghers und Wolfgang Weyrauch, war das Fischer-Unglück im Pazifik allerdings der Anlaß, sich überhaupt erstmals intensiver mit der Atomproblematik auseinanderzusetzen, vgl. Seghers, Anna, Der japanische Fischer, in: Vesper-Triangel, Bernward (Hrsg.), Gegen den Tod. Stimmen deutscher Schriftsteller gegen die Atombombe, o.O., 1964, S.39-41; Weyrauch, Wolfgang, Mit dem Kopf durch die Wand. Geschichten, Gedichte, Essays und ein Hörspiel, Darmstadt [u.a.], 1972.

[570]Bei Meinungsumfragen der RAND-Corporation im April 1954 sprachen sich 39% der befragten Bundesbürger gegen die Stationierung von amerikanischen Atomwaffen in der Bundesrepublik aus, während 35% damit einverstanden waren. Auffallend hoch ist allerdings die Zahl der Meinungslosen (26%), Rupp, 1984, S.66, Fußnote 320.

[571]Kirchliches Jahrbuch für die Evangelische Kirche in Deutschland, Bd.81, 1954, S.70f.

[572]Hermann Sauer, Gefordertes Wort der Kirche zur Frage der Atomgeschütze am Rhein. Geisenheim, 29.4.1954, in: Walther, Christian (Hrsg.), Atomwaffen und Ethik: der deutsche Protestantismus und die atomare Aufrüstung 1954-1961; Dokumente und Kommentare (= Studienbücher zur kirchlichen Zeitgeschichte; Bd.3), München 1981, S.23-24, hier S.23.

Der Rat der Evangelischen Kirchen in Deutschland beschäftigte sich etwa zur selben Zeit in ganz allgemeiner Weise mit dem Atomwaffenproblem und verhielt nicht seine Besorgnis:

> „Die Entwicklung der Atomwaffen erfüllt die evangelischen Christen in Deutschland ... seit geraumer Zeit mit schwerer Sorge. Es werden jetzt Waffen hergestellt, die die Massenvernichtung menschlichen Lebens bezwecken und gegen deren Wirkung sich schließlich niemand mehr zu schützen vermag. Damit werden kriegerische Auseinandersetzungen zwischen Völkern zu einem Schauspiel unmenschlicher und grausamer Verwüstungen. ... Die Zerstörungen, die durch diese Bombe hervorgerufen werden, übersteigen alles, was bisher für denkbar gehalten worden war. Möglichkeiten so fürcherlicher Art steigen auf, daß jedes menschliche Herz davor zurückschauert. ... In solcher Lage kann die Christenheit nicht stumm und untätig bleiben. Um der Verantwortung willen, die ihr von Gott auferlegt ist, muß sie alle, denen hier Macht und Einfluß gegeben ist, dazu aufrufen, dieser Entwicklung Einhalt zu gebieten. Es geht nicht darum, der wissenschaftlichen Forschung Schwierigkeiten zu bereiten, wohl aber gilt es, der elementarsten Rücksicht auf die Menschheit zu helfen." [573]

Mit Nachdruck wurden die Leitungen aller christlichen Kirchen aufgerufen, sich bei den Regierungen der Länder, zu denen sie Zugang hätten, dafür einzusetzen, daß in internationalen Gesprächen Übereinkünfte erzielt würden, keine Aotmwaffen aufzustellen. [574] Es gelang aber noch nicht einmal mit diesem Appell selbst die Gruppierungen des sogenannten Linksprotestantismus im eigenen kirchlichen Bereich zu einem konkreten Engagement zu motivieren. [575]

Auch die beiden folgenden Jahren zeigten keine konkreten Aktivitäten politisch bemerkenswerter Gruppen in der Frage atomarer Waffen auf dem Territorium der Bundesrepublik [576]. Radkau stellt fest: „Während es 1954/55 in der bundesdeutschen Öffentlichkeit

[573] Erklärung des Rates der EKD zur Entwicklung der Atomwaffen, 21.5.1954, in: Walther, Atomwaffen und Ethik, 1981, S.24.

[574] Ebenda.

[575] Rupp, 1984, S.66f.

[576] Zwar hatte bereits Mitte 1955 die NATO-Übung „Carte blanche" den Preis vor Augen geführt, den vor allem die deutsche Zivilbevölkerung für einen Sieg gegen einen mit taktischen Nuklearwaffen geführten Überraschungsangriff aus dem Osten zu bezahlen hätte. Die daraufhin „gewissermaßen über Nacht" entstandene atompolitische Öffentlichkeit forderte deshalb von der Bundesregierung eine detaillierte Aufklärung über die Sicherheitslage des Landes, die Schutzmöglichkeiten der Zivilbevölkerung und den Sinn eines konventionellen Verteidigungsbeitrags in einem sich hauptsächlich auf Atomwaffen stützenden Militärbündnis, Fischer, 1994, S.193ff. Trotzdem stand bei den Oppositionsparteien im Bundestag und den bedeutenderen oppositionellen Organisationen außerhalb des Parlaments bis Mitte 1956, dem Zeitpunkt der Verabschiedung des Gesetzes über die allgemeine Wehrpflicht, nicht so sehr das Problem der Stationierung amerikanischer Atomwaffenverbände in der Bundesrepublik, als die Frage der Wiederbewaffnung im Vordergrund. Demgegenüber beschäftigte allein die allgemeine Atomgefahr hier und da den Bundestag, Parlamente einzelner Bundesländer sowie Kongresse großer

noch eine von Sorgen ungetrübte Atom-Euphorie gegeben hatte [577], war 1956 offenbar ein Jahr der Wende, als in der Bevölkerung – wie man im Atomministerium beunruhigt feststellte – ‚da und dort geradezu eine Strahlenangstpsychose' aufkam und das Ministerium mit besorgten Briefen überschüttet wurde." [578] Im Grunde genommen muß aber eigentlich eher das Jahr 1955 als Wendepunkt angesehen werden, in dem die Atombombenversuche und ihre Folgen für Mensch und Umwelt in den Mittelpunkt der öffentlichen Diskussion rückten. Maßgeblich dazu beigetragen haben Untersuchungen und Meßergebnisse über die bisher kaum erforschte Niedrigstrahlung, in denen sich eine gefährliche Zunahme der radioaktiven Niederschläge ankündigte. [579] In diesem Zusammenhang ist vor allem das 1955 erschienene, weit verbreitete und vielbeachtete Buch „L'Heure H A-T-Elle Sonne Pour Le Monde?" des französischen Physikers Charles-Noel Martin [580] zu erwähnen, das vor allem klimatische und erbbiologische Wirkungen der Radioaktivität in drastischer Weise schildert [581]. Ebenfalls 1955 publizierte das Physikalische Institut der

---

Organisationen und veranlaßte auch vereinzelt Aktivität auf unterster, nämlich staatsbürgerlicher Ebene, Rupp, 1984, S.67f. Als eine außerparlamentarische Aktion wäre hier eine von der kommunistisch geführten „Weltfriedensbewegung" ausgehende Unterschriftensammlung für einen Appell „gegen die Vorbereitung des Atomkrieges" vom 19. Januar 1955 zu nennen, die nach Angabe ihres inoffiziellen Organs der „Bewegung" in der Bundesrepublik bis Juni 1955 allein in Nordrhein-Westfalen mehr als 100.000 Unterschriften erzielte. Diese eindrucksvollen Zahlen dürfen jedoch nicht überschätzt werden, denn dieser und vorherige Appelle konnten ihre einseitige antiwestliche Haltung nicht verleugnen und blieben daher wirkungslos. Größere Teile der Bevölkerung konnten nicht wirklich aktiviert werden. Daran änderte auch die Tatsache nichts, daß zahlreiche Prominente wie Frédéric Joliot-Curie, Jean-Paul Sartre, Pietro Nenni oder Ilja Ehrenburg die Ziele der Bewegung unterstützten, Gütermann, Christoph, Friedensbewegungen nach dem Zweiten Weltkrieg, in: Heiss, Gernot/Lutz, Heinrich (Hrsg.), Friedenbewegungen: Bedingungen und Wirkungen (= Wiener Beiträge zur Geschichte der Neuzeit; Bd.11), Wien 1984, S.152-164, hier S.153 (im folgenden zitiert als: Gütermann, 1984); Rupp, 1984, S.68

[577] Dies Darstellung ist wohl nicht ganz richtig, wenn man die bereits 1954 zu bemerkende neue öffentliche Nachdenklichkeit über Atombomben als solche bedenkt.

[578] Radkau, 1983, S.98.

[579] Stölken-Fitschen, 1995, S.116ff.

[580] In deutscher Übersetzung im gleichen Jahr erschienen als: Martin, Charles-Noel, Hat die Stunde H geschlagen? Die wissenschaftlichen Tatsachen über die Wirkung der Wasserstoffbombe. Vorwort von Albert Einstein, Berlin [u.a.] 1955 (im folgenden zitiert als: Martin, 1955).

[581] „Zunächst einmal finden sie [Kernbomben-Explosionen] viel häufiger statt ..., während ein sehr starker Vulkanausbruch in zehn Jahren höchstens einmal vorkommt. Weiterhin treibt ihre Stoßwelle stets eine riesige Menge sehr feinen Staubes in Höhen von 30 Kilomentern, die von Vulkanausbrüchen nur selten erreicht wird. Die Wirkung des H-Bomben-Staubes als Filter der Sonnenstrahlen wird daher viel länger anhalten und viel intensiver sein als bei Vulkanausbrüchen. Obwohl die Temperaturen infolge der Abschirmung der Sonnenstrahlen im Durchschnitt nur wenig abnehmen, so wird dies doch bemerkenswerte Folgen haben. ... Denn Wasser verdampft zum Beispiel infolge der Änderung unter sonst gleichbleibenden Bedingungen zu einem anderen Prozentsatz, so daß sich die Niederschlagsverhältnisse ändern. Ebenso wird die Luftzirkulation in der Atmosphäre gestört, so daß sich auch die Windverhältnisse ändern. Vor allem aber weiß man,

Universität Freiburg das Ergebnis einer seit 1953 auf dem Schauinsland und in Freiburg selbst durchgeführten Untersuchungsreihe zu radiokativen Meßwerten. Diese ergab eine deutlich höhere Radioaktivität über die Bundesrepublik, die sich eindeutig auf Atomtestexplosionen der Amerikaner und Sowjets zurückführen ließ. [582] In der Presse begann sich der Hauptgegenstand der der Atomwaffenfrage gewidmten Artikel erneut zu verändern: War vorher ein – mehr oder minder wahrscheinlicher – Atomkrieg problematisiert worden, so stand jetzt bereits die bloße Erprobung solcher Waffen im Mittelpunkt der Kritik. [583]

Als erste politisch, weil wissenschaftlich bedeutende Organisation verabschiedete der **Verband Deutscher Physikalischer Gesellschaften** auf seinem Verbandstag am 25. September 1955 eine Entschließung [584], die er zwei Jahre später am 29. September in Heidelberg nochmals bestätigte, wonach er sich als Verband von Physikern, „die ihre Forschungsergebnisse in den Dienst der Menschheit stellen, ... verpflichtet [fühlt], vor jeglichem Mißbrauch dieser Ergebnisse nachdrücklichst zu warnen.“ [585]

Aus dem kirchlichen Breich gelangte am 29. Juni 1956 eine „Theologische Erklärung“ der **Synode der EKD** in Berlin an die Öffentlichkeit, in der die Christen unter den Kernphysikern unmißverständlich aufgefordert wurden, sich an Entwicklung und Herstellung von Atomwaffen nicht zu beteiligen: „Das Evangelium ... verwehrt uns, mit der Wissenschaft Götzendienst zu betreiben, ihrem Fortschritt den Menschen zu opfern und sie zur zur Herstellung von Massenvernichtungsmitteln zu mißbrauche, die durch keinen Zweck

---

daß schon geringe Temperaturschwankungen ausreichen, um sich weitgehend auf die Eisbildung auszuwirken.“, Martin 1955, S.107. „Infolge jeder einzelnen Kernbomben-Explosion steigt der Pegel der Umweltstrahlung an. Sämtliche Lebewesen werden somit in kommenden Zeiten, wie weit sie auch noch vor ihnen liegen mögen, biologische Einwirkungen erfahren. Ihre Nachkommenschaft ist aber ganz besonders gefährdet. Berechnungen ergeben nahezu die Gewißheit, daß menschliche Wesen in ein, zwei, drei oder wieviel Generationen nicht mehr geboren werden, weil heute Kernbomben explodieren. Denn die Kinder werden einmal nicht mehr lebensfähig sein, weil sie einen letalen Mutationscharakter infolge der Strahlen in sich tragen ....“, ebenda., S.119.

[582]Sittkus, 1955, S.480. Sittkus wies darauf hin, daß die Ablagerung radioaktiver Teilchen im Erdboden teilweise Ausmaße angenommen hatte, die für das Weidevieh als nicht mehr ungefährlich gelten konnte, ebenda., S.478. Was die Toleranzdosis für die dauernde Strahlenaufnahme in den menschlichen Körper betraf, so gelangte er zu folgendem Ergebnis: „Es sind also von den in den atmosphärischen Niederschlägen abgeregneten Bombenprodukten noch eher als von den in der Luft schwebenden aktiven Stoffen biologische Wirkungen zu erwarten.“ In bezug auf erstere ergab sich, „daß die geschätzten Werte sehr häufig erreicht und zum Teil weit überschritten werden.“, ebenda. S.479.

[583]Stölken-Fitschen, 1995, S.119.

[584]Angeregt wurde dieser Entschluß durch die beiden bereits erwähnten Aufrufe international namhafter Wissenschaftler, dem Bertrand-Russell-Aufruf zur Ächtung des Weltkrieges vom 9. Juli 1955 und dem Friedensappell der Nobelpreisträger, der im Rahmen einer Tagung auf der Insel Mainau am 15. Juli 1955 verlesen worden war.

[585]Physikalische Blätter, Bd.11, Hft.10, 1955, S.441, bzw. ebenda., Bd.13, Hft.11, 1957, S.504.

geheiligt werden können". [586] Bei den Repräsentanten der christlichen Parteien, die die Gefahr sahen, als politisch Handelnde in Distanz zu den Kirchen zu geraten, zeigte sich eine tiefe Betroffenheit über die evangelische „Laienartikulation" [587]: „Die Borniertheit eines Teils der evangelischen Pfarrer ist geradezu himmelschreiend. ... Was [im Zusammenhang mit der Synode] stattgefunden hat, ist eine der peinlichsten Düpierungen, die wir überhaupt in den letzten Jahren erlebt haben. Es handelt sich um eine Minderheit, die sich um Heinemann, Niemöller usw. gruppiert. Und der Herr Vogel ist ein Phantast, ein Dichter .... Jedenfalls haben diese Leute in einem ganz bestimmten Spiel, das einfach zu verwerfen ist, die ganze Synode an der Nase herumgeführt." [588]

Mitte 1956 entstand auf Initiative des Chefarztes des Detmolder Kreiskrankenhauses, Bodo Manstein, die erste Organisation, die sich ausschließlich die Bekämpfung der Atomgefahren auf ihre Fahnen geschrieben hatte: der **„Kampfbund gegen Atomschäden"**. Zu den Hauptforderungen des Vereins gehörte die Einstellung der Atomwaffenversuche, das Verbot der Herstellung und Anwendung von Atomwaffen jeder Art sowie die Förderung aller Bestrebungen zum Schutz der Bevölkerung vor radioaktiven Gefahren und die Entwicklung von Schutzmaßnahmen gegen atomare Schäden. Der ausgeprägt pazifistisch-moralisierend argumentierenden Verband [589] vertrat den Anspruch, sich um den humanitären und moralischen Aspekt der Anwendung der Kernenergie kümmern zu müssen, bevor sich die Menschheit in ihrer Hybris allmählich selbst zerstörte [590]. Allerdings entfaltete der „Kampfbund gegen Atomschäden" zunächst kaum Aktivität. Erst im Zusammenhang mit der Göttinger Erklärung intensivierte sich seine Arbeit. [591] Der Vereini-

---

[586] Kirchliches Jahrbuch für die Evangelische Kirche in Deutschland, 1957, Bd.84, S.75. Dieser Satz ging nach Gollwitzer, Die Christen und die Atomwaffen, 1957, S.3, auf die Initiative von Prof. Dr. Heinrich Vogel (zu dessen Aktivitäten siehe die beiden folgenden Kapitel) zurück. Die darauffolgende Tagung der Synode im März 1957 sah allerdings ein deutliches Zurückweichen von dieser Position. Ein erneuter Antrag von Heinrich Vogel („Angesichts des atomaren Wettrüstens der Weltmächte und im Blick auf die Ausrüstung auch deutscher Streitkräfte durch atomare Waffen spricht die Synode noch einmal ihr Nein gegenüber den Massenvernichtungswaffen aus. Sie bittet die Prediger und Seelsorger, die Gewissen der ihnen anvertrauten Menschen in der Erkenntnis zu schärfen, daß kein Zweck die Herstellung oder Anwendung der Massenvernichtungsmittel rechtfertigt.") wurde nicht bestätigt, ebenda., S.3f.

[587] Bald, 1994, S.82.

[588] Bundestagspräsident Eugen Gerstenmaier vor dem Bundes-Parteivorstand der CDU in Bonn am 12. Juli 1956, in: Protokolle der CDU-Bundesvorstandes 1953-1957, S.954.

[589] Organisatorisch sollte der „Kampfbund gegen Atomschäden" als überparteiliche Dachorganisation geführt werden. Bis Mitte 1957 traten ihm auch mehrere anderen Organisationen bei, Rupp, 1984, S.70.

[590] Da Gesundheit vor Wirtschaftsinteressen stand, sah Appelius, Stefan, Pazifismus in Westdeutschland, Die Deutsche Friedensgesellschaft 1945-1968, Bd.1, Aachen 1991, S.402 (im folgenden zitiert als Appelius, Bd.1, 1991), in dem „Kampfbund" einen frühen Vorläufer der in den 70er Jahren entstandenen Umweltschutzbewegung in der Bundesrepublik.

[591] Appelius, Bd.1, 1991, S.401f.; Michaltscheff, Die unverwüstliche Opposition, 1994, S.165; Rupp, 1984, S.70; Stölken-Fitschen, 1995, S.121f.

gung sollen bis Anfang 1958 „mehrere tausend Wissenschaftler und Ärzte der Bundesrepublik“ [592] beigetreten sein.
Hiervon unabhängig erschien ebenfalls im Juli 1956 erstmals die „in Umfang und Aufmachung allerdings recht bescheidene“ [593] Zeitschrift *Das Gewissen. Organ zur Bekämpfung des Atom-Mißbrauchs und der Atom-Gefahren*, die sich die Aufklärung der Bevölkerung über atomare Gefahren - auch die der zivilen Nutzung der Kernenergie - zum Ziel gesetzt hatte. Obwohl unabhängig davon gegründet, stand das Blatt entsprechend seiner Zielsetzung in engem Zusammenhang mit den „Kampfbund gegen Atomschäden“ und unterstützte ihn nachhaltig von publististischer Seite. Herausgegeben und redigiert wurde das Blatt von dem in Ruhestand getretenen Mitherausgeber und Chefredakteur der Kasseler „Hessische[n] Nachrichten“ Wolfgang Bartels. Zu seinen Mitarbeitern gehörten sehr bald Prof. Bechert, Dr. Mahnstein, der Journalist Dr. Robert Jungk und Günther Anders. Von bekannten Atomphysikern und Publizisten wurde das Erscheinen der Zeitschrift ausdrücklich begrüßt [594]. In den kommenden Jahren trat die Zeitschrift durch eine äußerst kritische und skeptische Betrachtung der „friedliche“ Atomzeitalter-Euphorie hervor. Als negativ muß jedoch vermerkt werden, daß in ihr die bei der militärischen Nutzung und bereits durch Atomtests verursachten Gefahren und Schäden unsachlich und übertrieben dargestellt und dadurch viele, auch völlig unbegründete Ängste geweckt wurden. [595]

Im September 1956 forderte die größte Gewerkschaft der Bundesrepublik, die **Industriegewerkschaft Metall**, in einer Entschließung alle Gewerkschaften der Bundesrepublik auf, ihren ganzen Einfluß geltend zu machen, um die sofortige Einstellung der Kernwaffenversuche zu erreichen. [596] Einen Monat später wurde auf dem in Hamburg stattfindenden 4. Ordentlichen Bundeskongreß des DGB eine Entschließung verabschiedet, in der an die verantwortlichen Staatsmänner aller Länder appelliert wurde, „sofort alle Versuche mit Atom- oder Wasserstoffbomben einzustellen und die Herstellung von Atomwaffen auf der ganzen Welt zu unterbinden.“ [597] Neben diesem abstraken Appell beschloß der Kongreß: „Der DGB wird die Kräfte unterstützen, die willens und fähig sind, mit demokratischen Mitteln die Wiederbewaffnung im gespaltenen Deutschland und die Wehrpflicht wieder

[592] Heipp, Es geht ums Leben! Der Kampf gegen die Bombe, 1965, S.32. Otto erscheint diese Zahl etwas übertrieben, vgl. Otto, 1977, S.56. An prominenten Einzelmitgliedern konnten bis März 1958 gewonnen werden: der österreichische Schriftsteller Günther Anders, der Physiker und SPD-Bundestagsabgeordnete Prof. Karl Bechert sowie der FDP-Bundestagsabgeordnete Hermann Schwann, damals Mitglied des Gesamtvorstandes der FDP, Rupp, 1984, S.70f.

[593] Stölken-Fitschen, 1995, S.121.

[594] Otto Haxel, Werner Friedmann, Chefredakteur der Süddeutschen Zeitung, sowie die Schriftsteller Max Tau und Hans Habe veröffentlichten Leserbriefe in den ersten Nummern. Max Born und Albert Schweitzer steuerten Artikel bei, vgl. Rupp, 1984, S.71, Fußnote 353.

[595] Stölken-Fitschen, 1995, S.121.

[596] Otto, 1977, S.56; Rupp, 1984, S.72.

[597] Blaubuch 1958, S.29. Dieser Appell stellte allerdings schon wieder eine Entschärfung dar, denn in zwei Anträgen der Gewerkschaften ÖTV und Handel/Banken/Versicherung (HBV) war die Beendigung aller Kernwaffenversuche **und** die Beseitigung der gesamten Atomaffen gefordert worden, Rupp, 1984, S.72.

rückgängig zu machen" [598]. Diese vereinzelten Stellungnahmen zeigten politisch jedoch so gut wie keinen Effekt, da sie sich an ausländische Mächte richteten, die zudem in einem jeweiligen besonderen Verhältnis zur Bundesrepublik standen. Rupp schreibt erklärend, daß sich die Aktivität gegen die Staaten richtete, „die diese deutsche Bevölkerung, aus der sich jetzt mahnende und warnende Stimmen erhoben, vor kaum mehr als zehn Jahren gegen ihren eigenen Widerstand von einem Regime befreit hatten, das die bislang perfektesten Methoden des Völkermords praktiziert hatte." [599]

Eine größere Anteilnahme der Öffentlichkeit wurde durch die Äußerung des Bundeskanzlers über taktische und strategische Waffen und die Erklärung der achtzehn Göttinger Atomwissenschaftler vorbereitet. Die Bundestagsdebatte vom 10. Mai 1957, in der eine mögliche atomare Ausrüstung deutscher Truppen bekannt wurde, verstärkte das öffentliche Interesse schon allein aufgrund der heftigen Auseinandersetzungen zwischen den Parteien und infolge weitgehender Unkenntnis, was die Sache betraf. Die anstehenden Bundestagswahlen verhinderten jedoch sowohl in der Debatte als auch im folgenden Wahlkampf jede sachliche Erörterung dieses Themas [600]. Das Ausbleiben einer detaillierten, leidenschaftslosen Unterrichtung über die Fragen Atomkrieg, Abschreckung, Bevölkerungs-Schutz, Strahlungsgefahren, „große" und „kleine" Nuklearwaffen usw. hatte nach Görlich zur Folge, daß sich aus der Mischung unkontrollierter emotionaler Beweggründe und vereinfachter politischer und militärischer Erkenntnisse eine Bewegung zu bilden began, in deren Namen „Kampf dem Atomtod" bereits der größte Einwand gegen sie lag [601].

---

[598] Vgl. Otto, 1977, S.56f.

[599] Rupp, 1984, S.72.

[600] Die schlagwortartigen Thesen auf den Wahlplakaten, die Verhetzungen des politischen Gegners auf Wahlkundgebungen und in den Parteiblättern, die sich in Ausdrücken wie „Atomangst" oder „Kommunistenschreck" zusammenfassen lassen, vermittelten den Eindruck von einem unmittelbar bevorstehenden bedrohlichen Ereignis, das durch die atomare Ausrüstung der Bundeswehr bzw. durch den militanten Kommunismus ausgelöst werden würde. Der Mangel an gründlicher sachlicher Information führte zu einer rein vordergründigen Urteilsbildung, indem bestimmte politische und später auch ethische Parolen ungeprüft und oft lückenhaft übernommen wurden, Görlich, 1965, S.87.

[601] Ebenda. Der CDU-Abgeordnete Wilhelmi führte zu letzterem aus. „...das Bedenkliche, ist doch folgendes. Kampf dem Atomtod! ist heute das Schlagwort, unter dem so manches läuft, unter dem Organisationen aufgezogen werden, denen Sie beitreten, die Sie unterstützen, und die Sie in eine ganz bestimmte Richtung steuern. Meine Damen und Herren, da wird die Sache kritisch. Wir haben in diesem Haus vier Tage lang eine außenpolitische Debatte gehabt. In dieser ...ist von Ihnen niemals der Vorwurf gekommen, daß wir den Atomtod wollten. Sie haben Ihre Sorge zum Ausdruck gebracht, daß unsere Politik dahin führt, und wir haben unsere Sorge zum Ausdruck gebracht, daß Ihre Politik dahin führt.", Wilhelmi, in: Verhandlungen des Deutschen Bundestages, 3. Wahlperiode 1957, Stenographische Berichte, Bd.40, 26. Sitzung, 25. April 1958, S.1070 (B, C). Für Wilhelmi war entscheidend, „daß Sie bei der Aktion „Kampf dem Atomtod" die Dinge verkehren, als wollten wir bewußt den Atomtod und als führe Ihre Politik von einem Atomtod weg.", ebenda., S.1070 (D). Für ihn war „der Hintergrund „Kampf dem Atomtod" ...ein falscher, ein verfälschter Hintergrund", ebenda., S.1471 (A).

3.2.6.1 Formierung der außerparlamentarischen Bewegung

Zu einer wirklichen Mobilisierung der „Öffentlichkeit“ und der „Gegenkräfte“ kam es mit der Anfang 1958 einsetzenden Bewegung „Kampf dem Atomtod“, in der alle Reaktionen des Widerstandes gegen die geplante atomare Aufrüstung der Bundeswehr und die radioaktive Verseuchung der Umwelt durch atomare Versuchsexplosionen (zunächst) gebündelt werden konnten. Die Proteste richteten sich gegen die Beschlüsse der Pariser NATO-Konferenz vom Dezember 1957, die europäischen Mitgliedsstaaten mit Atomwaffen-Depots auszustatten. [602]

Der Stadtrat von Miltenberg verweigerte am 16. Dezember 1957 einstimmig die Genehmigung für Vermessungarbeiten zur Errichtung einer Raketenabschußbasis. [603] Die Bremer Bürgerschaft (18. Dezember 1957) [604] und der Hamburger Senat (20. Dezember 1957) [605] traten in Entschließungen für die Schaffung eines atomwaffenfreien Raumes in Mitteleuropa und gegen die Errichtung von Abschußbasen für Atomraketen ein. Weitere Städte folgten 1957/58 mit Forderungen, die Stationierung von Atomraketen und den Bau von Abschußbasen zu verhindern [606]. Daneben erinnerte ein Appell der Heidelberger Professoren und Dozenten vom 18. Dezember 1957 erneut an die Göttinger Erklärung [607] und forderte, „alles zu tun, um die Möglichkeit eines Abschusses von Kernwaffen von deutschem Boden aus zu verhindern“ [608].

---

[602] Otto, 1977, S.58; ders., 1980, S.184f.

[603] Blaubuch 1958, S.111.

[604] „Der Senat wird ersucht, bei der Bundesregierung darauf zu dringen und im Bundesrat dafür zu stimmen:
1. daß in Mitteleuropa ein atomwaffenfreier Raum geschaffen wird. Abschußbasen sollen weder für Raketen mittlerer noch großer Reichweite errichtet werden. Die Bundeswehr soll nicht mit Atomwaffen, auch nicht mit solchen für taktische Vewendungen, ausgerüstet werden;
2. daß Verhandlungen aufgenommen werden wenigstens mit dem Ziel, den Abzug fremder Truppen vom deutschen Boden oder wenigstens eine Verringerung dieser Streitkräfte zu erreichen.“, ebenda., S.114.

[605] „Für die Schaffung einer atomwaffenfreien Zone in Mitteleuropa wird der Hamburger Senat eintreten. Er beschloß am 20. Dezember 1957 ferner, seinen Einfluß geltend zu machen, um auch die Errichtung von Abschußbasen für Atomraketen in der Bundesrepublik zu verhindern. Diesen Beschluß faßte der Senat, weil, wie es in einer Mitteilung heißt, in breitesten Schichten der hamburgischen Bevölkerung der Wunsch bestehe, alle Möglichkeiten zur Einschränkung des Atomwettrüstens in Mitteleuropa auszunutzen. Der Senat fühle sich verpflichtet, in dieser Lebensfrage einer von Atomangst gepeinigten Welt Sprecher der hamburgischen Bevölkerung zu sein.“, ebenda., S.112.

[606] Vgl. ebenda., S.111ff.

[607] „In der aufs neue verschärften Weltlage ist eine Erinnerung an die (Göttinger) Erklärung der deutschen Physiker geboten. Aus ihr geht eindeutig hervor, daß die Anwendung von Atomwaffen sich wegen ihrer maßlosen Vernichtungswirkung für alle Staaten der Erde von selbst verbieten müßte.“, ebenda., S.139.

[608] Ebenda., S.139.

Am 15. Februar 1958 kam es erstmals in der Bundesrepublik zu einer Protestdemonstration gegen die Austattung der Bundeswehr mit Kernwaffen: Laut Frankfurter Allgemeine Zeitung vom 17. Februar versammelten sich etwa 1000 Personen in Tübingen zu einer Kundgebung gegen Atomwaffenversuche und gegen eine Ausrüstung der Bundeswehr mit atomaren Waffen. [609] Veranstalter waren der Ortsverein der SPD, die örtliche Gruppe des SDS (Sozialistischer Deutscher Studentenbund) und eine „Hochschulgruppe für die Wiedervereinigung Deutschlands in Freiheit", Hauptredner der SPD-Bundestagsabgeordnete Dr. Friedrich Schäfer. [610]
Von intellektueller Seite wurde am 26. Februar 1958 in Köln ein von Prof. Renate Riemeck [611] initiierter und von 44 Professoren unterschriebener Aufruf der Presse (**„Appell der Vierundvierzig"**) übergeben, der sich „an das ganze deutsche Volk" und besonders „an die Gewerkschaften als größte berufsständige Organisation" richtete. Da „die ernsten, ja beschwörenden Stimmen kenntnisreicher und wahrhaft urteilsfähiger Wissenschaftler ... von den verantwortlichen Politikern in unbegreiflicher und folgenschwerer Weise übergangen" würden, appellierten die Hochschullehrer an die Gewerkschaften, „sich in dieser ernsten Stunde mit ihnen zu gemeinsamer öffentlicher Bekundung zu verbinden." Als Hauptziel der gemeinsamen Aktion wurde die Schaffung einer atomwaffenfreien Zone genannt. [612] Laut Otto hatte es so etwas in der deutschen Geschichte noch nie zuvor gegeben [613]. Der Aufruf zog auf den verschiedenen Ebenen des gewerkschaftlichen Raumes eine teilweise spontane, jedoch erstaunlich breite positive Resonanz nach sich: Beispielsweise veröffentlichten die Hauptvorstände der Deutschen Angestelltengewerkschaft und der Gewerkschaft Nahrung- Genuß- und Gaststätten, der Ortsausschuß Hamm des DGB und die IG Metall Augsburg Zustimmungserklärungen. [614] Rupp spricht von einer „Lawine von Entschließungen und weiteren Appellen" [615]. Es blieb auch nicht nur bei Zustimmungs- und Solidaritätsbekundungen, sondern einzelne Unterorganisationen der Gewerkschaften erhoben zugleich Forderungen nach „gewerkschaftliche[n] Kampfmaßnah-

---

[609]Frankfurter Allgemeine Zeitung, 17. Februar 1958 („Die ‚Atomtod-Kampagne'").

[610]Rupp, 1984, S.125f.

[611]Ab 1955 lehrte Renate Riemeck als Professorin an der Evangelischen Pädagogischen Akademie in Wuppertal. 1958 war sie Gründungsmitglied der „Aktionsgemeinschaft gegen die atomare Aufrüstung der Bundesrepublik" sowie des „Ständigen Kongresses aller Gegner der atomaren Aufrüstung". Sie war Mitglied im „Fränkischen Kreis" und von 1960-1961 Bundesvorsitzende der Internationale der Kriegsdienstgegner. 1960 gründete sie mit anderen die Deutsche Friedens-Union, der sie von 1961-1964 als Dirketoriumsmitglied vorstand. Im Juni 1960 wurde Frau Riemeck auf Anordnung des Kulutsministers von Nordrhein-Westfalen aus der Prüfungskomission für Lehramtsanwärter an der Pädagogischen Akademie in Wuppertal abberufen. Im September 1960 erhob sie Anfechtungsklage gegen ihre Entlassung, schied aber im Dezember 1960 freiwillig aus dem Schuldienst aus, Appelius, Bd.2, 1991, S.739f. Siehe ausführlicher, Michaltscheff, Die unverwüstliche Opposition, 1994, S.292ff.

[612]Vgl. Blaubuch 1958, S.26ff. Zu den Unterzeichnern des Aufrufs siehe Rupp, 1984, S.139.

[613]Otto, 1977, S.59.

[614]Blaubuch 1958, S.33, S.35, S.39, S.48.

[615]Rupp, 1984, S.140.

men einschließlich der Stillegung von Betrieben", wie die westfälische Bezirkskonferenz der Gewerkschaft ÖTV. [616] Die Gewerkschaft ÖTV gab am 10. März 1958 das Ergebnis einer am 4./5. März unter ihren Mitgliedern durchgeführten Urabstimmung bekannt: An dieser hatten sich 87,5% der 224 987 Stimmberechtigten beteiligt, von denen wiederum 95,5% für den Streik stimmten. Auf der Bezirkskonferenz der Gewerkschaft ÖTV-Bayern am 10./11. März forderte der Vorsitzende Adolph Kummernuß, die atomare Bewaffnung der Bundeswehr notfalls mit den Mitteln des politischen Streiks zu verhindern. [617]
Diese Fülle von Erklärungen und Entschließungen aus dem gewerkschaftlichen Raum darf jedoch nicht darüber hinwegtäuschen, daß zu dieser Zeit bei den Vorstände und Funktionärskonferenzen statt der „Atomfrage" vor allem tarifpolitische Fragen im Vordergrund standen. Trotzdem zeigt Welle der Resolutionen und Erklärungen, daß dem „Appell der Vierundvierzig" eine nicht unerhebliche Bedeutung für das Zustandekommen jenes breiten gewerkschaftlichen Engagements in der Kundgebungskampagne „Kampf dem Atomtod" zugeschrieben werden muß. [618]

Parallel zu den Bemühungen führender Sozialdemokraten, Gewerkschaftler und Gruppen von Intellektuellen konzentrierte sich die Diskussion über die Frage der moralischen Rechtfertigung von Atomwaffen im Bereich der evangelischen Kirche. [619] In diesem Zusammenhang soll besonderer Augenmerk auf eine kleine Gruppe auf dem linken Flügel des Protestantismus gelegt werden, die sich als Nachfolgeorganisation der zur Zeit nationalsozialistischer Verfolgung gegründeten Bekennenden Kirche verstand und etwa ein Sechstel der westdeutschen Pfarrer repräsentierte: die Bruderschaften [620], zu deren bekanntesten Vertretern Karl Barth, Hans Joachim Iwand, Gustav Heinemann und Martin Niemöller gehörten. [621] Sie vertraten in der Atomwaffenfrage die Auffassung, daß eine Befürwortung oder auch nur eine neutrale Haltung gegenüber den Atomwaffen mit dem Bekenntnis des christlichen Glaubens unvereinbar sei [622]. Zudem stellte sich für die Bruderschaften die

---

[616]Blaubuch 1958, S.44f. In ähnlicher Weise hieß es in einer Entschließung von 120 Delegierten der Jahreshauptversammlung des Ortsverbandes der IG Druck und Papier in Augsburg Anfang März 1958: „Wir sind der Ansicht, daß alle Sozialpolitik angesichts der Atomwaffen sinnlos wird. Auch wir fordern alle gewerkschaftlichen Instanzen auf, endlich sichtbare Maßnahmen gegen die Atomrüstung zu ergreifen und notfalls alle gewerkschaftlichen Machtmittel einzusetzen.", ebenda., S.43.

[617]Otto, 1977, S.59.

[618]Rupp, 1984, S.142f.

[619]Kurscheid, 1981, S.22; Rupp, 1984, S.143.

[620]Zur Position der Bruderschaften siehe vor allem Schmauch, Werner/Wolf, Ernst, Königsherrschaft Christi. Der Christ im Staat (= Theologische Existenz heute; Nr.64), München 1958; Wolf, Ernst (Hrsg.), Christusbekenntnis im Atomzeitalter. Im Auftrag des Arbeitskreises Kirchlicher Bruderschaften herausgegeben von Ernst Wolf in Verbindung mit Heinz Kloppenburg und Helmut Simon (= Theologische Existenz heute; Nr.70), München 1959 (im folgenden zitiert als: Wolf, Christusbekenntnis im Atomzeitalter, 1959).

[621]Kurscheid, 1981, S.22; Stölken-Fitschen, 1995, S.271.

[622]„Die Evangelische Kirche bekennt, daß ihr ‚durch Jesus Christus frohe Befreiung aus den gottlosen Bindungen dieser Welt zu freiem, dankbarem Dienst an seinen Geschöpfen' widerfährt. ...Das verbietet ihr nicht nur jegliche Billigung und Mitwirkung an einem atomaren Krieg und

Frage der atomaren Bewaffnung als eine Frage der gesamten kirchlichen Verantwortung dar. Ihrer Ansicht nach war der „status confessionis“, d.h. die „Nötigung zu eindeutiger und ausdrücklicher Stellungnahme“ [623], gegeben: „Denn wir können die ‚Lösung‘ nicht akzeptieren, daß in der uns gestellten Frage, die eine Frage auf Leben und Tod ist, einander widersprechende Stellungnahmen in der Kirche möglich seien.“ [624]
In ihrer Anfrage an die im April stattfindende Synode der EKD nach der Stellung der Kirche zu den Atomwaffen [625], forderten sie diese auf, zehn vorgelegten Thesen ihre Zustimmung zu erteilen oder sie durch „Gründe der Schrift, des Bekenntnisses und der Vernunft“ [626] zu widerlegen. In den ersten sechs Thesen wurde der atomaren Krieg als „zur politischen Auseinandersetzung untaugliches, weil ihre Voraussetzung aufhebendes Mittel“ verworfen [627]. Kern- und Hauptstreitpunkt der Thesen war die in den Thesen 7-10 auffallend scharfe und kompromißlose Ablehnung der nuklearen Abschreckung:

> 7. „Schon die Vorbereitung eines solchen Krieges ist unter allen Umständen Sünde gegen Gott und den Nächsten, an der sich keine Kirche, kein Christ mitschuldig machen darf.
> 8. Wir verlangen darum im Namen des Evangeliums, daß der Vorbereitung dieses Krieges im Bereich unseres Landes und Staates ohne Rücksicht auf alle anderen Erwägungen sofort ein Ende gemacht wurde.

---

seinen Vorbereitungen, sondern ebenso ein stillschweigendes Geschehenlassen.“, Bruderschaften der Evangelischen Kirche in Deutschland, Anfrage an die Synode der Evangelischen Kirche in Deutschland, in Blaubuch 1958, S.188-191, hier S.189.

[623]Wolf, Christusbekenntnis im Atomzeitalter, 1959, S.118.

[624]Ebenda., S.6f.

[625]Das Begleitschreiben an die Synodalen der EKD trug die Unterschriften von Oberkirchenrat Heinz Kloppenburg, Pastor in Dortmund, für die westfälische und von Helmut Simon Landgerichtsrat in Düsseldorf, für die rheinische Bruderschaft. Beide waren zugleich in der Aktionsgemeinschaft „Kampf dem Atomtod“ engagiert. Der Anfrage schlossen sich bis Anfang März 364 Personen, hauptsächlich Pastoren, wenige Theologieprofessoren und einige Laien, aus Bruderschaften bzw. theologischen Arbeitsgemeinschaften vorwiegend Hessen-Nassaus, Westfalens, Württembergs sowie aus dem Rheinland an, Rupp, 1984, S.143f., Walther, Atomwaffen und Ethik, 1981, Fußnote 34, S.110.

[626]Bruderschaften der Evangelischen Kirche in Deutschland, Anfrage an die Synode der Evangelischen Kirche in Deutschland, in Blaubuch 1958, S.188-191, hier S.190.

[627]„1. Der Krieg ist das letzte, in allen seinen Gestalten von jeher fragwürdige Mittel politische Auseinandersetzung zwischen Völkern und Staaten.

2. Kirchen aller Länder und Zeiten haben die Zubereitung und Anwendung dieses Mittels bis heute aus verschiedenen guten und weniger guten Gründen nicht für möglich gehalten.

3. Die Aussicht auf eine künftigen unter Gebrauch der modernen Vernichtungsmittel zu führenden Krieg hat eine neue Lage geschaffen, angesichts derer die Kirche nicht neutral bleiben kann.

4. Krieg als Atomkrieg bedeutet die gegenseitige Vernichtung der an ihm beteiligten Völker, die im Kampf beider Seiten nicht beteiligt sind.

5. Krieg als Atomkrieg ist damit als ein zur politischen Auseinandersetzung untaugliches, weil ihre Voraussetzung aufhebendes Mittel erwiesen.

6. Die Kirche und der einzelne Christ können darum zu einem als Atomkrieg zu führenden Krieg im voraus nur Nein sagen.“, ebenda., S.190.

9. Wir fordern alle, die mit Ernst Christen sein wollen, auf, sich der Mitwirkung an der Vorbereitung des Atomkrieges vorbehaltlos und unter allen Umstände zu versagen.
10. Ein gegenteiliger Standpunkt oder Neutralität dieser Frage gegenüber ist christlich nicht vertretbar. Beides bedeutet die Verleugnung aller drei Artikel des christlichen Glaubens.“ [628]

Für die Bruderschaften standen ihre zehn Thesen und auch die nachfolgende Theologische Erklärung vom Oktober 1958 [629] in einer direkten Linie mit der Barmer Erklärung von 1934 und des Stuttgarter Schuldbekenntnisses von 1945 [630]: „Die Bedrohung des Menschen als Geschöpf Gottes durch die Atomwaffen fordert uns Christen heute ebenso wie im Kirchenkampf die Judenfrage.“ [631] Ihre Stellungnahme zur Frage der atomaren Bewaffnung knüpfte daher bewußt an die Bekennende Kirche an. [632] Damals hatte die Kirche gezeigt, daß das Evangelium auch in den Bereich des Politischen hineinwirkte und die Kirche selbst ein Politikum geworden war. In dieser Tradition wollten die Bruderschaften die Atomwaffenproblematik neu belebt wissen. [633]
Das rigorose Nein der Bruderschaften, das hier zum Maßstab für das Christsein überhaupt erhoben wurde, die beinahe ultimativ zu nennende Form, in der die Totalität des Glaubensanspruchs verkündet wurde, und die mehr oder weniger unverhüllte Drohung mit der Kirchenspaltung, falls die Synode sich nicht zu diesen Thesen bekennen sollte, hatte sofortigen Widerspruch der Lutheranern in der EKD und selbst Distanzierungen auf der „eigenen Seite“ zur Folge. Die zehn Thesen wurden nicht nur innerhalb der EKD von zahlreichen Theologen als unberechtigte Einmischung in ein fremdes Sachgebiet, nämlich das der Politik, scharf verurteilt, sondern lösten auch in nicht-theologischen Kreisen Empörung aus und mußten sich den Vorwurf des Schwärmertums und der politischen Parteinahme gefallen lassen. [634] Am Ende folgte die Synode den Thesen der Bruderschaften nicht, eine

[628] Blaubuch 1958, S.190.

[629] Kirchliche Bruderschaften in Deutschland. Theologische Erklärung. Frankfurt/M., 4.10.1958, in: Walther, Atomwaffen und Ethik, 1981, S.97f.

[630] Stölken-Fitschen, 1995, S.273. Auf den Bekenntnissynoden von Barmen (Mai 1934), Dahlem (Oktober 1934) und Augsburg (August 1935) hatte sich die 1934 innerhalb der Evangelischen Kirche gegründete Bekennende Kirche insbesondere gegen die Arierparagraphen und die Abschaffung des A.T. gewandt, vgl. ausführlich z.B. Gerlach, Wolfgang, Als die Zeugen schwiegen. Bekennende Kirche und die Juden (= Studien zur Kirche und Israel; Bd.10), Berlin 1987, S.37ff.

[631] Kirchliche Bruderschaften Rheinland und Westfalen, Brief an die Synode der evangelischen Kirche in Deutschland, in: Blaubuch 1958, S.193-194, hier S.194.

[632] Wolf, Christusbekenntnis im Atomzeitalter, 1959, S.77.

[633] Görlich, 1965, S.193; Stölken-Fitschen, 1995, S.273.

[634] Cioc, 1988, S.107ff.; Görlich, 1965, S.188; Rupp, 1984, S.146f.; Stölken-Fitschen, 1995, S.274. Am meisten Aufsehen erregte dabei die politisch-militärische Kritik von Weizsäcker's auf Grundlage der Militärdoktrin der abgestuften Abschreckung. Er warf den Bruderschaften vor, bei ihrer pauschalen Verurteilung der Atomwaffen weder die technische Weiterentwicklung zur Kenntnis zu nehmen, die inzwischen auch kleinste Waffen ohne Massenvernichtungscharakter hervorbrachte, noch die politische Lage zu berücksichtigen, die keine einseitige Abrüstung des Westens er-

Spaltung der EKD konnte jedoch abgewendet werden. [635] In der die Synode abschließenden Resolution spiegelten sich die verschiedenen Gewissenspositionen innerhalb der evangelischen Kirche über den richtigen politischen und theologischen Weg und den Kampf um einen Minimalkonsens wieder: „Die unter uns bestehenden Gegensätze in der Beurteilung der atomaren Waffen sind tief. Sie reichen von der Überzeugung, daß schon die Herstellung und Bereithaltung von Massenvernichtungswaffen aller Art Sünde vor Gott ist bis zu der Überzeugung, daß Situationen denkbar sind, in denen die Pflicht zur Verteidigung der Widerstand mit gleichwertigen Waffen vor Gott verantwortet werden kann. Wir bleiben unter dem Evanglium zusammen und mühen uns um die Überwindung dieser Gegensätze. Wir bitten Gott, er wolle uns durch sein Wort zu gemeinsamer Erkenntnis und Entscheidung führen." [636]
Die Bedeutung der Anfrage der Bruderschaft lag trotz ihres Scheitern darin, daß sie erstmals die divergierenden politischen Forderungen innerhalb der Bewegung „Kampf dem Atomtod" offenbar werden ließ. Während SPD- und DGB-Führung am nuklearen Gleichgewicht zwischen USA und UdSSR festhielten, und hiervon ausgehend gegen eine einseitige „Atombewaffnung" der Bundesrepublik und für eine atomwaffenfreie Zone in Europa eintraten, forderten die kirchlichen Bruderschaften alle, „die mit Ernst Christ sein wollen" – also wohl auch die damaligen politischen Führer der USA – dazu auf, sich an jedweder Atomrüstung nicht zubeteiligen. [637]

3.2.6.2 Gründung der Bewegung „Kampf dem Atomtod" (KdA)

Die organisatorische Initiative zur Gründung der außerparlamentarischen Bewegung „Kampf dem Atomtod" (KdA) gegen die Aufrüstung der Bundeswehr mit Trägersystemen für atomare Waffen, die lose am Modell von Bertrand Russells „Campaign for Nuclear Disarmament" (CND) in Großbritannien orientiert war [638], ging von den Sozialdemokra-

laubte, Cioc, 1988, S.107f.; siehe auch Wolf, Christusbekenntnis im Atomzeitalter, 1959, S.41.

[635] Cioc, 1988, S.109; Stölken-Fitschen, 1995, S.276.

[636] Kirchliches Jahrbuch für die Evangelische Kirche in Deutschland, Bd.85, 1958, S.66.

[637] Rupp, 1984, S.147f.

[638] Diese offiziell überparteiliche Organisation zur Bekämpfung der Atomrüstung in Großbritannien hatte sich am 15. Januar 1958 in London konstituiert. Sie war aus dem im Januar 1957 gegründeten „Nationalen Rat für die Einstellung der Atomwaffenversuche" hervorgegangen und setzte sich im wesentlichen aus dem linken Labour-Flügel, der zur Parteiführung hier in Opposition stand, pazifistischen und kirchlichen Organisationen und einem Kreis von z.T. recht angesehenen Intellektuellen (A. J. P. Taylor, Victor Gollancz, J. B. Priestley, Henry Moore) zusammen. Präsident der CND war der greise Philosoph und Literatur-Nobelpreisträger Bertand Russell, Vorsitzender des Exekutivkommitees der Domherr der Londoner St. Pauls-Kathedrale, John Collins. Erst internationale Aufmerksamkeit erzielte die CND mit ihrer ersten größeren Aktion, einer Sit-in-Demonstration von etwa 1000 Atomwaffengegnern am 17. Februar 1958 vor dem britischen Regierungssitz. Zu Ostern desselben Jahres wurde ein viertägiger Protestmarsch von London zu dem 83 km entfernten Atomwaffenlaboratorium Aldermaston organisiert, der als „Ostermarsch" zur Tradition der Atomwaffengegner wurde, Otto, 1977, S.67f.; Rupp, 1984,

ten aus. Damit erhielten die vielfältigen Einzelaktionen des Jahres 1957 ein organisatorisches Zentrum, dem auch Landes- und Ortsausschüsse zugeordnet wurden, zumal sich die Gewerkschaften und die SPD anfangs voll hinter die Kampagne stellten. [639] Nach Otto hatte die SPD die Wahl „zwischen Resignation und Aktion“ [640] getroffen, wobei bei Passivität das Risiko bestanden hätte, daß sich der entfaltende Protest über sie hinweg entwickelte. [641] Folgende Gründe waren für das außerparlamentarische Engagement der Sozialdemokraten ausschlaggebend [642]:

- Nach der außen- und wehrpolitischen Bundestagsdebatte vom 15. Januar 1958 wurde auch von führenden Sozialdemokraten eine Modifizierung des sicherheitspolitischen Konzepts der Regierung nicht mehr erwartet. Da die SPD die Politik der Bundesregierung nach der Niederlage bei den Bundestagswahlen im September 1957 auf parlamentarischem Weg in absehbarer Zeit nicht entscheidend beeinflussen konnte, war eine Veränderung wenn überhaupt, nur noch durch Druck von „unten“ zu erreichen [643].

- Daneben spielten auch wahltaktische Überlegungen eine Rolle. Die SPD-Führung sah nun durch die Entfesselung einer breitgefächerten Volksbewegung die Gelegenheit, die Wählerbasis der Partei zu verbreitern, und so zumindest die Landtagswahlen des Jahres 1958 zu entscheiden. Dadurch bot sich die Gelegeheit, das angeschlagene Selbstvertrauen der Parteifunktionäre zu stärken.

Auf Initiative der SPD wurde für den 22. Februar in Bad Godesberg eine Zusammenkunft aktionsbereiter Atomrüstungsgegner einberufen [644], an der neben Spitzenfunktionäre der SPD (Erich Ollenhauer, Dr. Walter Menzel), der FDP [645], der ehemaligen Gesamtdeutschen Volkspartei (Dr. Dr. Heinemann, Helene Wessel), und des DGB

S.124f. Ausführlicher zur CND siehe beispielsweise Taylor, Richard/Pritchard, Colin, The Protest Makers: The British Nuclear Disarmament Movement of 1958-1965, Twenty Years On, Oxford 1980.

[639] Kleßmann, 1988, S.169.

[640] Otto, 1977, S.59.

[641] Vgl. das nachfolgende Kapitel über die Gründung der „Aktionsgemeinschaft gegen die atomare Aufrüstung der Bundesrepublik“.

[642] Kurscheid, 1981, S.21; Rupp, 1984, S.127ff.; Schwarz, 1983, S.51.

[643] Indirekt bestärkt wurden solche Überlegungen durch die nach der Debatte eingegangenen zustimmenden Telegramme und Briefe. Am 24. Januar beriet der SPD-Parteivorstand die Situation. Rupp nimmt an, daß eine von Ollenhauer für den 26. Januar angekündigte „Aufklärungskampagne“ in dieser Sitzung diskutiert und von der Mehrheit gebilligt wurde, Rupp, 1984, S.127f.

[644] Die Vorbereitungen für den Start der Kampagne hatten sich durch eine plötzliche schwere Erkrankung ihres designierten Leiters, des bis zum 15. September stellvertretenden SPD-Partei- und Fraktionsvorsitzenden Wilhelm Mellies, verzögert, Rupp, 1984, S.129.

[645] Von Seiten der FDP war der FDP-Pressechef Dr. Josef Ungeheuer vertreten, den Schollwer als den „außenpolitischen Büchsenspanner“ Dehlers bezeichnet, Schollwer, 1990, S.41. Er propagierte einen auf Konfrontation mit der Bundesregierung ausgerichteten deutschlandpolitischen

(der stellvertretende Vorsitzende Georg Reuter), Repräsentanten des „Linksprotestantismus“ [646] und der Linkskatholiken (Heinrich Böll, Walter Dirks, Eugen Kogon) sowie zahlreiche Naturwissenschaftler [647] und Schriftsteller (Heinrich Böll, Walter Dirks) teilnahmen. Von der Zielsetzung und der Gruppenrepräsentanz her bestanden enge Verbindungen zur Paulskirchen-Bewegung des Jahres 1955. [648] Die Leitung der Kampagne hatte der parlamentarische Geschäftsführer der SPD Dr. Walter Menzel [649] übernommen. Die wichtigsten Beschlüsse dieser Sitzung waren [650]:

- Einleitung einer Kundgebungswelle, verbunden mit einer bundesweiten Plakataktion;
- Durchführung einer Auftaktkundgebung am 23. März in der Frankfurter Paulskirche;
- Bildung eines Ausschusses als „Zentralpunkt für Aktionen“,
- Veröffentlichung eines Aufrufs „Kampf dem Atomtod“.

Kurs und muß damit als nicht repräsentativ für die neue politische Linie der FDP angesehen werden, nach der außenpolitische Angriffe auf Adenauer zurückgestellt wurden, Brauers, 1993, S.116.

[646]Von protestantisch-kirchlicher Seite nahmen der Kirchenpräsident Martin Niemöller, als Vertreter der Evangelischen Konferenz – eines losen Zusammenschlusses nicht-lutherischer Landeskirchen – Oberkirchenrat Kloppenburg sowie die Professoren D. Oskar Hammelsbeck und D. Hans Iwand, als Vertreter der Bruderschaften Pfarrer Dr. Dieter Linz und Landeskirchenrat Dr. Simon teil, Rupp, 1984, S.130.

[647]Von den eingeladenen Unterzeichner der Göttinger Erklärung, Born, Heisenberg und von Weizsäcker, nahm nur Born die Einladung an, Rupp, 1984, S.130f. Von Weizsäcker schreibt in seiner Absage an Ollenhauer: „Leider bin ich durch äußere Gründe an der Teilnahme sowohl an der Situng am 22. Februar wie an einer evtl. Kundgebung am 23. März verhindert. Am 22. Februar kann ich mich leider nicht frei machen, am 23. März werde ich in einer Frage, die mit dem Thema, um dessenwillen Sie mich einladen, eng zusammenhängt, nach Amerika unterwegs sein.“, Generallandesarchiv Karlsruhe (GLA), Bestand 69 KfK/INR 5: Brief von Carl Friedrich von Weizsäcker an Erich Ollenhauer vom 18. Februar 1958. Cioc, 1988, S.118, schreibt bezeichnend: „Among the scientists, Max Born was aktive (but not the Göttinger 18 or German Physics Society).“ Max Born konnte demnach nur für sich, nicht aber für die Göttinger Achtzehn als Gruppe sprechen.

[648]Kleßmann, 1988, S.159; Kurscheid, 1981, S.21f.; Otto, 1977, S.61; Rupp, 1984, S.130f.

[649]Menzel war an die Stelle der erkrankten Wilhelm Mellies getreten. Sein Zuständigkeitsbereich als parlamentarischer Geschäftsführer umfaßte die Zusammenarbeit der SPD-Fraktion mit den sozialdemokratischen Landtagsfraktionen und Länderregierungen. Den Höhepunkt seiner Karriere hatte der ehemalige Innenminister und stellvertretender Ministerpräsident des Landes Nordrhein-Westfalen (1946-1950) bereits überschritten, Rupp, 1984, S.131f., Fußnote 661. Pirker, 1977, S.93, bezeichnet ihn als „führenden Staatsrechtler der Partei“, der eine wichtige Position im Parlamentarischen Rat innehatte. Nach Cioc, 1988, S.118, war er ein „entschiedener Sozialist mit einer leidenschaftlichen Abneigung gegenüber kommunistischen Friedensideologien.“ Unter seiner Leitung führte das Bonner Zentralkommitee einer straffe Aufsicht über die Kampagne ohne Freiraum für lokale, Bonner Direktiven nicht konsequent befolgende Initiativen, ebenda.

[650]Rupp, 1984, S.132.

Am 10. März 1958 übergab der Ausschuß der Presse den Aufruf „Kampf dem Atomtod!" und leitete damit die Hauptphase der Bewegung ein. Den Tenor des sehr allgemein gehaltenen und unverbindlichen Aufrufs [651] bildete die Aufforderung an die Bundesregierung und den Bundestag, sich nicht am internationalen Rüstungswettlauf zu beteiligen und die Bemühung um eine atomwaffenfreie Zone zu unterstützen, sowie die Aufforderung an das Volk, sich der Atomrüstung zu wiedersetzen [652]. Was den letzten Punkt betraf, hatte eine von der SPD im Februar 1958 in Auftrag gegebene EMNID-Befragung ergeben, daß 83% der Bevölkerung der Bundesrepublik gegen die Errichtung von Atombasen im Bundesgebiet war [653]. Die Unterzeichnerliste des Aufrufs, der ganz auf der Linie der SPD lag [654], spiegelte das gesamte Spektrum der Opposition – ausgenommen ihres kommunistisch beeinflußten Teils – wider: führende Sozialdemokraten aus dem Bund und aus den Ländern, Thomas Dehler und Marie-Elisabeth Lüders von der FDP, der Vorsitzende des DGB, Schriftsteller und Gelehrte aus dem vorpolitischen Raum. [655] Es war allerdings weder gelungen, den FDP-Vorsitzenden, die Göttinger Achtzehn noch außenpolitisch zum Bundeskanzler in Opposition stehende Politiker, wie Hans Schlange-Schöningen, zur Unterzeichnung des Aufrufs zu gewinnen. [656] Auffallend war weiterhin, daß trotz Beteiligung prominenter SPD-Politiker wie des Partei- und Fraktionsvorsitzenden Ollenhauer, unter den Unterzeichnern einigen SPD-Politikern fehlten, die zu den „sicherheitspoliti-

---

[651] Erst die von Vertretern der kirchlichen und gewerkschaftlichen Seite vorgeschlagenen Zusätze, die der Redaktionsausschuß in den Text einarbeitete, verliehen dem Appell eine schärfere Note, machten aus ihm einen Kampfaufruf. Der letzte und am häufigsten zitierte Satz stammte von Martin Niemöller, ebenda., S.133.

[652] „Das deutsche Volk diesseits und jenseits der Zonengrenze ist im Falle eines Krieges zwischen Ost und West dem sicheren Atomtod ausgeliefert. Einen Schutz gibt es nicht.
Beteiligung am atomaren Wettrüsten und die Bereitstellung deutschen Gebietes für Abschußbasen von Atomwaffen können diese Bedrohung nur erhöhen. Ziel einer deutschen Politik muß deshalb die Entspannung zwischen Ost und West sein. Nur eine solche Politik dient der Sicherheit des deutschen Volkes und der nationalen Existenz eines freiheitlich-demokratischen Deutschlands.
Wir fordern Bundestag und Bundesregierung auf, den Rüstungswettlauf mit atomaren Waffen nicht mitzumachen, sondern als Beitrag zur Entspannung alle Bemühungen um eine atomwaffenfreie Zone in Europa zu unterstützen.
Wir rufen das gesamte deutsche Volk ohne Unterschied des Standes, der Konfession oder der Partei auf, sich einer lebensbedrohenden Rüstungspolitik zu widersetzen und stattdessen eine Politik der friedlichen Entwicklung zu fördern.
Wir werden nicht Ruhe geben, solange der Atomtod unser Volk bedroht.", Blaubuch 1958, S.11f.

[653] Nur 13% der Befragten hatte sich dafür ausgesprochen. Frauen (86%) lehnten die Errichtung von Atombasen in stärkerem Maße ab als Männer (80%.) Parteipolitisch lauteten die Antworten: 90% der SPD-Anhänger waren gegen die Errichtung von Abschußrampen für Atomraketen, 8% dafür, bei den FDP-Wählern waren 85% dagegen und 15% dafür und bei den CDU/CSU-Angehörigen 71% dagegen und 23% dafür, vgl. ebenda., S.105.

[654] Schwarz, 1983, S.52.

[655] Kurscheid, 1981, S.22; Schwarz, 1983, S.52.

[656] Rupp, 1984, S.134f.

schen Experten“ von Partei und Fraktion zählten, nämlich Fritz Erler, Helmut Schmidt und Herbert Wehner. [657] Andererseits hatten die wohl bekanntesten Persönlichkeiten des „Linkskatholizismus“ (Böll, Dirks und Kogon) sowie ein bedeutender Teil der damaligen literarischen Prominenz der Bundesrepublik, die Schriftstellter Stefan Andres, Heinrich Böll, Walter Dirks, Axel Eggebrecht, Hans Henny Jahnn, Erich Kästner, Ernst Kreuder, Wilhelm Lehmann, Martha Saalfeld und Paul Schallück, den Appell unterzeichnet. [658]
Das ungewohnt starke Engagement von Künstlern, Schriftstellern, Kirchenmännern und Wissenschaftlern half der SPD und ihrer Bewegung in dem Bestreben, ihren Kampf gegen die Atomwaffen auf die höhere moralisch Ebene des „Gewissens“ zu verlagern und sich damit in der Öffentlichkeit eine gewisse Unangreifbarkeit zu verschaffen. [659] Das Prinzip der Überparteilichkeit, nach dem auch die Rednerlisten der Kundgebungen zusammengestellt wurden [660], sollte weiterhin dazu beitragen, die Kampagne von der von Anfang an vorhandenen Unterstellung zu befreien, kommunistisch gesteuert zu sein [661].
Was das Interesse der Tagespresse betraf, rief der Appell im Vergleich zur Göttinger Erklärung ein erheblich schwächeres Echo hervor. Rupp führt diese Reaktion zum einen auf den fehlenden Überraschungseffekt - das Anlaufen der Kampagne „Kampf dem Atomtod“ war schon mehr als einen Monat bekannt - sowie auf den Vorsitzenden des KdA-Arbeitsausschusses, Walter Menzel, zurück, der ganz dem Klischee eines Parteifunktionärs entsprach. [662] Hinsichtlich der Göttinger Achtzehn ist noch erwähnenswert, daß die protestierenden Wissenschaftler von der Bewegung ganz bewußt als moralisch integre, objektive Gegenautorität zum Bundeskanzler aufgebaut wurden [663].

3.2.6.3 Gründung der „Aktionsgemeinschaft gegen die atomare Aufrüstung der Bundesrepublik“

Neben der Konstituierung des vor allem von der SPD und von den Gewerkschaften getragenen Kampagne „Kampf dem Atomtod“ begann sich gleichzeitig die „Aktionsgemeinschaft gegen die atomare Rüstung der Bundesrepublik“ zu formieren, der eine starke Affinität zur kommunistischen Seite nachgesagt wurde.

---

[657] Wilker, 1977, S.88.

[658] Blaubuch 1958, S.12; Rupp, 1984, S.134f.

[659] Stölken-Fitschen, 1995, S.264. Allerdings trug die starre Hierarchie der Kampagne zu einer Entfremdung prominenten Persönlichkeiten und zu einer Verminderung ihrer Anziehungkraft auf die Öffentlichkeit bei, Cioc, 1988, S.118.

[660] Rupp, 1984, S.183.

[661] Kleßmann, 1988, S.160; Schwarz, 1983, S.52.

[662] Rupp, 1984, S.135.

[663] Vgl. das Spruchband auf der ersten Demonstration: 1 Bundeskanzler klüger als 18 Atomforscher?, in: Hermann, 1976, S.106. Albert Schweitzers weißhaariger Gelehrtenkopf wurde für die außerparlamentarische Opposition gegen die atomare Aufrüstung ebenfalls zu einer unverzichtbaren Requisit ihrer Kampagne. Auch zur Anwerbung weiterer Mitglieder setzte der Arbeitsausschuß „Kampf dem Atomtod“ ganz gezielt die Göttinger Erklärung sowie die Aufrufe Schweitzers ein, Stölken-Fitschen, 1995, S.214, Fußnote 34.

Der Würzburger Nationalökonom und Sekretär des „Fränkischen Kreises“ [664] Prof. Franz Paul Schneider hatte am am 20. Februar 1958 zusammen mit Kirchenpräsident Martin Niemöller, Prof. Alfred Weber und Prof. Johannes Hessen brieflich Befürworter einer atomwaffenfreien Zone in Europa für den 9. März 1958 nach Frankfurt am Main zu einer Vorbesprechung „über die mögliche Durchführung einer gemeinsamen Kundgebung“ eingeladen. [665] Die Konferenz erließ einen Aufruf zur Gründung einer „Aktionsgemeinschaft gegen die atomare Aufrüstung der Bundesrepublik“, in der sich „alle Gegner der atomaren Aufrüstung in der Bundesrepublik ... zu gemeinsamen Handeln“ [666] zusammenschließen sollten [667]. Der Aufruf wurde bis Ende März von 383 Personen unterschrieben, darunter 100 Hochschullehrer, 38 Betriebsräte, 20 Gewerkschaftssekretäre und Vertrauensleute, 26 Pfarrer, 14 Ärzte, 25 Schriftsteller und Journalisten sowie 41 Angehörige künstlerischer Berufe [668].

Am 20. März 1958 konstituierte sich das Komitee in Frankfurt. Auf der Gründungskonferenz wurde auch das Führungsgremium, der zentrale „Arbeitsausschuß“ gewählt. Dessen ziemlich unterschiedliche gesellschaftlicher Zusammensetzung weist Rupp zufolge auf eine nur sehr schmale politisch-soziologische Basis der „Aktionsgemeinschaft“ hin. [669] Die „ersten Maßnahmen und Beschlüsse“ hoben laut Gründungserklärung neben dem – zumindest nach außen bekundeten – Bemühen um organisatorischen Aufbau auf die Herstellung von Kontakten zu Gewerkschaften und „Kampf-dem-Atomtod“-Ausschuß ab. Der „Fränkische Kreis“ sowie anderer Gruppen, die ebenfalls als kommunistische Tarnorganisationen verdächtigt wurden, wollten sich offenbar an den Mitte Feburar bereits erwarteten sozialdemokratischen und gewerkschaftlichen Aktionen indirekt beteiligen: „Die Aktionsgemeinschaft erstrebt die Zusammenarbeit mit dem Arbeitsausschuß „Kampf dem

[664] Der „Fränkische Kreis“, eine Vereinigung von Angehörigen geistiger Berufe unter Vorsitz des Würzburger Professors Franz Paul Schneider, hatte bereits im Juni 1957 eine Petitionskampagne gegen die atomare Bewaffnung eingeleitet, vgl. Kapitel 3.2.2.

[665] Rupp, 1984, S.135.

[666] Aufruf zur Bildung einer Aktionsgemeinschaft gegen die atomare Aufrüstung der Bundesrepublik, in: Blaubuch 1958, S.9-11, hier S.9.

[667] Im Gegensatz zu Rupp behauptet Appelius fälschlicherweise, daß die „Aktionsgemeinschaft gegen die atomare Aufrüstung der Bundesrepublik“ aus dem von Renate Riemeck initiierten Appell von 44 Universitätsprofessoren an die Gewerkschaften hervorgegangen sei, Appelius, Bd.1, 1991, S.417.

[668] Vgl. Blaubuch 1958, S.10f. Von sozialdemokratischer Seite hatten lediglich zwei Abgeordnete des hessischen Landtages, Dr. Gustav Feick und Nora Platiel, unterzeichnet, Rupp, 1984, S.137

[669] Rupp, 1984, S.138. Dem Arbeitsausschuß gehörten u.a. an: „Prof. D. Dr. Johannes Hessen, Köln, D. Martin Niemöller, Kirchenpräsident, Prof. Dr. Renate Riemeck, Wuppertal, Prof. Dr. Franz Paul Schneider, Würzburg, Dr. Herbert Werner, Pfarrer, Stuttgart, Vorsitzende der Kirchlichen Bruderschaften Wttbg., Wilhelm Heusel, Betriebsratsvorsitzender der Fa. Elektrostar, Reichenbach/Wttbg., Kurt Berner, 2. Betriebsratsvorsitzender der der Mannheimer Großdruckerei, Ludwigshafen, Hans van Beek, 1. Vorsitzender der Betriebsvertrauensleute der Fa. Capito & Klein, Düsseldorf, Walter Zielinski, Gewerkschaftssekretär Nahrung, Genuß und Gaststätten, Hamm/Westf., Blaubuch 1958, S.12.

Atomtod“ (Godesberger Kreis). Eine ständige Komission der Aktionsgemeinschaft soll mit diesem Arbeitsausschuß Fühlung halten, um eine wirksame gegenseitige Unterstützung zu ermöglichen.“ [670] Eigens zu diesem Zweck wurde „die Einberufung eines ‚Ständigen Kongresses‘ gegen die atomare Aufrüstung der Bundesrepublik als Forum aller Gegner dieser Aufrüstung“ [671] vorgeschlagen.

Die „Aktionsgemeinschaft gegen die atomare Aufrüstung der Bundesrepublik“ war neben anderen auf der 31. Plenarsitzung des Deutschen Bundestages vom 13. Juni 1958 von Bundesinnenminister Schröder als eine der 20 sogenannten „KP-infiltrierten“ Friedensorganisationen bezeichnet worden. [672] Wie Appelius richtig darlegt, setzte Schröder damit „die nach wie vor wirkungsvollste Methode [...ein], den Widerstand gegen die Regierungspolitik zu brechen“ [673], denn eine mit einem solchen „Makel“ versehene Gruppierung war in der Bundesrepublik der fünfziger Jahre regelmäßig zu politischer Einflußlosigkeit verurteilt [674]. Ob und inwieweit die „Aktionsgemeinschaft“ jedoch tatsächlich kommunistisch infiltriert war, wird in der Literatur unterschiedlich beurteilt. Während Görlich die Behauptung einer „kommunistischen Tarnorganisation“ unreflektiert übernimmt [675], urteilt Rupp aufgrund des damals noch unzugänglichen Quellenmaterials vorsichtig. Für die These einer kommunistischen Beeinlussung sprechen seiner Ansicht nach zum einen die immer stärker werdende Annäherung der „Aktionsgemeinschaft“ an die Position der sowjetischen Außenpolitik bzw. der DDR-Deutschlandpolitik [676], zum anderen der Rück-

---

[670] Ebenda., S.13.

[671] Ebenda., S.14.

[672] „Die am 30. März 1958 vorgenommene Gründung der ‚Aktionsgemeinschaft gegen die atomare Aufrüstung der Bundesrepublik‘ durch den ‚Fränkischen Kreis‘ ist in diesem Zusammenhang besonders hervorzuheben. Andere kommunistische Tarnorganisationen riefen im Laufe der Monate April und Mai ähnliche Ausschüsse ins Leben. Die soeben erwähnte ‚Aktionsgemeinschaft gegen die atomare Aufrüstung der Bundesrepublik‘ wurde vom ‚Fränkischen Kreis‘ Ende März in Frankfurt gegründet. Der ‚Fränkische Kreis‘ ist eine von dem kommunistischen ‚Demokratischen Kulturbund Deutschlands‘ (DKBD) finanzierte und gesteuerte Nebenorganisation.“, Schröder, in: Verhandlungen des Deutschen Bundestages, 3. Wahlperiode 1957, Stenographische Berichte, Bd.41, 31. Sitzung, 13. Juni 1958, S.1711 (A, B).

[673] Appelius, Bd.1, 1991, S.421f.

[674] Rupp, 1984, S.138f. Als Beispiele führt er die Erfolglosigkeit all derjenigen Parteien, die nachdrücklich kommunistischer Einflüsse verdächtigt wurden, wie die Gesamtdeutsche Volkspartei, der Bund der Deutschen oder die Deutsche Friedensunion, an.

[675] Görlich, 1965, S.88.

[676] Rupp, 1984, S.245, führt diese Annäherung auf die zunehmende materielle und ideelle Isoliertheit von den übrigen Atomwaffengegnern zurück. In der Dortmunder Erklärung vom 9. März 1959 wurde der Vorschlag der Deutschen Demokratischen Republik, daß „auf dem Wege einer Konföderation der beiden deutschen Staaten ...eine Entspannung zwischen ihnen erreicht und ihre Wiedervereinigung vorbereitet werden“ könnte, ausdrücklich begrüßt, vgl. Kongressdienst, Nr.8, März/April 1959, S.12 („Dortmunder Erklärung“). Im September 1960 schlug der „Ständige Kongreß“ sowohl dem Bundespräsidenten als auch dem Staatsratsvorsitzenden der DDR vor, „ein Gremium unabhängiger Persönlichkeiten aus beiden Teilen Deutschlands zu konstituieren,

zug ihres Initiators Prof. Schneider. [677] Aus der Aktionsgemeinschaft ging am 15. Juni 1958 ein „Ständiger Kongreß gegen die atomare Aufrüstung der Bundesrepublik“ [678] hervor, dessen Mitglieder Cioc als „Soviet peace warriors in West Germany“ [679] bezeichnet. Dem Präsidium des Ständigen Kongresses gehörten u.a. Klara-Marie Faßbinder, Gerhard Gollwitzer, Walter Hagemann, Ulrike Meinhof und Ernst Rowolt an. [680] Cioc hebt vor allem drei Aktivisten hervor: Renate Riemeck, Mitbegründerin des „Ständigen Kongresses“ und Kanzlerkandidation der Deutschen Friedens-Union 1961, ihr Protegée Ulrike Meinhof, eine studentische Aktivistin (die in den 70er Jahren ihren Namen und ihre Energie der Terroristenorganisation Baader-Meinhof Rote-Armee-Fraktion lieh) [681], sowie Klaus Reiner Röhl, Herausgeber der Studentenzeitschrift *Konkret*, die von der ostdeutschen Regierung finanziert wurde. [682] Der SPD-Pressedienst bezeichnete den „Ständigen Kongreß“ bereits nach wenigen Tagen als kommunistisch gelenkt; sowohl SPD als auch DGB distanzierten sich von dieser Organisation. [683]

---

das Verhandlungen über einen gegenseitigen Atomwaffenverzicht führen könnte“. Bezeichnenderweise antwortete nur Ulbricht und erklärte sich bereit, sich „für die Verwirklichung Ihres begrenzten Vorschlages, mit dem das Abrüstungsproblem nur zum Teil gelöst werden würde, einzusetzen.“, Generallandesarchiv Karlsruhe (GLA), Bestand 69 KfK/INR 4: Auszug der Antwort Ulbrichts in einem Schreiben des „Ständigen Kongresses“ an Karl Wirtz vom 2. Januar 1961.

[677]Rupp, 1984, S.138, Fußnote 767.

[678]Dieser koordinierte u.a. die Westdeutsche Frauen-Friedensbewegung, die Deutsche Friedensgesellschaft, den „Bund der Deutschen Einheit“, die „Volksheimjugend“ Hamburg und den „Fränkischen Kreis“ und verfügte auch über eigene im Regelfall monatlich erscheinende Publikationsorgane, den „Wochenbericht der Aktionsgemeinschaft gegen die atomare Aufrüstung der Bundesrepublik“ (seit 1960 „Informationen der Aktionsgemeinschaft gegen die atomare Aufrüstung der Bundesrepublik“) und „Kongressdienst“. Beide Blätter stellten Anfang 1962, als beide Organisationen nur noch auf dem Papier bestanden, ihr Erscheinen ein, Otto, 1977, S.207, Fußnote 11; Rupp, 1984, S.245.

[679]Cioc, 1988, S.117.

[680]Kongressdienst, März/April 1959, Nr. 8, S.24 („Präsidium des ‚Ständigen Kongresses‘“).

[681]Ulrike Meinhof war Redakteurin bei der Studentenzeitschrift *argument*, herausgegeben vom studentischen Arbeitskreis für ein kernwaffenfreies Deutschland, Münster (Westf.) sowie der studentischen Gruppe für Politik der Entspannung, Göttingen, vgl. Generallandesarchiv Karlsruhe (GLA), Bestand 69 KfK/INR 8.

[682]Cioc, 1988, S.117. Die Zeitschrift *Konkret* wollte 1961 den Bericht der Physikalischen Blätter über die Umfrage bei den Unterzeichnern der Göttinger Erklärung in vollem Umfang abdrucken, und hatte Prof. Klopfermann gebeten, eine Einleitung zu schreiben. Dieser warnte alle Unterzeichner der Göttinger Erklärung, „daß wir uns keinen Gefallen tun, wenn wir durch diese Zeitung, die als extrem links verschrien ist, an die Oeffentlichkeit gezerrt werden. Ich vermute, dass einige von Ihnen ebenfalls eine solche Aufforderung bekommen haben und hoffe, dass Sie diese genauso ignorieren, wie ich es tue.“, Generallandesarchiv Karlsruhe (GLA), Bestand 69 KfK/INR 5: Rundbrief von Hans Klopfermann an die Göttinger Achtzehn vom 9. August 1961.

[683]Appelius, Bd.1, 1991, S.421.

3.2.6.4 Höhepunkt der außerparlamentarischen Bewegung

Der Höhepunkt der Bewegung begann mit der ersten Kundgebung des Ausschusses KdA am 23. März 1958 in Frankfurt am Main [684], nur zwei Tage bevor der Bundestag den „Doppelbeschluß" verabschiedete. Auf der Kundgebung sollten Vertreter möglichst vieler gesellschaftlicher Bereiche zu Wort kommen: ein Politiker (Erich Ollenhauer), ein Gewerkschaftler (der DGB-Vorsitzende Willi Richter), ein Vertreter des Protestantismus (Prof. D. Heinrich Vogel), ein Vertreter des Katholizismus (Eugen Kogon), eine Frau (MdB Helene Wessel) [685], ein Wissenschaftler (Prof. Dr. Walter Weizel) [686], ein Schriftsteller (Stefan Andres) [687]. Daneben wurde der Publizist Robert Jungk als Hiroshima-Berichterstatter (er hatte im Frühjahr die Stadt besucht) als Redner verpflichtet. [688] Zu der Veranstaltung war die gesamte westdeutsche politische, wissenschaftliche und (protestantisch) kirchliche Prominenz eingeladen worden. [689]
Die Bewegung „Kampf dem Atomtod" stand zwar vorrangig im Zeichen des Widerstandes gegen die Aufstellung der Trägersysteme für den atomaren Einsatz, der Vorsitzende des KdA-Ausschusses Walter Menzel wies jedoch gleich zu Beginn der Veranstaltung darauf hin, daß die Bewegung sich auch zum Ziel gesetzt habe, der Öffentlichkeit „noch einmal in aller Eindringlichkeit die Gefahren vor Augen [zu] führen, die mit einem weiteren Atomwettrüsten und der Fortsetzung der Versuchsexplosionen verbunden sind" [690]. Im Verlauf

---

[684]Auf Wunsch des SPD-Vorsitzende fand die Veranstaltung nicht in der Frankfurter Paulskirche, sondern in der größeren Kongreßhalle statt, um das Hinausgehen über die „Paulskirchen-Aktion" zu betonen. Neben der demokratischen Tradition und der geographischen Mittellage Frankfurts spielte bei der Auswahl des Standortes auch eine Rolle, daß die Stadt am gleichen Tag vor 14 Jahren schweren Bombenangriffen ausgesetzt gewesen war, Rupp, 1984, S.153.

[685]Die ursprünglich vorgesehene Alterpräsidentin des Bundestages, Frau Dr. Marie-Elisabeth Lüders (FDP), sagte vermutlich aus Altergründen ab. Sie sandte aber eine Stellungnahme an die Versammlung, die Rupp „als die wohl radikalste Äußerung in diesem Zusammenhang aus dem Munde eines FDP-Politikers" bezeichnet, Rupp, 1984, Fußnote 800, S.154. Diese lautete: „Es kann keinen Grund und keine Entschuldigung für die Bereitschaft zur Teilnahme an Massenvernichtungsmitteln geben. Wer dazu bereit ist, belügt sich selbst. Er schließt sich selber aus der menschlichen Gemeinschaft aus und hat das Recht verwirkt, sich Christ zu nennen.", Blaubuch 1958, S.102.

[686]Dieser war ordentlicher Professor für theoretische Physik an der Universität Bonn, vgl. Arbeitsausschuß „Kampf dem Atomtod", Kampf dem Atomtod (Broschüre), Berlin [u.a.], 1958, S.9 (im folgenden zitiert als: Kampf dem Atomtod (Broschüre), 1958.).

[687]Zuerst war an Heinrich Böll gedacht worden.

[688]Rupp, 1984, S.153f. Auf den als Hauptattraktion eingeladenen Albert Schweitzer wurde vergeblich gehofft.

[689]Von den 1075 Eingeladenen hatten jedoch bis zum 19. März nur 264 zugesagt, vgl. Rupp, 1984, S.154, Fußnote 803. Auf der Antwortkarte von Karl Wirtz war handschriftlich von ihm selbst „nicht antworten" vermerkt, vgl. Generallandesarchiv Karlsruhe (GLA), Bestand 69 KfK/INR 3: Antwortkarte zur Einladung, an der öffentlichen Kundgebung „Kampf dem Atomtod" in der Kongreßhalle in Frankfurt am Main am 23. März 1958 teilzunehmen.

[690]Menzel, Walter, Vorwort, in: Kampf dem Atomtod (Broschüre), 1958, S.4-5, hier S.4f.

der von etwa 3.000 Personen besuchten Tagung wurden aber schon die Grenzen der Bewegung sichtbar. [691] Obwohl die acht Redner dem geplanten feierlichen Charakter gerecht zu werden versuchten und sich durch recht wenig Agressivität auszeichneten, traten die unterschiedlichen Positionen der einzelnen Träger der Bewegung deutlich hervor. [692] Während der DGB-Vorsitzende Willi Richter hinter den Forderungen des Aufrufs zurückblieb und ganz allgemein, ohne einen Adressaten zu nennen die Einstellung der Kernwaffenversuche, die Beendigung nuklearer Waffenproduktion und den „Verzicht auf Atombomben als letztes Mittel zur Lösung der Probleme" [693] forderte, nannten der SPD-Vorsitzende Ollenhauer [694], der Schriftsteller Stefan Anders und Eugen Kogon als Nahziel des Kampfes die Schaffung einer atomwaffenfreien Zone in Nord- und Mitteleuropa.

Die radikalste Stellung bezog Prof. Heinrich Vogel als Sprecher der kirchlichen Bruderschaften, indem er die Atombombe als „Sünde ... nicht nur an dem Menschen Gottes [695], sondern an Gott [696] selbst" [697] bezeichnete. Diese Position gälte auch für eine sich „christlich" nennende Regierung: „Ich behaupte, kein Christ kann die hier ausgesprochenen Erkenntnisse aus der Heiligen Schrift bestreiten. Niemand, auch nicht der Bundeskanzler Adenauer oder sein Verteidigungsminister kann auf biblischem Grund das klare Nein, zu dem wir hier gefordert sind, auch nur in so etwas wie ein bedingtes Ja verwandeln." [698] Für Vogel, der die Atombombe nur in der Phase ihres unterstellten Einsatzes als Kriegswaffe betrachtete und damit vom Ende der Beweiskette argumentierte, war die

---

[691] Otto, 1977, S.60.

[692] Kurscheid, 1981, S.22; Rupp, 1984, S.154.

[693] Richter, Willi, Soll alles umsonst gewesen sein?, in: Kampf dem Atomtod (Broschüre), 1958, S.17-20, hier S.19f.

[694] Ollenhauer wiederholte bei dieser Gelegenheit die Argumente der SPD: „Bannen wir die Gefahr des Atomtodes. Fangen wir bei uns an. Geben wir ein Beispiel, Die Bundesrepublik soll frei bleiben von Atomwaffen aller Art. Wir wollen keine Kernwaffen, wir wollen keine Abschußbasen, wir wollen keine Lagerplätze, und wir wollen Kernwaffen nicht verwenden, in welcher Form auch immer! Wir wollen nichts von alledem weil es sinnlos ist. ... Unser Entschluß, die Bundesrepublik aus der atomaren Aufrüstung auszuschließen, hat einen Sinn. Er ist ein Beitrag für die Wiederherstellung der Einheit Deutschlands in Freiheit. Wer die atomare Aufrüstung der Bundesrepublik befürwortet und betreibt, der schlägt die Tür zur Wiedervereinigung Deutschlands unwiderruflich zu.", Ollenhauer, Erich, Atomwaffen bedrohen Deutschland, in: ebenda., S.43-47, hier S.45.

[695] „Diesen Menschen wie Ungeziefer behandeln zu wollen, ihn, und liege er noch als Säugling in der Wiege, wie einen Schwarm giftiger Fliegen auszurotten und nihilisieren zu wollen, das ist Sünde!", Vogel, Heinrich, Atomwaffen sind Sünde, in: ebenda., S.27-33, hier S.30.

[696] „... und das diese Sache mit den Massenvernichtungsmitteln nichts anderes ist als eine Gotteslästerung, bei der wir so tun, als ob wir über eine von uns erschaffene Welt verfügen und sie dann also auch zerstören könnten. Die Massenvernichtungswaffen sind eine materialisierte Leugnung Gottes, ein Eingriff in das Majestätsrecht des Gottes, bei dem allein das Gericht und die Gnade ist, und der den Menschen nicht dazu eingesetzt hat, um so etwas wie das Jüngste Gericht in eigener Regie vorwegzunehmen.", ebenda., S.31.

[697] Ebenda., S.30.

[698] Ebenda., S.31f.

Ausrüstung mit atomaren Waffen, die gleichgesetzt wurde mit einer indirekten Vorbereitung eines Atomkrieges, sittlich nicht mehr zu rechtfertigen: „Man sagt uns: ‚Lieber tot als Sklave! ' Wir antworten: ‚Lieber tot als Massenmörder! ' Ja wir antworten: ‚Lieber der Verlust all dessen, was der Mensch seine heiligsten Güter nennt, als mit einer solchen Schuld in das Jüngste Gericht.'" [699] Vogel war der einzige Redner, der, wenn auch vorsichtig, auf die Möglichkeit eines über den moralischen Protest hinausgehenden Widerstandes verwies und die Legitimation des Bundestages in Zweifel zog: „Sollte aber wirklich eine Parlamentsmehrheit es wagen, sich über die offenkundige Mehrheit des Volkes in dieser Sache hinwegzusetzen, so wäre es Sache des Volkes in allen seinen einzelnen Gliedern, sich so zu verhalten, daß wir im letzten Augenblick vor dem Abgrund nicht zurückgerissen werden." [700]

Auf die Rufe aus dem Auditorium nach Generalstreik antworteten die Schriftsteller der Kundgebung zustimmend, – so Stefan Anders: „Ich danke vielmals! Aber es werden Dinge erwogen; es bleibt nicht nur bei den Worten!" [701] –, aber auch skeptisch, wie Robert Jungk: „Ich kann nicht vom Generalstreik sprechen, ich bin kein Gewerkschaftsführer, aber ich frage mich, ob die Gewerkschaft hierfür den Mut hat." [702] Die Reaktionen von Richter und Ollenhauer deuteten an, wie wenig in ihren Konsequenzen vorüberlegt die offizielle Beteiligung von DGB- und SPD-Führung war [703]. Während der DGB-Vorsitzende erst gar nicht die Zurufe aufgriff [704], antwortete der SPD-Vorsitzende ganz auf der Linie der „Mobilisierung des Gewissens": „Wir müssen unsere Stimme in Stadt und Land erheben – heute und morgen –, nicht nur in Kundgebungen nach dem Generalstreik rufen, sondern im Alltag die Gesinnung bekunden!" [705] Somit wurde schon beim Auftakt der eigentlichen Bewegung klar, daß SPD und DGB diese im Sinne ihrer Zielvorstellungen manipulieren wollten und glaubten, ein Überborden der Aktivitäten verhindern zu können. [706] Obwohl die Redner, die sich nun einmal entschlossen hatten, die außerparlamentarische Aktion mitzutragen, die Situation in „dramatischen Farben" [707] schilderten [708], entwickelte die

---

[699] Ebenda., S.32.

[700] Ebenda., S.33.

[701] Anders, Stefan, Dem Atomwahnsinn in den Arm fallen, in: Kampf dem Atomtod (Broschüre), 1958, S.21-26, hier S.23.

[702] Jungk, Robert, Hiroshima mahnt und warnt, in: ebenda., S.38-42, hier S.42.

[703] Rupp, 1984, S.155f.

[704] Kampf dem Atomtod (Broschüre), 1958, S.19. Auch in der anschließenden Pressekonferenz wich er der Frage nach einem Generalstreik mit der Antwort aus, daß in solchen entscheidenden Fragen die Führungsgremien des DGB entscheiden müßten. Er kündigte ein baldiges Gespräch von Vertretern des DGB-Bundesvorstandes mit dem Bundeskanzler auch über die atomare Bewaffnung der Bundeswehr an, vgl. Frankfurter Allgemeine Zeitung, 24. März 1958 („Generalstreik gegen Atomrüstung?").

[705] Ollenhauer, Erich, Atomwaffen bedrohen Deutschland, in: Kampf dem Atomtod (Broschüre), 1958, S. 43-47, hier S.47.

[706] Kurscheid, 1981, S.23; Schwarz, 1983, S.52f.

[707] Rupp, 1984, S.155.

[708] Eugen Kogon sprach davon, daß „eine ... welthistorische Stunde wieder einmal geschlagen

Frankfurter Großveranstaltung nicht viel Schubkraft. [709] Auch die Resonanz in den Tageszeitungen fiel relativ gering aus. [710]

Die Bewegung setzte sich jedoch auf regionaler Ebene fort. Am 2. April forderte der Arbeitsausschuß den DGB, die SPD und FDP offiziell auf, regionale und lokale Ausschüsse „Kampf dem Atomtod" zu bilden. Einen Tag später unterstützte der SPD-Vorstand dieses Anliegen in einem Rundschreiben an alle Untergliederungen der Partei. Bis Juni 1958 war die Gründung von Landes- und Ortsausschüssen, die sich meistens aus Funktionären von DGB, SPD und FDP sowie aus lokalen Honoratioren, Schriftstellern, Künstlern und Wissenschaftlern zusammensetzten [711], im wesentlichen abgeschlossen. [712] Mit seltenen Ausnahmen befanden sich die aktivsten Kommitees in SPD-Hochburgen (Hamburg, Bremen, Hessen) und Gebieten mit traditionell starken Gewerkschaften (Nordrhein-Westfalen, Niedersachsen). Bundesländer mit einer konservativen Mehrheit verzeichneten dagegen nur geringe antinukleare Aktivitäten (Rheinland-Pfalz, Schlwesig-Holstein). [713] Entsprechend den partikularen Bestrebungen Bayerns hatte der Schriftsteller und Begründer der Gruppe 47 und des sogenannten Grünewalder Kreises [714], Hans Werner Richter, am 2. April in München ein „Kommitee gegen Atomrüstung" gegründet, das zwar später als Landesverband der KdA-Zentrale fungierte, aber eine relative Selbständigkeit bewahren konnte. Dem Kommitee gehörten mit Ausnahme einiger Politiker [715], Wissenschaftler [716] und Gewerkschaftler [717] in der Hauptsache Persönlichkeiten aus Kunst und Kultur [718] an. Zahl-

[hat]" und verglich sie von ihrer Bedeutung her mit den Januartagen 1933, vgl. Kogon, Eugen, Dem Frieden dienen, in: Kampf dem Atomtod (Broschüre), 1958, S.34-37, hier S.34. Helene Wessel zog einen Vergleich mit dem „23. März 1933 –, als im Reichstag das Ermächtigungsgesetz verabschiedet wurde", Wessel, Helene, Das Leben in Gefahr, in: ebenda., S.12-16, hier S.12. Die Entscheidung über die Aufrüstung mit Atomwaffen bezeichnet sie als „Schicksalsfrage für unsere Existenz als Volk und Nation", ebenda., S.15.

[709] Schwarz, 1983, S.53.

[710] Rupp, 1984, S.156.

[711] Kurscheid, 1981, S.24.

[712] Siehe ausführlich Cioc, 1988 S.119ff.; Rupp, 1984, S.173ff.

[713] Cioc, 1988, S.120.

[714] Der Grünewalder Kreis war eine lockere Gesprächsrunde linker Politiker und Intellektueller und richtete sich gegen die von ihnen konstatierte schleichende Refaschisierung der Bundesrepublik. Hans-Jochen Vogel, SPD-Kanzlerkandidat von 1983, war ebenfalls ein Mitbegründer, trat aber nicht dem Kommitee gegen Atomrüstung bei, Cioc, 1988, S.211, Fußnote 9; Stölken-Fitschen, 1995, S.263.

[715] Die FDP-Landtagsabgeordnete Dr. Hildegard Brücher sowie der SPD-Landeschef und Kulturpolitiker Waldemar von Knoeringen, vgl. Heipp, Es geht ums Leben! Der Kampf gegen die Bombe, 1965, S.111; Rupp, 1984, S.174, S.185.

[716] Der Ordinarius für Experimentalphysik und Direktor des Physikalischen Instituts der TH München Prof. Dr. Georg Joos, vgl. Heipp, Es geht ums Leben! Der Kampf gegen die Bombe, 1965, S.111; Rupp, 1984, S.174.

[717] Der DGB-Landesvorsitzende Ludwig Linsert, vgl. Heipp, Es geht ums Leben! Der Kampf gegen die Bombe, 1965, S.111; Rupp, 1984, S.185.

[718] Zu den Gründungsmitgliedern gehörten beispielsweise Ingeborg Bachmann, Dieter Bosche,

reiche Vertreter der letzten Gruppe hatten bereits den am 15. April 1958 in der Münchener Zeitschrift *Die Kultur* veröffentlichten „Aufruf von Persönlichkeiten des kulturellen Lebens“ [719] unterzeichnet, der als „Kommitee“-Aufruf vom 18. April 1958 [720] wortwörtlich übernommen wurde. [721] Daneben erlangte der West Berliner Ausschuß „Kampf dem Atomtod“ ebenfalls relative Unabhängigkeit [722].
An den Universitäten wurden unabhängig von Partei- und Gewerkschaftsbürokratie Ausschüsse vor allem auf Initiative von SDS (Sozialistischer Deutscher Studentenbund), LSD (Liberaler Studentenbund Deutschlands) und ESG (Evangelische Studentengemeinde) gegründet. Diese führten Unterschriftensammlungen, Abstimmungen über die Frage der Atombewaffnung und zum Teil auch Vorlesungsstreiks durch. Nach dem schnellen Abschwung der KdA-Bewegung im Zuge des Bundesverfassungsgerichtsurteils über die Volksbefragung zur atomaren Ausrüstung repräsentierten die Studentenorganisationen ab Juni 1958 den einzigen aktiven Träger der Bewegung. Als Höhepunkt der studentischen Aktivitäten ist der Berliner Studentenkongreß im Januar 1959 anzusehen, auf dem in aller Schärfe die über die Intention der SPD hinausgehenden Forderungen, wie z.B. Verhandlungen mit der DDR über die Wiedervereinigung, mit der Bonner Führung der Kampagne kollidierten. Die an den Universitäten entstehende Unruhe hielt sich aber noch in Grenzen. [723]

Günter Eich, Erich Kästner, Loriot und Hans Söhnker, vgl. Heipp, Es geht ums Leben! Der Kampf gegen die Bombe, 1965, S.111.

[719]Blaubuch 1958, S.135.

[720]„Wir protestieren gegen die atomare Bewaffnung der Bundeswehr, weil sie jede weitere Verständigung zwischen Ost und West unmöglich zu machen droht, die Gefahr einer dritten Katastrophe für das deutsche Volk heraufgeschwört und die Wiedervereinigung verhindern kann. Die Anwendung atomarer Waffen ist Selbstmord. Eine zusätzliche deutsche Atomrüstung schreckt den Kommunismus nicht ab, sondern dient seiner Argumentation und Propaganda. Wir appellieren deshalb an alle, die sich in dieser Stunde ihrer persönlichen Verantwortung bewußt sind, gegen den folgenschweren Beschluß des Bundestages demonstrativ Stellung zu nehmen.“, Heipp, Es geht ums Leben! Der Kampf gegen die Bombe, 1965, S.112.

[721]Cioc, 1988, S.120; Rupp, 1984, S.174f.; Stölken-Fitschen, 1995, S.263f.

[722]Obwohl die Stadt fest in sozialdemokratischer Hand war, bekundeten ihre Bewohner wenig Sympathie für die antinukleare Kampagne. Sie fühlten sich ungeschützt, völlig der Bereitschaft der Amerikaner ausgeliefert, sie im Konfliktfall zu verteidigen. Ihr neuer dynamischer Bürgermeister Willy Brandt befürwortete die nationale Sicherheitspolitik des Kanzlers und wollte West-Berlin, wenn möglich, zu einer „nuclear-rhetoric-free zone“ erklären. Brandts Erzrivale innerhalb der lokalen SPD, Franz Neumann, versuchte jedoch wiederholt, ihn mit Hilfe der antinuklearen Kampagne zu diskreditieren, so daß Brandt nicht umhinkonnte, die Kampagne zu unterstützen. Es gelang ihm den lokalen Ausschuß durch Gefolgsleuten zu dominieren, allerdings unter Entfremdung von den Intellektuellen, Theologen, Studenten und Neumann Anhänger, die Kampagne ausmachten, Cioc, 1988, S.120f.

[723]Kurscheid, 1981, S.24; Rupp, 1984, S.180ff. Ihre politische Bedeutung lag zum einen in dem von dieser Seite angestellten, sehr begrenzt erfolgreichen Versuch, bei der an „großer Politik“ ziemlich desinteressierten Mehrheit der westdeutschen Studenten politisches Engagement zu wecken; zum anderen wurde wie bei den kirchlichen Bruderschaften erneut die Problematik der

Die Ziele des Ausschusses „Kampf dem Atomtod" – eine Bundeswehr ohne Atomwaffen, ein Atomtest-Verbotsabkommen, eine atomwaffenfreie Zone in Zentraleuropa sowie eine generelle Abrüstung – waren direkt der SPD-Wahlplattform entnommen. Um Druck auf die Regierung auszüben, aber auch um die öffentliche Aufmerksamkeit auf Nuklearfragen zu richten, wurden drei verschiedene Wege verfolgt [724]:

1. Die Landes- und Ortsverbänden sollten Demonstrationen, Kundgebungen, Mahnwachen und Plakataktionen organisieren, Flugblätter herstellen und verbreiten sowie Befragungen und Unterschriftensammlungen durchführen [725]. Die aufgezählten Aktionen, wie friedliche Demonstrationen, waren legal.

2. Daneben sollte die Führung des Deutschen Gewerkschaftsbundes überzeugt werden, aus Protest gegen die Verteidigungspolitik des Bundeskanzlers einen Streik auszurufen. Der Weg des politischen Streikes war laut Cioc „semi-legal".

3. Desweiteren wurde zusammen mit der SPD eine Reihe von Volksentscheide mit dem Ziel, die Bundestagsentscheidung vom März zu revidieren, geplant. Das Mittel der Volksbefragung war verfassungswidrig. In dem Versuch dies zu kaschieren, wurde sie von der SPD als „öffentliche Volksbefragung" bezeichnet.

Der wichtigste Test für Erfolg oder Mißerfolg der Bewegung wurden in den Landtagswahlen in Nordrhein-Westfalen im Juli 1958 gesehen. Falls die SPD der CDU/CSU eine entscheidende Niederlage in diesem dicht besiedelten Bundesland beibringen würde, könnte Adenauer sich gezwungen sehen, in seiner Nuklearverteidigungspolitik nachzugeben. [726]

Nachdem der Bundestag im März 1958 die atomare Ausrüstung der Bundeswehr beschlossen hatte, kam es unter dem Einluß des Arbeitsausschusses „Kampf dem Atomtod" zur Entfachung einer außerparlamentarischen Massenbewegung. Eine Welle von Kundgebungen und Demonstrationen erfaßte die Bundesrepublik. Belegschaftsversammlungen, Betriebsräte und Gewerkschaftsorganisationen forderten in Resolutionen Streiks und Generalstreiks gegen die atomare Rüstung [727]. Gleichzeitig kam es zu spontanen Arbeitsnie-

---

offenen Zusammenarbeit einer Parlamentspartei mit gesellschaftlich unabhängigen, institutionell völlig ungefestigten oppositionellen Gruppen offenbar, Rupp, 1984, S.181f.

[724]Cioc, 1988, S.119; ders., 1990, S.510.

[725]Unterstützt wurde die Tätigkeit mit Kurzfilmen, Tonbildserien sowie einer monatlich herausgegebenen Zeitschrift „Atomzeitalter" für die begleitende wissenschaftliche Diskussion der sich aus der Kerntechnologie ergebenden militärischen, ökologischen und politisch-ökonomischen Probleme, Otto, 1977, S.60; ders., 1980, S.185.

[726]Cioc, 1988, S.119; ders., 1990, S.510; Schwarz, 1983, S.56.

[727]Einen Generalstreik forderten z.B. die Landesbezirkskonferenz der Gewerkschaft Handel-Banken-Versicherungen in Ansbach (Blaubuch 1958, S.47), die DGB-Bezirksdelegiertenkonferenz Wuppertal (Blaubuch 1958, S.36) Für „gewerkschaftliche Kampfmaßnahmen" sprachen sich Betriebsräte der Frankfurter Metallindustrie und des Metallhandwerks (Blaubuch 1958, S.40), eine Vertreterversammlung der IG Metall in Hannover (Blaubuch 1958, S.40), Betriebsräte und Vertrauensleute der Adam Opel AG, Rüsselsheim (Blaubuch 1958, S.59), die westfälische Be-

derlegungen. [728]. Am 28. März trafen bei dem in Hamburg tagenden DGB-Bundesvorstand Briefe, Telegramme und Fernschreiben ein, die „wirksame Maßnahmen" verlangten. [729] Rupp zufolge zeigen die wilden, d.h. von Arbeitnehmern eines oder mehrerer Betriebe unabhängig von den Gewerkschaften durchgeführten, Streiks und die dichte Folge der Resolutionen, letztere auch schon nach dem „Appell der Vierundvierzig", daß die Atomwaffenfrage den politisch interessierten Arbeiter wie kein anderes Problem der Politik in der noch jungen Geschichte der Bundesrepublik bewegte. [730]
Wie populär die Streikforderung nicht nur in den Betrieben und auf der unteren gewerkschaftlichen Ebene in dieser Zeit war, machen Meinungsumfragen deutlich. Danach befürworteten 52% der gesamten erwachsenen Bevölkerung der Bundesrepublik (einschließlich Westberlin) einen Streik zur Verhinderung der Atomausrüstung der Bundeswehr. Nur 31% lehnten einen Streik in dieser Frage ab. [731] Auch Mitglieder des Arbeitsausschusses und der SPD [732] drängten im Fall des Mißlingens der sozialdemokratischen Volksbefragungspläne auf eine auf ein bis drei Tage befristete Arbeitsniederlegung. [733] Die DGB-Führung fühlte sich dieser Stimmung zwar zumindest anfangs verpflichtet, lehnte

---

zirkskonferenz der Gewerkschaft ÖTV (Blaubuch 1958, S.44), die Delegiertenversammlung der Gewerkschaft Handel, Banken und Versicherungen (Blaubuch 1958, S.48), aus. Warnstreiks verlangten die IG Druck und Papier, Düsseldorf (Blaubuch 1958, S.43), die Delegiertenkonferenz des DGB-Kreisausschusses Gießen (Blaubuch 1958, S.36), die gewerkschaftlichen Vertrauensleute und Betriebsräte der Metallbetriebe Heidenreich & und Harbeck, Kampnagl, Später, Maihak, Otmann & Herbst, Triton Belco und Schmidt Söhne in Hamburg (Blaubuch 1958, S.40).

[728]Am 25. März 1958 – während der Bundestagsdebatte – protestierten rund tausend Arbeiter der Henschel-Werke in Kassel mit einem fünfstündigen Streik gegen die geplante atomare Ausrüstung der Bundeswehr, Blaubuch 1958, S.59. Am 9. April legten in Bremerhaven 8.000 Arbeiter etwa eine Stunde vor Arbeitsschluß ihre Arbeit nieder, Blaubuch 1958, S.61. Am 28. März traten 10.000 Arbeiter der VW-Werke in Braunschweig und Wolfsburg in einen Warnstreik, Blaubuch 1958, S.60, Rupp, 1984, S.164.

[729]Otto, 1977, S.61; Rupp, 1984, S.164.

[730]Rupp, 1984, S.166.

[731]Jahrbuch der öffentlichen Meinung 1958-1964, S.375. Bemerkenswert ist, daß sich in derselben Umfrage nur 44% der Befragten für die Notwendigkeit eines Streiks zur Durchsetzung von Lohnerhöhungen aussprachen.

[732]Ollenhauer betonte am 27. März in einer Pressekonferenz, daß Arbeitsniederlegungen als verfassungsmäßiges Mittel in der politischen Auseinandersetzung um die „Atombewaffnung" in Frage kämen, Frankfurter Allgemeine Zeitung, 28. März 1958 („Ollenhauer droht mit Streiks"). Helmut Schmidt erklärte in einem Interview mit der Zeitschrift *Konkret* auf die Frage, ob er den Generalstreik gegen die Atomrüstung für legitim halte, seine uneingeschränkte Zustimmung, Rupp, 1984, S.168.

[733]Cioc, 1990, S.126. Auch aus der DDR kam die Aufforderung zu einem Generalstreik: „Thousands of letters arrived at DGB headquarters from East Germany, signed by Communist party functionaries, World Peace Council members, union shop stewards, professors, teachers, students, and even school children, who wrote letters to the DGB as part of their homework assignments.", ebenda.

jedoch vorsichtig eine Drohung mit Streikmaßnahmen ab. [734] Cioc kommentiert: „It was one thing for outsiders to cry for action, quite another for those responsible to examine the legal, technical and financial consequences.“ [735] Als der Vorstand des DGB am 28. März 1958 zusammentrat, um einen Aktionsplan festzulegen, dämpften juristische Fragen den Enthusiasmus für einen Streik schnell. Zwei Arten von Streiks standen zur Diskussion,

- ein **Warnstreik** mit einer kurzen bundesweiten Arbeitsniederlegung entweder für eine Stunde oder einen Tag,
- ein **unbefristeter Generalstreik**, der den Bundeskanzler und seine Regierung ins Wanken bringen sollte. [736]

Der juristische Experte der Gewerkschaften, Hermann Grote, konnte die DGB-Führung sehr schnell davon überzeugen, daß weder ein Generalstreik noch eine Arbeitsniederlegung in großem Stil im Interesse der Gewerkschaften sein konnte. Nach westdeutschem Recht ist ein wirtschaftlicher Streik, um Löhne und Arbeitsbedingungen zu verbessern oder zu erhalten, institutionell und funktionell grundgesetzlich (Art. 9 Abs. 3 S.3 GG) anerkannt. Die Rechtmäßigkeit eines politischen Streiks zur Durchsetzung allgemeinpolitischer Ziele ist jedoch umstritten [737]. Teilnehmer an rechtwidrigen Streiks haften der geschädigten Arbeitgeberseite gesamtschuldnerisch auf Schadenersatz, auch kann dies eine fristlose Kündigung rechtfertigen. Der DGB hätte demnach Kompensationszahlungen leisten müssen. Zudem konnte die Arbeitgeberseite jede Lohnzahlung verweigern, was zusätzlich die Zahlung von Streikgeldern an die gewerkschaftlich organisierte Arbeitnehmerseite bedeutet hätte. [738] Im Hintergrund stand zudem die Frage nach der parteipolitischen Neutralität. Den Gewerkschaftführern war durchaus bewußt, daß viele ihrer Mitglieder im vergangenen Jahr Adenauer ihre Stimme gegeben hatten. [739]
Ein Warnstreik hingegen stellte vor allem einen symbolischen Akt dar, der zwar die politische Solidarität der Arbeitnehmer demonstrieren, auf die Bundesregierung aber seine Wirkung verfehlen würde. Der DGB-Vorstand entschied sich deshalb dafür, nur einen einzigen, einstündigen Streik im SPD-regierten Hamburg zu unterstützen. [740]

[734] Schwarz, 1983, S.54.

[735] Cioc, 1988, S.127.

[736] Cioc, 1988, S.126; ders., 1990, S.511.

[737] Er ist nur während eines Staatsnotstandes, wie beispielsweise beim Kapp-Putsch 1920, zulässig, Cioc, 1988, S.127. Anders verhält es sich dagegen, wenn die Prinzipien der parlamentarischen Demokratie in Frage gestellt werden. „Ein politischer Generalstreik darf sich nicht gegen eine legitime, die Grundrechte der Verfassung respektierende Regierung richten, konstatierte der juristische Experte der Gewerkschaften, Hermann Grote, „auch dann nicht, wenn sich die Gewerkschaften genötigt sehen, diese freigewählte Regierung wegen ihrer Politik mit allen legalen Mitteln schärfstens zu bekämpfen.“, zitiert bei Cioc, 1990, S.511.

[738] Cioc, 1990, S.127; Gabler-Wirtschafts-Lexikon, Bd.1 (Arbeitskampf), Bd.5 (Streik), Wiesbaden 1984.

[739] Rupp, 1984, S.170; Schwarz, 1983, S.54.

[740] Cioc, 1988, S.127f.; ders., 1990, S.511.

In seinem Beschluß vom 28. März ließ der DGB-Vorstand die Streikfrage offen, behielt sich vage „notfalls weitere Schritte“ vor, begrüßte die Beteiligung seiner Mitglieder an der Kampagne „Kampf dem Atomtod“, ergriff selbst aber keinerlei Initiativen [741]. Als Mitte April der Arbeitsausschuß selbst an den DGB-Vorstand herantrat, um ihn für eine nur fünf Minuten dauernde allgemeine Arbeitsniederlegung zu Beginn der NATO-Konferenz in Kopenhagen Anfang Mai zu gewinnen, lehnte dieser den Vorschlag mit der Begründung ab, die Bevölkerung sei für eine derartige Aktion noch nicht reif. [742] Zur gleichen Zeit sprachen sich Fritz Erler und Herbert Wehner bereits öffentlich gegen Streikaktionen aus. [743] Die ganze Kampagne wurde erkennbar auf eine allgemeine Volksbefragung hingelenkt. [744] Schwarz spricht davon, daß sich die SPD dafür entschieden hatte, „den außerparlamentarischen Protest in ein angeblich geordnetes institutionelles Verfahren einfließen zu lassen.“ [745] Am 25. März hatte Ollenhauer angekündigt, daß die SPD-Fraktion einen Gesetzesentwurf zur Volksbefragung wegen einer atomaren Ausrüstung der Bundeswehr“ einbringen werden. Die Wahlberechtigten sollten in direkter Abstimmung über folgende zwei Fragen entscheiden:

1. „Sind Sie damit einverstanden, daß deutsche Streitkräfte mit atomaren Sprengkörpern ausgerüstet werden?
2. Sind Sie damit einverstanden, daß in Deutschland Abschußvorrichtungen für atomare Sprengkörper angelegt werden?“ [746]

Wilker zufolge lassen die Fragen erkennen, daß die Initiatoren kaum Wert auf eine sachgerechte Beantwortung legten. [747] Zum einen stand die Ausrüstung mit „atomaren Sprengkörpern“ nicht zur Entscheidung. In allen Regierungsverlautbarungen war immer mit Nachdruck betont worden, „daß die taktische Nuklearmunition unter alliiertem Verschluß bleiben würde und es sich bei der ‚atomaren Austüstung‘ um die Abschußvorrichtungen, die Trägerwaffen und die Ausbildung deutscher Soldaten an diesen handelte.“ [748] Formulierungen wie „deutsche Streitkräfte“ ließen zudem den Eindruck entstehen, als könnte mit dieser Volksbefragung Einfluß auf Entscheidungen über die Ausrüstung der „Nationalen Volksarmee“ der DDR genommen werden. [749]

---

[741] Der Beschluß ist abgedruckt in Blaubuch 1958, S.30f.

[742] Rupp, 1984, S.172.

[743] Otto, 1977, S.61.

[744] Kleßmann, 1988, S.159; Schwarz, 1983, S.54.

[745] Schwarz, 1983, S.54.

[746] Antrag der Fraktion der SPD. Der Bundestag wolle beschließen: Entwurf eines Gesetzes zur Volksbefragung wegen einer atomaren Ausrüstung der Bundeswehr, in: Verhandlungen des Deutschen Bundestages, 3. Wahlperiode 1957, Anlagen zu den Stenographischen Berichten, Bd.57, Drucksache 303 vom 25. März 1958.

[747] Wilker, 1977, S.87. Görlich wird sogar noch etwas direkter: „Man verhehlte der Öffentlichkeit durch den Wortlaut ...entscheidende Tatsachen, und erweckte auf diese Weise den Anschein, die sachliche Unkenntnis weiter Personenkreise über diese Themen parteipolitisch ausnutzen zu wollen.“, Görlich, 1965, S.97.

[748] Ebenda.

[749] Wilker, 1977, S.87.

Die Volksbefragung sollte nicht nur wie am 25. März angekündigt worden war, auf Bundes-, sondern auch auf Länder- und Gemeindeebene stattfinden. Da von vornherein nicht damit zu rechnen war, daß derartige Gesetzesentwürfe den Bundestag oder Landesparlamente passieren würden, vermutet Rupp folgende Motivation hinter der Gesetzesinitiative [750]:

1. Auf diese Weise konnte die Atomwaffenfrage im Bundestag noch ein weiteres Mal, erstmals aber auch in Landtagen und Stadtverordnetenversammlungen diskutiert werden.

2. Die Ablehnung solcher Befragungen durch die Bonner Koalition spielte der Opposition das Propagandaargument zu, die Regierung und die sie tragenden Parteien fürchteten die Volksmeinung.

3. Für den Fall der Annahme eines solchen Entwurfs in einem Bundesland eröffnete sich angesichts des erhofften eindeutigen Ausgangs der Befragung eine, wenn auch indirekten, Einflußnahmemöglichkeit auf Zeitpunkt und Modalität der Atombewaffnung.

Am 24. April debattierte der Bundestag über den SPD-Gesetzesentwurf. Es kam zu einem ausführlichen verfassungsrechtlichen Streitgespräch, das auch mit kürzeren bzw. längeren Rückblenden in die Zeit der Weimarer Republik und des Dritten Reiches verbunden war. [751] Der KdA-Vorsitzende Menzel begründete die Gesetzesinitiative mit „sonderbaren Werbeargumenten“ [752] für die direkte Demokratie [753]. Diesen Argumenten setzte Innenminister Schröder Mitte Juni die Geltungskraft und Stützungsbedürftigkeit der repräsentativ-parlamentarischen Demokratie entgegen [754]. Eine CDU/CSU-Bundestagsmehrheit lehnte den Gesetzesentwurf in erster und zweiter Lesung am 24./25. April bzw. am 13. Juni 1958 mit 215 gegen 123 Stimmen ab. [755]

---

[750]Rupp, 1984, S.194f.

[751]Görlich, 1965, S.98.

[752]Klotzbach, 1982, S.472.

[753]Menzel, in: Verhandlungen des Deutschen Bundestages, 3. Wahlperiode 1957, Stenographische Berichte, Bd.40, 25. Sitzung, 24. April 1958, S.1420 (C, D): „Wir sprechen so viel von der Stärkung des demokratischen Grundgedankens in unserem Volk. Wir bedauern immer wieder, daß der einzelne sich so wenig mit unserer Demokratie, mit unserem Staat, verbunden fühlt. In dem Augenblick aber, in dem dieses Volk zeigt, daß es bereit ist, sich um eine so wichtige Frage unserer Politik zu kümmern, wird ihm gesagt, daß es zu Hause bleiben soll. Oder sollen jene doch recht behalten, die da sagen: Wir dürfen doch nur einmal alle vier Jahre zur Wahlurne gehen, und dann machen sie doch mit uns, was sie wollen!? Müssen denn nicht alle diese Bemühungen fehlschlagen, den Staatsbürger mit seinem Staat zu einer Einheit zusammenwachsen zu lassen, wenn wir in diesem Falle die Hoffnungen, die Wünsche und Sehnsüchte des deutschen Volkes nicht respektieren? Sie wollen die Wähler ausschalten.“

[754]Vgl. ebenda., Bd.41, 31. Sitzung, 13. Juni 1958, S.1712 (B, C).

[755]Verhandlungen des Deutschen Bundestages, 3. Wahlperiode, Stenographische Berichte,

Zur gleichen Zeit wurde über ähnliche Vorschläge in den Landtagen von Bayern, Schleswig-Holstein, Niedersachsen, Baden-Württemberg und Hessen und in den Bürgerschaften von Hamburg und Bremen debattiert [756]. Die Volksentscheide kamen jedoch aus politischen und verfasssungsrechtlichen Gründen nicht zustande. Die SPD besaß nur in Bremen und Hamburg die parlamentarische Mehrheit. Zudem erfüllte sich – außer in Hamburg und Bremen – die Hoffnung nicht, daß die Landesorganisationen der FDP ein solches Vorhaben unterstützen würden [757]. Auf Landesebene gediehen die „Volksbefragungs"-Kampagnen in Bremen und Hamburg weitesten. In weit mehr Fällen wurden entsprechende Beschlüsse auf Gemeindeebene gefaßt [758]. Bevor die Abstimmungen stattfinden konnten, rief die Bundesregierung das Bundesverfassungsgericht [759] an und stellte gleichzeitig mit dem Einreichen der Klagen entsprechende Anträge auf Einstweilige Anordnung zur Aussetzung der Befragungen bis zu einer endgültigen Entscheidung des Gerichts. [760] Diesen Anträgen wurde auch vom zuständigen Senat unter Vorsitz des sozialdemokratische Vizepräsident

---

Bd.40, 26. Sitzung, 25. April 1958, S.1508 (D)-1509 (B); ebenda., Bd.41, 31. Sitzung, 13. Juni 1958, S.1746 (C)-1745 (D).

[756]Vgl. ausführlich Rupp, 1984, S.194.

[757]In der FDP erinnerte sich eine Mehrheit an die Bemerkung von Theodor Heuss im Parlamentarischen Rat, ein Plebeszit sei eine Prämie für Demagogen, Schwarz, 1983, S.54. Auf dem Bundesparteitag der FDP Ende März lehnte der Parteivorsitzende Reinhold Maier, der in diesen Monaten ohnehin wieder versuchte, mit der CDU anzubändeln, Volksbefragungen ab. Es wurde zwar kein entsprechender Beschluß gefaßt, aber die FDP schwenkte sowohl auf Bundes- als auch auf Landesebene auf diese Linie ein. Dr. Ewald Bucher erteilte dem Gesetzesentwurf bei der ersten Beratung am 24. April im Namen der FDP-Fraktion eine Abfuhr, indem er ihn als verfassungspolitisch verfehlt bezeichnete, Rupp, 1984, S.195. Eine ähnlich zögernde Haltung nahm die FDP auch hinsichtlich des Ausschusses „Kampf dem Atomtod" ein. Aus wahltaktischen Gründen sollte solange mit einer institutionellen Unterstützung gewartet werden, bis sich mehr Gruppen der politischen Mitte engagierten. Sonst würde die FDP „redundant to some voters, too radical for others" erscheinen. Allerdings durften die „Entschiedenen" der Partei wie der ehemalige Bundesvorsitzende Thomas Dehler auf Massenverantstaltungen gegen die atomare Ausrüstung sprechen, Cioc, 1988, S.123.

[758]Hier wären die Beschlüsse der Stadtverordnetenversammlungen von Frankfurt, Offenbach und Darmstadt zu erwähnen, Schwarz, 1983, S.54. Ausführlich siehe Rupp, 1984, S.197f.

[759]Neben diesem politischen Haupthindernis für eine stärkere Ausweitung der Volksbefragung hatten Volksbefragungen in drei hessischen Kleingemeinden gezeigt, daß in den Städten eine Wahlbeteiligung von über fünfzig Prozent nur sehr schwer zu erreichen sein würde, Rupp, 1984, S.198.

[760]Kurscheid, 1981, S.25; Rupp, 1984, S.201; Schwarz, 1983, S.54. Vgl. auch Urteil vom 27. Mai 1958 (2 BvQ 1/58): Einstweilige Anordnung betr. die Ausführung des hamburgischen Gesetzes betreffend die Volksbefragung über Atomwaffen vom 9. Mai 1958, in: Entscheidungen des Bundesverfassungsgerichts, herausgegeben von den Mitgliedern des Bundesverfassungsgerichts, Bd.7, Tübingen 1958, S.367-374; Beschluß vom 10. Juni 1958 (2 BvQ 2/58): Einstweilige Anordnung betr. die Ausführung des Bremer Gesetzes betreffend die Volksbefragung über Atomwaffen vom 20. Mai 1958, in: ebenda., S.374-377.

des Bundesverfassungsgerichts, Rudolf Katz [761], sofort stattgegeben [762]. Regierung und Koalition erhielten eine „Verschnaufpause“ durch die sie sich aus der seit Januar bestehenden Defensive in der Sicherheitspolitik herausmanövrieren konnten. Dagegen zwangen die Beschlüsse die Sozialdemokraten, erst einmal das Ergebnis der am 6. Juli angesetzten Landtagswahlen in Nordrhein-Westfalens abzuwarten, und sodann die Frage nach der Zweckmäßigkeit einer „Volksbefragungs“-Kampagne neu zu stellen. [763]
Zwei Monate später, am 30. Juli, erklärte das Bundesverfassungsgericht Volksabstimmungen auf Landes- und lokaler Ebene für verfassungswidrig: „Die in den Gesetzen angeordnete Volksbefragung betreffe Angelegenheiten der Verteidigung und der auswärtigen Politik, die zur ausschließlichen Gesetzgebungs-, Regierungs- und Verwaltungszuständigkeit des Bundes gemäß Art. 73, Ziff. 1, 65, 65a, 87a, 87b des GG [Grundgesetzes] [764] gehörten.“ [765] Die von den sozialdemokratisch dominierten Ländern Hamburg und Bremen im Mai erlassenen Gesetze über eine Volksbefragung zur Atombewaffnung wurden für nichtig erklärt. [766] Dem Land Hessen bescheinigte das Gericht einen Verstoß gegen den Grundsatz bundesfreundlichen Verhaltens, „indem die Hessische Landesregierung es unterlassen hat, durch den Minister des Inneren die Beschlüsse hessischer Gemeinden über die Durchführung amtlicher Befragungen der wahlberechtigten Gemeindebürger

[761]Dieser hatte in den Beratungen des Parlamentarischen Rats zusammen mit Theodor Heuss die Institution des Plebeszits zu Fall gebracht, Rupp, 1984, S.201; Schwarz, 1984, S.54.

[762]Es gab allerdings zwei Präzedenzfälle für derartige amtliche Befragungen zu Bundesangelegenheiten in Gemeinden. Acht Jahre zuvor waren mit Billigung der Bundesregierung und mit Unterstützung durch zwei CDU-Ministerpräsidenten in zwei als repräsentativ ausgewählten Städten, Breisach und Castrop-Rauxel, zur Frage der europäischen Einigung Befragungen durchgeführt worden, Rupp, 1984, S.200.

[763]Ebenda., S.201.

[764]Artikel 65 gibt dem Kanzler Autorität über die Richtlinien der Politik; Artikel 73 sichert der Regierung die ausschließliche Gesetzgebung über auswärtige Angelegenheiten sowie die Verteidigung einschließlich des Schutzes der Zivilbevölkerung; Artikel 87 regelt Angelegenheiten der Streitkräfte, wobei Artikel 85a, Ziff. 1 ausdrücklich feststellt, daß der Bund die Streitkräfte zur Verteidigung aufstellt, vgl. Grundgesetz mit Vertrag über die abschließende Regelung in bezug auf Deutschland, Menschenrechtskonvention, Bundesverfassungsgerichtsgesetz und Gesetz über den Petitionsausschuß. Textausgabe mit ausführlichem Sachverzeichnis und einer Einführung von Universitätsprofessor Dr. Günter Dürig, München [32]1994.

[765]Urteil vom 30. Juli 1958 (2 BvF 3, 6/58). Nichtigkeit des hamburgischen und des bremischen Gesetzes betr. die Volksbefragung über Atomwaffen vom 9. Mai 1958 bzw. 20. Mai 1958, in: Entscheidungen des Bundesverfassungsgerichts, herausgegeben von den Mitgliedern des Bundesverfassungsgerichts, Bd.7, Tübingen 1958, S.105-122, hier S.108. Siehe auch Cioc, 1988, S.126; ders., 1990, S.511. In der Bundesrepublik Deutschland ist der Volksentscheid, d.h. eine unmittelbare Mitwirkung des Volkes an der staatlichen Gesetzgebung oder an sonstigen staatlichen Entscheidungen, nur in Fragen der Gebietsgliederung des Bundesgebietes zulässig.

[766]Urteil vom 30. Juli 1958 (2 BvF 3, 6/58). Nichtigkeit des hamburgischen und des bremischen Gesetzes betr. die Volksbefragung über Atomwaffen vom 9. Mai 1958 bzw. 20. Mai 1958, in: Entscheidungen des Bundesverfassungsgerichts, herausgegeben von den Mitgliedern des Bundesverfassungsgerichts, Bd.7, Tübingen 1958, S.105-122, hier S.105.

über Atomwaffen in der Bundesrepublik aufzuheben oder aufheben zu lassen." [767] Gustav Heinemanns Stellungnahme zu dem Urteil vom 30. Juli war eine gewisse Erleichterung anzumerken, obwohl er sich weiter kämpferisch gab: „Die deutsche Sozialdemokratie als eine verfassungstreue und den Staat mittragende Säule respektiert den Urteilsspruch des höchsten deutsche Gerichts. ... Juristisch ist der Streit zwischen Regierung und der größten Oppositionspartei entschieden, nicht aber politisch. Der Urteilsspruch von Karlsruhe schafft eine der Kernfragen der deutschen Politik nicht aus der Welt, sie besteht in unverminderter Schärfe weiter." Abschließend hieß es: „Für sie [die SPD] hat der Karlsruhe Richterspruch nur formale Bedeutung, er entbindet sie nicht der Aufgabe, die sie sich selbst gestellt hat: unser Volk vor den Gefahren einer Politik zu warnen, die den Frieden nicht sichert, die Wiedervereinigung unseres Landes verhindert und die Gegensaätze in der Welt zuspitzt, statt sie zu entschärfen." [768] Pirker kommentierte die Entscheidung des Bundesverfassungsgerichts wie folgt: „Mit diesem Spruche wurde jeder zukünftigen plebeszitären Aktion der SPD gegen die Mehrheit des Bundestages und gegen die Bundesregierung einen Riegel vorgeschoben." [769]

Während sich die Sozialdemokraten für Volksbefragungen starkmachte und die Arbeitnehmerführer um die Streikfrage rangen, organisierte die Antiatombewegung fast 100 Demonstrationen während des Sommers 1958. Sechsundzwanzig fanden in Nordrhein-Westfalen, achtzehn in Bayern, vierzehn in Baden-Württemberg, je neun in Niedersachsen und Rheinland-Pfalz, vier in West-Berlin, je zwei in Bremen und Hamburg und eine in Schleswig-Hostein statt. Die meisten Demonstrationen mobilisierten 1.000 bis 2.000 Sympathisanten, während acht Demonstrationen mehr als zehntausend Menschen auf die Straße brachten: Hamburg (150.000), Bielefeld (25.000), München (10.000), Bremen (25.000), Karlsruhe (20.000), Frankfurt (30.000), Ulm (15.000) und Hannover (40.000). [770] Die Gesamtpersonenzahl, die an solchen Demonstrationen zwischen Ostern (6./7. April) und Ende Juni teilnahm, belief sich nach Rupps vorsichtiger Schätzung auf mindestens 325.000 Personen. [771] Unter Mitberücksichtigung der Maifeiern, die von den Gewerkschaften organisiert wurden, und zahllose lokale Initiativen, kommt Cioc auf eine Million Personen. [772] Pirker gelangt zu der Feststellung: „Noch nie in der Geschichte der deutschen Arbeiterbewegung war es der Führung der Gewerkschaften und der SPD gelungen, für

---

[767] Urteil vom 30. Juli 1958 (2 BvG 1/58). Das Land Hessen hat gegen den Grundsatz bundesfreundlichen Verhaltens verstoßen, in dem die Landesregierung es unterlassen hat, die Beschlüsse von Gemeinden über die Durchführung amtlicher Befragungen über Atomwaffen aufzuheben. in: Entscheidungen des Bundesverfassungsgerichts, herausgegeben von den Mitgliedern des Bundesverfassungsgerichts, Bd.8, Tübingen 1959, S.122-141, hier S.124. Siehe auch Cioc, 1988, S.126; Klotzbach, 1982, S.472.

[768] Heinemann, Gustav, „Der Spruch von Karlsruhe", in: Kongressdienst, Nr. 2/3, Aug./Sept. 1958, S.11, S.15, hier S.15. Siehe auch Vorwärts, 8.August 1958, Nr.32.

[769] Pirker, 1977, S.263.

[770] Cioc, 1988, S.121. Siehe ausführlich Rupp, 1984, S.182ff.

[771] Rupp, 1984, S.191.

[772] Cioc, 1990, S.512.

eine Losung so viele Hunderttausende zu mobilisieren.“ [773] Allerdings weist Cioc darauf hin, daß die am stärksten besuchten Veranstaltungen zeitlich im April und Mai lagen; im Juni hatte das Interesse schon so stark abgenommen, daß „subsequent demonstrations became painful reminders of a colossal failure.“ [774]

Die Mehrheit der Wähler honorierten den emotional geführten Kampf dieser Bewegung jedoch nicht. Keine der außerparlamentarischen Alternativen verhalfen der SPD zur politischen Macht. Die nordrhein-westfälischen Landtagswahlen [775], die die SPD als inoffizielles Plebeszit für oder gegen atomare Waffen, für oder gegen eine Koalition der SPD mit der FDP, für oder gegen die Sicherheitspolitik der CDU, verstanden wissen wollte [776], gingen ebenso verloren wie die Bundestagswahlen vom vorhergehenden September. Obwohl Meinungsumfragen erkennen ließen, wie stark die Atomängste wirkten, tat der entschlossene Führungswille der Regierung seine Wirkung. Hatte die CDU/CSU in vorherigen Wahlkämpfen den wirtschaftlichen Aufstieg herausgestellt, und die Sicherheitspolitik in die zweite Reihe verwiesen, erlaubte Adenauer dieses eine Mal, daß Verteidigungsangelegenheiten die Wahlstrategie der CDU/CSU dominierten. Die Regierungsparteien entfalteten eine wirksame Gegenpropaganda und trafen damit den Sicherheitsnerv der Bevölkerung. Die Wähler wurden an die Verletzlichkeit Zentraleuropas im Schatten der sowjetischen Militärmacht und die Einbindung der Bundesrepublik in die westliche Allianz erinnert. [777] Am 29. April veröffentlichte die Bundesregierung in fast allen Zeitungen eine Erklärung, in der sie den antinuklearen Wahlslogan der SPD übernahm, ergänzte und damit eine andere Stoßrichtung gab:

> „Kampf dem Atomtod *in der ganzen Welt*
>
> Nur die allgemeine, kontrollierte Abrüstung kann die Menschheit von der Furcht vor einem Atomkrieg befreien.
> Die Bundesregierung wird diesen Standpunkt auch auf der geplanten Gipfelkonferenz mit allem Nachdruck zur Geltung bringen. Bis dahin müssen wir die Politik der Sicherheit für das deutsche Volk fortsetzen. Wir dürfen uns nicht durch falsche Propheten irremachen lassen.
> Die Bundesregierung bittet die Bevölkerung, sie in ihren Bestrebungen zur Sicherung des Weltfriedens weiter vertrauensvoll zu unterstützen.“ [778]

---

[773] Pirker, 1977, S.257f.

[774] Cioc, 1988, S.122.

[775] Aufgrund seiner Bevölkerungszahl und seines gewachsenen Industriepotentials beeinflußten die landespolitischen Probleme dieses Bundeslandes in besonders starkem Maße die Innenpolitik der Bundesrepublik Deutschland. Seit 1956 regierte dort nach einem konstruktiven Mißtrauensvotum eine Koalition aus FDP und SPD unter einem SPD-Ministerpräsidenten, ebenda., S.129.

[776] Birke, 1989, S.380; Cioc, 1988, S.129.

[777] Cioc, 1988, S.130; Schwarz, 1983, S.56.

[778] Heipp, Es geht ums Leben! Der Kampf gegen die Bombe, 1965, S.108.

Die Leitparole „Kampf dem Atomtod *in der ganzen Welt*“ korrespondierte deutlich mit der DGB-Mai-Aufforderung an die Bundesregierung „sich dem Wettrüsten *in der ganzen Welt* entgegenzustellen“ [779] und prangte den ganzen folgenden Monat auf Anschlägen an Plakatwänden und Litfaßsäulen. Rupp zufolge machen Umfang, Zeitpunkt und Vorsichtigkeit der Aktion deutlich, daß die Bundesregierung durch die „Kampf-dem-Atomtod“-Kampagne vornehmlich bei ihren Wählern aus der Arbeiterschaft einen Vertrauensverlust befürchtete. [780]
Nach dem gleichen Muster versuchten auch die Atomwaffengegner, den Wahlkampfslogan der CDU „Keine Experimente“, mit dem die Christdemokraten 1957 vor dem „Experiment“ SPD gewarnt hatten, gegen die Regierung zu wenden: „Keine Experimente. Keine Atomrüstung.“ [781] Alle Argumente der Opposition zeigten sich aber wirkungslos gegenüber dem Umstand, daß die überwiegende Mehrheit der deutschen Bevölkerung sowohl an die Überlegenheit als auch an den guten Willen der westlichen Alliierten glaubten, zugleich aber vom schlechten Willen der Sowjetunion überzeugt war. [782] Birke führt weiterhin an, daß es den Wählern vermutlich nur schwer zu verdeutlichen war, daß die Sozialdemokraten in einem Trägersystem für amerikanische Atomwaffen eine tödliche Gefahr für die Bundesrepublik erblickten, wenn sie selber mit gleicher Entschiedenheit für die friedliche Nutzung der Atomenergie eintraten, die der spätere Wortführer der Atomgegner, Robert Jungk, noch 1964 in seinem Buch „Heller als tausend Sonnen“ propagierte. [783]

Die CDU erreichte mit einem Stimmenzuwachs von 9 Prozent zum ersten Mal in der Geschichte dieses Bundeslandes die absolute Mehrheit (50,5%). Dagegen konnte die mit der Forderung nach Verstaatlichung der Grundstoffindustrien werbende SPD [784] nur 700.000 Stimmen (5,7%) dazugewinnen [785], während die FDP sogar 200.000 Stimmen verlor, wahr-

---

[779] Blaubuch 1958, S.32.

[780] Rupp, 1984, S.192f. Im weiteren Verlauf des Wahlkampfes wurden mit den Slogans „Bund und Land – Hand in Hand“ und „Für Frieden und Freiheit mit Adenauer und Arnold“ alle denkbaren antikommunistischen Emotionen gegen die „Kampf-dem-Atomtod-Bewegung“ versucht zu mobilisieren. Dazu erweiterten die CDU-Wahlagitatoren den scheinbaren Nachweis, daß die KdA-Aktionen für die Sowjetunion von großem Nutzen seien, da sie gegen die Sicherheit der Bundesrepublik gerichtet wären, in logisch natürlich unzulässiger Weise zu dem Gegensatzschema: hier Sicherheit und Wohlstand – hier Kommunismus. Um die Assoziation CDU und Sicherheit einerseits, „Kampf dem Atomtod“ und Kommunismus andererseits zu festigen, schreckten die CDU-Wahlkämpfer in den folgenden Wochen auch nicht vor Verwendung des Slogans „Adenauer oder Ulbricht“ zurück, ebenda., S.217.

[781] Stölken-Fitschen, 1995, S.255.

[782] Schwarz, 1983, S.56. Intellektuell diskreditierte sich die Anti-Atombewegung vor allem durch ihre Unfähigkeit, die machtpolitischen Interessen aller Beteiligten realistisch einzuschätzen, ebenda.

[783] Birke, 1989, S.381.

[784] Otto, 1977, S. 62.

[785] Rupp, 1984, S.201, Fußnote 1060, nimmt an, daß mindestens ein Viertel der Stimmen von Anhängern der am 17. August 1956 für verfassungswidrig erklärten KPD kamen. Diese hatte

scheinlich weil sie 1956 die Koalition mit der CDU verlassen und dadurch den Sturz des CDU-Ministerpräsidenten herbeigeführt hatte. [786] Schwarz kommt zu dem Ergebnis, daß Adenauer „wieder einmal einen Sieg mit Hilfe des ‚Wählers' gegen die ‚Intellektuellen' errungen hatte. Es war zugleich ein Sieg gegen die Angst, die nun rasch abflaute." [787] Damit hatte die Antiatombewegung ihren Kulminationspunkt erreicht und verlor an Schwung, noch ehe ihre Durchorganisierung abgeschlossen war. [788]

3.2.6.5 Niedergang der außerparlamentarischen Bewegung

Es gab weitere Anti-Atom-Demonstrationen, weitere Bundestagsdebatten und lautstarke Agitation, weitere Diskussionen und Initiativen für Volksbefragungen. [789] Aber unter dem Schock der Landtagswahl in Nordrhein-Westfalen sowie unter dem zunehmenden Druck von Verdächtigungen, die KdA-Kampagne kollaboriere mit dem „kommunistischen Feind" und gefährde die Sicherheit der Bundesrepublik [790], konnten sich in der SPD und im DGB Kräfte durchsetzen, die z.T. aus ganz anderen Gründen an einem Auslaufen der Kampagne interessiert waren. [791] Rupp vermutet, daß die Entscheidung des BVG gegen die Volksbefragung „selbst von einem Teil des Parteivorstandes eher als Befreiung aus einer unangenehmen Situation empfunden wurde" [792]. Carlo Schmid, der die SPD im Volksbefragungsverfahren vor dem BVG vertrat, sprach sich beispielsweise in eine Rundfunkgespräch am 13. Juni 1958 grundsätzlich gegen Plebeszite aus; auch die Frage der atomaren Rüstung solle durch die gewählten Organe, nicht durch Volksabstimmungen entschieden werden. [793]

1954 ca. 260.000 Stimmen erhalten. Der Sieg der CDU muß allerdings auch relativiert werden. Die SPD erzielte das beste Wahlergebnis im Rhein-Ruhr-Gebiet in der Nachkriegsära, wobei der Zuwachs im wesentlichen durch die Kampagne bestimmt war, Cioc, 1988, S. 132f.; Kurscheid, 1981, S.25.

[786] Rupp, 1984, S.201.

[787] Schwarz, 1983, S.56. Ein Mitleidseffekt in der Wählerschaft durch den Tod des populären vormaligen CDU-Ministerpräsident Karl Arnold kurz vor der Landtagswahl, hat wohl nach allgemeiner Auffassung keine Rolle gespielt, ebenda. Cioc, 1988, S.129, gibt allerdings zu bedenken, daß die Aussichten der FDP, die zwei Jahre zuvor die Koalition mit der CDU in Nordrhein-Westfalen aufgekündigt hatten, nach dem Ableben Arnolds noch trüber wurden.

[788] Otto, 1977, S.61.

[789] Cioc, 1990, S.512.

[790] Bezeichnend für die aufgeheizte Stimmung war die Bundestagsdebatte vom 13. Juni in der Arbeitsminister Theodor Blank angesichts der Volksbefragungspläne der SPD warnte, die Kampagne „Kampf-dem-Atomtod" könne zur kommunistischen Machtergreifung führen: „Meine Damen und Herren, eine Feststellung: der Mob ist los in Deutschland! ... die KPD kommt aus ihren Löchern hervorgekrochen.", Blank, in: Verhandlungen des Deutschen Bundestages, 3. Wahlperiode 1957, Stenographische Berichte, Bd.41, 36. Sitzung, 27. Juni 1958, S.2058 (A, B).

[791] Kleßmann, 1988, S.180; Otto, 1977, S.61f.

[792] Rupp, 1984, S.202.

[793] Otto, 1977, S.62.

Die SPD verlor das Interesse an Demonstrationen: nach der Landtagswahl in NRW fand für das ganze restliche Jahr in keiner Großstadt der Bundesrepublik mehr eine Kundgebung der Kampagne „Kampf dem Atomtod“ statt. [794] Wie die Weiterführung aus Sicht der SPD-Führung aussehen sollte, macht ein Beschluß des Parteivorstandes vom 3. September 1958 deutlich: Darin heißt es, die SPD hielte nach wie vor „die Aufklärung der Bevölkerung über die Gefahren ... und auch die großartigen friedlichen Möglichkeiten der Atomzeitalters für eine ihrer wichtigsten Aufgaben“. Die SPD werde daher „die Zusammenarbeit mit dem überparteilichen Ausschuß ‚Kampf dem Atomtod‘ fortsetzen und dessen Bemühungen mit allen Kräften unterstützen“. [795] Dies bedeutete nichts anderes als die Beschneidung des Ausschusses KdA auf die Funktion eines „humanistischen Bildungsvereins“ [796]. Aktionen, die außerhalb der Kontrolle oder SPD-Spitze durchgeführt oder unabhängig von ihr weitergeführt wurden, riefen sogar Disziplinarmaßnahmen und Polizeiaktionen hervor [797]. Die letzte Aktion der KdA-Kampagne, eine Petitionsbewegung zur Ächtung der Anwendung von Kernwaffen, die in der Zeit vom 9. November 1959 bis Ende Mai 1960 durchgeführt wurde, lief zwar – mangels einer größerer Zahl noch bestehender regionaler KdA-Ausschüsse – direkt über die Organisationen von SPD und DGB. Der Petitionsausschuß des Bundestages beschloß jedoch auch mit Stimmen seiner SPD-Mitglieder, die Petition der Bundesregierung zur Erwägung mit der Stellungnnahme zu überweisen, daß eine positive Bescheidung der wegen der in naher Zukunft bevorstehenden neuen Abrüstungskonferenzen nicht in Frage käme. [798]

Auch von Seiten des DBG war ein Wiedereröffnen des Feldzuges nicht zu erwarten. Cioc sieht den Grund vor allem darin, daß die Demonstrationskampagne verebbte, statt sich zu einer die Bürger gegen die Regierung mobilisierenden Massenbewegung zu entwickeln: „Had the city-by-city demonstrations achieved momentum, the DGB exekutive might well

[794] Rupp, 1984, S.220.

[795] Gegen das Atomwettrüsten, Sitzung des PV [Parteivorstandes] am 3. September 1958, in: Jahrbuch der Sozialdemokratischen Partei Deutschlands 1958/59, hrsg. vom Vorstand der Sozialdemokratischen Partei Deutschlands, Hannover, Bonn, o.J., S.389.

[796] Kurscheid, 1981, S.26. In ähnlicher Weise spricht Rupp, 1984, S.220, von einer „staatsbürgerlichen, humanitären Bildungsorganisation“.

[797] Als der Arbeitsausschuß Stuttgart-Ost mit Unterstützung anderer Organisationen am 11. März 1961 eine Großkundgebung durchführen wollte, forderte die SPD ihre Mitglieder auf, die Kundgebung zu meiden. Als Begründung wurde angeführt, der Ausschuß sei kommunistisch unterwandert. Die örtliche Kripo versuchte den Erstunterzeichner des Kundgebungsaufrufs, Pfarrer Traub, zur Zurücknahme seiner Unterschrift zu bewegen.
In Hamburg verbot die sozialdemokratische Behörde schon im Herbst 1958 die Aufstellung einer Mahnwache aus Anlaß des Jahrestages des Abwurfs der Atombombe auf Hiroshima mit der Begründung, es läge kein „öffentliches Interesse“ vor. Gleichzeitig wurde in Bremen eine Mahnwache acht Stunden nach Beginn ohne Begründung untersagt. In Westberlin wurden Mahnwachen, die ohne vorherige behördliche Genehmigung aufzogen, polizeilich aufgelöst, Otto, 1977, S.207, Fußnote 14.

[798] Otto, 1977, S.62; Rupp, 1984, S.233.

have reconsidered its position.“ [799] Eine Mitgliederbefragung zur „Atombewaffnung“, wie sie Ende März 1958 vom DGB-Bundesvorstand für den Fall des Verbots einer Volksbefragung erörtert und von den Gewerkschaftführern noch im Juni für diesen Fall angekündigt worden war, wurde im Oktober 1958 vom DGB-Bundesausschuß auf unbestimmte Zeit verschoben. [800] Die Gelder der Gewerkschaften an die Kampagne „Kampf dem Atomtod“ hörten auf zu fließen. [801] Mit dem Rückzug von SPD und Gewerkschaftsbund hatte die Kampagne ihre politische Bedeutung weitgehend eingebüßt. [802] Die FDP zog sich als Konsequenz aus den verlorengegangenen Wahlen in Nordrhein-Westfalen völlig aus der antinuklearen Politik zurück. [803]

Von den ursprünglich vorhandenen Landes- und Ortsausschüssen „Kampf dem Atomtod“ arbeiteten schon Mitte 1958 nur noch etwa 20 Prozent. Als der Bonner Ausschuß sich im Juni 1959 um Kontakt bemühte, meldeten sich in Nordrhein-Westfalen nur noch die Ausschüsse von Castrop-Rauxel, Herne, Minden und Siegburg. Die Landesausschüsse Hessen und Nordrhein-Westfalen hatten ihre Tätigkeit schon im Herbst 1958 eingestellt, aber auch die übrigen Landesausschüsse waren ab Mitte 1958 so gut wie erloschen. Es existierten zwar einzelne Ausschüsse, z.B. der Landesausschuß Schleswig-Holstein und der Ortsausschuß Hannover, auf dem Papier noch bis Mitte der sechziger Jahre, Aktivitäten lassen sich aber nur bis zu Beginn der sechziger Jahre zurückverfolgen. [804] Formell bestand der Bonner Ausschuß bis 1968, allerdings nur noch als Finanzierungsquelle der Zeitschrift „Atomzeitalter“. Als die Monatsschrifts 1968 infolge von Sparmaßnahmen des DGB und der IG Metall ihr Erscheinen einstellen mußte, wurde auch der Arbeitsausschuß aufgelöst. [805] Für das schnellen Ende der Anti-Atomwaffen-Bewegung führt Rupp folgende Gründe an, die vor allem die SPD dazu veranlaßt haben könnten, Kampagne endgültig „einzufrieren“ [806]:

1. Das „Berlin-Ultimatum“ der Sowjetunion vom 27. November 1958, das die Umwandlung West-Berlins in eine „Freie Stadt“ forderte, drängte die SPD in ihrer Entspannungspolitik völlig in die Defensive.

2. Bei dem Berliner Studentenkongreß gegen die Atomrüstung im Januar 1959 wurden die Vertreter des SPD-Vorstandes in ihrer Ablehnung von Verhandlungen mit der DDR erstmals überstimmt.

3. Das im Februar 1959 von Regierungsseite her gegründete Anti-Atomwaffen-Kommitee „Rettet die Freiheit“, das in einer Verdächtigungskampagne den Geg-

[799] Cioc, 1988, S.131.

[800] Otto, 1977, S.62; Rupp, 1984, S.221.

[801] Cioc, 1988, S.132.

[802] Bredow/Brocke, 1987, S.152.

[803] Cioc, 1988, S.132.

[804] Rupp, 1984, S.237ff.

[805] Ebenda., S.236, Fußnote 1264.

[806] Ebenda., S.223f.

nern der atomaren Rüstung prokommunistische „Verschwörung gegen die Freiheit" nachzuweisen versuchte.

Diese Faktoren spielten zweifellos für den Meinungsbildungsprozeß innerhalb der SPD eine Rolle. Sie können allerdings nicht erklären, wieso die Distanzierungsversuche schon lange vorher - z.T. schon vor der Landtagswahl in Nordrhein-Westfalen - eingesetzt hatten. Der tieferliegende Grund ist auf dem Stuttgarter Parteitag der SPD vom 18.-23. Mai 1958 zu suchen, der vermutlich das Ende der „Kampf-dem-Atomtod"-Kampagne bereits besiegelte.

Die Eröffnungskundgebung vor dem Stuttgarter Rathaus stand zwar ganz im Zeichen der Kundgebungskampagne, an die sich die Uraufführung der „Göttinger Kantate" anschloß, verfaßt von Günther Weisenborn, dem neben Eugen Kogon bekanntesten Schriftsteller der deutschen Wiederstandsbewegung gegen das NS-Regime. Das Stück zeigt die Bedeutung des Göttinger Appells und ist eine Stilisierung der Atomphysiker zu moralischen Helden [807]:

> „In dieser desperaten Weltminute
> waren es nicht die Machthaber
> und nicht die Handhaber der Bombe,
> in dieser großen Weltminute
> standen die Hersteller auf, die Gelehrten,
> und warfen sich der tödlichen Entwicklung entgegen" [808]

Stölken-Fitschen kommentiert die Zeilen wie folgt: „Unterschwellig wird hier zugleich die Hoffnung sichtbar, es könne eine von der Politik als unausweichlich geschilderte, von vielen Menschen aber als verhängnisvoll empfundene Entwicklung der sich immer weiter windenden Rüstungsspirale doch noch individuell beeinflußt uns zurückgeschraubt werden." [809]

Zwar bekräftigten Redner wie Erich Ollenhauer die Solidarität im Kampf gegen die Atomwaffen:

> „Mit unserem ganzen politischen Gewicht werden wir an der Stelle derer stehen, die heute in der Bewegung ‚Kampf dem Atomtod' ihre Stimme erheben, angefangen bei den achtzehn Göttinger Professoren bis zu den zahllosen Wissenschaftlern, Schriftstellern, Künstlern, Geistlichen, Lehrern und Erziehern in allen Teilen der Bundesrepublik. Selten ist in unserem Volk das Bündnis zwischen den arbeitenden

[807] Zur „Göttinger Kantate" siehe ausführlich Kurscheid, 1981, S.304ff. Die Partei hatte das Stück nicht ausgewählt, weil es zufälligerweise zu dem Hauptthema des Parteitages paßte, sondern es ausdrücklich für diesen Tag in Auftrag gegeben.

[808] Weisenborn, Günther, Göttinger Kantate. Der Aufruf der 18 Atomwissenschaftler und die großen Gefahren unsereres Jahrhunderts, szenisch darstellend als öffentliche Warnung niedergeschrieben, Berlin 1958, S.32.

[809] Stölken-Fitschen, 1995, S.214.

> Menschen und der Intelligenz so eindrucksvoll und so machtvoll sichtbar geworden wie in diesen Wochen.“ [810]

Auch wurde in einer langen Resolution wortreich die bisherigen Haltung in der Frage der Atombewaffnung verteidigt:

> „Der Parteitag verurteilt den Beschluß der Bundestagsmehrheit vom 25. März 1958 über die atomare Ausrüstung der Bundeswehr. Die Einbeziehung der Bundesrepublik in das atomare Wettrüsten gefährdet die Sicherheit des deutschen Volkes und zerstört die Aussichten für eine friedliche Wiedervereinigung Deutschlands.
> Der Parteitag billigt die Politik des Parteivorstandes und der Bundestagsfraktion und fordert die leitenden Körperschaften der Sozialdemokratie auf, den Kampf gegen die Verwirklichung des Bundestagsbeschlusses vom 25. März mit allen gegebenen verfassungsmäßigen Mitteln innerhalb und außerhalb des Parlaments fortzusetzen.“ [811]

Eine Reformer-Gruppe um Herbert Wehner, Carlo Schmid, Fritz Erler und Willy Brandt schuf aber durch Erfolge bei der Besetzung von Schlüsselpositionen und durch programmatische „Öffnung der Partei“ nach rechts die personellen und organisatorischen Voraussetzungen für die geplante Umwandlung der SPD von einer am Sozialismus orientierten Arbeitnehmerpartei zur systemkonformen „Volkspartei“. Den Reformern ging es vor allem darum, die Partei auf ein neues Grundsatzprogramm – das spätere Godesberger Programm – vorzubereiten und schon jetzt grundlegende Kursschwenkungen in der zukünftigen sozialdemokratischen Wehr- und Wirtschaftspolitik herbeizuführen [812]. Dieser Wandlungsprozeß sollte sichtbar und glaubwürdig gerade in demonstrativer „Wehrbereitschaft“ werden und zeigte sich in erkennbaren Bremswirkungen auf die KdA-Kampagne. [813] Das Image einer „Volkspartei“, das sich die SPD zwecks künftiger Wahlsiege zulegen wollte, ließ eine Unterstützung außerparlamentarischer Massenorganisationen nicht mehr als vorteilhaft erscheinen. [814]
Die tiefgreifendste Zäsur erfolgte am 30. Juni 1960 während der außenpolitischen Debatte des Bundestages, in der die Parteiführung der SPD ihre neuen außen-, deutschland- und

[810] Ollenhauer, Erich, Frieden und Freiheit durch sozialistische Politik, in: Protokoll der Verhandlungen des Parteitages der Sozialdemokratischen Partei Deutschlands vom 18. bis 23. Mai 1958 in Stuttgart, hrsg. vom Vorstand der Sozialdemokratischen Partei Deutschlands, Hannover, Bonn, o.J., S.39.

[811] 23. Mai 1958: Forderungen des Parteitages der SPD in Stuttgart, in: Dokumente zur Deutschlandpolitik, 3. Reihe/ Band 4, 2. Drittelband 1958, bearbeitet von Ernst Deuerlein und Gisela Biewer, herausgegeben vom Bundesmininisterium für Gesamtdeutsche Fragen, Frankfurt am Main [u.a.] 1969, S.1156-1159, hier S.1156.

[812] Die bei bisherigen Nichtwählern am meisten verbreiteten Vorurteilen über die SPD, sie habe keine Vorstellungen, wie sie einem kommunistischen Überfall begegnen wolle, und sie wolle den Bürgern ihr Eigentum wegnehmen, sollten dauerhaft entkräftet werden, Rupp, 1984, S.213f.

[813] Otto, 1977, S.63; Rupp, 1984, S.213ff.

[814] Kurscheid, 1981, S.26.

sicherheitspolitischen Positionen gewissermaßen offiziell fixierte und erläuterte [815]. Schon seit Ende des Jahres 1959 hatten sich die Anzeichen für eine neuen „Gemeinsamkeitskurs" der Parteien gemehrt [816], die sich nach dem Abbruch der Pariser Gipfelkonferenz in einer innerparteilichen Diskussion niederschlugen. In einer epochemachenden Rede, die in der Öffentlichkeit vor allem als taktische Meisterleistung gewertet wurde, arbeitete Herbert Wehner die außenpolitischen Gemeinsamkeiten zwischen Regierung und Opposition heraus. Er sagte Bemühung um „das höchstmögliche Maß von Gemeinsamkeit" zu [817] und distanzierte sich ausdrücklich von dem im März 1959 vorgelegte SPD-Deutschlandplan, der u.a. die Bildung einer Entspannungszone mit verdünnter Rüstung in Europa sowie die Räumung „von Fremdtruppen und von Atom- und Wasserstoffbomben" vorsah; dieser sei in allen Elementen „eine Sache der Vergangenheit" [818]. Wehner erklärte unmißverständlich, daß die Sozialdemokratie sich auf den Boden der bestehenden Vertrags- und Bündnisverpflichtungen stelle und sich zur Landesverteidigung bekenne. Allerdings vermied er eine Stellungnahme in der Frage der Atomwaffen und der Wehrpflicht. [819] Die SPD bewegte sich aber auch in diesen beiden Punkten auf die Position der Regierung zu: Im November 1959 wurde eine „Heimatverteidigung" auf dem Bad Godesberger Parteitag gebilligt. Im Januar 1962 unterstützte die SPD einen Gesetzesvorschlag, der den Wehrdienst von zwölf auf achtzehn Monate verlängerte. [820] Vier Jahre später, auf dem Karlsruher Parteitag 1964, wurde schließlich eine Beteiligung der Bundesrepublik an der atomaren Rüstung beschlossen. [821]

---

[815] Während beispielsweise sowohl Otto, 1977, S.64, und Schwarz, 1983, S.203, von einer Kehrtwendung sprechen, sieht dies z.B. Wilker etwas differenzierter. Seiner Ansicht nach stellt die Bundestagsrede Wehners keineswegs einen Wendepunkt sozialdemokratischer Außen- und Sicherheitspolitik dar, sondern ist vielmehr eine weitere wichtige Station in dem Wandlungsprozeß der Partei, Wilker, 1977, S.144.

[816] Daneben spielte für ein Überdenken der eigenen Position auch die Einsicht eine Rolle, daß das Anrennen gegen die Bedingungen und die Realität der Westintegration die SPD in eine Sackgasse geführt hatte, Birke, 1989, S.381.

[817] Wehner, in: Verhandlungen des Deutschen Bundestages, 3. Wahlperiode 1957, Stenographische Berichte, Bd.46, 122. Sitzung, 30. Juli 1960, S.7055 (A).

[818] Ebenda., S.7059 (B).

[819] Birke, 1989, S.381; Otto, 1977, S.64. Zur Anfangsphase der „Gemeinsamkeits"-Politik siehe ausführlicher Klotzbach, 1982, S.497ff.; Wilker, 1977, S.130ff. Auf die innerparteiliche Opposition von Anhängern der bisherigen Politik der SPD reagierte der Parteivorstand mit einer Ausschlußkampagne, Otto, 1977, S.64.

[820] Cioc, 1990, S.512.

[821] Protokoll der Verhandlungen vom Parteitag der Sozialdemokratischen Partei Deutschlands vom 23. bis 27. November 1964 in Karlsruhe, hrsg. vom Vorstand der Sozialdemokratischen Partei Deutschlands, Hannover, Bonn o.J. (im folgenden zitiert als: SPD-Parteitagsprotokoll, 1964). Dort heißt es in der Entschließung zu Deutschland und Europas Sicherheit (Antrag 1962): „Die Interessen des deutschen Volkes können weltpolitisch nur in engster Solidarität mit allen Staaten der Atlantischen Gemeinschaft wahrgenommen werden. Die Bundesrepublik muß daher auch ihren Beitrag zu dieser Solidarität leisten und treu zu den vertraglich eingegangenen Verpflichtungen stehen. ...Die Sicherheit Europas verlangt angesichts der Reichweiten und der Kosten

Aus der Massenbewegung von 1958 entwickelte sich in den folgenden Jahren eine quantitativ schwache, aber zählebige und von entschlossenen Gegnern jeder Atomrüstung getragene Gruppierung: die Ostermarschbewegung. Auf englische Vorbilder zurückgehend, fand ein Ostermarsch zum ersten Mal 1960 mit 1.000 Teilnehmern in der Bundesrepublik statt. [822]

„Zurück blieb", so Schwarz, „bei den geschlagenen Radikalen der Mythos einer Bewegung, die einige Monate lang den von ihnen vielbeklagten Immobilismus der Wähler erschüttert zu haben schien. Zehn Jahre später waren manche jener Intellektuellen, die sich im Kampf gegen den Atomtod engagiert hatten, auf seiten der Studentenbewegung [823], beim Vietnam-Protest [824] und im Kampf für eine Fundamentaldemokratisierung der Gesellschaft [825] zu finden. Zurück blieb auch eine beachtliche theologische und

---

modernen Waffensysteme eine enge Verflechtung des amerikanischen Verteidigungspotentials mit dem europäischen. Eine solche Verflechtung auch auf atomarem Gebiet würde die beste Gewähr dafür bieten, die weitere Ausdehnung der nationalen Verfügungsgewalt über atomare Waffen zu verhindern. Deshalb hält der Parteitag eine von möglichst vielen Mitgliedstaaten des Atlantischen Bündnisses getragene Gemeinschaftslösung der atomaren Verteidigungsprobleme für erforderlich", SPD-Parteitagsprotokoll, 1964, S.972-976, hier S.973.

[822]Kleßmann, 1988, S.161; Kurscheid, 1981, S.26. Zur Ostermarschbewegung siehe ausführlicher Gütermann, 1984, S.154ff.

[823]Hier soll noch einmal an Ulrike Meinhof erinnert werden, die während ihrer Studentenzeit Redakteurin bei der Studentenzeitschrift *argument*, herausgegeben vom studentischen Arbeitskreis für ein kernwaffenfreies Deutschland, Münster (Westf.) sowie der studentischen Gruppe für Politik der Entspannung, war und dem Präsidium des Ständigen Kongresses angehörte.

[824]Eine von der Deutschen Friedens-Union initiierte „Erklärung über den Krieg in Vietnam", die am 26. November 1965 der Presse übergeben wurde, trug beispielsweise die Unterschrift von einigen Gründungsmitgliedern des „Kommitee gegen Atomrüstung" bzw. Unterzeichnern des Komittee-Aufrufs, wie Ingeborg Bachmann, Hans Magnus Enzensberger, Wolfgang Hildesheimer, Walter Jens, Erich Kästner, Wolfgang Neuss, Peter Rühmkopf, Ernst Schnabel, Wolfdietrich Schnurre, Martin Walser, Günther Weisenborn, Wolfgang Weihrauch, vgl. Generallandesarchiv Karlsruhe (GLA), Bestand 69 KfK/INR 2: Erklärung über den Krieg in Vietnam (Korrespondenz Deutsche Friedens-Union) sowie Blaubuch 1958, S.135.

[825]Gegen die am 24. Juni 1968 erlassene Notstandsgesetzgebung, die auf verfassungsmäßiger Grundlage das Recht des Staates, in Notlagen außerordentliche Maßnahmen zu treffen, regelte, gab es schon Mitte der sechziger Jahre Widerstand. Die Humanistische Union richtete im Dezember 1964 einen Appell an den Deutschen Bundestag, in dem Besorgnis darüber geäußert wurde, „daß nach den bisher vorgelegten Entwürfen der Inhaber der ausübenden Staatsgewalt für Kriegs- und Friedenszeiten ermächtigt werden soll, wesentliche verfassungsrechtliche Garantien und Grundrechte außer Kraft zu setzen." Dieser wurde u.a. von Helmut Gollwitzer, Erich Kästner, Oberkirchenrat Kloppenburg und Paul Schallück unterzeichnet, vgl. Generallandesarchiv Karlsruhe (GLA), Bestand 69 KfK/INR 2: Humanistische Union, Unsere Zukunft im ‚Notstandsfall'. Der Höcherl-Plan und seine Folgen. In den Jahren 1965 und 1966 kam es zu erneuten Appellen von Professoren an die Gewerkschaften. Eugen Kogon und zwei weitere Professoren hoben auf einer Pressekonferenz am 10. März 1966 den „undemokratischen Kern der Sache" hervor. Ihrer Ansicht nach wurde bei der Durchsetzung der Notstandsgesetzgebung das politisch mündige Volk ausgeschlossen: „Hinter verschlossenen Türen wird versucht, Vereinba-

philosophische Kontroversliteratur über die Atomfrage. In diesem Punkt hebt sich diese grundlegende Auseinandersetzung vorteilhaft von späteren Kampagnen ab.“ [826]

3.3 Weitere Aktivitäten der Göttinger Achtzehn

Bevor sich dieses Kapitel weiteren Aktivitäten und Reaktionen der Göttinger Achtzehn widmet, sollen zunächst noch kurz die große Zahl akademischer Ehrungen erwähnt werden, die seit Unterzeichnung der Erklärung einer Reihe von Unterzeichnern zuteil wurden, und die ebenfalls zu den Reaktionen der Öffentlichkeit auf die Göttinger Erklärung gerechnet werden müssen [827]: Prof. Hahn wurde noch im Frühjahr zum Mitglied der Königlich Britischen Gesellschaft der Wissenschaften ernannt [828]; kurz danach wählte der Orden Pour Le Mérite für Wissenschaft und Künste Prof. Heisenberg zu seinem neuen Mitglied [829]; Prof. Born erhielt anläßlich der 500-Jahrfeier der Universität Freiburg im Breisgau die Ehrendoktorwürde [830]; Prof. von Weizsäcker wurde die Max-Planck-Medaille verliehen [831].

Nach Unterzeichnung der Göttinger Erklärung bemühte sich von Weizsäcker, die Gruppe durch mehr oder weniger regelmäßigen Zusammenkünften zusammenzuhalten [832] Neben den 18 Unterzeichnern wurden noch Prof. Wolfgang Gentner aus Genf und Prof. Willibald Jentschke aus Hamburg [833] hinzugebeten.

---

rungen auszuhandeln, die den Eindruck erwecken sollen, als hätten die Staatsbürger tatsächlich mitgewirkt und ihr letzes Wort schon gesprochen. In Wirklichkeit bliebe ihnen bei dieser Manipulation nur die Funktion der puren Hinnahme.“, Generallandesarchiv Karlsruhe (GLA), Bestand 69 KfK/INR 3: Kogon, Eugen u.a., Motive, die zum neuen Appell der Professoren an die Gewerkschaften führten, vorgetragen auf der Pressekonferenz in Frankfurt/Main am 10.3.1966.

[826]Schwarz, 1983, S.56.

[827]Rupp, 1984, S.88, Fußnote 437.

[828]Atomkern-Energie, Jg.2, Hft.6, Juni 1957, S.242; Physikalische Blätter, Jg.13, Hft.6, 1957, S.287.

[829]Atomkern-Energie, Jg.2, Hft.7, Juli 1957, S.282.

[830]Atomkern-Energie, Jg.2, Hft.8/9, August/September 1957, S.351.

[831]Atomkern-Energie, Jg.2, Hft.11/12, November/Dezember 1957, S.511; Physikalische Blätter, Jg.13, Hft.11, 1957, S.527.

[832]Da viele der Unterzeichner dem Arbeitskreis Kernphysik der Deutschen Atomkomission angehörten, fanden Zusammenkünfte oft während entsprechender Tagungen statt. Das laut Bestand 69 KfK/INR 5 des Generallandesarchivs Karlsruhe (GLA) letzte Treffen, plante von Weizsäcker für den 27. Oktober 1967: „Die Umfrage, die Herr Brüche anläßlich des 10. Jahrestages unserer Erklärung veranstaltet, hat mich veranlaßt, mit einigen von Ihnen darüber zu sprechen, ob es richtig wäre, daß wir in diesem Jahr noch einmal zu einer Besprechung des heutigen Stands dieser Probleme zusammen kämen.“, ebenda.: Rundbrief von Carl Friedrich von Weizsäcker an die Mitunterzeichner der Göttinger Erklärung vom 22. Mai 1967.

[833]Sowohl Gentner als auch Jentschke waren während des Krieges im Uranverein tätig: Gentner als Assistent bei Bothe in Heidelberg, Jentschke in Wien, Müller, 1990, S.27. Jentschke war nach dem Krieg in die USA gegangen und kehrte 1953 auf den durch den Wechsel von

Die Göttinger Achtzehn waren bestrebt, ihre Aktion aus dem Wahlkampf 1957 herauszuhalten und enthielten sich bis zum Wahltag öffentlicher Äußerungen. Diese Zurückhaltung ist wohl weniger auf eine zutreffende Analyse der politischen Situation zurückzuführen, als darauf, daß viele Wissenschaftler nach eigenen Angaben den politischen Vorstellungen der CDU viel näher standen als denen der Opposition. [834] Es lag ihnen fern, im anlaufenden Wahlkampf die Politik der Bundesregierung öffentlich zu kritisieren. [835]
Rudolf Fleischmann erklärte zwar am 15. April 1957, daß aufgrund der Reaktionen auf die Göttinger Erklärung mit einer zweiten gemeinsamen Erklärung der Göttinger Achtzehn zu rechnen sei, dies wurde aber von Otto Hahn und Werner Heisenberg sofort dementiert. Beide vertraten die Auffassung, daß im Moment alles gesagt und die deutsche Öffentlichkeit gewarnt worden sei. Anscheinend hatten die scharfen Angriffe der Regierungsseite doch ihre Spuren hinterlassen. [836] Fleischmann mußte sich dieser Linie fügen und äußerte nun beruhigend: „Man sollte alles tun, um die politische Aufregung abzudämpfen, die durch die Göttinger Erklärung entstanden ist“. Trotzdem hielt er an dem Recht und der Pflicht zur Stellungnahme fest: „Jeder Wissenschaftler, der glaubt, zum Thema als ein-

---

Prof. Fleischmann nach Erlangen frei gewordenen Lehrstuhl am Physikalischen Staatsinstitut in Hamburg zurück, ebenda., S.88, S.306. Gentner hatte 1955 die Leitung der Synchrozyklotoren-Abteilung bei CERN (Conseil Européen pour la Recherche Nucléaire) in Genf übernommen, ebenda., S.214. Beide hatten zwar nicht die Göttinger Erklärung, wohl aber ihren „Vorläufer“, den Brief an Strauß, unterzeichnet, vgl. Rupp, 1984, S.77, Fußnote 374.

[834] Born Hedwig/Born, Max, Der Luxus des Gewissens. Erlebnisse und Einsichten im Atomzeitalter, München 1969, S.179; Otto Hahn in: Heipp, Es geht ums Leben! Der Kampf gegen die Bombe, 1965, S.41 (Abdruck aus: Süddeutsche Zeitung, 20./21. April 1957). Von den 18 Professoren war allein von Prof. Strassmann bekannt, daß er einer der damaligen Oppositionsparteien nahestand, vgl. Rupp, 1984, S.77, Fußnote 278.

[835] Stölken-Fitschen, 1995, S.210. Diese Zurückhaltung wird bereits beim Treffen mit Bundeskanzler Adenauer deutlich. Der Spiegel, Jg. 11, Hft. 17, 24. April 1957, S.12 („Atomwarnung“), kommentiert wie folgt: „Mit welch ungewohnten Waffen die Wissenschaftler gegen einen Franz-Josef Strauß antreten müssen, zeigte sich am Schluß des Besuchs beim Kanzler. Dieselben Männer, die vier Tage vorher die Flucht in die Öffentlichkeit angetreten hatten, flohen nun vor der Öffentlichkeit. Unbemerkt von den Presseleuten, die das Hauptportal umlagerten, ließ der Bundeskanzler sie durch eine Hintertür entweichen. Sie wurden in Bonn nicht mehr gesehen.“ Die Presse mußte mit Prinz Bernhard der Niederlande, der dem Bundeskanzler an diesem Tag einen Höflichkeitsbesuch abstattete, vorlieb nehmen. Dieser stellte zu seinem lebhaften Bedauern fest, daß das stattliche Presseaufkommen nicht seiner Person galt, Hoffmann, 1993, S.240.

[836] Frankfurter Allgemeine Zeitung, 16. April 1957 („Eine zweite Erklärung?“); Münchner Merkur, 16. April 1957 („Eine weitere Erklärung?“). Heisenberg nahm etwas ausführlicher als Otto Hahn zu einer unmittelbaren zweiten Erklärung Stellung. Unschwer erkennbar war sie von den scharfen Angriffen der Regierungsseite geprägt: „Wir sind keine Politiker und werden uns deshalb nicht in irgendwelche politische Diskussionen einschalten können.“ In diesem Zusammenhang wies er auch Behauptungen zurück, daß er der Sozialdemokratischen Partei nahestünde oder besonderen Anteil an der Ausarbeitung der Erklärung gehabt hätte, Frankfurter Allgemeine Zeitung, 16. April 1957 („Eine zweite Erklärung?“)

zelner etwas zu sagen zu haben, sollte dies jedoch unbedingt tun“ [837]. Wenige Tage nach der Bundestagswahl, erklärten die Atomphysiker dann in einer neuen Entschließung, daß sie nach wie vor an allen damals ausgesprochenen Überzeugungen „ohne jede Einschränkung“ [838] festhielten. Diese neue Entschließung war auf der Jahrestagung des Verbandes Deutscher Physikalischer Gesellschaften am 28. September 1957 in Heidelberg gefaßt worden. [839] Prof. Walther Gerlach erklärte in der Eröffnungsrede der Jahrestagung auch, daß es den Achtzehn schwer gefallen sei zu schweigen, als Prof. Pascual Jordan, Bundestagskandidat der CDU, die Erklärung in den innenpolitischen Wahlkampf gezogen und in einer weitverbreiteten Schrift das „Göttinger Manifest“ völlig verfälscht wiedergegeben habe. [840] Ähnlich äußerte sich auch von Weizsäcker in einem Rundbrief am 4. September 1957 an die Gruppe bestehend aus Göttinger Achtzehn sowie Gentner und Jentschke: „In den letzen Wochen bin ich mehrfach gefragt worden, ob wir gemeinsam oder ob ich auf die Schrift von Pascual Jordan ‚Wir müssen den Frieden retten‘ antworten wolle, die offenbar in Niedersachsen als Postwurfsendung verteilt worden ist. Ich habe bisher immer geantwortet, vor der Wahl wolle ich nicht antworten, denn unter anderem unterscheide sich unsere Haltung eben dadurch von der Jordans, daß wir nicht einer Partei zum Sieg verhelfen wollten.“ [841]

Anläßlich der anstehenden Entscheidung des Bundestages über die atomare Ausrüstung der Bundeswehr im März 1958, versuchte von Weizsäcker seine Kollegen wieder zu einer öffentlichen Stellungnahme zu bewegen: „Wir werden wohl darüber sprechen müssen,

[837] Frankfurter Allgemeine Zeitung, 17. April 1957 („Fleischmann: Die Erregung dämpfen“). Fleischmann gehört zu den wenigen Unterzeichnern der Göttinger Erklärung, die auch später noch an dieser Einstellung festhielten, vgl. die Befragung der noch lebenden Göttinger Achtzehn 1961, abgedruckt in den Physikalischen Blättern, Jg.17, Hft.6, S.263-269 („Göttinger Erklärung heute. Bericht über die Einstellung der Göttinger Physiker Anfang 1961“), hier S.268.

[838] Die komplette Erklärung lautete: „Auf die Erklärung über die Gefahren der atomaren Bewaffnung, die wir am 12. April dieses Jahres abgegeben haben, sind in den letzten Monaten verschiedene Entgegnungen veröffentlicht worden. Wir haben es für richtig gehalten, während des Wahlkampfes auf diese Entgegnungen nicht zu antworten. Heute stellen wir fest, daß wir alle an unseren damals ausgesprochenen Überzeugungen ohne jede Einschrämnkung festhalten. Auf sachliche Argumente in den Entgegnungen werden wir einzeln oder gemeinsam an anderen Stellen eingehen.“, Atomkern-Energie, Jg.2, Hft.11/12, November/Dezember 1957, S.508; Physikalische Blätter, Jg.13, Hft.11, S.505.

[839] Vgl. ebenda.

[840] „Um so mehr waren wir betroffen, als einer unserer Kollegen – Pascual Jordan – diese Erklärung in den innenpolitischen Wahlkampf zog. Wir waren betroffen – aber wir schwiegen. Ich hätte auch heute geschwiegen, wenn nicht in der weitverbreiteten Schrift Jordans ‚Wir müssen den Frieden retten‘ eine krasse Unwahrheit stünde: in Anführungszeichen, mit besonderem Druck hervorgehobene Sätze, die in dem sogenannten ‚Göttinger Manifest‘ auch dem Sinn nach nicht enthalten sind.“, Kliefoth, Werner, „Atomrundschau“, in: Atomkern-Energie, Jg.2, Hft.11/12, November/Dezember 1957, S.504-509, hier S.508.

[841] Generallandesarchiv Karlsruhe (GLA), Bestand 69 KfK/INR 5: Rundbrief von Carl Friedrich von Weizsäcker an die Göttinger Achtzehn sowie Willibald Jentschke und Wolfgang Gentner vom 4. September 1957.

ober wir zu dem Problem der Raketenbasen einzeln oder gemeinsam öffentlich etwas sagen wollen, da dieses Problem wohl Ende März spruchreif wird.“ [842] Er entwarf eine erneute Erklärung und begründete deren Notwendigkeit wie folgt: „Geben wir keine Erklärung ab, so ist das gleichbedeutend mit einem Rückzug von der ersten Erklärung. Eine bloße Versicherung, wir hätten unsere Meinung nicht geändert, würde als Schwächezeichen wirken.“ [843] Der Entwurf hatte folgenden Wortlaut [844]:

> Am 12. April 1957 haben wir eine Erklärung über die Gefahren der Atomwaffen abgegeben. Seitdem haben wir in den Streit über die atomare Bewaffnung der Bundeswehr nicht durch eine gemeinsame Äußerung eingegriffen. Heute scheint es uns nötig, mit einer Forderung an die Öffentlichkeit zu treten.
> Bei der neueren Debatte im Bundestag und in weiten Kreisen den Volkes hat, soweit wir sehen können, die Basis zureichender technischer Information gefehlt. Wir fordern daher heute die volle Unterrichtung aller verantwortlichen Kreise und der Öffentlichkeit über die Wirkung der Atomwaffen und über die Möglichkeit von Schutzmaßnahmen.
> Im einzelnen halten wir für nötig
>
> 1) eine genaue dokumentierte ausführliche Darstellung
>
> 2) klare allgemeinverständliche Mitteilungen an die gesamte Bevölkerung
>
> Beide Texte müssen enthalten: eine zuverlässige Schilderung der Wirkungsweise der Waffen und derjenigen Maßnahmen, die jedermann zum Schutz seiner selbst, seiner Familie und seiner Nachbarn für den Fall ihres Einsatzes treffen kann. Der ausführliche Text müßte außerdem die heute bekannten Tatsachen über die für den Kriegsfall geplante strategische und taktische Verwendung der Waffen und Massenvernichtungsmittel enthalten sowie eine Erläuterung darüber, welche Schutzmaßnahmen im großen getroffen werden können und gegen welche Arten und Folgen des Einsatzes kein Schutz möglich ist. Dies muß dargestellt werden sowohl für die Waffen, mit denen die Bundeswehr möglicherweise ausgerüstet werden könnte wie für diejenigen, die in der Hand der Großmächte sind und die im Fall eines atomaren Krieges in Mitteleuropa voraussichtlich auf deutschem Boden zum Einsatz kämen. Eine solche Information könnte unter aktiver Mitwirkung der zuständigen Ministerien von einer unabhängigen Gruppe ausgearbeitet werden. Es wäre anzustreben,

[842] Generallandesarchiv Karlsruhe (GLA), Bestand 69 KfK/INR 5: Rundbrief von Carl Friedrich von Weizsäcker an die Göttinger Achtzehn sowie Willibald Jentschke und Wolfgang Gentner vom 22. Februar 1958.

[843] Ebenda.: Rundbrief von Carl Friedrich von Weizsäcker an die Göttinger Achtzehn sowie Willibald Jentschke und Wolfgang Gentner vom 14. April 1958.

[844] Von Weizsäcker hatte am 14. April seinen Kollegen vor einem nächsten Treffen in Neuenahr am 17. April 1958 einen ersten Entwurf zugeschickt, damit diese „über den Text nachdenken können“, ebenda. Der Anfang wurde in Neuenahr noch einmal überarbeitet und von Weizsäcker „stilistisch geglättet“. Den Schluß entwarf von Weizsäcker nach Absprache mit den Neuenahrer Redaktionskreis, vgl. ebenda.: Rundbrief von Carl Friedrich von Weizsäcker an die Göttinger Achtzehn sowie Willibald Jentschke und Wolfgang Gentner vom 21. April 1958.

daß sie nicht ohne die ausdrückliche Billigung ihres sachlichen Inhaltes sowohl durch die Regierung wie durch die Opposition veröffentlicht würde.
Wir sind bereit, an einer solchen Information mitzuarbeiten. Unberührt bleibt davon natürlich, daß wir uns persönlich verpflichtet haben, uns nicht an der Herstellung, der Erprobung oder dem Einsatz von Atomwaffen in irgendeiner Weise zu beteiligen [845].
Als Staatsbürger sind wir beunruhigt durch die Verwirrung, die die Frage der Atomwaffen in unser Volk getragen hat. Die Verbreitung der Atomwaffen auf immer neue Länder ist ein Weltproblem, das nur durch eine Weltübereinkunft zu einer vielleicht dauerhaften Lösung gebracht werden kann. Diese vorliegende Erklärung ist nicht der Ort für eine ausführliche Analyse der Möglichkeiten einer solchen Übereinkunft und des Beitrages, den ein bisher nicht atomar gerüstetes Land wie das unsere dazu leisten kann. Einzelne von uns werden versuchen, an anderem Orte zu dieser Analyse einen Anteil beizusteuern. Wir hoffen jedenfalls, daß angesichts der technischen Information, die gegeben werden kann, eine weitere sorgfältige politische Diskussion wieder ein höheres Maß an Einigkeit in unserem Volk herbeiführen kann."

Im Begleitschreiben gibt von Weizsäcker selbst Hinweise zur Intention der geplanten Erklärung: „Unsere erste Erklärung enthielt zunächst Informationen. So spezifische Informationen, wie sie heute nötig sind, können wir nicht aus unserem allgemeinen Wissen heraus und nicht in einer kurzen Erklärung geben. Wir können sie aber und müssen sie meiner Meinung nach fordern; dann müssen wir uns zur Mitarbeit bereiterklären. Wir sind hierin mit unseren Kollegen in der Welt einig. ... Fordern wir nun Information, ohne auf die politischen Argumente der Bundestagsdebatte einzugehen, so würden wir auch dies als eine versteckte Form des Rückzugs von unserer bisherigen Position verstanden werden. Den Vorwurf, wir mischten uns hier in ein Gebiet ein, von dem wir nichts verstünden, suche ich im Entwurf durch die Worte ‚als Staatsbürger' ... aufzufangen." [846]

Die Veröffentlichung der Erklärung hätte eigentlich spätestens am 25. April bzw. möglichst schon am 24. April 1958 abends erfolgen sollen. Von Weizsäcker nannte in seinem Rundbrief an die Gruppe vom 21. April 1958 zwei Gründe für diesen Termin:

- Zum einen begann am 26. April in Berlin die Synode der Evangelischen Kirche, zu der er selbst als Sachverständiger eingeladen worden war. Von Weizsäcker befürchtete, daß „eine unglückliche Behandlung der Atomfrage die Synode und damit eine der letzten bestehenden Brücken zwischen Ost- und Westdeutschland sprengen [könnte]. [... Die] Erklärung könnte vielleicht dort beruhigend wirken." [847]

---

[845] Den an dieser Stelle im ersten Entwurf stehende Satz „ An Atomwaffen mitzuarbeiten sind wir nach wie vor nicht bereit" hatte Wirtz mit der Bemerkung „weg" eingeklammert, vgl. ebenda.: Erklärungsentwürfe vom April 1958.

[846] Ebenda.: Rundbrief von Carl Friedrich von Weizsäcker an die Göttinger Achtzehn sowie Willibald Jentschke und Wolfgang Gentner vom 14. April 1958.

[847] Ebenda.: Rundbrief von Carl Friedrich von Weizsäcker an die Göttinger Achtzehn sowie Willibald Jentschke und Wolfgang Gentner vom 21. April 1958.

- Zum anderen hatte ihn Prof. Riezler um diesen Termin ersucht, um „in Luftschutzverhandlungen, die ebenfalls am 26.4. beginnen, darauf Bezug nehmen zu können.“ [848]

Die Veröffentlichung des Aufrufs scheiterte jedoch daran, daß die „Herren Born und Hahn gegen unseren Text noch Bedenken geäußert [haben] und die Herren Haxel und Wirtz [849] gegen die Absicht einer Erklärung überhaupt.“ [850] Von Weizsäcker gelang es weder in Telefongesprächen noch bei einem Treffen mit den vier widerstrebenden Professoren in Göttingen am 3./4. Mai [851], die Ansichten zur Deckung zu bringen, und nahm daraufhin von einer Publikation der Erklärung Abstand: „Ich habe den Eindruck gewonnen, daß alle bisherigen Vorschläge zu einer gemeinsamen öffentlichen Erklärung noch inadäquat sind. Ich möchte meinen eigenen Vorschlag zurückziehen, denn die Tatsache, daß er eine Reihe von Ihnen nicht hat überzeugen können, spricht dafür, daß er auch in der Öffentlichkeit nicht die erwünschte Wirkung haben würde. Eine Zeitlang haben wir besprochen, ob ein Brief an zwei oder drei führende Politiker von entsprechenden Inhalt vorzuziehen wäre, sind aber auch davon abgekommen.
In den Monaten vor unserer Erklärung vom April 1957 haben wir ähnliche Phasen erlebt, in denen es uns nicht möglich war, zu einer einheitlichen Meinung über eine Aktion zu kommen. Ich glaube, es hat sich damals bewährt, nichts zu forcieren und die Einigkeit über die Aktion zu stellen. Ich möchte deshalb vorschlagen, daß wir im Augenblick nicht versuchen, doch noch einen Erklärungstext zu formulieren.“ [852]
Im Laufe des Jahres 1958 kristallisierte sich immer stärker heraus, daß die Göttinger Achtzehn nicht mehr als geschlossene Gruppe agieren würden [853].

---

[848]Generallandesarchiv Karlsruhe (GLA), Bestand 69 KfK/INR 5: Rundbrief von Carl Friedrich von Weizsäcker an die Göttinger Achtzehn sowie Willibald Jentschke und Wolfgang Gentner vom 21. April 1958.

[849]Wirtz schickte am 25. April ein Telegramm an von Weizsäcker mit dem Text: „Bedauere, mich nicht an der Erklärung beteiligen zu können.“, ebenda.: Telegramm von Wirtz an Carl Friedrich von Weizsäcker vom 25. April 1958.

[850]Ebenda.: Rundbrief von Carl Friedrich von Weizsäcker an die Göttinger Achtzehn sowie Willibald Jentschke und Wolfgang Gentner vom 25. April 1958.

[851]Ebenda.

[852]Ebenda.: Rundbrief von Carl Friedrich von Weizsäcker an die Göttinger Achtzehn sowie Willibald Jentschke und Wolfgang Gentner vom 9. Mai 1958.

[853]Hier muß besonders auf Karl Wirtz hingewiesen werden, der nicht mehr bereit war, sich an gemeinsamen Aktionen zu beteiligen und auch die Treffen der Gruppe verstreichen ließ. Als er aufgefordert wurde einem Begleittext der Göttinger Achtzehn zur Erklärung der 3. Pugwash-Konferenz in Kitzbühl (Wiener Erklärung) zuzustimmen, lehnte er dies mit einem Brief vom 24. November 1958 an von Weizsäcker ab. In diesem stellte er ausdrücklich fest, daß er sich vermutlich „an weiteren Erklärungen und Veröffentlichungen dieser Art nicht mehr beteiligen werde, es sei denn, sie betreffen eine strikte technische Feststellung. Schon die Tatsache, daß die Herren Gerlach und Hahn zur Zeit der Physiker Tagung in Essen erneut im Namen aller Unterzeichner der Göttinger Erklärung öffentliche Feststellungen gemacht haben, hat mich bedrückt. Bei Hahns Feststellung habe ich genau in Erinnerung, daß sie vorher nicht abgesprochen worden

Am 4. Juli 1959 beschloß eine Gruppe von Physikern, die sich aus Max Born, Gerd Burkhardt, Otto Hahn, Max von Laue, Werner Kliefoth (Redakteur der Zeitschrift Atomkern-Energie), Carl Friederich von Weizsäcker sowie Karl Wolf zusammensetzte, anläßlich der Lindauer Tagung der Nobelpreisträger, ein Gremium von Wissenschaftlern zu konstituieren, daß geeignet sei, „die Probleme, die aus den Fortschritten der Wissenschaft für das Leben der menschlichen Gemeinschaft erwachsen, gründlich zu studieren.“ [854] Dieses Gremium sollte sich zum einen aus einer dem Vorbild der Federation of American Scientists nachempfundenen Vereinigung Deutscher Wissenschaftler (VDW) [855] in Form eines eingetragenen Vereins und zum anderen aus einer kleineren, lose zusammengefaßten Gruppe namhafter Persönlichkeiten aus der Wissenschaft zusammensetzen. Als Funktion der letzteren Gruppe war geplant, daß diese die Arbeit des VDW in repräsentativer Weise unterstützen und ergänzen und insbesondere „die Verbindung zu den Internationalen Pugwash-Konferenzen [856] herstellen und deutscher Gesprächspartner der in verschiedenen anderen Ländern bestehenden oder in Bildung begriffenen Gruppen sein“ sollte [857]. Neben den 17 Unterzeichnern der Göttinger Erklärung [858] wurde noch weitere „Persönlich-

war.“, ebenda.: Brief von Karl Wirtz an Carl Friedrich von Weizsäcker vom 24. November 1958.

[854]Ebenda.: Rundschreiben von Carl Friedrich von Weizsäcker an Karl Wirtz vom 14. Juli 1959.

[855]Von Weizsäcker hatte sich mit der Idee der Gründung eines „Analogons zu der Federation of American Scientists in Europa“ schon im Oktober 1957 getragen, meinte aber, daß „die Initiative wohl besser von einem anderen Land als Deutschland ausginge.“, ebenda.: Rundbrief von Carl Friedrich von Weizsäcker an die Göttinger Achtzehn sowie Willibald Jentschke und Wolfgang Gentner vom 30. Oktober 1957.

[856]Die Pugwash-Bewegung stellte eine Vereinigung von Wissenschaftlern aus Ost und West dar, die in Symposien und Konferenzen auf die Probleme und Gefahren aufmerksam machen wollte, die sich aus dem technischen Fortschritt, der Entwicklung von Massenvernichtungswaffen und dem Wettrüsten ergeben. Die 1. Pugwash-Konferenz von 1957 in Pugwash (Neuschottland, Kanada) ging wesentlich auf die Initiative von Bertrand Russell zurück, vgl. auch Heipp, Es geht ums Leben! Der Kampf gegen die Bombe, 1965, S.119. In einem Brief von Russell an Werner Heisenberg vom 8. Februar 1957 hieß es: „Last year I wrote to invite you to attend an international meeting of scientists to discuss privately the hazards arising from the continuous development of nuclear weapons. It was then proposed to hold the meeting in India in January this year, but for several reasons, mainly financial, these plans had to be abandoned. It has now been decided that the meeting will be held from July 8th to 11th in Canada. This arrangement has been made possible as the result of the generosity of a Canadian philanthropist, who has made available his country residence at Pugwash, Nova Scotia, for this purpose, and has also offered financial assistance towards the cost of bringing scientists to the meeting.“, Generallandesarchiv Karlsruhe (GLA), Bestand 69 KfK/INR 5: Brief von Bertrand Russell an Werner Heisenberg vom 8. Februar 1957.

[857]Ebenda.

[858]Friedrich-Adolf Paneth war am 17. September 1958 verstorben.

keiten“ aus Forschung und Industrie [859] um ihre Teilnahme an dieser Gruppe gebeten [860]. Die Gründung der Vereinigung Deutscher Wissenschaftler e. V. fand am 1. Oktober 1959 auf der Herbsttagung des Verbandes Deutscher Physikalischer Gesellschaften in Berlin statt. [861] Sie war keine direkte Fortsetzung und Erweiterung des Kreises der achtzehn Atomwissenschaftler. Beispielsweise sagte Karl Wirtz in einem Brief an von Weizsäcker seine Teilnahme ab: „Du wirst nach unseren Unterhaltungen im Sommer verstehen, daß ich im Augenblick mich nicht zur Teilnahme entschließen kann. Meine Stellung im Rahmen der praktischen Atomenergie-Betätigung in der Bundesrepublik verlangt eine gewisse Neutralität [862]. Über meine grundsätzliche Einstellung ist anläßlich der Göttinger Erklärung eine Äußerung geschehen. Ich glaube nicht, daß ich im Augenblick weitere Äußerungen tun sollte.“ [863] Personell und sachlich bestand jedoch ein enger Zusammenhang. Die Vereinigung setzte sich zwar nicht die weitere Bekämpfung westdeutscher Atomrüstung zum Ziel, jedoch allgemein die Stärkung des Verantwortungsbewußtseins des Wissenschaftlers für die Folgen seines Fachs in der Gesellschaft und in der Politik. Im Jahr 1963 gehörten ihr 149 Mitglieder an, davon etwa die Hälfte Naturwissenschaftler. [864]

Ende 1960 - einige Monate vor der nächsten, für den September 1961 angesetzten Bundestagswahl - unternahmen die „Physikalischen Blätter“, wiederholten Leseranfragen folgend [865], eine Umfrage bei den noch lebenden 16 Unterzeichnern der Göttinger

---

[859] Aus dem Bereich **Physik**: Burkhardt, Fues, Franz, Gentner, Hönl, Jentschke, Kliefoth, Kröbel, Schlüter, von Siemens, Trendelenburg, Weizel, Wolf; aus dem Bereich **Chemie**: Butenandt, Haberland, Winnacker, Wurster; aus dem Bereich **Biologie und Medizin**: Bargmann, Bauer, Bünning, Freksa, Domagk, Holthusen, Kaplan, Schubert; aus dem Bereich **Technik**: Göschel, Rumpff, Illies, vgl. Generallandesarchiv Karlsruhe (GLA), Bestand 69 KfK/INR 5: Rundschreiben von Carl Friedrich von Weizsäcker an Karl Wirtz, 14. Juli 1959.

[860] Als Begündung für die Erweiterung des Kreises führt von Weizsäcker in dem Brief an Karl Wirtz vom 14. Juli 1959 folgendes an: „Man will eben gerade denen, die Bedenken wegen evtl. Einseitigkeit tragen, durch die Adressatenliste klarmachen, daß eine solche Einseitigkeit nicht intendiert ist.“ In Bezug auf eine Teilnahme von Karl Wirtz schrieb von Weizsäcker vorausschauend: „Ich habe es für richtig gehalten, bei der Lindauer Besprechung zu sagen, daß Du keine besonders starke Neigung empfunden hättest, Dich zu beteiligen, und ich glaube, man würde Dir eine Nichtbeteiligung nicht verübeln.“, ebenda.

[861] Ebenda.: Rundschreiben von Carl Friedrich von Weizsäcker an Karl Wirtz, 14. Juli 1959; Görlich, 1965, S.118ff.

[862] Wirtz war im Oktober 1956 mit seiner Reaktorgruppe von Göttingen zur Kernreaktor-Bau- und Betriebs-GmbH, der Trägergesellschaft für die Reaktorstation in Karlsruhe, gewechselt, Müller, 1990, S.215f.

[863] Generallandesarchiv Karlsruhe (GLA), Bestand 69 KfK/INR 5: Brief von Karl Wirtz an Carl Friedrich von Weizsäcker vom 17. November 1959.

[864] Görlich, 1965, S.119.

[865] Vgl. Physikalische Blätter, Jg.17, Hft.6, 1961, S.263-269 („Göttinger Erklärung heute. Bericht über die Einstellung der Göttinger Physiker Anfang 1961“), hier S. S.263. Die Befragung wurde von Prof. E. Brüche angeregt, der auf der Physikertagung [vermutlich in Wiesbaden im September 1960] mehrfach auf die Göttinger Erklärung hin angesprochen worden war, „wobei gelegentlich mehr oder minder verblümt Zweifel daran geäußert wurden, daß die Unterzeichner

Erklärung [866], in der sie nach ihrer nunmehrigen Einstellung zu sechs wesentlichen Aussagen von damals fragten. Die Zeitschrift wies dabei einleitend darauf hin, daß die letzten vier Jahre verstrichen seien, „ohne daß nennenswerte internationale Fortschritte in der Ächtung der Atombombe erzielt worden sind. Im vergangenen Jahr [1960] hat die Bundeswehr Atomwaffen gefordert und keine politische Stimme aus den verschiedenen Lagern hat sich ernstlich gegen die Atombewaffnung ausgesprochen.“ [867]

Zwar erklärten alle 15 antwortenden Wissenschaftler, daß sie die Erklärung (unter den gleichen Bedingungen) wieder unterschreiben würden. Karl Wirtz, teilte dagegen mit, „daß nach [...seinem] Empfinden Art und Gegenstand der ‚Göttinger Erklärung‘ es nicht gestattet, einen Fragebogen der [...ihm] zugesandten Form zu beantworten.“ [868] Sogar Max Born schaltete sich mit einem Briefwechsel ein, um Wirtz zu einer zustimmenden Beantwortung der Umfrage zu bewegen [869]. Aber erst nachdem die Ergebnisse der Umfrage veröffentlicht worden waren, konnte er sich zu einer positiven Stellungnahme

---

heute noch fest zu ihren Äußerungen ständen. Ich habe solchen Zweiflern widersprochen und darauf hingewiesen, daß es sich um grundsätzliche Fragen handele, die man nicht einmal so und einmal so ansehen könne. Ich wäre Ihnen [den noch 16 lebenden Unterzeichner] aber doch sehr dankbar, wenn sie mich in meiner Einstellung unterstützen und mir mitteilen würden, daß sie nach wie vor die wichtigsten Punkte der Göttinger Erklärung für richtig halten. Zur Erleichterung der Antwort habe ich einen Fragebogen angelegt.“, Generallandesarchiv Karlsruhe (GLA), Bestand 69 KfK/INR 5: Brief von E. Brüche an Karl Wirtz vom 17. November 1960.

[866] Wie bereits erwähnt war Friedrich-Adolf Paneth 1958 verstorben; Max von Laue folgte am 24. April 1960.

[867] Vgl. Physikalische Blätter, Jg.17, Hft.6, 1961, S.263-269 („Göttinger Erklärung heute. Bericht über die Einstellung der Göttinger Physiker Anfang 1961“), hier S.263.

[868] Generallandesarchiv Karlsruhe (GLA), Bestand 69 KfK/INR 5: Brief von Karl Wirtz an E. Brüche vom 12. Dezember 1960; Physikalische Blätter, Jg.17, Hft.6, 1961, S.263-269 („Göttinger Erklärung heute. Bericht über die Einstellung der Göttinger Physiker Anfang 1961“), hier S.266. Auch eine erneute Bitte Brüches, seine Stellungnahme noch einmal zu überprüfen, beschied Wirtz negativ, Generallandesarchiv Karlsruhe (GLA), Bestand 69 KfK/INR 5: Brief von E. Brüche an Karl Wirtz vom 29. Dezember 1960. In einem Briefwechsel mit Born monierte Wirtz vor allem dessen Vorgehensweise: „ Er [Brüche] fragt mich in direkter Form nach Auffassungen und droht, wenn ich nicht antworte, werde er dies als Antwort in einem bestimmten Sinn auffassen. Auch werde er die Antworten veröffentlichen (in den Physikalischen Blättern). Mir ist ähnliches kaum je begegnet. Häufig wird man um seine Meinung gefragt. Nie jedoch hat jemand gesagt, daß auch eine ausbleibende Antwort als Antwort aufgefaßt werde.“ Daneben erschien ihm „die vorliegende Anfrage eines Nachrichtenorgans ... kein geeigneter Anlaß zu gemeinsamer Anstrengung oder Erklärung.“, ebenda.: Brief von Karl Wirtz an Max Born vom 30. Januar 1961.

[869] „Ich finde es schade, wenn durch eine Stimme unsere Geschlossenheit gesprengt würde. Daher nehme ich mir die Freiheit, Ihnen zu schreiben, um Sie zu bitten, sich nicht von uns abzuwenden. ...Ich würde mich freuen, wenn Sie Ihre Bedenken überwinden, und wenn auch mit Vorbehalten, zustimmen könnten.“, ebenda.: Brief von Max Born an Karl Wirtz vom 22. Januar 1961.

durchringen.[870] In der Frage nach dem Recht und der Pflicht zur Stellungnahme vertraten allerdings nur Fleischmann[871], Strassmann[872] und von Weizsäcker[873] die Ansicht, daß ein öffentliches Mitspracherecht und eine Mitsprachepflicht in politischen Fragen für die Wissenschaftler selbstverständlich sei. Bezeichnend ist nach Radkau auch, daß zur Klärung des derzeitigen Standpunktes der Göttinger Achtzehn, eine solche Erhebung überhaupt nötig war.[874] Was die öffentliche Resonanz auf die Umfrage betraf, so hielt sich diese sehr in Grenzen.[875]

Etliche der Göttinger Achtzehn standen ihrer Aktion im Nachhinein zwiespältig gegenüber:[876] Den starken Beifall, den sie von kommunistischer Seite bzw. aus der DDR erhielten, mußten sie ihrer Erklärung gemäß[877] für den falschen halten[878], obwohl bei-

---

[870]„Wir haben zu unserer großen Freude erfahren, daß Sie durch eine Umfrage der ‚Physikalischen Blätter' sich erneut gegen eine Atomrüstung unserer Bundesrepublik gewandt haben. Sie haben deutlich gemacht, daß Sie unsere jetzige Situation noch für genau so gefährlich einschätzen wie seinerzeit bei der Veröffentlichung des Göttinger Aufrufs. Für Ihren mutigen Einsatz in dieser großen Schicksalsfrage danken wir Ihnen recht herzlich.", Generallandesarchiv Karlsruhe (GLA), Bestand 69 KfK/INR 5: Brief von Joachim Hindemith (Sekretär des „Ständigen Kongresses aller Gegner der atomaren Aufrüstung der Bundesrepublik") an Karl Wirtz vom 8. August 1961.

[871]„Hier definierte R. Fleischmann zunächst die ‚politischen Fragen', zu denen nicht geschwiegen werden kann. Es sollen solche gemeint sein, ‚zu deren Beurteilung gewisse Kenntnisse aus unserem Fachgebiet notwendige Voraussetzung sind.'", Physikalische Blätter, Jg.17, Hft.6, 1961, S.263-269 („Göttinger Erklärung heute. Bericht über die Einstellung der Göttinger Physiker Anfang 1961"), hier S.268.

[872]„Eine Erweiterung unserer Kenntnisse und unseres Könnens ist weder bedenklich noch zu verurteilen. Einer negativen Bewertung unterliegt doch erst die Art der Anwendung neuer Kenntnisse durch uns oder andere. Es ist erfahrungsgemäß sicher, daß ‚andere', z.B. Politiker, in der Regel nicht imstande sind und auch nicht sein können, aufgrund eigener kritischer Erkenntnisse die Auswirkung einer derartigen Anwendung zu beurteilen. Als Mitglied eines demokratischen Staates trifft also die Fachleute nur eine Schuld, wenn sie ihre begründete Ansicht nicht mit allem Nachdruck der Öffentlichkeit zur Kenntnis bringen. Da die Schulung ihres Denkens kaum vor derjenigen der Politiker zurücksteht und sie ja zur geistigen Führungsschicht gerechnet werden wollen, so erscheint mir ihr Mitspracherecht und ihre Mitsprachepflicht selbstverständlich.", ebenda., S.268f.

[873]„Deshalb ist es die Aufgabe der Bürger jeden Landes, diese Wahrheit vor allem den eigenen Mitbürgern zu sagen.", ebenda., S.269.

[874]Radkau, 1983, S.99f.

[875]Cioc, 1988, S.206, Fußnote 46.

[876]Müller, 1990, S.555f.; Radkau, 1983, S.99; Stölken-Fitschen, 1995, S.210.

[877]„Wir bekennen uns zur Freiheit, wie sie heute die westliche Welt gegen den Kommunismus vertritt.", vgl. Weizsäcker, Die Verantwortung der Wissenschaft im Atomzeitalter, 1957, S.51.

[878]Die Sorge, als prokommunistisch eingestuft zu werden, ließ von Weizsäcker auch eine Teilnahme an der ersten Pugwash-Konferenz in Kanada mit gemischten Gefühlen betrachten: „Das andere ist ein Briefwechsel, der im wesentlichen von Russell ausgeht. Dort wird die Teilnahme eines von uns an einer näher geschilderten Tagung erbeten. Herr Heisenberg und ich haben die Sache ausführlich besprochen. Wir haben das Gefühl, daß eine solche Teilnahme von uns ein

spielsweise von Weizsäcker mit „östlichen Beifallshymnen“ [879] gerechnet hatte. Teilweise gelangten sie zu der Überzeugung, daß Adenauer es mit der Behauptung ernst meinte, die Option auf fremde Atomwaffen für die Bundesrepublik sei nur als taktisches Verhandlungsargument gemeint [880]. Daneben dachten einige von ihnen, sie hätten mit der Erklärung ihre Kompetenz überschritten. Zwar galt auch damals die Meinungsfreiheit der Bürger viel, aber der Großteil der Gelehrten dürfte für die damalige Zeit eine ganz charakteristische Wissenschaftsideologie vertreten haben. Nach dieser kam es den Wissenschaftlern nicht zu, sich zu weit in die Angelegenheit der Politik zu mischen und ihre wissenschaftliche Kompetenz über Aussagen zum engen Fachbereich hinaus für öffentliche Erklärungen zu politischen Fragen einzusetzen [881]. Führende Unterzeichner sahen es nur mit Unbehagen, wie ihr Manifest von dem plebeszitären Aktionsstil der „Kampf-dem-Atomtod“-Kampagne vereinnahmt wurde [882]. Die meisten Atomwissenschaftler, abgesehen von Max Born, dachten nicht daran, sich in der Bewegung aktiv zu engagieren. [883]

---

bißchen zweischneidig ist. Auf der einen Seite würde man dabei vielleicht allerhand Interessantes erfahren und sagen können. Andererseits ist die Gruppe, die dort zusammenkommt, wohl leicht als prokommunistisch abzustempeln, und wir könnten die Sache, die wir machen, durch eine zu öffentliche Verbindung damit schaden.“, Generallandesarchiv Karlsruhe (GLA), Bestand 69 KfK/INR 5: Rundbrief von Carl Friedrich von Weizsäcker an die Göttinger Achtzehn sowie Willibald Jentschke und Wolfgang Gentner vom 29. Mai 1957.

[879] Weizsäcker, Die Verantwortung der Wissenschaft im Atomzeitalter, 1957, S.25. „Die Gefahr, mit einer öffentlichen Erklärung den Osten zu ermutigen, kannten wir genau.“, ebenda.

[880] „Im Gespräch mit den Politikern meint von Weizsäcker eine grundsätzliche Übereinstimmung zwischen Adenauers und seiner eigenen Überzeugung festzustellen. Ihre unterschiedliche Haltung zur Frage der atomaren Aufrüstung resultiert nach von Weizsäckers Eindruck primär aus taktischen Überlegungen. Für Adenauer ist die atomare Aufrüstung der Bundesrepublik keine rein militärische Machtfrage. Von Weizsäcker stellt fest, daß Adenauer, wie er selbst, auf Abrüstung und Entspannung hofft. In Abrüstungsverhandlungen stellt für Adenauer die Option der Bundesrepublik auf Atomwaffen eine politische Trumpfkarte dar, die nicht ausgespielt werden sollte, ohne einen Gegenwert zu erhalten.“, Herbig, Jost, Kettenreaktion. Das Drama der Atomphysiker, Müchen [u.a.] 1976, S.466 (im folgenden zitiert als: Herbig, 1976).

[881] Ein Zeichen dafür, wie ungewohnt ein solcher Affront gegen die Regierung war, und wie sehr gefühlsmäßig noch der Obrigkeitsstaat das Denken prägte, ist das Geständnis des prominenten Wissenschaftlers von Weizsäcker, er und seine Kollegen hätten nach Veröffentlichung der Erklärung eine „Schrecksekunde“ erlebt, Weizsäcker, Die Verantwortung der Wissenschaft im Atomzeitalter, 1957, S.26.

[882] „Er [von Weizsäcker] gewinnt den Eindruck, Adenauer identifiziere ihn mit jenen politischen Gruppen, überwiegend der liberalen Linken, die aus moralischen Gründen eine Atomrüstung verwarfen. ...Es ist sicher, daß der Beifall der liberalen Linken zum Göttinger Manifest ihn für Adenauer in die Ecke weltanschaulicher Borniertheit gestellt haben muß, aus der es kein politisches Entrinnen mehr gibt: Damit ist er für Adenauer kein ernst zu nehmender Gesprächspartner.“, Herbig, 1976, S.467.

[883] Stölken-Fitschen, 1995, S.210.

Nach Veröffentlichung der Göttinger Erklärung äußerten sich im wesentlichen nur noch Carl Friedrich von Weizsäcker, Otto Hahn und Max Born weiterhin zu politischen Fragen atomarer Rüstung: Auf der Hauptversammlung der Max-Planck-Gesellschaft machte Otto Hahn den Vorschlag, durch einen internationalen Physikerkongreß wirksame Methoden für eine Kontrolle des Wettrüstens auszuarbeiten. Diese Initiative wurde auch von Adenauer begrüßt. [884] Am 13. November 1957 hielt er in Wien einen Vortrag zu dem Thema „Atomenergie für den Frieden oder für den Krieg?", in dem er sich gegen weitere Atombomben- und Wasserstoffbombenexperimente wandte. Der Nobelpreisträger führte an, daß die auf die Erde niedergehenden langlebigen radioaktiven Stoffe beim Menschen zu Krankheit, Erbschäden und Sterilität und auf längere Sicht zu dessen Ausrottung führen könnte, ohne daß es je zu einem „heißen" Atomkrieg gekommen wäre. Sein Vortrag schloß mit den Worten: „Möge die Erkenntnis wachsen, daß bei der heute bestehenden Möglichkeit der Zerstörung allen irdischen Lebens ein großer Krieg nicht mehr die Fortsetzung der Politik mit anderen Mitteln" ist. In einem Interview mit der dänischen Zeitung „Politiken" Anfang Dezember 1957, sprach Hahn die Hoffnung aus, daß es den 18 Göttingern gelingen werde, jetzt eine breite internationale Bewegung von Wissenschaftlern zum Kampf gegen das Atomwettrüsten ins Leben zu rufen. Er umriß auch seinen Standpunkt zur Errichtung von Atomraketenstützpunkten in den westeuropäischen NATO-Ländern und befürwortete eine Beschränkung von Atomwaffen auf die Großmächte. Sonst könne ein *kleiner Hitler* die Gelegenheit bekommen, die ganze Menschheit ins Verderben zu stürzen. Die gleiche Gefahr bestehe, wenn ein kleines Land wie Deutschland Atomwaffen habe. [885]

Max Born und Otto Hahn (sowie die Nobelpreisträger Werner Heisenberg, Adler, Butenandt, Kuhn, Windhaus und Domagk) waren Mitunterzeichner eines von dem amerikanischen Chemie-Nobelpreisträger Linus Pauling initiierten Appell für einen Atomwaffenversuchsstopp, unter den insgesamt 9235 Wissenschaftler aus 44 Nationen ihre Unterschrift setzten. Er wurde am 13. Januar 1958 von seinem Initiator den Vereinten Nationen in Gestalt von Generalsekretär Hammarskjöld überreicht. Die Unterzeichner erklärten darin: „Mit unseren Mitmenschen sind wir um das Wohl aller Menschen tief besorgt. Als Wissenschaftler kennen wir die Gefahren und haben daher eine besondere Verantwortung, diese Gefahren zur Kenntnis zu bringen. Wir erachten es als zwingendes Gebot, daß sofort etwas zur Herbeiführung eines internationalen Abkommens unternommen wird, um die Versuche mit allen Kernwaffen zu beenden." [886]

Dagegen haben die meisten anderen der Unterzeichnenden, abgesehen von einigen Interviews zum Zustandekommen der Erklärung, zu politischen Fragen der Atombewaffnung nie mehr Stellung bezogen. [887] Wie bereits angedeutet, zog sich Karl Wirtz schon sehr früh

---

[884] Gerlach/Hahn, 1984, S.159.

[885] Die Welt, 5. Dezember 1957 („Neuer Vorstoß der ‚Göttinger? '"); Hoffmann, 1993, S.244f.; Hahn, Dietrich, Otto Hahn, 1988, S.288f. Weitere Aktivitäten Hahns sind in Gerlach/Hahn, 1984, S.160ff., aufgeführt.

[886] Blaubuch 1958, S.267.

[887] Stölken-Fitschen, 1995, S.219. Die Autorin erwähnt allerdings nur von Weizsäcker und Born, die sich weiterhin politisch engagiert hätten, und läßt Otto Hahn völlig unberücksichtigt.

von weiteren gemeinsamen Aktiviäten mit den Unterzeichnern der Göttinger Erklärung zurück. In einem Brief an von Weizsäcker heißt es bereits im November 1957: „Ich bin im Augenblick derart in Anspruch genommen, daß ich meine Aktivitäten beschränken muß, auch die des Nachdenkens. ...Im Sinne der öfter besprochenen Arbeitsteilung muß ich also Dir im Augenblick Aktivität und Entscheidung weitgehend überlassen.“ [888] Trotzdem hielt er auch später noch dieses Manifest für gerechtfertigt und erfolgreich: „Ich finde auch nicht, dass von dem heutigen Standpunkt die Göttinger Erklärung in ihrer Bedeutung etwa infrage gestellt wäre.“ [889] In dem mit Winnacker verfaßten Buch äußerte er sich über die Absichten der beteiligten Wissenschaftler:

> „Es schien ihnen nur folgerichtig, auf die Gefahren des Einsatzes von Atomwaffen aufmerksam zu machen. Darüber hinaus waren sie davon überzeugt, daß die Abgabe der Erklärung in der ganzen Welt größeres Verständnis für die Wiederaufnahme der Arbeiten an der friedlichen Verwendung der Atomenergie in Deutschland bringen würde. Daß insbesondere die Forschung im Kernforschungszentrum Karlsruhe in der Folgezeit eigentlich in Ost und West nie dem Verdacht ausgesetzt war, dort würden auch militärische Entwicklungen betrieben, schreibt Wirtz u.a. auch der Göttinger Erklärung zu.“ [890]

Der Industrielle Winnacker hingegen, so hieß es in diesem Buch, sei der Auffassung gewesen,

> „die Göttinger Erklärung habe mehr Unruhe unter den Wissenschaftlern, aber auch in der Öffentlichkeit erzeugt, als daß sie dem Gedanken der friedlichen Nutzung der Kernenergie gedient hätte. ...Gerade wegen des schon ausgesprochenen Verzichts auf die Herstellung von Atomwaffen sah Winnacker es nicht als sinnvoll an, daß die unterzeichenden Wissenschaftler ihre Beteiligung noch einmal ausdrücklich ablehnten. Aus diesem Blickwinkel mußte daher die Erklärung, die mit keinem offiziellen Gremium wie etwa der Atomkommission abgestimmt war, als überraschend

[888] Generallandesarchiv Karlsruhe (GLA), Bestand 69 KfK/INR 5: Brief von Karl Wirtz an Carl Friedrich von Weizsäcker, 13. November 1957.

[889] Ebenda.: Brief von Karl Wirtz an Carl Friedrich von Weizsäcker vom 6. Juni 1967. Einer neuen Erklärung stand er aber nach wie vor ablehend gegenüber: „Unabhängig davon bin ich allerdings der Meinung, dass der Wert der seinerzeitigen Erklärung, der unbestritten ist, durch neue Manifestationen eher gemindert werden kann. Die politische Lage ist heute anders. Die Politiker sind sich der Implikationen der Atombombe voll bewußt. Die politische Lage in der Welt ist ungleich komplizierter als damals. Neue Erklärungen oder Feststellungen haben jedoch notwendigerweise einen politischen Charakter. Da wir nicht über alle Einzelheiten der politischen Situation informiert sind, müssen neue Erklärungen oder Feststellungen notwendigerweise einen ‚amateurischen‘ Charakter haben. Das ist es, was ich scheue. Nur wer sich sehr intensiv in Einzelheiten des politischen Geschäfts einlässt, ist heute in der Lage, in zulänglicher Weise ins Gespräch zu kommen.“, ebenda.: Brief von Karl Wirtz an Carl Friedrich von Weizsäcker vom 6. Juni 1967.

[890] Winnacker, Karl/Wirtz, Karl, Das unverstandene Wunder. Kernenergie in Deutschland, Düsseldorf [u.a.] 1975, S.126f. (im folgenden zitiert als: Winnacker/Wirtz, 1975).

> empfunden werden. Im Grunde genommen hatten alle militärisch-politischen Überlegungen mit dem Bau von Kernreaktoren nichts zu tun. Doch wer konnte erwarten, daß die Öffentlichkeit auf diesen schwierigen Gebieten die Dinge noch klar auseinander hielt.“ [891]

Am skeptischsten schätzte später Maier-Leibnitz, der während des Krieges nicht an der Reaktorentwicklung beteiligt gewesen war, Wirkung und Berechtigung des Manifestes ein. Seiner Ansicht nach hätten die Wissenschaftler mit ihrer Stellungnahme zu politischen Fragen die Grenze dessen überschritten, was sie überblicken könnten:

> „Das Medienecho war ungeheuer, wir haben nie wieder etwa ähnliches erlebt. Ich erinnere mich, daß nach einer ersten großen Zustimmung (vor allem in der DDR waren wir Helden) eine ganz merkwürdige Wandlung weg von Inhalt und Absicht unserer Erklärung folgte. Ich glaube nicht, daß jemand von uns Adenauer des Militarismus verdächtigen wollte, schon deshalb nicht, weil wir meinten, daß aus einem von Atomwaffen umgebenen Glashaus schlecht Bombenwerfen ist. Und ganz sicher hatten wir nicht die Absicht, den Amerikanern, die bereit sind, unser Land zu verteidigen, Vorschriften zu machen, wie sie das tun wollen. Aber genau das war die Richtung, in die die Diskussion sehr schnell lief. ... Heute bin ich geneigt zu glauben, daß wir mit der Warnung vor einer Geringschätzung der Gefahren der Atombomben recht hatten. Aber schon mit einer Aussage wie der, daß ein kleines Land wie unseres die Verfügung über Atombomben nicht anstreben sollte, überschritten wir die Grenzen von dem, was wir besser als andere überblicken konnten; wir hätten mindestens vorher mehr über die Kenntnisse und die Absichten der Politiker lernen müssen, und auch dann hätte uns eine gewisse Bescheidenheit gut zu Gesicht gestanden.“ [892]

3.4 Kritische Würdigung der Göttinger Erklärung

Wenn die bewußte Hinwendung der Atomforscher zu staatsbürgerlicher Verantwortung und zur Politik, die sich in der Veröffentlichung der Göttinger Erklärung dokumentierte [893], plötzlich wie eine Initialzündung für ein ganzes Feuerwerk weiterer Erklärungen, Appelle, Protesttelegramme wirkte und Aktivitäten der Oppositionsparteien sowie weiterer oppositioneller Gruppen nach sich zog, so lag dies sicherlich nicht in der bewußten Intention der Wissenschaftler. Denn diese waren, nachdem sie sich unversehens im Scheinwerferlicht des öffentlichen Interesses befanden, nach ihrem Schritt peinlich bemüht, sich

[891] Winnacker/Wirtz, 1975, S.127.

[892] Maier-Leibnitz, Der Albtraum, 1987.

[893] Allerdings war wohl im wesentlichen nur der Sohn des ehemaligen Staatssekretärs im Auswärtigen Amt, Ernst von Weizsäcker, davon überzeugt, daß die Aufgabe des Wissenschaftlers es beinhalte, sich auch zu politischen Fragen zu äußern, und zwar nicht aus der Verantwortung des Wissenschaftlers, sondern aus der ganz selbstverständlichen Verantwortung des Bürgers heraus, Stölken-Fitschen, 1995, S.209f.

aus dem eben beginnenden Bundestagswahlkampf herauszuhalten, obwohl es bei dieser Wahl u.a. gerade um das ging, wofür sie eingetreten waren. Rupp zufolge ist der auslösenden Faktor für die Welle außerparlamentarischer Aktivität im wesentlichen darin zu sehen, daß dieser Schritt der namhaftesten deutschen Atomforscher erhebliche Überraschung auslöste. Ungewöhnlich waren insbesondere die folgenden beiden Faktoren: [894]

- Zum einen wurde 1957 vielen der Göttinger Achtzehn eher Sympathien für die bürgerliche Sammelpartei CDU als für die Arbeitnehmerpartei SPD zugetraut [895].
- Zum anderen war es in der der jungen Geschichte der Bundesrepublik ein Novum, daß sich bekannte Naturwissenschaftler zu einem dieses Gemeinwesen betreffende politische Thema zu Wort meldeten.

Im folgenden sollen nun die Motive der Wissenschaftler für die Abfassung der Göttinger Erklärung näher beleuchtet werden: Nach Radkau war nicht nur der Protest gegen die Atombewaffnung, sondern auch die demonstrative Abkopplung der friedlichen von der militärischen Kerntechnik bedeutsam [896]. Der Wunsch nach Absicherung der bundesdeutschen Kernenergie-Entwicklung gegen den Argwohn der innerdeutschen, vor allem aber der internationalen Öffentlichkeit muß als eine wesentliche Triebfeder angesehen werden.

Heisenberg und von Weizsäcker waren nach 1945 gegenüber der Öffentlichkeit und der internationalen „scientific community" immer sehr darauf bedacht gewesen, keine Zweifel darüber aufkommen zu lassen, daß die deutschen Kernprojekte in Vergangenheit und Zukunft immer nur der „friedlichen Nutzung" gedient hätten und dienen wollten [897]. Gerade

[894] Rupp, 1984, S.281.

[895] Viele der Unterzeichner konnten sich sicherlich nicht ohne Loyalitätskonflikt zu einer öffentlichen Kritik an der Regierung durchringen. Noch am 23. Dezember 1955 hatte Heisenberg an den neuernannten Atomminister Strauß in Hinblick auf einen bevorstehenden Vortrag vor britischen Parlamentariern geschrieben: „...ich werde mich natürlich nach Ihren Wünschen richten", zitiert bei Radkau, 1983, S.498, Fußnote 461. Auch bemerkte Heisenberg 1955/56 in einer Gastvorlesung in den USA, zwar würden „die Gelehrten häufig aufgefordert, an feierlichen Erklärungen zugunsten des Weltfriedens teilzunehmen; aber hinsichtlich dieser letzten Forderung muß ich bekennen, daß ich niemals den Sinn solcher Deklarationen habe verstehen können.", Heisenberg, Werner, Physik und Philosophie, Stuttgart ^{4}1984, S.186.

[896] Radkau, 1983, S.99.

[897] Beide versuchten schon während der Internierungszeit im englischen Farm Hall den technischen Rückstand der Deutschen in einen „moralischen Vorsprung" umzuwandeln, da sie anders als die amerikanischen Kernforscher nicht durch den Abwurf der Atombomben auf Hiroshima und Nagasaki kompromittiert waren. Es sollte der Eindruck vermittelt werden, daß während des Krieges lediglich an einer Uranmaschine für die Energieerzeugung gearbeitet wurde und der militärische Aspekt völlig außen vor stand. Vgl. Hoffmann, Dieter (Hrsg.), Operation Epsilon. Die Farm-Hall-Protokolle oder Die Angst der Alliierten vor der deutschen Atombombe, Berlin [ua.a] 1993, S.154ff. Vgl. auch das in Heisenbergs Erinnerungen wiedergegebene Gespräch zwischen ihm und von Weizsäcker, Heisenberg, Der Teil und das Ganze, S.226ff. Dabei war der fließende Übergang zwischen „friedlicher" Kerntechnik und militärischer Verwendung gerade in der An-

Heisenberg, dessen Verbleib im nationalsozialistischen Deutschland bei seinen Kollegen in anderen Ländern auf Unverständnis und Mißtrauen gestoßen war, und der sich durch seine patriotische Gesinnung bei vielen unbeliebt gemacht hatte [898], litt nach 1945 sehr unter ausländischen Anfeindungen und fühlte sich aus der internationalen „Familie der Physiker" ausgeschlossen. Es lag ihm viel daran, so schnell wie möglich wieder in die internationale Wissenschaftlergemeinde zurückzukehren und darüber hinaus unter Beweis zu stellen, daß auch die Deutschen zur Entwicklung eines eigenen Reaktors im Stande wären [899]. Heisenberg glaubte anders als Adenauer, daß eine atomare Aufrüstung der Bundesrepublik, mochte sie auch von Washingtoner Regierungskreisen unterstützt werden, in der westlichen Öffentlichkeit „zu einem Sturm von Protesten führen müßte, und das die daraus resultierende Verschlechterung des ohnehin noch sehr labilen politischen Klimas jeden militärischen Vorteil weit überkompensieren würde." [900] Die Aussicht, erneut in den Verdacht der Kollaboration bei einer deutschen Atomrüstung zu geraten, stellte für ihn eine „existentielle Bedrohung" [901] dar. In diese Richtung zielten auch seine Bedenken hinsichtlich den Planungen zur Errichtung des Kernforschungszentrums in Karlsruhe, statt wie von ihm gewünscht in München, denn eine abseits von wissenschaftlichen Organisationen wie der Max-Planck-Gesellschaft angesiedelte und von außen nur schwer durchschaubare Einrichtung hätte im Ausland Mißtrauen hervorrufen können [902]:

> „Ich machte mit Sorgen, ob das in Karlsruhe neu zu errichtende Zentrum für friedliche Atomtechnik sich auf die Dauer dem Zugriff derer würde entziehen können, die so große Mittel lieber für andere Zwecke verwenden wollten. Es beunruhigte mich, daß für die Menschen, die hier die wichtigsten Entscheidungen zu treffen hatten, die Grenze zwischen friedlicher Atomtechnik und atomarer Waffentechnik ebenso fließend waren wie die zwischen Atomtechnik und atomarer Grundlagenforschung." [903]

---

fangszeit, als die ersten Kraftwerke in den USA und Großbritannien überwiegend militärischen Zwecken dienten, klar erkennbar, Stölken-Fitschen, 1995, S.184f., S.192.

[898] „Es wird oft vermutet, bei seinem Entschluß, in Deutschland zu bleiben, habe mitgespielt, daß er doch an einen deutschen Sieg geglaubt und auf ihn gehofft habe. Diejenigen, die ihm mißtrauten, meinen, er hätte sich wohl doch verpflichtet gefühlt, für diesen Sieg mit allen seinen Möglichkeiten zu kämpfen – schließlich wußte man, daß Heisenberg ein Patriot war und sein Land liebte –, was lag näher, als anzunehmen, daß er auf den Sieg seines Landes hoffte?", vgl. Heisenberg, Elisabeth, Das politische Leben eines Unpolitischen. Erinnerungen an Werner Heisenberg, München [u.a.] 1980, S.81.

[899] Seit Beginn der fünfziger Jahre, spätestens aber seit 1952, nachdem die Unterzeichnung des Deutschland- und EVG-Vertrages die Aussicht auf den Wiederbeginn kerntechnischer Forschung in Aussicht stellte, gingen die Impulse zur Forcierung der deutschen Anstrengungen auf diesem Gebiet im wesentlichen von Heisenberg aus, der seine vorzüglichen Kontakte zur Bundesregierung, allen voran zum Bundeskanzler, geschickt einzusetzen vermochte, vgl. Fischer, 1994, S.62ff.; Müller, 1990, S.55ff.; Radkau 1983, S.39ff.

[900] Heisenberg, Der Teil und das Ganze, S.267.

[901] Radkau, 1983, S.99.

[902] Ebenda., S.189.

[903] Heisenberg, Der Teil und das Ganze, S.258. Der Mitunterzeichner Karl Wirtz schrieb es – wie schon erwähnt – später dieser Erklärung zu, daß das Kernforschungszentrum in der Fol-

Derartige Sorgen, verbunden mit der persönlichen Erbitterung über den Adenauerschen Standortentscheid für das Kernforschungszentrum [904], begannen bei ihm Gedanken aufkommen zu lassen, ob die letzten Ziele der Bundesrepublik bei der Entwicklung der Kerntechnik wirklich friedlicher Art seien. Sie brachten ihn schließlich zur Flucht an die Öffentlichkeit, und sein Verhalten übte unter den deutschen Atomforschern Signalwirkung aus. [905] An dieser Stelle wird bereits deutlich, daß neben dem Wunsch nach politischer Aufklärung auch ganz handfeste politische und wissenschaftspolitische Motive eine Rolle gespielt haben. [906]

Was die Absicherung der friedlichen Nutzung der Kernenergie betraf, entfaltete die Göttinger Erklärung aber durchaus ihre Wirkung: sie trug dazu bei, daß sich die „Kampf-dem-Atomtod"-Kampagne, mit Ausnahme der Gruppe um die Zeitschrift *Das Gewissen. Organ zur Bekämpfung des Atom-Mißbrauchs und der Atom-Gefahren* [907], nicht gegen die zivile Kerntechnik wandte, sondern diese sogar ausdrücklich befürwortete und die Atomphysiker

---

gezeit nie dem Verdacht ausgesetzt gewesen sei, auch militärischen Entwicklungen zu dienen.

[904] Noch im Herbst 1954 war Heisenberg von Adenauer beauftragt worden, im Namen der Bundesregierung mit Washington über die Wiederaufnahme atomtechnischer Arbeiten in der BRD zu verhandeln, Heisenberg, Der Teil und das Ganze, S.256. Dennoch fällte der Bundeskanzler im Juli 1955 gegen den ausdrücklichen Wunsch Heisenbergs, der sich selbst frühzeitig auf den Standort München festgelegt hatte, die Entscheidung, das geplante erste deutsche Reaktorzentrum in Karlsruhe und nicht an Heisenbergs Arbeitsort München errichten zu lassen. Wie angekündigt, zog sich Heisenberg daraufhin aus der deutschen Reaktorforschung weitgehend zurück, vgl. ausführlich Gleitsmann, Rolf-Jürgen, Gesellschaftliche Entscheidungsprozesse im Bereich technischer Großprojekte – das Beispiel Kernenergie, in: Albrecht, Helmuth/Schönbeck, Charlotte (Hrsg.), Technik und Gesellschaft (= Technik und Kultur; Bd.10), Düsseldorf 1993, S.411-447. Mit der Standortwahl Karlsruhe traf der Kanzler eine seiner berühmt-berüchtigten „einsamen Entscheidungen", die jedoch Rückschlüsse auf seine Haltung zur kerntechnischen Problematik ermöglicht. Laut Radkau, 1983, S.44, sah Adenauer die Bedeutung der Kerntechnik vor allem unter militärisch-strategischen Gesichtspunkten. Er wählte Karlsruhe, da München einem militärischen Gutachten zufolge zu nahe der Grenze zur CSSR lag.

[905] Radkau,1983, S.44, S.100.

[906] Stölken-Fitschen, 1995, S.211.

[907] Beispielsweise schreibt Prof. F. Walter in seinem Artikel „Atomkraftwerke für Friedenszwecke untauglich", in: Das Gewissen, Jg.3, Nr.4, April 1958: „Die mit ihrem Protest gegen den Mißbrauch der Atomkraft kundgegebene Bereitschaft der Göttinger Professoren zur Mitarbeit an der friedlichen Auswertung der Atomenergie nimmt es als selbstverständlich an, daß eine solche friedliche Auswertung möglich sei. Sie ist aber außer im medizinischen Gebiet vollkommen ausgeschlossen, jetzt sowohl wie in aller Zukunft." Walter begründet diese Behauptung zum einen mit der Unrentabilität (teuren Kilowattstunde) der Kernkraftwerken im Vergleich zu den herkömmlichen Wärmekraftwerken sowie den seiner Ansicht nach noch 600 bis 800 Jahre ausreichenden fossilen Energieträgern. Damit ist laut Anmerkung der Redaktion „die Begründung der Regierungen, der Justiz usw., Atommeiler müßten ‚im Interesse der Allgemeinheit' aufgestellt werden und der Reaktorbetrieb sei ‚lebenswichtig' – so wörtlich die Begründung für die Ablehnung der Klage der badischen Gemeinden Friedrichstal und Linkenheim durch das Karlsruher Landgericht – ... hinfällig und widerlegt.", ebenda.

als Gegenautorität gegen die Autorität Adenauers aufbaute, obwohl zivile und militärische Kerntechnik nach wie vor sowohl im Empfinden weiter Bevölkerungsteile, als auch in der Realität eng zusammenhingen. [908] So war beispielsweise in der Zeitschrift „Kongressdienst“, dem Publikationsorgan der Nachfolgeorganisation der Bewegung „Kampf dem Atomtod“ („Ständiger Kongreß gegen die atomare Aufrüstung der Bundesrepublik“), ein Artikel über das Versuchsatomkraftwerk Kahl abgedruckt. Einleitend hieß es:

> „Der KONGRESSDIENST möchte seine Leser auch über die Möglichkeiten der friedlichen Verwendung der Atomenergie unterrichten. Aus diesem Grunde bringen wir heute mit der freundlichen Genehmigung des Versuchsatomkraftwerkes Kahl einen Artikel, der eine erste Einführung geben soll, in die Art, wie ein solches Atomkraftwerk überhaupt arbeitet, und in die Probleme, die sich beim Bau eines Atomkraftwerkes ergeben.“ [909]

Der Artikel endet mit den euphorischen Worten:

> „Damit ist die Bedeutung und Aufgabe der Kahler Anlage umrissen. Sie gibt unserer Industrie Ansporn zu neuen technischen Leistungen. sie verschafft uns die Tuchfühlung mit einer neuen Technik und hilft uns für die Zukunft, den richtigen Weg zu finden in Richtung der Erstellung einer Großanlage.“ [910]

Bei öffentlichen Auftritten versuchten die Wissenschaftler, trotz der erkennbaren Risiken auch der zivilen Nutzung, eine deutliche Unterscheidung zwischen „friedlicher“ und militärischer Anwendung vorzunehmen und jeden Zweifel an der Kontrollierbarkeit der zivilen Kernenergie auszuräumen:

> „Die Forschung abzubrechen, wenn sich gefahrenträchtige Ergebnisse aufzeigen, ist eine sinnlose Forderung. Schließlich gibt es heute etwa in der Physik kaum ein Wissen, welches nicht in humaner Technik und nicht auch für Kriegszwecke eine Verwendung gefunden hat. Gerade bei großen Entdeckungen ist es wohl nie voraussehbar, ob sie sich – sei es zum Nutzen, sei es zum Schaden – verwenden lassen. Aber selbst wenn der Mißbrauch naheliegt, so kann niemand vorausschauen, auf welchem Gebiete gerade diese Entdeckung den Schlüssel für neue Erkenntnis liefert, die dem Fortschritt der Menschheit dient. Jede Forschung, die sich irgendwelche menschlich bedingten Grenzen setzt, bleibt fruchtlos. ...Man hat das Wort von der Notwendigkeit eines ‚sachgerechten Umganges mit der Welt‘ als Voraussetzung für eine glücklichere Zukunft geprägt. Hierzu beizutragen, ist die einzige Möglichkeit und die Verantwortung des Naturwissenschaftlers.“ [911]

Die Atomphysiker bedurften des Kontrastes von der „friedlichen Kernkraft“ am nötigsten, um die Forschung auf diesem Gebiet vor sich selbst und der Öffentlichkeit überhaupt noch

---

[908] Radkau, 1983, S.100.

[909] Kongressdienst, Jg. 3, Okt./Nov. 1960, S.6 („Atomkraftwerk Kahl“).

[910] Ebenda., S.8.

[911] Gerlach, Walther, „Der Zwang zum Frieden und die heutigen Naturwissenschaften“, in: Universitas. Zeitschrift für Wissenschaft, Kunst und Literatur, Jg.22, Hft.5, 1967, S.449-557, hier S.455.

rechtfertigen zu können. [912] Die Notwendigkeit der Kernforschung wurde, wie aus den folgenden beiden Beispielen deutlich wird, mit dem Energiebedarf der Menschheit und die Aussicht auf einen „technischen Garten Eden“ [913] begründet. In einem Artikel in der Zeitschrift *Universitas* schrieb Max Born:

> „Das Rohmaterial dieser Energiequelle [Uranreaktoren], Uran und Thorium, ist natürlich wie Kohle und Öl nur in endlicher, begrenzter Menge vorhanden, aber doch in so großer Menge, daß die Katastrophe der Energiehungersnot auf Jahrhunderte hinausgeschoben ist.“ [914]

Otto Hahn, der getroffen von der Umsetzung seines Forschungswerkes in das Grauen von Hiroshima und Nagasaki, sich mehr als jeder andere Atomwissenschaftler in die „stereotype Formel von Fluch und Segen“ [915] flüchtete, schloß seinen Festvortrag in Stockholm am 13. Dezember 1946 anläßlich der Verleihung des Nobelpreises mit den Worten:

> „Die Energie kernphysikalischer Reaktionen ist in die Hand der Menschen gegeben. Soll sie ausgenützt werden für die Förderung freier wissenschaftlicher Erkenntnis, sozialen Aufbau und Erleichterung der Lebensbedingungen der Menschen, oder soll sie mißbraucht werden zur Zerstörung dessen, was die Menschen in Jahrtausenden geschaffen haben? Die Antwort sollte nicht schwerfallen und wird wohl auch von den Wissenschaftlern der ganzen Welt im Sinne der ersteren Möglichkeit gewünscht.“ [916]

In der Öffentlichkeit sollte der Gedanke an die Gefährlichkeit von Reaktoren gar nicht erst aufkommen. Daher stießen die Bemühungen des Mainzer Ordinarius für theoretische Physik, Karl Bechert, in Fragen der Kernenergie sehr kritisch eingestellt, auf Abwehr. Dieser hatte eigenen Angaben zufolge schon seit 1955 bei seinen Fachkollegen auf eine dem Göttinger Manifest ähnliche Erklärung gedrungen, die allerdings mit der Forderung gekoppelt war, auch im zivilen Bereich die Sicherheitsschraube stärker anzuziehen. Bechert zufolge wollte selbst Hahn den Passus über die von Bechert gewünschte Reaktorsicherheitskommission streichen. [917] In der „Atomzeitalter-Euphorie“ der Adenauer-Ära [918] nahm der SPD-Bundestagsabgeordnete Bechert, später „einer der geistigen Väter

[912]Stölken-Fitschen, 1995, S.194.

[913]Ebenda.

[914]Born, Max, „Europäische Betrachtungen eines Naturforschers“, in: Universitas. Zeitschrift für Wissenschaft, Kunst und Kultur, Jg.13, Hft.3, März 1958, S.225-240, hier S.235.

[915]Stölken-Fitschen, 1995, S.195.

[916]Der Vortrag ist abgedruckt in: Hahn, Mein Leben, 1968, S.247-267, hier S.264.

[917]Radkau, 1983, S.99.

[918]Die Möglichkeiten, die die Kernspaltung eröffnete, ließen einer zweite industrielle Revolution und ein neues technisches Paradies in greifbarer Nähe erscheinen. Auf Arbeitswelt und Soziales wurden durchschlagende Auswirkungen erwartet: eine Verminderung der physischen Arbeitsbelastung und vor allem eine gleichmäßigere Energieversorgung, die auch dem Elend der Dritten Welt wirksam abhelfen und die Welt insgesamt zu einem friedlicheren Miteinander führen könnte, Gleitsmann, 1987, S.28; Müller, 1990, S.335ff., Radkau, 1983, S.78ff.

der bundesdeutschen Anti-Atomkraft-Bewegung“ [919], auch auf sozialdemokratischer Seite [920] eine Ausnahmeposition ein: Er stand sowohl den radioaktiven Auswirkungen von Atomtests als auch der zivilen Nutzung von Atomenergie mit ihren schon früh erkennbaren ungelösten Fragen des Atommülls kritisch gegenüber [921]. Letztendlich gelang es aber selbst der Göttinger Erklärung nicht, den Widerspruch zwischen der Anpreisung der zivilen Kernenergie-Nutzung und den Warnungen und Mahnungen vor den Gefahren derselben Energie, nur anders verwendet, vergessen zu lassen [922] Die zunehmend verunsicherte Bevölkerung reagierte ganz intuitiv mit einer Abneigung gegen alles, was sich mit dem Begriff „Atom“ in Verbindung bringen ließ [923]. Auch folgten der Göttinger Erklärung weder ein dauerhafter Kontakt der atomwissenschaftlichen Elite zu oppositionellen und pazifistischen Kreisen noch Überlegungen, wie sich bei der zivilen Kerntechnik eine Poliferation von Bombenspaltstoff verhindern lasse. [924]

---

[919] Radkau, 1983, S.189.

[920] Vor allem die „Linke“ war von den scheinbar revolutionären Zügen der neuen Technik fasziniert. Allerdings verbarg sich hinter ihren atomaren Wunschbildern eine neue Sozialutopie: Mit der zweiten industriellen Revolution sollte an den Marx'schen Fortschrittsoptimismus angeknüpft und alle Klassengegensetze endgültig aufgebrochen werden. Auf dem Münchener SPD-Parteitag im Sommer 1956 wurden „Atom und Automation“ zu Grundkonstanten der Fortschrittsideologie erhoben, Stölken-Fitschen, 1995, S.168f. Carlo Schmid, der auf dem Parteitag eine Rede hielt, schreibt in seinen Erinnerungen: „Zum ersten Mal in der Geschichte könnten Realitäten geschaffen werden, die es dem Menschen gestatten, auch in einer sich ständig weiter technisierenden Welt Selbstverwirklichung und Wesensbejahung zu finden, indem er Inhalte und Formen seiner Lebensführung von der Freizeit her bestimmt sein läßt, statt Freiheit in dem zu suchen, was die Zwänge der Arbeitswelt ihm an Freiraum übriglassen. Damit wäre der Zustand geschaffen, den Karl Marx mit den Worten beschreibt, der Mensch sei frei, wenn er sich in einer von ihm geschaffenen Welt umschaut.“, Schmid Carlo, Erinnerungen, Bern [u.a.] 1980, S.587.

[921] Karl Bechert war einer der ganz wenigen Persönlichkeiten, bei denen eine Kontinuität von der Anti-Atomtod-Kampagne zur Anti-Atomkraft-Bewegung bestand. Als aktiver Mitarbeiter des „Kampfbundes gegen Atomschäden“ und der Zeitschrift *Das Gewissen* entwickelte er sich als Vorsitzender des Bundestagsausschusses für Atomkernenergie in den Jahren 1962-1965 zu einem grundsätzlichen Gegner auch der zivilen Nutzung der Atomenergie, Stölken-Fitschen, 1995, S.127f.

[922] Meinungsumfragen vor und nach Veröffentlichung der Göttinger Erklärung ergaben stets einen sehr hohen Anteil von Befragten (zwischen 44% und 76%), die Atomenergie mit Atomwaffen und Kriegsbedrohung in Verbindung brachten. Die wirtschaftliche Nutzung der Atomkraft war für den größten Teil der Bevölkerung dagegen nur von nachrangiger Bedeutung, Rupp, 1984, S.89, Fußnote 446; Stölken-Fitschen, 1995, S.197f.

[923] Zu den frühen Protesten, die sich gegen den Bau der Kernforschungszentren in Karlsruhe und Jülich richteten, siehe beispielsweise Stölken-Fitschen, 1995, S.200ff.

[924] Radkau, 1983, S.100. Was die Poliferation betrifft, ist die Aussage von Radkau vielleicht etwas zu drastisch formuliert, denn Otto Hahn riet beispielsweise am 30. Mai 1958 in einem Interview mit der New York Times zum Abbau aller Uranspaltreaktoren im Interesse des Friedens und plädierte für die Entwicklung von weniger gefährlichen Fusionsreaktoren, Gerlach/Hahn, 1984, S.160.

Wie bereits erwähnt, war von Weizsäcker bei der Abfassung der Göttinger Erklärung die treibende Kraft und sie ist im wesentlichen sein Werk. Wenngleich im Namen aller Mitunterzeichner verfaßt, spiegelte das Manifest doch vor allem dessen eigene Auffassung wider, daß die große, atomare Rüstung des Westens keine Garantie für Frieden und Freiheit sei und daher auch die geplante nukleare Ausrüstung ihrer Truppen für die Bundesrepublik nicht mehr Sicherheit bedeute [925]: „Die großen Bomben erfüllen ihren Zweck, den Frieden und die Freiheit zu schützen, nur, wenn sie nicht fallen. Sie erfüllen diesen Zweck auch nicht, wenn jedermann weiß, daß sie nie fallen werden. Eben deshalb besteht die Gefahr, daß sie eines Tages wirklich fallen werden." [926] Vor allem die damals noch geltende Strategie der massiven Vergeltung war für von Weizsäcker wegen ihrer undifferenzierten Vernichtungsdrohung viel zu unelastisch, um dauerhaften Frieden auch bei kleineren Konflikten zu sichern: „Hat der Westen nur noch Wasserstoffbomben und keine hinreichenden konventionellen Waffen, so wird sein östlicher Gegenspieler sich auf eine Kette so kleiner Übergriffe beschränken, daß keiner von ihnen die Entfesselung des thermonuklearen Inferno motivieren kann." [927]

Bereits im Verlauf des Jahres 1957 änderte sich jedoch von Weizsäcker's Meinung, was den Verzicht der Bundesrepublik Deutschland auf die nukleare Bewaffnung anbelangte. Zwar sprach er sich noch am 30. November in einem Vortrag über das Thema „Herrschaft über das Atom" in der Evangelischen Akademie in Loccum im Sinne der Argumentation der Göttinger Erklärung aus: „Ich halte die Bedrohung unserer eigenen Sicherheit durch das, was hier zum Schutze und zur Sicherheit unternommen werden soll, für größer und im Grunde politisch und moralisch unverantwortlicher als das, was man tun kann, um diese Sicherheit anders zu schützen." [928]

Am 21. November 1957 äußerte er sich aber in einem Brief an Bundestagspräsident Gerstenmaier schon ganz im Sinne der seit einiger Zeit in den USA diskutierten Theorie der abgestuften Abschreckung (*graduated deterrence*) [929], mit der seiner Ansicht nach die nukleare Abschreckung den politischen Realitäten mit ihren ganz unterschiedlichen Konfliktursachen besser Rechnung getragen werden könnte. [930] Diese Gedanken präzisierte er dann ein halbes Jahr später in dem Artikel „Mit der Bombe leben. Die gegenwärtigen Aussichten einer Begrenzung der Gefahr eines Atomkriegs", der in der Zeit im Mai 1958

---

[925]Stölken-Fitschen, 1995, S.209.

[926]Weizsäcker, Die Verantwortung der Wissenschaft im Atomzeitalter, 1957, S.23.

[927]Ebenda., S.24f.

[928]Ders., „Das Atomzeitalter erfordert eine neue Politik", in: Die Welt, 30. November 1957. Als Beispiel, um die Sicherheit anders zu schützen, führte er eine „Politik ohne Waffen" an: „Angenommen, wir hätten heute im Westen die Hunderttausende oder Millionen geschulter Menschen, die bereit wären, im Sinne von Ghandis Satz: ‚Gewaltlosigkeit ist besser als Gewalt, Gewalt ist besser als Feigheit' die Gefängnisse zu füllen und einen Kampf, wenn es Not täte, Jahrzehnte hindurch zu kämpfen, wäre es mir für die westliche Freiheit nicht bange.", ebenda.

[929]„In den vergangenen Jahren ist, vor allem in England und Amerika, die Theorie der abgestuften Vergeltung (graduate deterrents) entwickelt und ausgebaut worden. Mit einem ihrer Vertreter, dem englischen Admiral Sir Anthony Buzzard, habe ich mich sehr ausführlich unterhalten.", Generallandesarchiv Karlsruhe (GLA), Bestand 69 KfK/INR 5: Brief von Carl Friedrich von Weizsäcker an Eugen Gerstenmaier vom 21. November 1957, S.1-11, hier S.4.

[930]Stölken-Fitschen, 1995, S.281.

erschien [931]. Wie bereits in Kapitel 2.2.4 erwähnt, sah das Prinzip der abgestuften Abschreckung einen Verzicht auf den stets und in jedem Fall angedrohten Vergeltungsschlag vor. Stattdessen wurde unter bestimmten Umständen auch ein nur begrenzter Einsatz von Atomwaffen eingeplant. Die Aufgabe der Nato-Streitkräfte in Europa sollte sich von der bloßen Schild- zur Schwertfunktion wandeln, d.h. die taktischen Atomwaffen im Rahmen einer örtlich begrenzten Verteidigung erhielten erhebliche Bedeutung. Ziel war es, das atomare Patt von der strategischen Seite auch auf die taktische auszuweiten, allerdings nicht, um „begrenzte Kriege wieder möglich zu machen, sondern umgekehrt, auch begrenzte Gewaltakte aussichtslos, also auch begrenzte Kriege äußerst unwahrscheinlich zu machen. ... Dadurch will sie die immer höher steigende Schraube von Rüstung und Gegenrüstung zum Stehen bringen, um dann beginnen zu können, sie wieder rückwärts zu drehen.“ [932]
Von Weizsäcker wollte seine grundsätzlich positive Einschätzung des neuen Strategieentwurfs allerdings nicht als Rücknahme der Göttinger Erklärung verstanden wissen, sondern als vorsichtige Abschwächung bzw. Distanzierung von einzelnen Aussagen [933]:

> „Mit einer Anzahl von deutschen Kollegen habe ich mich gebunden, an Atomwaffen auf keiner Weise mitzuarbeiten. Dadurch bin ich davon ausgeschlossen, als Physiker an der technischen Vorbereitung der abgestuften Abschreckung mitzuarbeiten. Ich bedaure diese Entscheidung nicht. Sie wurde in einem Augenblick getroffen, in dem uns alle die Lehre von der abgestuften Abschreckung nicht oder nur ganz ungenau bekannt war. Wir sahen die – wie ich auch heute meine – Absurdität der massiven Vergeltung, ihre politische Fragwürdigkeit und ihre Unmoral.“ [934]

Zudem versuchte er, Mißverständnisse auszuräumen: Die Göttinger Erklärung sei ein Vorschlag gewesen, der die atomwaffenfreie Zone weder ein- noch ausschlösse. Ferner stellte sie weder ein Plädoyer für einen Abzug amerikanischer Atomwaffen aus Deutschland noch

---

[931] Der Artikel ist abgedruckt in: Weizsäcker, Carl Friedrich von, Der bedrohte Frieden. Politische Aufsätze 1945-1981, München [u.a.] 1981, S.43-87 (im folgenden zitiert als: Weizsäcker, Mit der Bombe leben, 1981).

[932] Ebenda., S.60. Von Weizsäcker faßt in diesem Aufsatz auch noch einmal die der Theorie der abgestuften Abschreckung zugrundeliegenden Thesen zusammen:
1. „Die große Abtrüstung ist bis auf weiteres nicht zu erwarten.
2. Die Existenz der großen Bomben macht den großen Krieg sehr unwahrscheinlich.
3. Sie schützt jedoch nicht vor kleineren Aggressionen, also auch nicht vor dem langsamen Verlust des Kalten Krieges.
4. Der Westen muß gerüstet sein, begrenzte Kriege mit begrenzten Waffen auszufechten.
5. Eben diese Bereitschaft für begrenzte Kriege macht auch diese Kriege in wachsendem Maße unwahrscheinlich.
6. Die Abschaffung des Krieges überhaupt ist das angestrebte Ziel. Sie ist Voraussetzung, nicht Folge der Abrüstung.
7. Sie erfordert außer der abgestuften Abschreckung noch vielfachen anderen politischen und moralischen Einsatz.“, ebenda., S.53.

[933] Stölken-Fitschen, 1995, S.282.

[934] Weizsäcker, Mit der Bombe leben, 1981, S.64.

für das Gegenteil dar. [935] Politisch seien die Wissenschaftler „ja unter allen Umständen Verbündete des Westens.“ [936] Auch sei die Auffassung, „unser Land wäre gegen die Gefahren eines Atomkrieges besser geschützt, wenn sich in ihm keine Atomwaffen befinden, ... nur in sehr begrenztem Umfang richtig. Als wir sie in der Göttinger Erklärung vorsichtig aussprachen, stand dahinter der Wunsch, die Atomwaffen überhaupt von kleinen Ländern fernzuhalten; wenn er sich noch erfüllen würde, so würde er wohl die Gefahr für alle kleinen Länder sehr vermindern. Daß wir aber verschont blieben, wenn wir allein inmitten einer atomar aufgerüsteten Umgebung diese Waffen nicht besäßen, ist unwahrscheinlich und von uns nie behauptet worden.“ [937]
Hatte die Erklärung der achtzehn deutschen Atomwissenschaftler die öffentliche Debatte über die Nuklearbewaffnung der Bundesrepublik ausgelöst, so fiel von Weizsäckers Pädoyer für ein „Leben mit der Bombe“ vierzehn Monate später mit dem Bedeutungsverlust der Bewegung „Kampf dem Atomtod“ zusammen und markierte quasi einen vorläufigen Schlußpunkt unter diese Auseinandersetzung [938]. Die SPD, dies hatte der Mißerfolg bei den von ihr zum „Atomreferendum“ proklamierten Wahlen in Nordrhein-Westfalen deutlich gemacht, mußte mit dem überzeugenden Wahlsieg der CDU ihr Scheitern eingestehen. Vor allem aber waren die Sozialdemokraten offenbar einer völlig falschen Einschätzung der Stimmung in der Bevölkerung erlegen. Zwar saß die Angst vor der Atombombe, vor einem atomaren Krieg tief, aber stärker noch, und dies hatte Adenauer ganz richtig erkannt, war die Angst „vor den Russen“. [939]

Anders als in der Öffentlichkeit und vor allem von den Wissenschaftlern vermutet, besaß Adenauer einen guten Informationsstand über die technischen Einzelheiten im Kernwaffenbereich und über die Wirkungen dieser Waffen. [940] Im Gegensatz zu den Atom-

---

[935]Ebenda., S.80f.

[936]Ebenda., S.81.

[937]Ebenda., S.82.

[938]Die Formel vom Mit-der-Bombe-Leben verband zwei Einsichten miteinander, die im Verlauf des Jahres 1958 langsam in das Bewußtsein der Menschen drangen: „Zum einen die, daß man sich wohl oder übel mit der Existenz der Bombe würde abfinden müssen, da weder das Wissen um ihre Herstellbarkeit wieder aus der Welt zu schaffen sein würde noch Anzeichen der Bereitschaft zur allgemeinen Abrüstung in diesem Bereich erkennbar waren. Zum anderen aber auch die Erkenntnis, daß man angesichts der durch die Sowjetunion drohenden Gefahr im westlichen Bündnis selbst nicht würde auf die Atombombe verzichten können und daß das Gleichgewicht des atomaren Schreckens tatsächlich in dem Sinne wirkte, daß der Krieg zwischen den zwei großen Blöcken unterblieb.“, Stölken-Fitschen, 1995, S.284.

[939]Ebenda., S.282f.

[940]Schwarz, 1989, S.569. Auch in der Forschung hatte sich das Bild von einem Kanzler verfestigt, der die „Neuartigkeit atomarer Waffen nie voll erkannt, sie lediglich als destruktiver als konventionelle Waffen eingeschätzt haben“ soll, Müller-Brandeck, Giesela, Technikfolgenabschätzung am Beispiel der friedlichen Nutzung der Kernenergie in der Bundesrepublik Deutschland, (= Europäische Hochschulschriften: Reihe 31, Politikwissenschaft; Bd.97), Frankfurt am Main [u.a.] 1986, S.59 (im folgenden zitiert als: Müller-Brandeck, 1986) Ähnliches stellt auch Schwarz, 1989, S.569, fest: „So hat sich erst im öffentlichen Bewußtsein, zunehmend auch in der Forschung, das

wissenschaftlern wußte der Kanzler, daß sich die Waffenentwicklung in den Vereinigten Staaten bereits in einer Miniaturisierungsphase befand und sogenannten Mini-Nukes im Kilotonnen-Breich weit unter der 13 KT-Hiroshima-Bombe produziert werden konnten [941]. Bei seinem „Artillerievergleich“ hatte Adenauer wohl diese Waffen vor Augen gehabt haben. Seine Wortwahl auf der Pressekonferenz mochte zum einen einer Beruhigungs- und Bagatellisierungstaktik gegenüber der Bevölkerung entsprungen sein, denn der Kanzler war sich über die atomaren Ängste der Bundesbürger sehr wohl im klaren. Zum anderen entsprachen seine Worte aber tatsächlich auch dem offiziellen Sprachgebrauch der NATO, nach dem unter konventionellen Waffen sowohl nicht-atomare als auch kleinere taktische Atomwaffen zu verstehen waren. [942]

Das aktive Interesse der Regierung Adenauer an der atomaren Bewaffnung leitet sich vor allem aus außen- bzw. sicherheitspolitischen Konzeptionen ab, die von Beginn an – auch wenn es sich um konventionelle Belange handelte – von dem Bemühen um die „deutsche Gleichberechtigung“ geprägt waren [943]. Adenauer war 1954 der Verzicht auf eine deutsche Atomwaffenproduktion noch nicht schwergefallen, da er die Schwerpunktverlagerung von konventionelle auf atomare Bewaffnung für falsch hielt. Ende 1956 bzw. Anfang 1957 vollzog die Bundesregierung jedoch aufgrund des Bekanntwerdens des sogenannten „Radford-Plans“ eine radikale und abrupte Kurskorrektur in ihrer Sicherheitspolitik [944], die sich auch in einer Umbildung der Bundesregierung ausdrückte. Am 16. Oktober 1956 wurde Franz Josef Strauß, bis dahin Atomminister und stellvertretender Vorsitzender des Bundesverteidigungsrates, zum neuen Verteidigungsminister ernannt. Die Entscheidung für den dynamischen Bayern stellte zugleich auch eine Entscheidung für ein alternatives

---

Bild eines Kanzlers befestigt, dem die grundlegenden Gegebenheiten des Atomzeitalters fremd gewesen seien und dessen Nuklearpolitik darin bestanden habe, seinen dynamischen Verteidigungsminister einigermaßen unter Kontrolle zu halten.“.

[941] Im November 1958 schrieb von Weizsäcker in einem Brief an den SPD-Politiker Fritz Erler, daß seine Kollegen und er sich diese Miniaturisierung 1957 nicht hatten vorstellen können, Cioc, 1988, S.204, Fußnote 15.

[942] Ebenda., S.6.

[943] Adenauers Verteidigung deutscher Gleichberechtigung auch hinsichtlich der atomaren Bewaffnung wurde erstmals 1951 deutlich, als er sich noch im Vorfeld der EVG-Verhandlungen gegen jeglich Diskriminierung wandte: „Die Bundesrepublik solle keine Flugzeuge und keine schweren Waffen produzieren und keine Atomstudien betreiben. Wenn man aber eine europäische Armee schaffe, ...dann sei es unmöglich, für den einen Teilnehmer Verbote zu schaffen und für den anderen nicht.“, Adenauer, Erinnerungen, 1945-1953, S.476.

[944] Im Prinzip hielt der Kanzler Atomwaffen nun für kriegsverhindernd: „Wenn die Atomwaffen einmal so weit ausgebildet ist, daß jeder Staat, der genügend Vorräte von diesen schrecklichen Instrumenten der Vernichtung besitzt, in jedem anderen Staat das Leben vernichten kann, dann vernichtet dadurch der Krieg sich selbst.“, zitiert bei Bickerich, 1996, S.96. Dabei lag die Betonung auf „jeder Staat“, d.h. im Hinblick auf die deutsche Gleichberechtigung sollten auch in Deutschland Atomwaffen stationiert oder besser noch, deutsche Truppen damit ausgerüstet sein. Dazu paßte auch die Äußerung Adenauers am 19. September 1956 im Kabinett: „Deutschland kann nicht Atomprotektorat bleiben.“, zitiert ebenda.

sicherheitspolitisches Konzept dar. [945] Strauß war der einzige, der sich dem von Adenauer unter innen-, aber auch außenpolitischem Druck verfolgten Strategie der Nicht-Thematisierung der Atomwaffenproblematik hin und wieder auch öffentlich wiedersetzte. So legte Strauß schon kurz nach seiner offiziellen Ernennung in diversen öffentlichen Stellungnahmen ausdrücklich Wert auf eine genaue Betonung der von Adenauer abgegebenen Verzichtserklärung: „Es war ursprünglich ein freiwilliger Verzicht, der aber dann in den Pariser Verträgen als bindende rechtliche Norm aufgenommen worden ist. Wir werden uns genau an die Grenzen dieser Norm halten und gemäß dem Wortlaut der Pariser Verträge keine Atomwaffen wie sie dort definiert sind, auf dem Gebiet der Bundesrepublik Deutschland herstellen." [946] Strauß wollte die reale Möglichkeit zur deutschen Atomwaffenproduktion als Trumpf in der Hand behalten [947] und hatte dies schon in seiner Zeit als Atomminister, wenngleich nur im engsten Kreis, hin und wieder unmißverständlich zu erkennen gegeben. „Strauß gewann", so notiert von Weizsäcker im Rückblick, „die Bewunderung und Mitarbeit der Physiker durch seine effektive Arbeit und ihr Mißtrauen durch sein abends beim Wein nicht mehr verhülltes Drängen nach Atomwaffen." [948] Die Ernennung von Strauß zum Verteidigungminister wurde deshalb von den irritierten Atomwissenschaftlern als Signal einer geplanten Atomrüstung der Bundeswehr aufgefaßt. [949] Die „Artillerie-Äußerung" des Kanzlers war der Auslöser der spektakulären Erklärung, in dem achtzehn der prominentesten deutschen Atomwissenschaftler jede Mitarbeit an einem militärischen Atomprogramm öffentlich eine klare Absage erteilten, ihre Wurzel ist aber in dieser Vorgeschichte zu suchen.

Küntzel zufolge ist es der Göttinger Erklärung zuzuschreiben, daß die Realisierung eines zielstrebigen nationalen Atomwaffenprogramms weitgehend verbaut war [950]: „...die Göttinger Erklärung", so von Weizsäcker rückblickend, „...hat das beschränkte politische Ziel, das sie sich gesteckt hatte, erreicht ..., nämlich die Schaffung einer politischen Atmosphäre in der Bundeswehr, in der eine *nationale* Atomrüstung nicht ernstlich ins Auge gefaßt werden konnte. Auch das pädagogische Ziel, daß in der Bundesrepublik über diese Fragen nunmehr zum erstenmal in etwas breiteren Kreisen ernsthaft nachgedacht werden sollte, wurde erreicht." [951] Cioc kritisiert allerdings an der Göttinger Erklärung, daß weder die Pläne von Strauß über ein europäisches Kernforschungsprojekt angesprochen, noch

[945] Fischer, 1993 a; S.281; Fischer, 1993b, S.116f.; Müller-Brandeck, S.59f.

[946] Strauß, Franz Josef, Die Aufgaben des Bundesministers für Atomfragen, in: Bulletin des Presse- und Informationsamtes der Bundesregierung, Nr. 207, 3. November 1955, S.1732.

[947] Radkau, 1983, S.188. Aus der potentiellen Atombewaffnung der Bundeswehr leitete sich auf Dauer die Forderung ab, daß die Bundesrepublik an nuklearstrategischen Entscheidungen der NATO beteiligt sein müsse. Die seit der Bermuda-Konferenz im März 1957 sichtbaren und überraschenden Erfolge der Briten auf dem Wege zur atomaren Partnerschaft mit den USA schienen zu demonstrieren, daß ein Staat erst mit einer eigenen Atombombe das Recht auf nukleare Mitsprache erlangen konnte, ebenda.

[948] Weizsäcker, Der bedrohte Frieden, 1981, S.192f.

[949] Fischer, 1994, S.286.

[950] Küntzel, 1992, S.25.

[951] Weizsäcker, Der bedrohte Frieden, 1981, S.194.

Beweise vorgelegt wurden, daß die Regierung tatsächlich plante, ihre Verzichtserklärung zu verletzen. Darüber hinaus bemängelt er, daß die Erklärung von der ostdeutschen Regierung dazu verwendet werden konnte und wurde, den Kanzler aus der Fassung zu bringen und der Welt glauben zu machen, die Göttinger Wissenschaftler würden gegen ein Wiedererstarken des deutschen Militarismus rebellieren. [952] Aus der Beurteilung der politischen Lage heraus, die der Bundesrepublik eine eigene Atomwaffenproduktion untersagte [953], führt Stölken-Fitschen an, daß die Verweigerung der Wissenschaftler, sich an der Herstellung von Atombomben zu beteiligen, als weniger weitreichend angesehen werden muß, als es zunächst den Anschein hatte. Ihrer Ansicht nach handelt es sich um eine hypothetische Verweigerung, denn die Wissenschaftler waren nie wirklich vor eine Entscheidung gestellt worden. [954]

Zwar gelang es Adenauer, am 27. Juni 1957 die erste Atomgesetz-Vorlage, wegen ihrer Beschränkung auf eine ausschließlich friedliche Atomnutzung, im letzten Augenblick zu Fall zu bringen [955], doch wurden die Weichen nun auf ein ziviles Entwicklungsprogramm umgestellt, das den Kriterien eines Waffenprogramms teilweise und unausgesprochen Rechnung trug: „An die Stelle einer zielstrebigen Steuerung im militärischen Interesse trat die Diffusität einer vielgliedrigen Nuklearentwicklung, deren Einzelkomponenten energiepolitischen Erfordernissen dienten oder doch zumindest aus ihnen abgeleitet werden konnten und die sich erst in der Summe zu einem latenten Waffenpotential zusammenfügten.“ [956]

Es gibt Autoren, die die Meinung vertreten, daß die Göttinger Achtzehn und hier vor allem Carl Friedrich von Weizsäcker wichtige theoretische und mit der Erklärung auch praktische Vorarbeiten für die bundesdeutsche Abrüstungspolitik der sechziger und siebziger Jahre geleistet haben. Diese Abrüstungs- und Entspannungspolitik hätte dann entscheidend dazu beigetragen, daß die Sowjetunion nicht in eine neue stalinistische Ära zurückgefallen wäre, sondern Reformer zum Zuge gekommen wären, mit denen sich die Wiedervereinigung Deutschlands aushandeln ließ. [957] Auch wenn dieser Schluß denkbar ist, erscheint er doch ein wenig weit hergeholt. Viele Analysten plädieren eher dafür, daß die trotz ungeachteter dauernder Proteste gefällte Entscheidung für den NATO-Doppelbeschluß Anfang der achtziger Jahre als eines der entscheidenden Elemente angesehen werden muß, das zum Zusammenbruch des Warschauer Paktes und zum Fall des Eisernen Vorhangs geführt hat.

[952] Cioc, 1988, S.76.

[953] Bei der atomaren Aufrüstung der Bundeswehr sollten nur die Trägersysteme übergeben werden, die Verfügungsgewalt über die Bomben lag bei den Amerikanern.

[954] Stölken-Fitschen, 1995, S.217.

[955] Vgl. Müller, 1990, S.548.

[956] Küntzel, 1992, S.26.

[957] Zank, Adenauers Schachspiel mit den Atomwaffen, 1997.

Kapitel 4

Schlußbetrachtung

Die politische Diskussion der Jahre 1957 und 1958 um die atomare Ausrüstung der Bundeswehr hat in ganz entscheidender Weise die Diskussion ethischer und militärischer Probleme veranlaßt und gefördert. Sie hat gleichermaßen die öffentliche Meinung in der Bundesrepublik für diese Fragen vorbereitet und die „Hellhörigkeit" der Bevölkerung geschärft. Die von Görlich 1965 abgegebene Prognose, „jeder Politiker wird fortan mit einer ‚Allergie' der öffentlichen Meinung atomarer Rüstungsprobleme gegenüber zu rechnen haben" [1], kann im Rückblick heraus nur zugestimmt werden. Der kritische Bewußtseinszustand der Bundesbürger der atomaren Aufrüstung gegenüber war jedoch vorher bereits latent vorhanden.

Als auslösender Faktor für diese Entwicklung muß die Erklärung der achtzehn Atomwissenschaftler vom 12. April 1957 angesehen werden: sie hat sowohl die politisch-militärische als auch die ethische Diskussion in Gang gesetzt. Die aufklärerische Position und die ethischen Postulate der naturwissenschaftlichen Experten hoben die Atombewaffnung aus der Ebene der technischen Detail- und Rüstungsbetrachtung auf die Ebene der politischen Grundsatzfrage. Damit war vor allem die Politik herausgefordert, denn eine Verkürzung der kritischen Reaktion auf parteipolitische, möglicherweise sogar ideologische Vorstellungen stellte sich infolge des ungeheuren Presseechos als unmöglich heraus. [2]

Der Protest der Atomphysiker, der sich schnell zu einer außerparlamentarischen Volksbewegung ausweitete, machte deutlich, daß die Möglichkeit einer militärischen Nutzung der Atomenergie von der bundesdeutschen Bevölkerung wie auch von der Mehrheit der politischen, wirtschaftlichen und wissenschaftlichen Elite von vornherein kompromißlos abgelehnt wurde. Fischer schreibt bezeichnend: „Die Erinnerung an die Zeit rücksichtloser und ungehemmter deutscher Machtpolitik war bei vielen noch zu frisch, die Sehnsucht nach einem neuen, moralisch einwandfreiem Profil deutscher Sicherheits- und Außenpolitik zu ausgeprägt, als daß schon allein die Erörterung einer Beteiligung an der militärischen Nutzung der Atomenergie sogleich als Ausdruck neuerlichen Hegemoniestrebens angese-

---

[1] Görlich, 1965, S.283.

[2] Bald, 1994, S.81.

hen wurde.“ [3] Weite Teile der Bevölkerung schienen bei der Auswegsuche auf Lösungen zu setzen, die sich an wissenschaftlichen Erkenntnisse und damit an eine scheinbar überpolitische und neutrale, allein humanitären Sicht der Dinge orientierten. Die achtzehn Wissenschaftler wurden dabei zu einer beinahe einzigen objektiven, einem höheren Interesse folgenden Instanz stilisiert. [4] Allerdings blieb bei dieser fast ausschließlich moralischen Behandlung der Nuklearproblematik die politische Situation der Bundesrepublik völlig außen vor. Gänzlich unberücksichtigt gelassen wurde beispielsweise die Frage, wie sich die Bundesrepublik aufgrund ihrer geostrategisch exponierten Lage zu der Tatsache der ständig steigenden Bedeutung von Atomwaffen verhalten sollte. [5] Die Vorstöße der SPD, eine atomwaffenfreie Zone in Mitteleuropa zu schaffen, stießen auf entschiedene Ablehnung der Bundesregierung, die es geschickt verstand, die in der Bevölkerung vorhandenen Ängste einzusetzen, um die Mehrheit der Wähler auf ihre Seite zu ziehen. Den Gegenströmungen in der Sozialdemokratischen Partei gelang es zwar noch einmal, entscheidenden Einfluß auf den Kurs der Partei zu nehmen und sie dazu zu bewegen, eine emotional aufgeheizte, mit außerparlamentarischen Aktionen vorangetriebene Kampagne mitzutragen. Nach dem Scheitern der Berwegung war aber auch für die SPD der Zeitpunkt gekommen, ihre außen-, sicherheits- und deutschlandpolitischen Positionen radikal zu überdenken. [6]

Wie bereits im Verlauf der Arbeit deutlich geworden ist, lagen der Göttinger Erklärung auch ganz eigennützige wissenschaftspolitische Absichten zugrunde. Das Ziel, die friedliche Nutzung der Kernenergie auf Dauer abzusichern, wurde jedoch nur vorrübergehend erreicht. In den Worten von Maier-Leibnitz war „der größte und bleibende Erfolg unserer Erklärung (gleichgültig ob er nun von uns mitverursacht war oder nicht) ... der endgültige Verzicht auf eigene deutsche Atomwaffen, bis heute getragen von der Regierung, der Opposition, den Medien und der überwältigenden Mehrheit der Bevölkerung.“ [7] Die Tatsache, daß bei der Aufrüstung der Bundeswehr mit nuklearen Trägersystemen für atomare Waffen die nukleare Verfügungsgewalt keineswegs in deutsche Hände übergegangen wäre, schmälert diesen Erfolg jedoch erheblich.

---

[3] Fischer, 1994, S.268f.

[4] Stölken-Fitschen, 1995, S.220.

[5] Fischer, 1994, S.269.

[6] Birke, 1989, S.380f.

[7] Maier-Leibnitz, Der Albtraum, 1987.

Anhang

Politische Cartoons zur Göttinger Erklärung

„Sehn'se meine Damen und Herren: Der Atomkern, dat bin ich — und die kleine Kügelche um mich rum, dat sind de Professore!"

Abendpost, 15. April 1957

Frankfurter Rundschau

Nachhilfeunterricht für Göttinger Professoren

Frankfurter Rundschau, 16. April 1957

Adenauer: „Aber Herr Professor, — Sie zielen ja in die völlig falsche Richtung!“ Herbert Kolfhaus / Copyright „Münchner Merkur“

Münchner Merkur, 16. April 1957

„Weil die Wissenschaftler die Politiker oder die Politiker die Wissenschaftler nicht gefragt haben oder warum ..?“

Die Zeit, 18. April 1957

Mein lieber Professor — wat sind denn dat für Komplikationen!

Das freie Wort, 19. April 1957

Wissen Se wat — Se wissen überhaupt nichts — wenn Se wat wissen wollen — dann fragen Se mich!

Deutsche Volkszeitung, Jg.5, Nr.16, 20. April 1957

Politik

Wovon die Atomphysiker nichts verstehen . . .

Neue Politik, Jg.2, Nr.16, 20. April 1957

Kapitel 5

Quellen- und Literaturverzeichnis

(a) Ungedruckte Quellen

Generallandesarchiv Karlsruhe (GLA), Bestand 69 KfK/INR 2-8.

(b) Gedruckte Quellen

1. Zeitungen

Abendpost
Badische Neueste Nachrichten
Deutsche Volkszeitung
Deutsches Allgemeines Sonntagsblatt
Das Fenster
Frankfurter Allgemeine Zeitung
Frankfurter Rundschau
Das freie Wort
Göttinger Tageblatt
Industriekurier
Der Mittag
Münchner Merkur
Neue Politik
Neue Züricher Zeitung
Rhein-Neckar-Zeitung
Der Spiegel
Süddeutsche Zeitung
Die Welt
Welt am Sonntag
Die Zeit

2. Zeitschriften

Atomkern-Energie
Außenpolitik
Bulletin des „Fränkischen Kreises"
Bulletin des Presse- und Informationsamtes der Bundesregierung
Burschenschaftliche Blätter
Deutsche Universitätszeitung
Emnid-Informationen
Europa-Archiv
Foreign Affairs
Die Gegenwart
Das Gewissen
Keesing's Archiv der Gegenwart
Kirchlichen Jahrbuch für die Evangelische Kirche in Deutschland
Kongressdienst
Die Naturwissenschaften
Die Neue Gesellschaft
Politische Informationen
Physikalische Blätter
Universitas
Zeitschrift für Evangelische Ethik

3. Veröffentlichungen

Adenauer, Konrad, „Wir haben wirklich etwas geschafft. Die Protokolle des CDU-Bundesvorstands 1953-1957. Bearb. v. Günter Buchstab (= Forschungen und Quellen zur Zeitgeschichte; Bd. 16), Düsseldorf 1990.

Arbeitsausschuß „Kampf dem Atomtod", Kampf dem Atomtod (Broschüre), Berlin [u.a.], 1958.

Bauer, Karl, Deutsche Verteidigungspolitik 1948-1967. Dokumente und Kommentare (Eine Auswahl), Boppard am Rhein [4]1968.

Bracher, Karl Dietrich/Morsey Rudolf/Schwarz, Hans-Peter (Hrsg.), Freie Demokratische Partei: Die Liberalen unter dem Vorsitz von Thomas Dehler und Reinhold Maier: 1954-1960/FDP-Bundesvorstand (= Sitzungsprotokolle/FDP-Bundesvorstand; 2) (Quellen zur Geschichte des Parlamentarismus und der politischen Parteien: Reihe 4, Deutschland seit 1945; Bd.7), Düsseldorf 1991.

Brollik, Peter/Mannhardt, Klaus (Hrsg), Blaubuch 1958. Kampf dem Atomtod – Dokumente und Aufrufe, Essen [2]1988.

Bundesgesetzblatt Jahrgang 1954, 1. Halbjahr, Teil II, herausgegeben vom Bundesminister der Justiz.

DIVO-Institut (Hrsg.), Umfragen 1957. Ereignisse und Probleme im Urteil der Bevölkerung, Frankfurt am Main 1958.

Dokumente zur Deutschlandpolitik, 2. Reihe/Band 1, Die Konferenz von Potsdam, 3. Drittelband, bearbeitet von Gisela Biewer, herausgegeben vom Bundesmininisterium des Inneren, Frankfurt am Main [u.a.] 1992.

Dokumente zur Deutschlandpolitik, 3. Reihe/Band 2, 1956, 1. und 2. Halbband, bearbeitet von Ernst Deuerlein und Hansjörg Schierbaum, herausgegeben vom Bundesmininisterium für Gesamtdeutsche Fragen, Frankfurt am Main [u.a.] 1963.

Dokumente zur Deutschlandpolitik, 3. Reihe/Band 3, 1957, 1. und 2. Drittelband, bearbeitet von Ernst Deuerlein u.a., herausgegeben vom Bundesmininisterium für Gesamtdeutsche Fragen, Frankfurt am Main [u.a.] 1967.

Dokumente zur Deutschlandpolitik, 3. Reihe/Band 4, 1958, 2. Drittelband, bearbeitet von Ernst Deuerlein und Gisela Biewer, herausgegeben vom Bundesmininisterium für Gesamtdeutsche Fragen, Frankfurt am Main [u.a.] 1969.

Entscheidungen des Bundesverfassungsgerichts, herausgegeben von den Mitgliedern des Bundesverfassungsgerichts, Bd.7, Tübingen 1958.

Entscheidungen des Bundesverfassungsgerichts, herausgegeben von den Mitgliedern des Bundesverfassungsgerichts, Bd.8, Tübingen 1959.

Foreign Relations of the United States (FRUS), 1952-1954, Bd.V/1, Washington 1983.

Grundgesetz, mit Vertrag über die abschließende Regelung in bezug auf Deutschland, Menschenrechtskonvention, Bundesverfassungsgerichtsgesetz und Gesetz über den Petitionsausschuß. Textausgabe mit ausführlichem Sachverzeichnis und einer Einführung von Universitätsprofessor Dr. Günter Dürig, München ^{32}1994.

Heipp, Günther (Hrsg.), Es geht ums Leben! Der Kampf gegen die Bombe 1945/1965, Hamburg 1965.

Jahrbuch der Sozialdemokratischen Partei Deutschlands 1954/55, hrsg. vom Vorstand der Sozialdemokratischen Partei Deutschlands, Hannover, Bonn, o.J.

Jahrbuch der Sozialdemokratischen Partei Deutschlands 1955/56, hrsg. vom Vorstand der Sozialdemokratischen Partei Deutschlands, Hannover, Bonn, o.J.

Jahrbuch der Sozialdemokratischen Partei Deutschlands 1956/57, hrsg. vom Vorstand der Sozialdemokratischen Partei Deutschlands, Hannover, Bonn, o.J.

Jahrbuch der Sozialdemokratischen Partei Deutschlands 1958/59, hrsg. vom Vorstand der Sozialdemokratischen Partei Deutschlands, Hannover, Bonn, o.J.

Kliefoth, Werner, „Atomrundschau", in: Atomkern-Energie, Jg.2, Hft.11/12, November/Dezember 1957, S.504-509.

Maier, Klaus A./Thoß, Bruno (Hrsg.), Westintegration, Sicherheit und deutsche Frage: Quellen zur Außenpolitik in der Ära Adenauer 1949-1963 (= Ausgewählte Quellen zur deutschen Geschichte der Neuzeit; Bd.42), Darmstadt 1994.

Michaltscheff, Theodor, Die unverwüstliche Opposition. Geschichte der bundesdeutschen Friedensbewegung 1945-1960. Aus dem Nachlaß herausgegeben und bearbeitet von Stefan Appelius, Oldenburg 1994.

Noelle, Elisabeth/Neumann, Peter (Hrsg.), Jahrbuch der öffentlichen Meinung, 1947-1955, Allensbach 1956.

Noelle, Elisabeth/Neumann, Peter (Hrsg.), Jahrbuch der öffentlichen Meinung 1958-1964, Allensbach 1965.

Pfleiderer, Karl Georg, Für oder wider die Verträge, in: ders., Politik für Deutschland, Reden und Aufsätze 1948-1956, Stuttgart 1961, S.83-99.

Protokoll der Verhandlungen des Parteitages der Sozialdemokratischen Partei Deutschlands, vom 20. bis 24. Juni 1954 in Berlin, hrsg. vom Vorstand der Sozialdemokratischen Partei Deutschlands, Hannover, Bonn, o.J.

Protokoll der Verhandlungen des Parteitages der Sozialdemokratischen Partei Deutschlands, vom 18. bis 23. Mai 1958 in Stuttgart, hrsg. vom Vorstand der Sozialdemokratischen Partei Deutschlands, Hannover, Bonn, o.J.

Protokoll der Verhandlungen des Parteitages der Sozialdemokratischen Partei Deutschlands, vom 23. bis 27. November 1964 in Karlsruhe, hrsg. vom Vorstand der Sozialdemokratischen Partei Deutschlands, Hannover, Bonn o.J.

Schwarz, Hans Peter (Hrsg.), Konrad Adenauer. Reden 1917-1967. Eine Auswahl, Stuttgart 1975.

Sittkus, Albert, „Beobachtungen an radiokativen Schwaden von atomtechnischen Versuchen im Jahre 1953/54", in: Naturwissenschaften, Bd.42, Nr.17, 1955, S.478-482.

Verhandlungen des Deutschen Bundestages, Stenographische Berichte.

Verhandlungen des Deutschen Bundestages, Anlagen zu den Stenographischen Berichten.

Walther, Christian (Hrsg.), Atomwaffen und Ethik: der deutsche Protestantismus und die atomare Aufrüstung 1954-1961; Dokumente und Kommentare (= Studienbücher zur kirchlichen Zeitgeschichte; Bd.3), München 1981.

4. Zeitgenössische Literatur, Memoiren

Adenauer, Konrad, Erinnerungen 1945-1953, Bd.1, Stuttgart [4]1980.

Adenauer, Konrad, Erinnerungen 1953-1955, Bd.2, Stuttgart [5]1994.

Adenauer, Konrad, Erinnerungen 1955-1959, Bd.3, Stuttgart [4] 1989.

Baumgarten, Hans, „Die Tragik der Atomforscher", in: Frankfurter Allgemeine Zeitung, 15. April 1957.

Besser, Joachim, „Die Rebellion des Gewissens. Wie kam es zu dem Appell der Atomforscher?", in: Die Welt, 17. April 1957.

Born Hedwig/Born, Max, Der Luxus des Gewissens. Erlebnisse und Einsichten im Atomzeitalter, München 1969.

Born, Max, „Europäische Betrachtungen eines Naturforschers", in: Universitas. Zeitschrift für Wissenschaft, Kunst und Literatur , Jg.13, Hft.3, März 1958, S.225-240.

Boveri, Magret, „Antwort an Michael Freund", in: Deutsche Univeritätszeitung (DUZ), Bd.19, Nr.13-14, 1957, S.29-30.

Burg, Walter, „Der gescheiterte Aufstand", in: Die Neue Gesellschaft, Bd.4, 1957, S.393-396.

Dönhoff, Marion Gräfin, „Der zweite Sündenfall. Professoren protestieren gegen Atompolitik", in: Die Zeit, Nr.13, 18. April 1957.

Dönhoff, Marion Gräfin, „Marion Gräfin Dönhoff zum 85. Geburtstag von Carl Friedrich von Weizsäcker", in: Die Zeit, Nr. 27, 27. Juni 1997.

Dulles, John Foster, „Challenge and Response in United States Policy", in: Foreign Affairs, Bd.36, 1957, S.25-43.

Eden, Anthony, Full Circle: The Memoirs of Anthony Eden, London 1960.

Erler, Fritz, „Umrüstung", in: Außenpolitik, Bd.8, Hft.1, 1957, S.12-20.

Fleischmann, Rudolph, Kernphysik und Atombombe, in: Forster, Karl (Hrsg.), Kann der atomare Verteidigungskrieg ein gerechter Krieg sein? (= Studien und Berichte der Katholischen Akademie in Bayern; Bd.10), München 1960, S.11-39.

Freund, Michael, „Atomwissenschaft und Politik (Brief an uns selbst)", in: Die Gegenwart, Jg.12, Nr.9, 4.5.1957, S.264-265.

Gerlach, Walther, „Der Zwang zum Frieden und die heutigen Naturwissenschaften", in: Universitas. Zeitschrift für Wissenschaft, Kunst und Literatur, Jg.22, Hft.5, 1967, S.449-557.

Gerlach, Walther, Otto Hahn: ein Forscherleben unserer Zeit, München 1969.

Gollwitzer, Helmut, Die Christen und die Atomwaffen (= Theologische Existenz heute; Bd.61), München 1957.

Hahn, Dietrich (Hrsg.), Otto Hahn. Leben und Werk in Texten und Bildern. Mit einem Vorwort von Carl Friedrich von Weizsäcker, Frankfurt am Main 1988.

Hahn, Otto, Cobalt 60. Gefahr oder Segen für die Menschheit?, Göttingen [u.a.] ²1955.

Hahn, Otto, Erlebnisse und Erkenntnisse. Mit einer Einführung von Prof. Dr. Karl-Erik Zimen Herausgegeben von Dietrich Hahn, Düsseldorf [u.a.] 1975.

Hahn, Otto, Mein Leben, München 1968.

Heinemann, Gustav, „Der Spruch von Karlsruhe", in: Kongressdienst, Nr. 2/3, Aug./Sept. 1958, S.11, S.15.

Heisenberg, Elisabeth, Das politische Leben eines Unpolitischen. Erinnerungen an Werner Heisenberg, München [u.a.] 1980.

Heisenberg, Werner, Der Teil und das Ganze. Gespräche im Umkreis der Physik, München 1969.

Heisenberg, Werner, Physik und Philosophie, Stuttgart ⁴1984.

Jaspers, Karl, Die Atombombe und die Zukunft des Menschen. Ein Radiovortrag, München 1957.

Jaspers, Karl, Die Atombombe und die Zukunft des Menschen. Politisches Bewußtsein in unserer Zeit, München 1958.

Jordan, Pascual, Der gescheiterte Aufstand. Betrachtungen zur Gegenwart, Frankfurt am Main, 1956.

Jordan, Pascual, Wir müssen den Frieden retten!, Köln, o.J. [1957a].

Jordan, Pascual, „Die Verantwortung des Wissenschaftlers", in: Der Mittag, 25. April 1957b.

Jordan, Pascual, „Atomangst - gefährlicher Ratgeber", in: Das Fenster, Hft.5, Mai 1957c, S.4-7.

Jordan, Pascual, „Ursachen und Auswirkungen der Atom-Panik", in: Politische Informationen, Ausgabe B, Bd.4, 1957d, S.2-6.

Jungk, Robert, Heller als tausend Sonnen, Reinbek bei Hamburg 1964.

Kennan, George F., „The Sources of Soviet Conduct", in: Foreign Affairs, Bd.25, 1946/47, S. 566-582 (anonym unter der Kürzel „By X" veröffentlicht).

Kennan, George F., Rußland, der Westen und die Atomwaffe, Frankfurt am Main 1958.

Kennan, George F., Memoiren eines Diplomaten. Mit einem Vorwort von Klaus Mehnert, Bd.1 (1925-1950), Stuttgart 1968.

Lapp, Ralph E., Die Reise des Glücklichen Drachen. Eine moderne Odyssee. Mit einem Vorwort von Pearl S. Buck, Düsseldorf 1958.

Maier-Leibnitz, Heinz, „Der Albtraum. Erinnerung an historischen Anti-Atom-Appell", in: Frankfurter Allgemeine Zeitung, 4. April 1987.

Martin, Charles-Noel, Hat die Stunde H geschlagen? Die wissenschaftlichen Tatsachen über die Wirkung der Wasserstoffbombe. Vorwort von Albert Einstein, Berlin [u.a.] 1955.

Mende, Erich, Die FDP. Daten, Fakten, Hintergründe, Stuttgart-Degerloch 1972.

Schenke, Wolfgang, „Atom=Kanzler Adenauer spricht: ‚Denn sie sind nicht zu mir gekommen'", in: Neue Politik. Unabhängige Wochenschrift, Jg.2, Nr.16, 20. April 1957, S.3-4.

Schmauch, Werner/Wolf, Ernst, Königsherrschaft Christi. Der Christ im Staat (= Theologische Existenz heute; Nr.64), München 1958.

Schmid Carlo, Erinnerungen, Bern [u.a.] 1980.

Schollwer, Wolfgang, Liberale Opposition gegen Adenauer: Aufzeichnungen 1957-1961 (= Biographische Quellen zur deutschen Geschichte nach 1945; Bd.9), München 1990.

Seghers, Anna, Der japanische Fischer, in: Vesper-Triangel, Bernward (Hrsg.), Gegen den Tod. Stimmen deutscher Schriftsteller gegen die Atombombe, o.O., 1964, S.39-41.

Sethe, Paul, Man muß für alles bezahlen, in: Frankfurter Allgemeine Zeitung, 14. Juli 1950.

Speidel, Hans, Aus unserer Zeit. Erinnerungen, Berlin [u.a.] 1977.

Strauß, Franz Josef, Die Aufgaben des Bundesministers für Atomfragen, in: Bulletin des Presse- und Informationsamtes der Bundesregierung, Nr. 207, 3. November 1955, S.1732.

Sulzberger, Cyrus L., A Long Row of Candles. Memoires and Diaries 1934-1954, London 1969.

Thielicke, Helmut, Christliche Verantwortung im Atomzeitalter, Stuttgart 1957a.

Thielicke, Helmut, „Der Christ und die Verhütung des Krieges im Atomzeitalter", in: Zeitschrift für Evangelische Ethik, Jg.1, Hft.2, März 1957b, S.1-6.

Thielicke, Helmut, „Abschaffung der Atomwaffen – was kann die Kirche dazu tun?, in: Deutsches Allgemeines Sonntagsblatt, Nr.18, 5. Mai 1957c.

Thielicke, Helmut, Die Atomwaffe als Frage an die christliche Ethik (= Sammlung gemeinverständlicher Vorträge und Schriften aus dem Gebiet der Theologie und Religionsgeschichte; Bd.219), Tübingen 1958.

Thielicke, Helmut, Zu Gast auf einem schönen Stern: Erinnerungen, Hamburg 1984.

Walter, F., „Atomkraftwerke für Friedenszwecke untauglich", in: Das Gewissen, Jg.3, Nr.4, April 1958.

Weisenborn, Günther, Göttinger Kantate. Der Aufruf der 18 Atomwissenschaftler und die großen Gefahren unsereres Jahrhunderts, szenisch darstellend als öffentliche Warnung niedergeschrieben, Berlin 1958.

Weizsäcker, Carl Friedrich Freiherr von, Der bedrohte Frieden: Politische Aufsätze 1945-1981, München 1981.

Weizsäcker, Carl Friedrich Freiherr von, „Die Atomwaffen", in: Burschenschaftliche Blätter, Bd.72-73, 1957/58, S.198-200.

Weizsäcker, Carl Friedrich Freiherr von, „Das Atomzeitalter erfordert eine neue Politik", in: Die Welt, 30. November 1957.

Weizsäcker, Carl Friedrich Freiherr von, Die Verantwortung der Wissenschaft im Atomzeitalter, Göttingen 1957.

Weyrauch, Wolfgang, Mit dem Kopf durch die Wand. Geschichten, Gedichte, Essays und ein Hörspiel, Darmstadt [u.a.], 1972.

Winnacker, Karl/Wirtz, Karl, Das unverstandene Wunder. Kernenergie in Deutschland, Düsseldorf [u.a.] 1975.

Wolf, Ernst (Hrsg.), Christusbekenntnis im Atomzeitalter. Im Auftrag des Arbeitskreises Kirchlicher Bruderschaften herausgegeben von Ernst Wolf in Verbindung mit Heinz Kloppenburg und Helmut Simon (= Theologische Existenz heute; Nr.70), München 1959.

Zehrer, Hans (Hrsg.), „Der einfachere Weg", in: Die Welt, 4. Mai 1957.

(c) Sekundärliteratur

Abelshauser, Werner/Schwengler, Walter, Wirtschaft und Rüstung, Souveränität und Sicherheit (= Anfänge westdeutscher Sicherheitspolitik: 1945-1956; Bd.4), München 1997.

Allmeida, José Antonio, Papst Pius XII. und der Atomkrieg, phil.Diss., Freiburg im Breisgau, 1961.

Altmann, Normen, Konrad Adenauer im Kalten Krieg: Wahrnehmungen und Politik 1945-1956 (= Mannheimer historische Forschungen; Bd.3), Mannheim 1993.

Althaus, Hans-Peter, Einfluß und Rationalität westdeutscher Sicherheitspolitik in der NATO 1955-1965, phil.Diss., Bonn 1974.

Appelius, Stefan, Pazifismus in Westdeutschland, Die Deutsche Friedensgesellschaft 1945-1968, Bd.1 und 2, Aachen 1991.

Azzola, Axel Ch., Die Diskussion um die Aufrüstung der Bundeswehr im Unterhaus und in der Presse Großbritanniens, November 1949-Juli 1952 (= Marburger Abhandlungen zur Politikwissenschaft; Bd.12), Meisenheim 1971.

Bald, Detlef, Die Atombewaffnung der Bundeswehr: Militär, Öffentlichkeit und Politik in der Ära Adenauer (= Schriftreihe des Wissenschaftlichen Forums für Internationale Sicherheit e.V.), Bremen 1994.

Baring, Arnulf, Außenpolitik in Adenauers Kanzlerdemokratie. Bonns Beitrag zur Europäischen Verteidigungsgemeinschaft, München [u.a.], 1969.

Bickerich, Wolfram, Franz Josef Strauß: Die Biographie, Düsseldorf 1996.

Birke, Adolf M., Nation ohne Haus: Deutschland 1945-1961 (= Die Deutschen und ihre Nation), Berlin 1989.

Brauers, Christof, Liberale Deutschlandpolitik 1949-1969. Positionen der F.D.P. zwischen nationaler und europäischer Orientierung mit einem Vorwort von Hans-Dietrich Genscher (= Politikwissenschaft; Bd.17), Münster [u.a.] 1993.

Bredow, Wilfried von/Brocke, Rudolf H., Krise und Protest: Ursprünge und Elemente der Friedensbewegung in Westeuropa, Opladen, 1987.

Buchheim, Hans, Adenauers Sicherheitspolitik 1950-1951, in: Militärgeschichtliches Forschungsamt (Hrsg.), Aspekte der deutschen Wiederbewaffnung bis 1955 (= Militärgeschichte seit 1945; Bd.1), Boppard am Rhein 1975, S.119-133.

Cioc, Mark, Abschreckung und Verteidigung. Die Kontroverse über die Atombewaffnung in der Ära Adenauer 1949-1963, in: Herbst, Ludolf/Bührer,Werner/Sowade, Hanno (Hrsg.), Vom Marshallplan zur EWG: die Eingliederung der Bundesrepublik

Deutschland in die westliche Welt (= Quellen und Darstellungen zur Zeitgeschichte; Bd.30), München 1990, S.501-514.

Cioc, Mark, Pax atomica: the nuclear defense debate in West Germany during the Adenauer era, New York 1988.

Dalberg, Thomas, Franz Josef Strauß. Porträt eines Politikers, Gütersloh 1968.

Delbrück, Jost, Die Auseinandersetzung über das ethische Problem der atomaren Kriegsführung in den Vereinigten Staaten und der Bundesrepublik Deutschland, in: Kewening, Wilhelm (Hrsg.), Abschreckung und Entspannung. Fünfundzwanzig Jahre Sicherheitspolitik zwischen bipolarer Konfrontation und begrenzter Kooperation (= Veröff. d. Inst. f. Int. Recht an der Universität Kiel; Bd.76), Berlin 1977, S.95-147.

Delmas, Jean, Naissance et développement d' une politique nucléaire militaire en France (1945-1956), in: Maier, Klaus A./Wiggershaus, Norbert (Hrsg.), Das Nordatlantische Bündnis 1949-1956 (= Beiträge zur Militärgeschichte; Bd.37), München 1993, S.263-272.

Dietzfelbinger, Eckart, Die Protestaktion gegen die Wiederaufrüstung der Bundesrepublik Deutschland von 1948-1955, phil.Diss, Erlangen-Nürnberg, 1984.

Doering-Manteuffel, Anselm, Die Bundesrepublik Deutschland in der Ära Adenauer. Außenpolitik und innere Entwicklung 1949-1963, Darmstadt ²1988a.

Doering-Manteuffel, Anselm, Westintegration und nationale Frage 1949-1963 (= Deutsche Geschichte nach 1945. Teil 1: Nachkriegsjahre und Bundesrepublik Deutschland, Studienbrief 4), Tübingen 1988b.

Eckert, Michael, „Die Anfänge der Atompolitik in der Bundesrepublik Deutschland", in: Vierteljahreshefte für Zeitgeschichte, Bd.37, 1989, S.115-143.

Eckert, Michael, Kernenergie und Westintegration: Die Zähmung des westdeutschen Nuklearnationalismus, in: Herbst, Ludolf/Bührer, Werner/Sowade, Hanno (Hrsg.), Vom Marshallplan zur EWG: die Eingliederung der Bundesrepublik Deutschland in die westliche Welt (= Quellen und Darstellungen zur Zeitgeschichte; Bd.30), München 1990, S.313-334.

Ehlert, Hans, Innenpolitische Auseinandersetzungen um die Pariser Verträge und die Wehrverfassung 1954 bis 1957, in: Militärgeschichtliches Forschungsamt (Hrsg.), Die NATO-Option (= Anfänge westdeutscher Sicherheitspolitik: 1945-1956; Bd.3), München 1993, S.235-560.

Erdmenger, Klaus, Adenauer, die Deutsche Frage und die sozialdemokratische Opposition, in: Foschepoth, Josef (Hrsg.), Adenauer und die Deutsche Frage, Göttingen 1988, S.169-182.

Fischer, Peter, „Die Reaktion der Bundesregierung auf die Nuklearisierung der westlichen Verteidigung (1952-1958)“, in: Militärgeschichtliche Mitteilungen, Bd.52, 1993a, S.105-132.

Fischer, Peter, Zwischen Abschreckung und Verteidigung. Die Anfänge bundesdeutscher Nuklearpolitik (1945-1956), in: Maier, Klaus A./Wiggershaus, Norbert (Hrsg.), Das Nordatlantische Bündnis 1949-1956 (= Beiträge zur Militärgeschichte; Bd.37), München 1993b, S.273-293.

Fischer, Peter, Atomenergie und staatliches Interesse: Die Anfänge der Atompolitik in der Bundesrepublik Deutschland 1949-1955 (= Internationale Politik und Sicherheit; Bd.30,3), Baden-Baden 1994.

Foschepoth, Josef, (Hrsg.), Kalter Krieg und Deutsche Frage: Deutschland im Widerstreit der Mächte 1945-1952, Göttingen, 1985.

Foerster, Roland G., Innenpolitische Aspekte der Sicherheit Westdeutschlands 1947-1950, in: Militärgeschichtliches Forschungsamt (Hrsg.), Von der Kapitulation bis zum Pleven Plan (= Anfänge westdeutscher Sicherheitspolitik 1945-1956; Bd.1), München [u.a.] 1982, S.403-575.

Fürst, Andreas, Der U.S. Kongreß und die amerikanische NATO-Politik 1948-1989: Eine Untersuchung zur Policy-Formierung von Außen- und Sicherheitspolitik (= Wissenschaftliche Schriften: Politikwissenschaft), Sinzheim 1996.

Gabler-Wirtschafts-Lexikon, Bd.1, Bd.5, Wiesbaden 1984.

Geiling, Martin, Aussenpolitik und Nuklearstrategie. Eine Analyse des konzeptionellen Wandels der amerikanischen Sicherheitspolitik gegenüber der Sowjetunion (1945-1963), Köln 1975.

Gerlach, Wolfgang, Als die Zeugen schwiegen. Bekennende Kirche und die Juden (= Studien zur Kirche und Israel; Bd.10), Berlin 1987.

Gersdorff, Gero von, Sozialdemokratie und Sicherheitspolitik seit 1945, in: Brauch, Hans Günter (Hrsg.), Sicherheitspolitik am Ende? Eine Bestandsaufnahme, Perspektiven und neue Ansätze, Gerlingen 1984, S.37-47.

Gersdorff, Gero von, Adenauers Aussenpolitik gegenüber den Siegermächten 1954: westdeutsche Bewaffnung und internationale Politik (= Beiträge zur Militärgeschichte; Bd.41), München 1994.

Gleitsmann, Rolf-Jürgen, Die Anfänge der Atomenergienutzung in der Bundesrepublik Deutschland, in: Hermann, Armin/Schumacher, Ralf (Hrsg.), Das Ende des Atomzeitalters?: Eine sachlich-kritische Dokumentation, München 1987, S.23-41.

Gleitsmann, Rolf-Jürgen, Gesellschaftliche Entscheidungsprozesse im Bereich technischer Großprojekte – das Beispiel Kernenergie, in: Albrecht, Helmuth/Schönbeck, Charlotte (Hrsg.), Technik und Gesellschaft (= Technik und Kultur; Bd.10), Düsseldorf 1993, S.411-447.

Görlich, Ina, Zum ethischen Problem der Atomdiskussion. Verlauf der Atomdiskussion in der Bundesrepublik Deutschland und Versuch einer Darstellung der durch sie aufbrechenden ethischen Probleme, phil.Diss., Freiburg 1965.

Goldschmidt, Bertrand, Le complexe atomique. Histoire politique de l'énergie nucléaire, Paris 1980.

Gowing, Margaret, Independence and Deterrence. Britain and Atomic Energie, 1945-1952, 2 Bde., London 1974.

Grebing, Helga, Die Parteien, in Benz, Wolfgang (Hrsg.), Politik (= Die Geschichte der Bundesrepublik Deutschland; Bd.1), Frankfurt am Main 1989, S.71-150.

Greiner, Christian, Die alliierten militärischen Planungen zur Verteidigung Westeuropas 1947-1950, in: Militärgeschichtliches Forschungsamt (Hrsg.), Von der Kapitulation bis zum Pleven Plan (= Anfänge westdeutscher Sicherheitspolitik 1945-1956; Bd.1), München [u.a.] 1982, S.119-323.

Greiner, Christian, Nordatlantische Bündnisstrategie und deutscher Verteidigungsbeitrag, 1954 bis 1957, in: Militärgeschichtliches Forschungsamt (Hrsg.), Entmilitarisierung und Aufrüstung in Mitteleuropa 1945-1956 (= Vorträge zur Militärgeschichte; Bd.4), Herford 1983, S.116-142.

Greiner, Christian, Zwischen Integration und Nation. Die militärische Eingliederung der Bundesrepublik Deutschland in die NATO, 1954 bis 1957, in: Herbst, Ludolf (Hrsg.), Westdeutschland 1945-1955. Unterwerfung, Kontrolle, Integration, München 1986, S.267-278.

Greiner, Christian, Das militärische Konzept der NATO von 1952 bis 1957; in: Thoß, Bruno/Volkmann, Hans-Erich (Hrsg.), Zwischen Kaltem Krieg und Entspannung: Sicherheits- und Deutschlandpolitik der Bundesrepublik im Mächtesystem der Jahre 1953-1956 (= Militärgeschichte seit 1945; Bd.9), Boppard am Rhein, 1988, S.211-245.

Gütermann, Christoph, Friedensbewegungen nach dem Zweiten Weltkrieg, in: Heiss, Gernot/Lutz, Heinrich (Hrsg.), Friedenbewegungen: Bedingungen und Wirkungen (= Wiener Beiträge zur Geschichte der Neuzeit; Bd.11), Wien 1984, S.152-164.

Gutscher, Jörg Michael, Die Entwicklung der FDP von ihren Anfängen bis 1961, Königstein/Ts. ²1984.

Haftendorn, Helga, Abrüstungs- und Rüstungskontrollpolitik, in: Schwarz, Hans-Peter (Hrsg.), Handbuch der deutschen Außenpolitik, München [u.a.] 1975, S.523-530.

Haftendorn, Helga, Sicherheit und Entspannung: zur Außenpolitik der Bundesrepublik Deutschland 1955-1982, Baden-Baden ²1986.

Haftendorn, Helga, Die Rolle der Bundesrepublik Deutschland im Atlantischen Bündnis und die Deutsche Frage, in: Schröder, Hans-Jürgen (Hrsg.), Die deutschen Frage als internationales Problem, Stuttgart 1990, S.71-88.

Hanrieder, Wolfram F., Deutschland, Europa, Amerika: die Außenpolitik der Bundesrepublik Deutschland 1949-1994, Paderborn [u.a.] ²1995.

Herbig, Jost, Kettenreaktion. Das Drama der Atomphysiker, Müchen [u.a.] 1976.

Hermann, Armin, Werner Heisenberg in Selbstzeugnissen und Bilddokumenten, Reinbek 1976.

Hermann, Armin, Die Jahrhundertwissenschaft: Werner Heisenberg und die Physik seiner Zeit, Stuttgart 1977.

Hillgruber, Andreas, Europa in der Weltpolitik der Nachkriegszeit 1945-1963 (= Oldenbourg - Grundriß der Geschichte; Bd.18), München [u.a.] ²1981.

Hoffmann, Dieter (Hrsg.), Operation Epsilon. Die Farm-Hall-Protokolle oder Die Angst der Alliierten vor der deutschen Atombombe, Berlin [ua.a] 1993.

Hoffmann, Klaus, Schuld und Verantwortung - Otto Hahn: Konflikte eines Wissenschaftlers, Berlin [u.a.] 1993.

Huzar, Elias, The Purse and the Sword, Control of the Army by Congress through Military Appropriations, 1933-1950, Ithaca 1950.

Juling, Peter, Programmatische Entwicklung der FDP 1946 bis 1969: Einführung und Dokumente (= Studien zum politischen System der Bundesrepublik Deutschland; Bd.19), Meisenheim/Glan 1977.

Kaak, Heino, Die F.D.P.: Grundriß und Materialien zur Geschichte, Struktur und Programmatik (= Studien zum politischen System der Bundesrepublik Deutschland; Bd.18), Meisenheim am Glan ²1978.

Kelleher, Catherine McArdle, Germany and the politics of nuclear weapons, New York [u.a.] 1975.

Kitzinger, U. W., Wahlkampf in Westdeutschland. Eine Analyse der Bundestagswahl 1957, Göttingen 1960.

Kleßmann, Christoph, Zwei Staaten, eine Nation. Deutsche Geschichte 1955-1970, Göttingen 1988.

Klotzbach, Kurt, Der Weg zur Staatspartei: Programmatik, praktische Politik und Organisation der deutschen Sozialdemokratie 1945-1965, Berlin [u.a.] 1982.

Koch, Dieter, Heinemanns Kritik an Adenauers Deutschlandpolitik, in: Foschepoth, Josef (Hrsg.), Adenauer und die Deutsche Frage, Göttingen 1988, S.207-234.

Kollert, Roland, Die Politik der latenten Poliferation: militärische Nutzung „friedlicher“ Kerntechnik in Westeuropa, Wiesbaden 1994.

Köser, Helmut, Die Grundsatzdebatte in der SPD von 1945/46 bis 1958/59. Entwicklung und Wandel der Organisationsstruktur und des ideologisch-typologischen Selbstverständnisses der SPD. Eine empirische Untersuchung, phil.Diss., Freiburg 1971.

Krieger, Wolfgang, „Die amerikanischen Atomwaffen und der Kalte Krieg, 1945-1950“, in: Neue Politische Literatur, Jg.28, Hft.2, 1983, S.209-218.

Krieger, Wolfgang, Die Ursprünge der langfristigen Stationierung amerikanischer Streitkräfte in Europa 1945-1951, in: Herbst, Ludolf/Bührer, Werner/Sowade, Hanno (Hrsg.), Vom Marshallplan zur EWG: die Eingliederung der Bundesrepublik in die westliche Welt (= Quellen und Darstellungen zur Zeitgeschichte; Bd.30), München 1990, S.373-398.

Kück, Hans, Die Göttinger Sieben. Ihre Protestation und ihre Entlassung im Jahre 1837, Berlin 1934.

Küntzel, Matthias, Bonn und die Bombe: deutsche Atomwaffenpolitik von Adenauer bis Brandt, Frankfurt am Main [u.a.] 1992.

Küntzel, Matthias, Auf leisen Sohlen zur Bombe? Bonner Begehrlichkeiten und der Atomwaffenverzicht, in: Schelb, Udo (Hrsg.), Reaktoren und Raketen: Bonn auf dem Weg von der zivilen zur militärischen Atomenergie?, Köln 1987, S.176-237.

Kurscheid, Raimund, Kampf dem Atomtod!: Schriftsteller im Kampf gegen eine deutsche Atombewaffnung (= Pahl-Rugenstein-Hochschulschriften Gesellschafts- und Naturwissenschaften; Bd. 84: Ser.: Literatur und Geschichte), Köln 1981.

Lipgens, Walter, Die Bedeutung des EVG-Projekts für die politische europäische Einigungsbewegung, in: Volkmann, Hans-Erich/Schwengler, Walter (Hrsg.), Die Europäische Verteidigungsgemeinschaft: Stand und Probleme der Forschung (= Militärgeschichte seit 1945; Bd.7), Boppard am Rhein 1985, S.9-30.

Longerich, Michael, Die SPD als „Friedenspartei“ – mehr als nur Wahltaktik?: Auswirkungen sozialdemokratischer Traditionen auf die friedlichen Diskussionen 1959-1983 (= Europäische Hochschulschriften: Reihe 31, Politikwissenschaft; Bd.165), Frankfurt am Main 1990.

Loth, Wilfried, Der „Kalte Krieg" in der historischen Forschung, in: Niedhardt, Gottfried (Hrsg.), Der Westen und die Sowjetunion seit 1917, Paderborn 1983, S.155-175.

Mahnke, Dieter, Die Bundesrepublik Deutschland in der atlantischen Allianz 1954-1970 (= Beiträge zur auswärtigen und internationalen Politik; Bd.6), Berlin [u.a.] 1972.

Mai, Gunther, Westliche Sicherheitspolitik im kalten Krieg: der Korea-Krieg und die deutsche Wiederbewaffnung 1950 (= Militärgeschichte seit 1945; Bd.4), Boppard am Rhein 1977.

Meier-Dörnberg, Wilhelm, Politische und militärische Faktoren bei der Planung des deutschen Verteidigungsbeitrages im Rahmen der EVG, in: Volkmann, Hans-Erich/Schwengler, Walter (Hrsg.), Die Europäische Verteidigungsgemeinschaft: Stand und Probleme der Forschung (= Militärgeschichte seit 1945; Bd.7), Boppard am Rhein 1985, S.271-290.

Meier-Dörnberg, Wilhelm, Die Planung des Verteidigungsbeitrags der Bundesrepublik Deutschland im Rahmen der EVG, in: in: Militärgeschichtliches Forschungsamt (Hrsg.), Die EVG-Phase (= Anfänge westdeutscher Sicherheitspolitik 1945-1956; Bd.2), München 1990, S.605-756.

Morsey, Rudolf, Die Bundesrepublik Deutschland: Entstehung und Entwicklung bis 1969 (= Oldenbourg - Grundriß der Geschichte; Bd.19), München ^{3}1995.

Müller, Wolfgang D., Geschichte der Kernergie in der Bundesrepublik Deutschland: Anfänge und Weichenstellungen, Stuttgart 1990.

Müller-Brandeck, Giesela, Technikfolgenabschätzung am Beispiel der friedlichen Nutzung der Kernenergie in der Bundesrepublik Deutschland, (= Europäische Hochschulschriften: Reihe 31, Politikwissenschaft; Bd.97), Frankfurt am Main [u.a.] 1986.

Nerlich, Uwe, Die nuklearen Dilemmas der Bundesrepublik, in: Europa-Archiv, Bd.17, 1965/1 (Beiträge und Berichte), S.637-652.

Noack, Paul, Die Außenpolitik der Bundesrepublik Deutschland, Stuttgart [u.a.] ^{2}1981.

Nolte, Ernst, Deutschland und der Kalte Krieg, Stuttgart ^{2}1985.

Otto, Karl A., Vom Ostermarsch zur APO: Geschichte der ausserparlamentarischen Opposition in der Bundesrepublik 1960-1970, Frankfurt am Main [u.a.], 1977.

Otto, Karl A., Außerparlamentarische Bewegungen – Kontinuität und Perspektiven, in: Rupp, Hans Karl (Hrsg.), Eine andere Bundesrepublik: Geschichte und Perspektiven. Eine Auseinandersetzung in Vorträgen (= Reihe Metro; Bd.9), Marburg 1980, S.181-204.

Peter, Thomas, Abschrecken und Überleben im Nuklearzeitalter. Präsident Eisenhowers Sicherheitspolitik des „New Look“, Grüsch, 1990.

Pikart, Eberhard, Militärische Lage und Bedrohungsperzeptionen, in: Wiggershaus, Norbert/Foerster, Roland G. (Hrsg.), Die westliche Sicherheitsgemeinschaft: 1948-1950; gemeinsame Probleme und gegensätzliche Nationalinteressen in der Gründungsphase der Nordatlantischen Allianz (= Militärgeschichte seit 1945; Bd.8), Boppard am Rhein 1988, S.227-238.

Pirker, Theo, Die SPD nach Hitler. Die Geschichte der Sozialdemokratischen Partei Deutschlands 1945-1964, Berlin 1977.

Planck, Charles R., Sicherheit in Europa. Die Vorschläge für Rüstungsbeschränkung und Abrüstung 1955-1965 (= Schriften des Forschungsinstituts der Deutschen Gesellschaft für Auswärtige Politik e.V.; Bd.27), München 1968.

Pöttering, Hans-Gert, Adenauers Sicherheitspolitik. Ein Beitrag zum deutsch-amerikanischen Verhältnis (= Bonner Schriften zur Politik und Zeitgeschichte; Bd.10), Düsseldorf 1975.

Radkau, Joachim, Aufstieg und Krise der deutschen Atomwirtschaft 1945-1975. Verdrängte Alternativen in der Kerntechnik und der Ursprung der nuklearen Kontroverse, Reinbek bei Hamburg 1983.

Rautenberg, Hans-Jürgen/Wiggershaus, Norbert, „Die ‚Himmeroder Denkschrift‘ vom Oktober 1950. Politische und militärische Überlegungen für einen Beitrag der Bundesrepublik Deutschland zur westeuropäischen Verteidigung“, in: Militärgeschichtliche Mitteilungen, Bd.21, 1977, S.135-206.

Richardson, James L., Deutschland und die NATO. Strategie und Politik im Spannungsfeld zwischen Ost und West, Köln [u.a.] 1967.

Rosenberg, David A., „The Origins of Overkill. Nuclear Weapons and American Strategy 1945-1960“, in: International Security, Bd.7, 1983, S.3-69.

Rupieper, Hermann-Josef, Der besetzte Verbündete. Die amerikanische Deutschlandpolitik 1949-1955, Opladen 1991.

Rupp, Hans-Karl, Ausserparlamentarische Opposition in der Ära Adenauer: der Kampf gegen die Atombewaffnung in den frühen fünfziger Jahren; eine Studie zur innenpolitischen Entwicklung der BRD, Köln, ³1984.

Schall, Wolfgang, Die Entstehung und Entwicklung einer „Europäischen Verteidigungspolitik“ 1946-1984 unter besonderer Berücksichtigung der sicherheitspolitischen Impulse des Europäischen Parlaments in den Jahren 1973-1984, phil.Diss., Konstanz 1986.

Schwabe, Klaus, Bündnispolitik und Integration 1949-1956, in: Maier, Klaus A./Wiggershaus, Norbert (Hrsg.) Das Nordatlantische Bündnis 1949-1956 (= Beiträge zur Militärgeschichte; Bd.37), München 1993, S.71-87.

Schubert, Klaus von, Wiederbewaffnung und Westintegration. Die innere Auseinandersetzung um die militärische und außenpolitische Orientierung der Bundesrepublik 1950-52 (= Schriftreihe der Vierteljahreshefte für Zeitgeschichte; Nr.20), Stuttgart 1970.

Schwarz, Hans-Peter, Die Ära Adenauer: Gründerjahre der Republik; 1949-1957 (= Geschichte der Bundesrepublik Deutschland, Bd.2), Stuttgart 1981.

Schwarz, Hans-Peter, Die Ära Adenauer: Gründerjahre der Republik; 1957-1963 (= Geschichte der Bundesrepublik Deutschland, Bd.3), Stuttgart 1983.

Schwarz, Hans-Peter, „Adenauer und die Kernwaffen“, in: Vierteljahreshefte für Zeitgeschichte, Bd.37, 1989, S.567-593.

Schwarz, Jürgen, Bedingungen und Entwicklungslinien westdeutscher Nuklearpolitik, in: Schwarz, Hans-Peter (Hrsg.), Handbuch der deutschen Außenpolitik, München [u.a.] 1975, S.513-523.

Stamm, Thomas, Zwischen Staat und Selbstverwaltung. Die deutsche Forschung im Wiederaufbau, 1945-1965, Köln 1981.

Steinhoff, Johannes/Pommerin, Rainer, Strategiewechsel: Bundesrepublik Deutschland und Nuklearstrategie in der Ära Adenauer-Kennedy (= Internationale Politik und Sicherheit; Bd.30,1), Baden-Baden 1992.

Steininger, Rolf, Wiederbewaffnung: die Entscheidung für einen westdeutschen Verteidigungsbeitrag; Adenauer und die Westmächte 1950, Erlangen [u.a.] 1989.

Steininger, Rolf, Eine Chance zur Wiedervereinigung?: die Stalin-Note vom 10. März 1952; Darstellung und Dokumentation auf der Grundlage unveröffentlichter britischer und amerikanischer Akten (= Archiv für Sozialgeschichte; Beiheft 12), Bonn ^{2}1986.

Stölken-Fitschen, Ilona, Atombombe und Geistesgeschichte: Eine Studie der fünfziger Jahre aus deutscher Sicht (= Nomos Universitätsschriften: Kulturwissenschaft; Bd.3), Baden-Baden 1995.

Tashiro, Elke/Tashiro, Jannes Kazuomi, Hiroshima. Menschen nach dem Atomkrieg. Zeugnisse, Berichte, Folgerungen, München ^{3}1983.

Taylor, Richard/Pritchard, Colin, The Protest Makers: The British Nuclear Disarmament Movement of 1958-1965, Twenty Years On, Oxford 1980.

Thränhardt, Dietrich, Geschichte der Bundesrepublik Deutschland 1949-1990 (= Moderne Deutsche Geschichte; Bd.12), Frankfurt am Main 1996.

Volkmann, Hans-Erich, Die innenpolitische Dimension Adenauerischer Sicherheitspolitik in der EVG-Phase, in: Militärgeschichtliches Forschungsamt (Hrsg.), Die EVG-Phase (= Anfänge westdeutscher Sicherheitspolitik; Bd.2), München 1990, S.235-604.

Volle, Hermann/Duisberg, Claus Jürgen (Hrsg.), Probleme der internationalen Abrüstung. Die Bemühungen der Vereinigten Nationen um internationale Abrüstung und Sicherheit 1945-1961, Berlin 1964.

Wagner, Dietrich, FDP und Wiederbewaffnung: die wehrpolitische Orientierung der Liberalen in der Bundesrepublik Deutschland 1949-1955 (= Militärgeschichte seit 1945; Bd.5), Boppard am Rhein, 1978.

Wampler, Robert A., Die USA, Adenauer und die atomare Strategie der NATO, in: Steininger, Rolf/Weber, Jürgen/Bischof, Günter/Albrich, Thomas/Eisterer, Klaus (Hrsg.), Die doppelte Eindämmung. Europäische Sicherheit und deutsche Frage in den Fünfzigern (= Tutzinger Schriften zur Politik; Bd.2), München 1993, S.261-282.

Wettig, Gerhard, Entmilitarisierung und Wiederbewaffnung in Deutschland 1943-1955. Internationale Auseinandersetzungen um die Rolle der Deutschen in Europa (= Schriften des Forschungsinstituts der Deutschen Gesellschaft für auswärtige Politik e.V.; Bd.25), München 1967.

Wettig, Gerhard, Von der Entmilitarisierung zur Aufrüstung in beiden Teilen Deutschlands 1945-1952, in: Thoß, Bruno (Hrsg.), Vom Kalten Krieg zur deutschen Einheit: Analysen und Zeitzeugenberichte zur deutschen Militärgeschichte 1945 bis 1995, München 1995, S.3-41.

Wiggershaus, Norbert, „Bedrohungsvorstellungen Bundeskanzler Adenauers nach Ausbruch des Korea-Krieges", in: Militärgeschichtliche Mitteilungen, Bd.25, 1979, S.79-122.

Wiggershaus, Norbert, Die Entscheidung für einen westdeutschen Verteidigungsbeitrag 1950, in: Militärgeschichtliches Forschungsamt (Hrsg.), Von der Kapitulation bis zum Pleven Plan (= Anfänge westdeutscher Sicherheitspolitik 1945-1956; Bd.1), München [u.a.] 1982, S.325-402.

Wiggershaus, Norbert, Die Überlegungen für einen westdeutschen Verteidigungsbeitrag von 1948 bis 1950, in: Militärgeschichtliches Forschungsamt (Hrsg.), Entmilitarisierung und Aufrüstung in Mitteleuropa 1945-1956 (= Vorträge zur Militärgeschichte; Bd.4), Herford 1983, S.93-115.

Wiggershaus, Norbert, Aussenpolitische Voraussetzungen für den westdeutschen Verteidigungsbeitrag, in: Fischer, Alexander (Hrsg.), Wiederbewaffnung in Deutschland nach 1945 (= Schriftreihe der Gesellschaft für Deutschlandforschung; Bd.12), Berlin 1986, S.63-77.

Wiggershaus, Norbert, Nordatlantische Bedrohungsperzeptionen im „Kalten Krieg“ 1948-1956, in: Maier, Klaus A./Wiggershaus, Norbert (Hrsg.), Das Nordatlantische Bündnis 1949-1956 (= Beiträge zur Militärgeschichte; Bd.37), München 1993, S.17-54.

Wilker, Lothar, Die Sicherheitspolitik der SPD 1956-1966: zwischen Wiedervereinigungs- und Bündnisorientierung (= Schriftreihe des Forschungsinstituts der Friedrich-Ebert-Stiftung; Bd.135), Bonn-Bad Godesberg, 1977.

Woyke, Richard, Gründung und Entwicklung der NATO 1948-1950, in: Wiggershaus, Norbert/Foerster, Roland G. (Hrsg.), Die westliche Sicherheitsgemeinschaft: 1948-1950; gemeinsame Probleme und gegensätzliche Nationalinteressen in der Gründungsphase der Nordatlantischen Allianz (= Militärgeschichte seit 1945; Bd.8), Boppard am Rhein 1988, S.209-226.

Yergin, Daniel, Shattered Peace. The Origins of the Cold War and the National Security State, New York 1977.

Zank, Wolfgang, „Adenauers Schachspiel mit den Atomwaffen. Wie der Kanzler wiederspenstige Professoren und seine furchtsamen Wähler hinters Licht führte“, in: Die Zeit, Nr.18, 25. April 1997, S.9-11.

Zeeman, Bert, Der Brüsseler Pakt und die Diskussion um einen westdeutschen Militärbeitrag, in: Herbst, Ludolf/Bührer, Werner/Sowade, Hanno (Hrsg.), Vom Marshallplan zur EWG: die Eingliederung der Bundesrepublik Deutschland in die westliche Welt (= Quellen und Darstellungen zur Zeitgeschichte; Bd.30), München 1990, S.399-425.

Peter Lang · Europäischer Verlag der Wissenschaften

U. Albrecht / U. Beisiegel / R. Braun / W. Buckel (Hg.)

Der Griff nach dem atomaren Feuer

Frankfurt/M., Berlin, Bern, New York, Paris, Wien,
2., überarb. Aufl. 1997. 248 S.
ISBN 3-631-32244-5 · Ln. DM 48.–*

Die erste Testexplosion einer Atombombe in der Wüste Neu-Mexikos eröffnete vor 50 Jahren eine neue Qualität menschlicher Zerstörungskraft. Die Bomben auf Hiroshima und Nagasaki demonstrierten drei Wochen später die ungeheure Bedrohung, mit der die Menschheit seitdem lebt. Die Opfer leiden teilweise noch heute an den schleichenden Auswirkungen der monströsen Waffe. Keine wissenschaftliche Erfindung gefährdet die Welt so augenfällig wie die Atombombe. Und nie zuvor drängte sich die Frage nach der Verantwortung der Wissenschaftler und Wissenschaftlerinnen so nachdrücklich auf. Da die Einflußmöglichkeiten des Einzelnen im komplexen Gefüge der wissenschaftlichen Forschung und der wissenschaftspolitischen Entscheidungsfindung immer geringer werden, muß ein gesellschaftliches Bewußtsein für die ausschließlich humane Anwendung wissenschaftlicher Ergebnisse entstehen.
Es darf nichts verdrängt oder vergessen werden. *„Wer sich an die Vergangenheit nicht erinnern kann, ist dazu verdammt, sie zu wiederholen."* (George Santayana)

Aus dem Inhalt: Mit Beiträgen von U. Albrecht, U. Beisiegel, H.-P. Dürr, A. Falter, D. v. Ehrenstein, B. Gonsior, W. Hirschwald, R. Kollert, E. Kankeleit, W. Liebert, V. Mirzajanov, P. Morrison, L. Pauling, J. Rotblat, R. Fleischmann, M. Schaaf, N. Shohno, R. Stanley, E. Surgie und M. Walker

Frankfurt/M · Berlin · Bern · New York · Paris · Wien
Auslieferung: Verlag Peter Lang AG
Jupiterstr. 15, CH-3000 Bern 15
Telefax (004131) 9402131
*inklusive Mehrwertsteuer
Preisänderungen vorbehalten

FSC
www.fsc.org
MIX
Papier | Fördert gute Waldnutzung
FSC® C083411

Kolibri 360 GmbH
Ferdinand-Jühlke-Straße 7
99095 Erfurt, Deutschland
produktsicherheit@kolibri360.de

Druck:
CPI Druckdienstleistungen GmbH
im Auftrag der
Kolibri 360 GmbH
Ferdinand-Jühlke-Str. 7
99095 Erfurt